普通高等院校光电类规划教材

计算机辅助光学设计
——CODE V应用基础

陈恩果 编

清华大学出版社

北京

内 容 简 介

  CODE V 是用于设计和分析光学系统的工具。本书从基本几何光学原理出发，介绍现代光学设计的主要基础理论，以及 CODE V 光学系统设计原理，最后详细阐述 CODE V 用于光学系统设计的使用和操作等内容。

  本书由浅入深、由原理到应用，使计算机辅助光学设计的原理通过 CODE V 的教学融会贯通，适用于作为本科生专业基础课和实践课教材，同时也符合研究生专业学位课程的要求。

图书在版编目(CIP)数据

  计算机辅助光学设计：CODE V 应用基础/陈恩果编.—北京：清华大学出版社，2021.1(2024.6重印)
  普通高等院校光电类规划教材
  ISBN 978-7-302-56603-8

  Ⅰ.①计…　Ⅱ.①陈…　Ⅲ.①光学设计－计算机辅助设计－高等学校－教材　Ⅳ.①TN202-39

  中国版本图书馆 CIP 数据核字(2020)第 194254 号

责任编辑：王　欣
封面设计：常雪影
责任校对：王淑云
责任印制：宋　林

出版发行：清华大学出版社
    网　　　址：https://www.tup.com.cn，https://www.wqxuetang.com
    地　　　址：北京清华大学学研大厦 A 座　　　　　邮　　编：100084
    社 总 机：010-83470000　　　　　　　　　　　邮　　购：010-62786544
    投稿与读者服务：010-62776969，c-service@tup.tsinghua.edu.cn
    质量反馈：010-62772015，zhiliang@tup.tsinghua.edu.cn
印 装 者：三河市龙大印装有限公司
经　　销：全国新华书店
开　　本：185mm×260mm　　印　张：23　　　　　字　　数：555 千字
版　　次：2021 年 1 月第 1 版　　　　　　　　　　印　　次：2024 年 6 月第 5 次印刷
定　　价：68.00 元

产品编号：078817-01

前言

FOREWORD

随着我国科学技术的飞速进步,光学仪器已经普遍应用在社会的各个领域。光学仪器的核心就是光学系统,光学系统性能高低决定着光学仪器的整体质量。良好的光学设计对设计高质量的光学系统至关重要。如今,光学设计的理论和方法已经发生了巨大的变化,从早期的手工计算和人工校正像差,逐步发展到当今采用计算机获得像差,甚至实现光学系统的自动化设计和像差自动优化。因此,现代光学设计对设计者提出了更高的要求,不仅要求设计者具有扎实的理论基础,掌握几何光学基础、像差理论、像质评价等基础知识,而且要求其具有熟练的计算机操作和光学设计软件应用的能力,能够对层出不穷的新型光学系统进行优化设计,并且在其中不断积累经验。

光学是研究光的行为和性质以及光和物质相互作用的物理学科。光是一种电磁波,具有波粒二象性,通常根据光与相互作用物质的尺度,将光学分为几何光学、物理光学和量子光学。光学设计通常属于几何光学范畴,是研究当光与比波长大很多个数量级的物体相互作用时,如何利用设计手段获取光学系统的最优结构和性能。对光学设计的基础知识和基本理论的理解是现代光学设计得以有效实施的基础。

现代光学设计软件可按照使用用途分为成像光学设计软件和非成像光学设计软件。国际知名的非成像光学设计软件包括 TracePro、LightTools 和 ASAP 等,成像光学设计软件则包括 ZEMAX、CODE V 和 OSLO。CODE V 是美国 Optical Research Associates(ORA)公司研制的大型光学工程软件,相比于其他成像光学软件,CODE V 具有以下六大优势和特点:①具有丰富的专利实例库;②命令行提示窗口配合操作,实现强大的软件控制功能;③具有多国语言,能够支持中文和英文界面的切换;④软件像差分析及界面的人性化;⑤变焦凸轮设计;⑥强大而高效的自动优化模块。当前国内 CODE V 软件的主要教程和指导手册均为英文版或网络零星材料,阅读和查找不便利,在一定程度上阻碍了该软件的进一步普及,而且也难以形成一套完整的 CODE V 光学设计学习体系。本书正是在这一背景下应广大 CODE V 学习者的需求而进行编写的。

本书共分为三篇,其中第一篇为"光学设计基础知识",第二篇为"光学系统设计与像质评价",第三篇为"CODE V 光学设计应用基础"。由于光学设计的基础知识和光学设计的像差等基本理论都较为成熟,因此,本书第一篇和第二篇基于现有的设计理论和经验,在参阅了相关教材和文献的基础上编写而成,在此对文献作者表示衷心感谢。

第一篇"光学设计基础知识"共分为 4 章内容,目的是对 CODE V 光学设计软件所依赖的几何光学基础知识进行介绍,具体内容包括几何光学基本定律与成像概念、理想光学系统、平面与平面系统、光学系统中的光阑与光束限制等,主要参考了郁道银等编著的《工程光学》等教材。

　　第二篇"光学系统设计与像质评价"共分为4章内容,目的是对CODE V所运用的基本光学设计知识进行介绍,具体内容包括光学设计原理、光路计算及像差理论、光学系统的像质评价与像差分析、典型光学系统等,主要参考了李晓彤等编著的《几何光学·像差·光学设计》、刘钧等编著的《光学设计》、郁道银等编著的《工程光学》等教材。

　　第三篇"CODE V光学设计应用基础"共分为10章内容,目的是对CODE V光学设计软件的操作和使用进行介绍,并辅以一些具体的操作实例。具体内容包括CODE V软件简介及操作界面介绍、数码相机设计实例、优化设计模块、分析功能、公差分析、反射系统、非球面、偏心系统、变焦系统以及相关的背景资料,主要参考自CODE V 10.2版本的用户手册。

　　本书参加编写和校对的人员主要来自福州大学光电信息团队,以及作者所带的研究生们。全书由作者修改和统稿。同时,作者所在的福州大学"平板显示技术国家地方联合工程实验室"和"中国福建光电信息科学与技术创新实验室"在本书撰写过程给予了全方位的资源支持,在此一并表示衷心感谢。

　　本书可作为高等学校光电信息科学与工程、电子信息、仪器仪表和其他专业的教材或指导书,也可作为从事光学系统及光电仪器的研发、设计、制造和系统开发的工程技术人员学习和参考手册。

　　由于作者水平有限,书中不妥和错误之处在所难免,衷心希望广大教师和读者批评指正。

陈恩果

于福州大学

2020 年 10 月

CONTENTS

第三篇　CODE V 光学设计应用基础

第 9 章　欢迎来到 CODE V

第一篇

光学设计基础知识

第1章

几何光学基本定律与成像概念

几何光学是以光线作为基础概念,用几何的方法研究光在介质中的传播规律和光学系统的成像特性的一门学科。本章首先介绍几何光学的基本概念和基本定律,建立光学系统成像的基本概念和完善成像条件,然后讨论光学系统的光路计算、近轴光学系统和球面光学系统的成像。

1.1 几何光学的基本定律

1.1.1 光波与光线

光就其本质而言是一种电磁波,光波的频率比普通无线电波的频率高,光波的波长比普通无线电波的波长短。把电磁波按其波长或频率的顺序排列起来,形成电磁波谱,如图 1-1 所示。光波波长范围大致为 $10\mathrm{nm}\sim 1\mathrm{mm}$,其中波长在 $380\sim 760\mathrm{nm}$ 之间的电磁波能为人眼所感知,称为可见光。波长大于 $760\mathrm{nm}$ 的光称为红外光,而波长小于 $400\mathrm{nm}$ 的光称为紫外光。光波在真空中的传播速度 $c \approx 2.99792458\times 10^8\,\mathrm{m/s}$,在介质中的传播速度都小于 c,且随波长的不同而不同。

可见光随波长的不同而引起人眼不同的颜色感觉。我们把具有单一波长的光称为单色

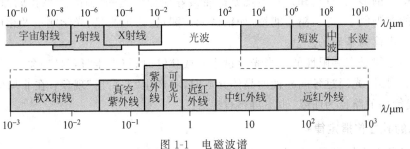

图 1-1 电磁波谱

光,而由不同单色光混合而成的光称为复色光。单色光是一种理想光源,现实中并不存在。激光是一种单色性很好的光源,可以近似看作单色光。太阳光是由无限多种单色光组成的。在可见光范围内,太阳光大致可分解为红、橙、黄、绿、青、蓝、紫这七种颜色的光。

通常,我们把能够辐射光能量的物体称为发光体或光源。发光体可看作是由许多发光点或点光源组成,每个发光点向四周辐射光能量。为讨论问题的方便,在几何光学中,通常将发光点发出的光抽象为许许多多携带能量并带有方向的几何线,即光线。光线的方向代表了光的传播方向。波源发出的振动在介质中传播,经相同时间所到达的各点组成的面,称为波阵面,简称波面。光的传播即为光波波面的传播。在各向同性介质中,波面上某点的法线即代表了该点处光的传播方向,即光是沿着波面法线方向传播的。因此,波面法线即为光线。与波面对应的所有光线的集合称为光束。

通常,波面可分为平面波、球面波和任意曲面波。与平面波对应的光线束相互平行,称为平行光束,如图 1-2(a)所示。与球面波对应的光线束相交于球面波的球心,称为同心光束。同心光束可分为发散光束和会聚光束,如图 1-2(b)、(c)所示。同心光束或平行光束经过实际光学系统后,由于像差的作用,将不再是同心光束或平行光束,对应的光波则为非球面光波。如图 1-2(d)所示为非球面光波及对应的像散光束。

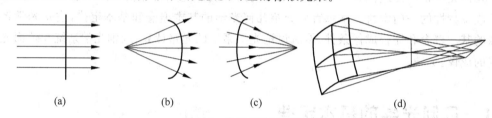

(a)   (b)   (c)   (d)

图 1-2   光束与波面的关系

(a) 平行光束;(b) 发散同心光束;(c) 会聚同心光束;(d) 像散光束

1.1.2   几何光学的基本定律

几何光学把研究光经过介质的传播问题归结为如下几个定律和原理,其中"直线传播""独立传播""折射""反射"定律被称为四个基本定律,它们是研究光的传播现象、规律以及物体经过光学系统成像特性的基础。

1. 光的直线传播定律

几何光学认为,在各向同性的均匀介质中,光是沿直线方向传播的。这就是光的直线传播定律。影子的形成、日食和月食等现象都能很好地证明这一定律。"小孔成像"即是运用这一定律的典型例子,许多精密测量,如精密天文测量、大地测量、光学测量及相应光学仪器都是以这一定律为基础的。

但这一定律是有局限性的。当光经过小孔或狭缝时,将发生"衍射"现象,光不再沿直线方向传播。另外,光经过各向异性的晶体介质时,将产生"双折射"现象;在非均匀介质中传播时,光线传播的路径为曲线,也不再是直线。

2. 光的独立传播定律

不同光源发出的光在空间某点相遇时,彼此互不影响,各光束独立传播,这就是光的独立传播定律。在各光束的同一交会点上,光的强度是各光束强度的简单叠加,离开交会点后,各光束仍按原来的方向传播。

光的独立传播定律没有考虑光的波动性质。当两束光是由光源上同一点发出,经过不同途径传播后在空间某点交会时,交会点处光的强度将不再是两束光强度的简单叠加,其满足了频率相同、振动方向相同、相位差恒定,则根据两束光所走路程的不同,光波叠加处有可能加强,也有可能减弱,这是光的"干涉"现象。

3. 光的折射定律与反射定律

光的直线传播定律与光的独立传播定律概括的是光在同一均匀介质中的传播规律,而光的折射定律与反射定律则是研究光传播到两种均匀介质分界面上的现象与规律。

当一束光投射到两种均匀介质的光滑分界表面上时,一部分光从光滑分界表面回到原介质中,这种现象称为光的反射,反射回原介质的光称为反射光;另一部分光将"透过"光滑表面,进入第二种介质,这种现象称为光的折射,透过光滑表面进入第二种介质的光称为折射光。与反射光和折射光相对应,原来投射到光滑表面发生折射和反射之前的光称为入射光。

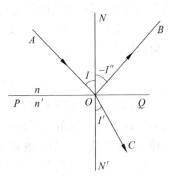

图 1-3　光的反射与折射

如图 1-3 所示,入射光线 AO 入射到两种介质的分界面 PQ 上,在 O 点发生折射与反射。其中,反射光线为 OB,折射光线为 OC,NN' 为界面上入射点 O 的法线。入射光线、反射光线和折射光线与法线的夹角 I、I''、I' 分别被称为入射角、反射角和折射角,它们均以锐角度量,由光线转向法线的顺时针方向形成的角度为正,逆时针方向为负。

反射定律归结为:①反射光线位于由入射光线和法线所决定的平面内;②反射光线和入射光线位于法线的两侧,且反射角与入射角绝对值相等,符号相反,即

$$I'' = -I \tag{1-1}$$

折射定律归结为:①折射光线位于由入射光线和法线决定的平面内;②折射角的正弦与入射角的正弦之比与入射角大小无关,仅由两种介质的性质决定。对于一定波长的光线而言,在一定温度和压力下,该比值为一常数,等于入射光所在介质的折射率 n 与折射光所在介质的折射率 n' 之比,即

$$\frac{\sin I'}{\sin I} = \frac{n}{n'}$$

通常表示为

$$n' \sin I' = n \sin I \tag{1-2}$$

折射率是表征透明介质光学性质的重要参数。我们知道,各种波长的光在真空中的传播速度均为 c,而在不同介质中的传播速度 v 却不相同,且都比真空中的光速小。介质的折射率就是用来描述介质中的光速相对于真空中的光速减慢程度的物理量,即

$$n = \frac{c}{v} \tag{1-3}$$

式(1-3)就是折射率的定义。显然,真空的折射率为 1。因此,我们把介质相对于真空的折射称为绝对折射率。在标准条件(大气压强 $P = 101275\text{Pa} = 760\text{mmHg}$,温度 $t = 293\text{K} = 20\text{℃}$)

下,空气的折射率 $n=1.000273$,与真空的折射率非常接近。因此,为方便起见,常把介质相对于空气的相对折射率作为该介质的绝对折射率,简称折射率。

在式(1-2)中,若令 $n'=-n$,则 $I'=-I$,即折射定律转化为反射定律。这一结论有很重要的意义,后面我们将看到,许多由折射定律得出的结论,只要令 $n'=-n$,就可以得出相应反射定律的结论,例如,单个折射面到单个反射面的推导。

4. 光的全反射现象

光线入射到两种介质的分界面时,通常都会发生折射和反射。但在一定条件下,入射到介质上的光会被全部反射回原来的介质中,而没有折射光产生,这种现象称为光的全反射。下面我们就来讨论在什么条件下会产生全反射现象。

通常,我们把分界面两边折射率高的介质称为光密介质,而把折射率低的介质称为光疏介质。由式(1-3)可知,光在光密介质中的传播速度较慢,而在光疏介质中的传播速度较快。当光从光密介质向光疏介质传播时,因为 $n'<n$,则 $I'>-I$,折射光线相对于入射光线而言,更偏离法线方向。当光线入射角 I 增大到某一程度时,折射角 I' 达到 $90°$,折射光线沿界面掠射出去,这时的入射角称为临界角,记为 I_m 。由式(1-2)得

$$\sin I_m = \frac{n'\sin I'}{n} = \frac{n'\sin 90°}{n} = \frac{n'}{n} \tag{1-4}$$

若入射角继续增大,使 $I>I_m$,即 $\sin I>n'/n$,由式(1-4)知, $\sin I'>1$ 。显然,这是不可能的。这表明入射角大于临界角的那些光线没有折射进入第二种介质,而是全部反射回第一种介质,即发生了全反射现象。

发生全反射的条件可归结为:①光线从光密介质射向光疏介质;②入射角大于临界角。

光学仪器中,常常根据全反射原理制成转折光路的各种全反射棱镜,用于代替平面反射镜,以减少反射时的光能损失,图1-4所示为一种最常用的等腰直角棱镜。从理论上说,全反射棱镜可以将入射光全部反射,而镀有反射膜层的平面反射镜只能反射90%左右的入射光能。

目前,广泛应用于光通信的光学纤维(简称光纤)和各种光纤传感器,其最基本的原理就是利用全反射原理传输光能。图1-5表示了光纤的基本结构和光纤传导光的基本原理,单根光纤由内层折射率较高的纤芯和外层折射率较低的包层组成。光线从光纤的一端以入射角 I_1 耦合进入光纤纤芯,投射到纤芯与包层的分界面上,在此分界面上,入射角大于临界角的那些光线在纤芯内连续发生全反射,直至传到光纤的另一端面出射。可见,只要满足一定的条件,光就能在光纤内以全反射的形式传输很远的距离。将许多单根光纤按序排列形成

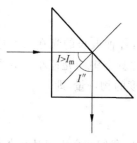

图1-4　全反射棱镜

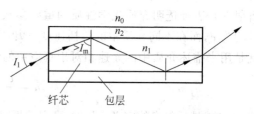

图1-5　光纤的全反射传光原理

光纤束,即光缆,可用于传递图像和光能,如在医用内窥镜系统中,用一根光缆将光能传入体内用于照明,而用另外一根光缆将光学系统所成图像传递出来,供人眼观察。

5. 光路的可逆性原理

在图 1-3 中,若光线在折射率为 n' 的介质中沿 CO 方向入射,由折射定律可知,折射光线必定沿着 OA 方向出射。同样,如果光线在折射率为 n 的介质中沿 BO 方向入射,则由反射定律可知,反射光线也一定沿 OA 方向出射。由此可见,光线的传播是可逆的。这就是光线的可逆性原理。

1.1.3　费马原理

费马原理用"光程"的概念对光的传播规律作了更简明的概括。

光程是指光在介质中传播的几何路程 l 与该介质折射率 n 的乘积 s,即

$$s = nl \tag{1-5}$$

将式(1-3)及 $l = vt$ 代入式(1-5),有

$$s = ct \tag{1-6}$$

由此可见,光在某种介质中的光程等于同一时间内光在真空中所走过的几何路程。

费马原理是这样表述的:光从一点传播到另一点,其间无论经过多少次折射或反射,其光程为极值,也就是说,光是沿着光程为极值(极大、极小或常量)的路径传播的。所以费马原理又叫极端光程定律。

我们知道,在均匀介质中光是沿直线方向传播的。但是,在非均匀介质中,由于折射率 n 是空间位置的函数,光线将不再沿直线方向传播,其轨迹是一空间曲线,示意图如图 1-6 所示。此时,光线从 A 点传播至 B 点,其光程由以下曲线积分来确定,根据费马原理,此光程应具有极值,即式(1-5)表示的一次变分为零,即

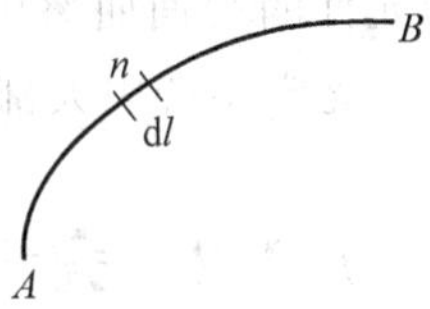

图 1-6　非均匀介质中的光传播轨迹

$$\delta_s = \delta \int_A^B n\,\mathrm{d}l = 0 \tag{1-7}$$

这就是费马原理的数学表示。

费马原理是描述光线传播的基本规律,无论是光的直线传播定律,还是光的反射定律与折射定律,均可以由费马原理直接导出。比如,对于均匀介质,由两点间的直线距离为最短的公理,可以证明光的直线传播定律。至于光的反射定律和折射定律的导出,可留给读者证明。

1.1.4　马吕斯定律

在各向同性的均匀介质中,光线为波面的法线,光束对应着波面的法线束。马吕斯定律描述了光经过任意多次折射和反射后,光束与波面、光线与光程之间的关系。

马吕斯定律指出,光线束在各向同性的均匀介质中传播时,始终保持着与波面的正交性,并且入射波面与出射波面对应点之间的光程均为定值。这种正交性表明,垂直于波面的光线束经过任意多次折射和反射后,无论折射和反射面形如何,出射光束仍垂直于出射

波面。

折射定律、反射定律、费马原理和马吕斯定律中任意一个均可视为几何光学的基本定律之一,而其他三个则作为其基本定律的推论。

1.2　成像的基本概念和完善成像条件

1.2.1　光学系统与成像概念

光学系统设计的目标之一是对物体成像。一个被照明的物体(或自发光物体)总可以看成是由无数多个发光点或物点组成的,每个物点发出一个球面波,与之对应的是一束以物点为中心的同心光束。如果该球面波经过光学系统后仍为一球面波,那么对应的光束仍为同心光束,则称该同心光束的中心为物点经过光学系统所成的完善像点。物体上每个点经过光学系统后所成完善像点的集合就是该物体经过光学系统后的完善像。通常,我们把物体所在的空间称为物空间,把像所在的空间称为像空间。物、像空间的范围均为$(-\infty, +\infty)$。

光学系统通常是由若干个光学元件(如透镜、棱镜、反射镜等)组成,而每个光学元件都是由表面为球面、平面或非球面,具有一定折射率的介质构成。如果组成光学系统的各个光学元件的表面曲率中心同在一条直线上,则该光学系统称为共轴光学系统,该直线叫作光轴。光学系统中大部分为共轴光学系统,非共轴光学系统较少使用。

1.2.2　完善成像条件

图 1-7 所示为一共轴光学系统,由 $O_1, O_2, \cdots, O_k$ 等 k 个面组成。轴上物点 A_1 发出一球面波 W(与之对应的是以 A_1 为中心的同心光束),经过光学系统后仍为一球面波 W',对应的是以球心 A_k' 为中心的同心光束,A_k' 即为物点 A_1 的完善像点。

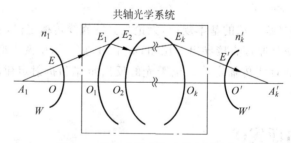

图 1-7　共轴光学系统及其完善成像

光学系统成完善像应满足的条件为:入射波面为球面波时,出射波面也为球面波。由于球面波与同心光束对应,所以完善成像条件也可以表述为:入射光为同心光束时,出射光也为同心光束。根据马吕斯定律,入射波面与出射波面对应点间的光程相等,则完善成像条件还可以表述为:物点 A_1 及其像点 A_k' 之间任意两条光路的光程相等,即

$$n_1 A_1 O + n_1 O O_1 + n_2 O_1 O_2 + \cdots + n_k' O_k O' + n_k' O' A_k'$$

$$=n_1A_1E+n_1EE_1+n_2E_1E_2+\cdots+n'_kE_kE'+n'_kE'A'_k=常量$$

或写为

$$(A_1A'_k)=常数$$

1.2.3　物、像的虚实

根据同心光束的会聚和发散,物、像会有虚实之分。由实际光线相交所形成的点为实物点或实像点,而由光线的延长线相交所形成的点为虚物点或虚像点。如图 1-8 所示,其中图(a)为实物成实像,图(b)为实物成虚像,图(c)为虚物成实像,图(d)为虚物成虚像。这里需要说明的是,虚物不能人为设定,它往往是前一系统所成的实像被当前系统所截而得。实像能用屏幕或胶片记录,而虚像只能为人眼所观察,不能被记录。由图中可以看出,实物、虚像对应发散同心光束,虚物、实像对应会聚同心光束。因此,几个系统组合在一起时,前一系统形成的虚像应看成是当前系统的实物。

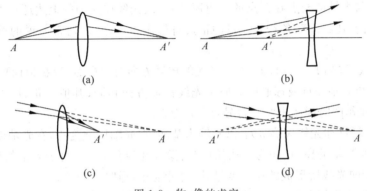

图 1-8　物、像的虚实

1.3　光路计算与近轴光学系统

大多数光学系统都是由折射球面、反射球面或平面组成的共轴球面光学系统。平面可以看成是球面半径 $r\rightarrow\infty$ 的特例,反射则是折射在 $n'=-n$ 时的特例。可见,折射球面系统具有普遍意义。物体经过光学系统的成像,实际上是物体发出的光线束经过光学系统逐面折射、反射的结果。因此,我们首先讨论光线经过单个折射球面折射的光路计算问题,然后再逐面过渡到整个光学系统。

1.3.1　基本概念与符号规则

如图 1-9 所示,折射球面 OE 是折射率为 n 和 n' 两种介质的分界面,C 为球面中心,OC 为球面曲率半径,以 r 来表示。通过球心 C 的直线即为光轴,光轴与球面的交点 O 称为顶点。我们把通过物点和光轴的截面叫作子午面,显然,轴上物点 A 的子午面有无数多个,而轴外物点的子午面却只有一个。在子午面内,光线的位置由以下两个参量确定:

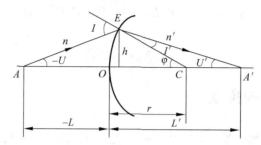

图 1-9   光线经过单个折射球面的折射光路

（1）物方截距：顶点 O 到光线与光轴的交点 A 的距离，用 L 表示，即 $L=OA$；

（2）物方孔径角：入射光线与光轴的夹角，用 U 表示，即 $U=\angle OAE$。

轴上点 A 发出的光线 AE 经过折射面 OE 折射后，与光轴相交于 A' 点。同样，光线 EA' 的位置由像方截距 $L'=OA'$ 和像方孔径角 $U'=\angle OA'E$ 确定。通常，像方参量符号与对应物方参量符号相同，折射参量往往加入"'"以示区别，反射参量往往加入"""以示区别。为了确定光线与光轴的交点在顶点的左边还是右边、光线在光轴的上边还是下边、折射球面是凸的还是凹的，还必须对各符号参量的正负符号作出规定，即通常所说的符号规则，具体内容如下。

（1）沿轴线段（如 L、L' 和 r）：规定光线的传播方向自左向右，以折射面顶点 O 为原点，由顶点到光线与光轴交点或球心的方向和光线传播方向相同，其值为正，反之为负。因此，图中 L 为负，在作图时标注出"$-$"符号，L'、r 为正。

（2）垂轴线段（如光线矢高 h）：以光轴为基准，在光轴以上为正，在光轴以下为负。

（3）光线与光轴的夹角（如物方孔径角 U、像方孔径角 U'）：由于光轴的优先级大于光线，用由光轴转向光线所形成的锐角度量，顺时针为正，逆时针为负。

（4）光线与法线的夹角（如入射角 I、折射角 I'、反射角 I''）：由于光线的优先级大于法线，由光线以锐角方向转向法线，顺时针为正，逆时针为负。

（5）光轴与法线的夹角（如 φ）：由于光轴的优先级大于法线，由光轴以锐角方向转向法线，顺时针为正，逆时针为负。

（6）折射面间隔（用 d 表示）：由前一面的顶点到后一面的顶点，沿光线传播方向为正，逆光线传播方向为负。在折射系统中，若光线自左向右传播，则 d 恒为正。

这里，符号规则是人为规定的，但一经规定，必须严格遵守。只有如此，才能使某一情况下推导的公式具有普遍性。图中各量均用绝对值表示，因此，凡是负值的量，图中量的符号前均加"$-$"号。

1.3.2   实际光线的光路计算

计算光线经过单个折射面的光路，就是已知球面曲率半径 r、介质折射率 n 和 n' 及光线物方坐标 L 和 U，求像方光线坐标 L' 和 U'。如图 1-9 所示，在三角形 AEC 中，应用正弦定律，有

$$\frac{\sin I}{-L+r}=\frac{\sin(-U)}{r}$$

于是

$$\sin I = (L-r)\frac{\sin U}{r} \tag{1-8}$$

在 E 点应用折射定律,有

$$\sin I' = \frac{n}{n'}\sin I \tag{1-9}$$

由图 1-9 可知,$\varphi = U + I = U' + I'$,由此得像方孔径角

$$U' = U + I - I' \tag{1-10}$$

在三角形 $A'EC$ 中应用正弦定律,即

$$\frac{\sin I'}{L'-r} = \frac{\sin U'}{r}$$

于是得像方截距

$$L' = r\left(1 + \frac{\sin I'}{\sin U'}\right) \tag{1-11}$$

式(1-8)~式(1-11)即为子午面内实际光线的光路计算公式。给出一组 L 和 U,就可以计算出一组相应的 L' 和 U'。由于折射面乃至整个系统具有轴对称性,故以 A 为顶点、$2U$ 为顶角的圆锥面上的所有光线经折射后,均会聚于 A' 点。另外,由上述公式组可知,当 L 一定时,L' 是 U 的函数,因此,同一物点发出的不同孔径角的光线,经过折射后具有不同的 L' 值。即同心光束经折射后,出射光束不再是同心光束,这表明,单个折射球面对轴上物点成像是不完善的,这种现象称为"球差",如图 1-10 所示。

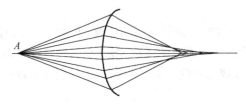

图 1-10 轴上点成像的不完善性(球差)

1.3.3 近轴光线的光路计算

当孔径角 U 很小时,I、I' 和 U' 都很小,这时,光线在光轴附近很小的区域内,这个区域叫作近轴区,近轴区内的光线叫作近轴光线。由于近轴光线的相关角度都很小,在式(1-8)~式(1-11)中,将角度的正弦值用其相应弧度值来代替,并用相应小写字母表示,则有

$$i = \frac{l-r}{r}u \tag{1-12}$$

$$i' = \frac{n}{n'}i \tag{1-13}$$

$$u' = u + i - i' \tag{1-14}$$

$$l' = r\left(l + \frac{i'}{u'}\right) \tag{1-15}$$

由式(1-12)~式(1-15)可知,在近轴区内,对一给定的 l 值,不论 u 为何值,l' 均为定值。这

表明,轴上物点在近轴区内以细光束成像是完善的,这个像通常称为高斯像。通过高斯像点且垂直于光轴的平面称为高斯像面,其位置由 l' 决定。这样一对构成物像关系的点称为共轭点。

在近轴区内,有

$$l'u' = lu = h \tag{1-16}$$

据此,将式(1-12)式(1-15)中的 i 和 i' 代入式(1-13),得

$$n'\left(\frac{1}{r} - \frac{1}{l'}\right) = n\left(\frac{1}{r} - \frac{1}{l}\right) = Q \tag{1-17}$$

$$n'u' - nu = (n' - n)\frac{h}{r} \tag{1-18}$$

$$\frac{n'}{l'} - \frac{n}{l} = \frac{n' - n}{r} \tag{1-19}$$

式(1-17)中的 Q 称为阿贝不变量,该式表明,对于单个折射球面,物空间与像空间的阿贝不变量 Q 相等,随共轭点的位置而异。式(1-18)表示了物、像方孔径角的相互关系。式(1-19)表明了物、像位置关系,已知物体位置 l,可求出其共轭像的位置 l';反之,已知像的位置 l',就可求出与之共轭的物体位置 l。这三式为单个折射球面成像的基础,在以后均有重要应用。

1.4　球面光学成像系统

1.3 节讨论了轴上点经过单个折射球面的成像,主要涉及物、像位置关系。当讨论有限大小的物体经过折射球面乃至球面光学系统成像时,除了物像位置关系外,还涉及像的放大与缩小、像的正倒与虚实等成像特性。以下我们均在近轴区予以讨论。

1.4.1　单个折射面成像

1. 垂轴放大率 β

如图 1-11 所示,在近轴区内,垂直于光轴的平面物体可以用子午面内的垂轴小线段 AB 表示,经球面折射后所成像 $A'B'$ 垂直于光轴 AOA'。由轴外物点 B 发出的通过球心 C 的光线 BC 必定通过 B' 点,因为 BC 相当于轴外物点 B 的光轴(称为辅轴)。令 $AB = y$,$A'B' = y'$,定义垂轴放大率 β 为像的大小与物体的大小之比,即

$$\beta = \frac{y'}{y} \tag{1-20}$$

在图 1-11 中,由于 $\triangle ABC$ 相似于 $\triangle A'B'C$,则有

$$-\frac{y'}{y} = \frac{l' - r}{r - l}$$

利用式(1-17),得垂轴放大率的一般表示式为

$$\beta = \frac{y'}{y} = \frac{nl'}{n'l} \tag{1-21}$$

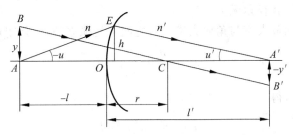

图 1-11　近轴区有限大小的物体经过单个折射球面的成像

由此可见,垂轴放大率仅取决于共轭面的位置。在一对共轭面上,β 为常数,故像与物相似。

根据 β 的定义式(1-20)及式(1-21),可以确定物体的成像特性,即像的正倒、虚实、放大与缩小:

(1) 若 $\beta>0$,即 y' 与 y 同号,表示成正像;反之,y' 与 y 异号,表示成倒像。

(2) 若 $\beta>0$,即 l' 和 l 同号,物像虚实相反;反之,l' 和 l 异号,物像虚实相同。

(3) 若 $|\beta|>1$,则 $|y'|>|y|$,成放大的像;反之,$|y'|<|y|$,成缩小的像。

2. 轴向放大率 α

轴向放大率表示光轴上一对共轭点沿轴向移动量之间的关系,它定义为物点沿光轴作微小移动 $\mathrm{d}l$ 时,所引起的像点移动量 $\mathrm{d}l'$ 与物点移动量 $\mathrm{d}l$ 之比,用 α 来表示轴向放大率,即

$$\alpha = \frac{\mathrm{d}l'}{\mathrm{d}l} \tag{1-22}$$

对于单个折射球面,将式(1-19)两边微分,得

$$-\frac{n'\mathrm{d}l'}{l'^2} + \frac{n\mathrm{d}l}{l^2} = 0$$

于是得轴向放大率

$$\alpha = \frac{\mathrm{d}l'}{\mathrm{d}l} = \frac{nl'^2}{n'l^2} \tag{1-23}$$

这就是轴向放大率的计算公式,它与垂轴放大率的关系为

$$\alpha = \frac{n'}{n}\beta^2 \tag{1-24}$$

由此可得出两个结论:①折射球面的轴向放大率恒为正,当物点沿轴向移动时,其像点沿光轴同方向移动;②轴向放大率与垂轴放大率不等,空间物体成像时要变形,比如一个正方体成像后,将不再呈正方体。

3. 角放大率 γ

在近轴区内,角放大率定义为一对共轭光线与光轴的夹角 u' 与 u 之比值,用 γ 来表示,即

$$\gamma = \frac{u'}{u} \tag{1-25}$$

利用 $l'u'=lu$,得

$$\gamma = \frac{l}{l'} = \frac{n}{n'}\frac{1}{\beta} \tag{1-26}$$

角放大率表示折射球面将光束变宽或变细的能力。上式表明,角放大率只与共轭点的

位置有关,而与光线的孔径角无关。

垂轴放大率、轴向放大率与角放大率三者之间不是孤立的,而是密切联系的,即

$$\alpha\gamma = \frac{n'}{n}\beta^2\frac{n}{n'\beta} = \beta \tag{1-27}$$

由 $\beta = \dfrac{y'}{y} = \dfrac{nl'}{n'l} = \dfrac{nu}{n'u'}$,得

$$nuy = n'u'y' = J \tag{1-28}$$

式(1-28)表明,实际光学系统在近轴区成像时,在物像共轭面内,物体大小 y、成像光束的孔径角 u 与物体所在介质的折射率 n 的乘积为一常数 J,称为拉格朗日-赫姆霍兹不变量,简称拉赫不变量。拉赫不变量是表征光学系统性能的一个重要参数。

1.4.2　球面反射镜成像

我们知道,由折射定律得出的结论,只要令 $n' = -n$,就可得到满足反射定律的结论。下面利用这一结论,讨论球面反射镜(简称球面镜)的成像特性。

1. 物像位置公式

在式(1-19)中令 $n' = -n$,则得球面镜的物像位置公式为

$$\frac{1}{l'} + \frac{1}{l} = \frac{2}{r} \tag{1-29}$$

通常,球面镜按照光线入射的情况分为凸面镜($r > 0$)和凹面镜($r < 0$),其物像关系如图 1-12 所示。

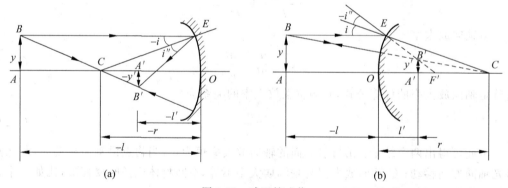

(a)　　　　　　　　　　　　　　(b)

图 1-12　球面镜成像

(a)凹面镜成像；(b)凸面镜成像

2. 成像放大率

将 $n' = -n$ 分别代入式(1-21)、式(1-23)和式(1-26)得

$$\left.\begin{aligned} \beta &= \frac{y'}{y} = -\frac{l'}{l} \\ \alpha &= \frac{\mathrm{d}l'}{\mathrm{d}l} = -\frac{l'^2}{l^2} = -\beta^2 \\ \gamma &= \frac{u'}{u} = -1/\beta \end{aligned}\right\} \tag{1-30}$$

由此可见,球面反射镜的轴向放大率 $\alpha < 0$,这表明,当物体沿光轴移动时,像总是以相反的方向移动。球面镜的拉赫不变量为

$$J = uy = -u'y' \tag{1-31}$$

当物点位于球面镜球心,即 $l = r$ 时,$l' = r$,且

$$\beta = \alpha = -1, \quad \gamma = 1$$

可见,此时球面镜成倒像。由于反射光线与入射光线的孔径角相等,即通过球心的光线沿原光路反射,仍会聚于球心,因此,球面镜对于其球心为等光程面。

1.4.3 共轴球面系统

上面讨论了单个折、反射球面的光路计算及成像特性,它对构成光学系统的每个球面都适用。因此,只要找到相邻两个球面之间的光路关系,就可以解决整个光学系统的光路计算问题,分析其成像特性。

1. 过渡公式

设一个共轴球面光学系统由 k 个面组成,其成像特性由下列结构参数确定:

(1) 各球面的曲率半径 $r_1, r_2, \cdots, r_k$。

(2) 相邻球面顶点间的间隔 $d_1, d_2, \cdots, d_{k-1}$,其中 d_1 为第一面顶点到第二面顶点间的沿轴距离,d_2 为第二面到第三面间的沿轴距离,其余类推。

(3) 各面之间介质的折射率 $n_1, n_2, \cdots, n_{k+1}$,其中 n_1 为第一面前(即物方)的介质折射率,n_2 为第一面到第二面间介质的折射率,其余类推,n_{k+1} 为第 k 面后(即像方)的介质折射率。

图 1-13 表示了一个系统前 i 面和第 $i+1$ 面的折射情况,显然,第 i 面的像方空间就是第 $i+1$ 面的物方空间,因此,该面的像就是其后一面的物。据此有

$$n_{i+1} = n'_i, \quad u_{i+1} = u'_i, \quad y_{i+1} = y'_i \quad (i = 1, 2, \cdots, k-1) \tag{1-32}$$

第 $i+1$ 面的物距与第 i 面的像距之间的关系由图可得:

$$l_{i+1} = l'_i - d_i \quad (i = 1, 2, \cdots, k-1) \tag{1-33}$$

式(1-32)和式(1-33)即为共轴球面光学系统近轴光路计算的过渡公式。

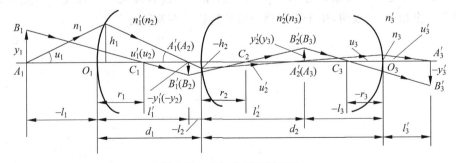

图 1-13　共轴球面光学系统

式(1-32)的第二式与式(1-33)对应项相乘,并利用 $l'u' = lu = h$,有

$$h_{i+1} = h_i - d_i u'_i \quad (i = 1, 2, \cdots, k-1) \tag{1-34}$$

式(1-34)为光线入射高度的过渡公式。将式(1-28)作用于每一面,并考虑过渡公式(1-32),有

$$n_1 u_1 y_1 = n_2 u_2 y_2 = \cdots = n_k u_k y_k = n'_k u'_k y'_k = J \tag{1-35}$$

可见,拉赫不变量 J 不仅对单个折射面的物像空间,而且对于整个系统各个面的物像空间都是不变的,即拉赫不变量 J 是一个系统不变量。利用这一特点,我们可以对计算结果进行校对。

上述过渡公式对于宽光束的实际光线同样适用,只需要将小写字母改为相应的大写字母即可,即

$$n_{i+1} = n'_i, \quad U_{i+1} = U'_i, \quad Y_{i+1} = Y'_i \quad (i = 1,2,\cdots,k-1)$$
$$L_{i+1} = L'_i - d_i \quad (i = 1,2,\cdots,k-1)$$

2. 成像放大率

利用过渡公式,很容易证明系统的放大率为各面放大率之乘积,即

$$\left.\begin{aligned}
\beta &= \frac{y'_k}{y_1} = \frac{y'_1}{y_1}\frac{y'_2}{y_2}\cdots\frac{y'_k}{y_k} = \beta_1\beta_2\cdots\beta_k \\
\alpha &= \frac{dl'_k}{dl_1} = \frac{dl'_1}{dl_1}\frac{dl'_2}{dl_2}\cdots\frac{dl'_k}{dl_k} = \alpha_1\alpha_2\cdots\alpha_k \\
\gamma &= \frac{u'_k}{u_1} = \frac{u'_1}{u_1}\frac{u'_2}{u_2}\cdots\frac{u'_k}{u_k} = \gamma_1\gamma_2\cdots\gamma_k
\end{aligned}\right\} \tag{1-36}$$

可以证明

$$\beta = \frac{n_1}{n'_k}\frac{l'_1 l'_2 \cdots l'_k}{l_1 l_2 \cdots l_k} \tag{1-37}$$

$$\left.\begin{aligned}
\beta &= \frac{n_1}{n_k}\frac{u_1}{u_k} \\
\alpha &= \frac{n'_k}{n_1}\beta^2 \\
\gamma &= \frac{n_1}{n'_k}\frac{1}{\beta}
\end{aligned}\right\} \tag{1-38}$$

三个放大率之间的关系仍有 $\alpha\gamma = \beta$。因此,整个系统各放大率公式及其相互关系与单个折射面完全相同,这表明,单个折射面的成像特性具有普遍意义。

第2章

理想光学系统

　　把光学系统在近轴区成完善像的理论推导到任意大的空间,以任意宽的光束都成完善像的光学系统称为理想光学系统。本章主要介绍理想光学系统的主要光学参数、成像关系和放大率,以及理想光学系统的光组组合和透镜。

2.1　理想光学系统与共线成像理论

　　几何光学的主要内容是研究光学系统的成像问题。为了系统地讨论物像关系,挖掘出光学系统的基本参量,将物、像与系统间的内在关系揭示出来,可暂时抛开光学系统的具体结构(r,d,n),将一般仅在光学系统的近轴区存在的完善成像拓展成在任意大的空间中以任意宽的光束都成完善像的理想模型,这个理想模型就是理想光学系统。

　　理想光学系统理论是在 1841 年由高斯所提出来的,所以理想光学系统理论又被称为"高斯光学"。

　　在理想光学系统中,任何一个物点发出的光线在系统的作用下所有的出射光线仍然相交于一点,由光路的可逆性和折、反射定律中光线方向的确定性可得出每一个物点对应于唯一的一个像点。通常将这种物像对应关系叫作"共轭"。如果光学系统的物空间和像空间都是均匀透明介质,则入射光线和出射光线均为直线,根据光线的直线传播定律,由符合点对应点的物像空间关系可推论出直线成像为直线、平面成像为平面的性质。这种点对应点、直线对应直线、平面对应平面的成像变换称为共线成像。

　　对于实际使用的共轴光学系统,由于系统的对称性,共轴理想光学系统所成的像还有如下的性质。

　　(1) 位于光轴上的物点对应的共轭像点必然位于光轴上;位于过光轴的某一个截面内的物点对应的共轭像点必然位于该平面的共轭像面内;同时,过光轴的任意截面成像性质都是相同的。因此,可以用一个过光轴的截面及其成像特性来代表一个共轴系统,如图 2-1 所示。

　　垂直于光轴的物平面,它的共轭像平面也必然垂直于光轴,如图中 AB 和 $A'B'$ 所示。

关于这个结论我们可证明如下：假定点 A 和点 B 位于物空间垂直于光轴的平面内，离光轴的距离相等；在像空间中的共轭平面是图中的 $A'B'$；点 A' 和点 B' 分别是点 A 和点 B 的像。假设直线 AB 绕过光轴180°，使 B 点占据 A 点的位置，于是在像空间中线 $A'B'$ 也转180°，点 A' 应该与原来 B' 点的位置相重，由此得知直线 $A'B'$ 应该垂直于光轴。因为这个讨论对于平面 $A'B'$ 上每一条线都是正确的，因而这个平面垂直于光轴。

（2）垂直于光轴的平面物所成的共轭平面像的几何形状完全与物相似，也就是说在整个物面上无论哪一部分，物和像的大小比例等于常数。现在利用性质（1）来证明这个性质。作出三对共轭且过光轴的截面（过光轴的截面一般称为子午面），物空间中的 PA、PB 和 PC，像空间中的 $P'A'$，$P'B'$，$P'C'$。图2-2表示这些子午面被垂直于光轴的平面 P 和 P' 所截出的截面。

图 2-1　过光轴的截面

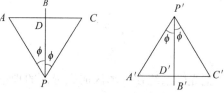

图 2-2　垂直于光轴的 P、P' 截面

（3）由性质（1）可知在某一空间中两子午面间的夹角等于另一空间中共轭子午平面间的夹角。假定每一对子午面 A 和 B、B 和 C，以及与其又共轭的 A' 和 B'、B' 和 C' 形成相等的二面角，并且各点到轴的距离相同，即

$$AP = BP = CP = y$$

及

$$A'P' = B'P' = C'P' = y'$$

用直线连接点 A 和 C 及点 A' 和 C'，显然线段 AC 和 $A'C'$，以及线段 PD 和 $P'D'$ 都是共轭线段。因为 $PD = y\cos\phi$ 和 $P'D' = y'\cos\phi$，于是

$$\frac{P'D'}{PD} = \frac{y'}{y}$$

改变角 ϕ 的值，对于直线 BP 和 $B'P'$ 上任一对共轭点，都可得同样的比例。此即证明了性质（2）。

像和物的大小之比称为放大率。所以对共轴理想光学系统来说，垂直于光轴的同一平面上的各部分具有相同的放大率。

由于共轴理想光学系统的成像有这样好的一个性质，故给通过仪器观察到的像来了解物带来极大的便利，因此一般总是使物平面垂直于共轴系统的光轴，在讨论共轴系统的成像性质时，也总是取垂直于光轴的物平面和像平面。

（4）一个共轴理想光学系统，如果已知两对共轭面的位置和放大率，或者一对共轭面的位置和放大率，以及轴上的两对共轭点的位置，则其他一切物点的像点都可以根据这些已知的共轭面和共轭点来表示。因此，通常将这些已知的共轭面和共轭点分别称为共轴系统的基面和基点。这两种情况可用作图法证明。

图2-3所示为第一种情况，M 为理想光学系统，像平面 O_1' 与物平面 O_1 共轭，其对应的

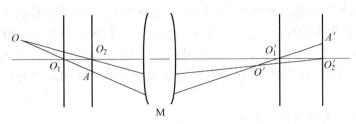

图 2-3　两对共轭面已知的情况

放大率 β_1 已知；像平面 O_2' 与物平面 O_2 共轭，其对应的放大率 β_2 已知。现要求物空间中的任意一点 O 的像点位置，为此过 O 点作两光线分别过 O_1 和 O_2 点。光线 OO_1 穿过第二个物平面上的 A 点，由于 β_2 是已知的，所以 A 的共轭像点 A' 也就可以确定；又由于 O_1' 与 O_1 共轭，所以与 OO_1 共轭的光线必穿过 $O_1'A'$。同理可以确定与 OO_2 共轭的出射光线。这样就可确定 O 的共轭像点 O'。

图 2-4 所示为第二种情况，M 为理想光学系统，已知的一对共轭面为 O_1O_1'；已知的另外两对光轴上的共轭点分别是 O_2、O_2' 和 O_3、O_3'。为确定物空间中任意一点 O 的像点位置 O'，与前述方法类似，过物点 O 作两条光线 OO_2 和 OO_3，分别交物平面 O_1 于 A 点和 B 点，由于共轭面 O_1 和 O_1' 的放大率是已知的，所以可以确定 A 的共轭点 A' 及 B 的共轭点 B'，如图所示，连接 $A'O_2'$ 和 $B'O_3'$ 分别为入射光线 OO_2 和 OO_3 的共轭光线，由此可确定 O 的共轭点 O'。

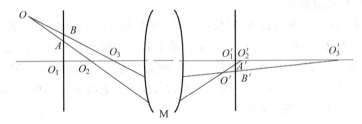

图 2-4　一对共轭面及两对共轭点已知的情况

上面的论证并没有限定要预知什么样的共轭面和共轭点，所以它们可以是任选的。但实际上，为了应用方便，一般采用一些特殊的共轭面和共轭点作为共轴系统的基面和基点。采用哪些特殊的共轭面和共轭点，以及如何根据它们用作图或者计算的方法求其他物点的像，这些内容将在后面几节中讨论。

2.2　理想光学系统的基点与基面

根据 2.1 节中所述的理想光学系统的成像性质，如果在物空间中有一平行于光轴的光线入射于光学系统，不管其在系统中的真正光路如何，在像空间总有唯一的一条光线与之共轭。随着光学系统结构的不同，这条共轭光线可以与光轴平行，也可以交光轴于某一点。这里，先讨论后一种情况。

1. 无限远的轴上物点和它对应的像点 F'

观察对象或成像对象位于无限远或准无限远处是经常遇到的情况，例如天文观察对象、摄影对象;又例如我们把一个放大镜(凸透镜)正对着太阳,在透镜后面可以获得一个明亮的圆斑,它就是太阳的像,太阳是位于无限远的。我们先讨论位于无限远的物体轴上的物点发出且通过光学系统的入射光线的特征,再定义焦点、焦平面,以及主点、主平面,然后讨论由位于无限远的物体轴外物点发出且通过光学系统的入射光线的特征及其像点位置。

1)无限远轴上物点发出的光线

如图2-5所示,h 是轴上物点 A 发出的一条入射光线的投射高度,由三角关系近似有

$$\tan U = \frac{h}{L}$$

式中,U 是孔径角;L 是物方截距。当 $L \to \infty$,即物点 A 向无限远处左移时,由于任何光学系统的口径大小有限,所以 $U \to 0$,即无限远轴上物点发出的光线都与光轴平行。

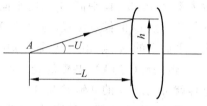

图 2-5 h、L 和 U 的关系

2)像方焦点、焦平面,像方主点、主平面

如图2-6所示,AB 是一条平行于光轴的入射光线,它通过理想光学系统后,出射光线 $E'F'$ 交光轴于 F'。由理想光学系统的成像理论可知,F' 就是无限远轴上物点的像点,称为像方焦点。过 F' 作垂直于光轴的平面,称为像方焦平面,这个焦平面就是与无限远处垂直于光轴的物平面共轭的像平面。

将入射光线 AB 与出射光线 $E'F'$ 反向延长,则两条光线必相交于一点,设此点为 Q',如图2-7所示,过 Q' 作垂直于光轴的平面交光轴于 H' 点,则 H' 称为像方主点,$Q'H'$ 平面称为像主平面,从主点 H' 到焦点 F' 之间的距离称为像方焦距,通常用 f' 表示,其符号遵从符号规则,像方焦距 f' 的起算原点是像方主点 H',设入射光线 AB 的投射高度为 h,出射光线 $E'F'$ 的孔径角为 U',由图2-7有

$$f' = \frac{h}{\tan U'} \tag{2-1}$$

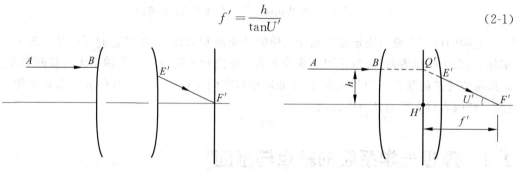

图 2-6   理想光学系统的像方焦点   图 2-7   理想光学系统的像方主点和像方主平面

3)无限远轴外物点发出的光线

与轴上物点的情况类似,由于光学系统的口径大小总是有限的,所以无限远轴外物点发出的、能进入光学系统的光线总是相互平行的,且与光轴有一定的夹角,夹角通常用 ω 表示,如图2-8所示。ω 的大小反映了轴外物点离开光轴的角距离,当 $\omega \to 0$ 时,轴外物点就重合于轴上物点。由共轴理想光学系统成像性质知道,这一束相互平行的光线经过系统以后,一定相交于像方焦平面上的某一点,这一点就是无限远轴外物点的共轭像点。

2. 无限远轴上像点对应的物点 F

如果轴上某一物点 F 和它共轭的像点位于轴上无限远,如图 2-9 所示,则 F 称为物方焦点。通过 F 且垂直于光轴的平面称为物方焦平面,它和无限远垂直于光轴的像平面共轭。设由焦点 F 发出的入射光线的延长线与相应的平行于光轴的出射光线的延长线相交于 Q 点(图 2-9),过 Q 点作垂直于光轴的平面交光轴于 H 点,H 点称为理想光学系统的物方主点,QH 平面称为物方主平面。由物方主点 H 起到物方焦点 F 间的距离称为理想光学系统的物方焦距,用 f 表示,其正、负由符号规则确定。如果由 F 发出的入射光线的孔径角为 U,其相应的出射光线在物方主平面上的投射高度为 h,由图 2-9 的三角几何关系有

$$f = \frac{h}{\tan U} \tag{2-2}$$

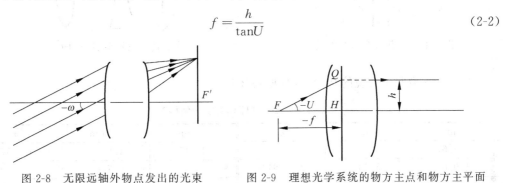

图 2-8 无限远轴外物点发出的光束   图 2-9 理想光学系统的物方主点和物方主平面

另外,物方焦平面上任何一点发出的光线,通过理想光学系统后也是一组相互平行的光线,它们与光轴的夹角大小反映了轴外点离开轴上点的距离。

3. 物方主平面与像方主平面间的关系,理想光学系统的基点和基面

完全仿照前文定义的主点、主平面及焦点、焦平面的作法。在图 2-10 中,作出一投射高度为 h 且平行于光轴的光线入射到理想光学系统,相应的出射光线必通过像方焦点 F′,过物方焦点 F 作一条入射光线,并且调整这条入射光线的孔径角,使得相应出射光线的投射高度也是 h。这样,两条入射光线都经过 Q 点,相应的两条出射光线都经过 Q′,所以 Q 与 Q′就是一对共轭点,因此物方主平面与像方主平面是一对共轭面,而且 QH 与 Q′H′相等并在光轴的同一侧,所以,一对主平面的垂轴放大率为 +1,这一性质在用作图法追迹光线时是非常有用的,即出射光线在像方主平面上的投射高度一定与入射光线在物方主平面上的投射高度相等。

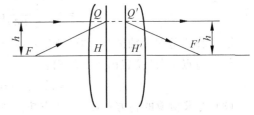

图 2-10 两主平面间的关系

一对主平面,加上无限远轴上物点和像方焦点 F′,以及物方焦点 F 和无限远轴上像点这两对共轭点,就是最常用的共轴系统的基点和基面。它们构成了一个光学系统的基本模型,是可以与具体的系统相对应的。不同的光学系统,只表现为这些基点的相对位置不同、焦距不等而已,根据它们能找出物空间任意物点的像。因此,如果已知一个共轴系统的一对主平面和两个焦点位置,它的成像性质就完全确定。所以,通常总是用一对主平面和两个焦点位置来代表一个光学系统,如图 2-11 所示。至于如何根据 H、H′、F、F′用作图的方法或者用计算的方法求出像的位置和大小,将在后面讨论。

4. 实际光学系统的基点位置和焦距的计算

由前文知,共轴球面系统的近轴区就是实际的理想光学系统,在实际系统的近轴区追迹平行于光轴的光线,就可以计算出实际系统近轴区的基点位置和焦距,通常实际系统就以此作为它的基点和焦距。下面以图 2-12 所示的三片型照相物镜为例描述具体的计算过程和计算结果。

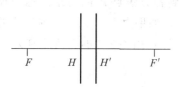

图 2-11   理想光学系统的简化

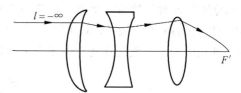

图 2-12   三片型照相物镜

（1）三片型照相物镜的结构参数（见表 2-1）

表 2-1   三片型照相物镜的结构参数

r/min	d/mm	n	r/min	d/mm	n
26.67			25.47	1.6	1.6475
189.67	5.20	1.6140	72.11	6.7	
−49.66	7.95		−35.00	2.8	1.6140

（2）为求物镜的像方焦距 f'、像方焦点 F' 的位置及像方主点 H' 的位置,可沿正向光路,即从左至右追迹一条平行于光轴的近光线,其初始坐标为 $l_1 = -\infty(u_1 = 0)$,$h_1 = 10\text{mm}$,$i_1 = h_1/r_1$。这里投射高度 h_1 也可以取其他数值,但并不影响最终的计算结果,请读者考虑这是为什么。

利用近轴光线的光路计算公式逐面计算,其结果为 $l' = 67.4907\text{mm}$,$u' = 0.121869$。

由计算结果知 $l'_F = 67.4907\text{mm}$,即系统的像方焦点 F' 的位置在系统最后一个折射面右边 67.4907mm 的地方。将 $h_1 = 10\text{mm}$、$u' = 0.121689$ 代入式(2-1)可得系统的像方焦距为

$$f' = \frac{10}{0.121869}\text{mm} = 82.055\text{mm}$$

因为我们是在近轴区作计算,所以有 $u' = \tan U'$。

像方主点 H' 的位置由下式算出:

$$l'_{H'} = l'_{F'} - f' = -14.5644\text{mm}$$

（3）为求物镜的物方焦距 f、物方焦点 h 及物方主点 H 的位置,原则上要作反向光路计算。

通常把光学系统倒转,即把第一面作为最后一面,最后一面作为第一面,并随之改变曲率半径的符号,如图 2-13 所示。在这种情况下再作上述光线追迹,求得此时的 f'、l'_F 和 $l'_{H'}$,将其值改变符号即得该系统的物方焦距 f、物方焦点的位置 l_F 和物方主点位置 l_H。其初始坐标为 $l_L = -\infty(u_1 = 0)$,$h_1 = 10\text{mm}$,$i_1 = h_1/r_1$。此时 $r_1 = 35\text{mm}$。由近轴光路追迹计算得 $l' =$

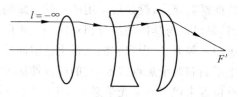

图 2-13   左右倒置的三片照相物镜

$70.0183\,\mathrm{mm}$，$u' = 0.121869$。由追迹结果可得系统的物方焦距为

$$f = -82.055\,\mathrm{mm}$$

物方焦点位置为

$$l_F = -70.0184\,\mathrm{mm}$$

物方主点位置为

$$l_H = 12.0366\,\mathrm{mm}$$

需要解释的是，这里的 l_F 和 l_H 都是以图 2-12 所示的第一面顶点为原点表示的数据。值得注意的是，这里的物方焦距和像方焦距的量值是相同的，这不是偶然的巧合，其原因留待后续内容中解释。

2.3　理想光学系统的物像关系

2.3.1　理想光学系统的求像方法

几何光学中的一个基本内容是求像，即对于确定的光学系统，给定物体位置、大小、方向，求其像的位置、大小、正倒及虚实。对于理想光学系统，已知物求其像有以下方法。

1. 图解法求像

已知一个理想光学系统的主点(主面)和焦点的位置，利用光线通过它们后的性质，对物空间给定的点、线和面，通过画图追踪典型光线求出像的方法称为图解法求像。可供选择的典型光线和可利用的性质目前主要有：

(1) 平行于光轴入射的光线，它经过系统后过像方焦点；

(2) 过物方焦点的光线，它经过系统后平行于光轴出射；

(3) 倾斜于光轴入射的平行光束经过系统后会交于像方焦平面上的一点；

(4) 自物方焦平面上一点发出的光束经系统后成倾斜于光轴的平行光束；

(5) 共轭光线在主面的投射高度相等。

在理想成像的情况下，从一点发出的一束光线经光学系统作用后仍然交于一点。因此要确定像点位置，只需求出由物点发出的两条特定光线在像方空间的共轭光线，它们的交点就是该物点的像点。

1) 对于轴外点 B 或一垂轴线段 AB 的图解法求像

如图 2-14 所示，有一垂轴物体 AB 被光学系统成像，可选取由轴外点 B 发出的两条典型光线，一条由 B 发出通过物方焦点 F，它经系统后的共轭光线平行于光轴；另一条是由 B 点发出平行于光轴的光线，它经系统后的共轭光线过像方焦点 F'。在像空间，这两条光线

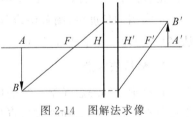

图 2-14　图解法求像

的交点 B' 即为 B 的像点。过点 B' 作光轴的垂线 $A'B'$ 即为物 AB 的像。

2) 轴上点的图解法求像

由轴上点 A 发出任一条光线 AM 通过光学系统后的共轭光线为 $M'A'$，其和光轴的交点 A' 即为 A 点的像，这可以有两种作法。

一种作法如图 2-15 所示,认为光线 AM 是由物方焦平面上 B 点发出的。为此,可以由该光线与物方焦平面的交点 B 上引出一条与光轴平行的辅助光线 BN,其由光学系统射出后通过像方焦点 F' 即光线 $N'F'$,由于自物方焦平面上一点发出的光束经系统后成倾斜于光轴的平行光束,所以,光线 AM 的共轭光线 $M'A'$ 应与光线 $N'F'$ 平行,其与光轴的交点 A' 即为轴上点 A 的像。

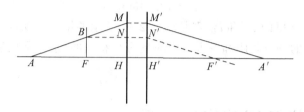

图 2-15 图解法求光线(一)

另一种作法如图 2-16 所示,认为由点 A 发出的任一光线是由无限远轴外点发出的倾斜平行光束中的一条。通过物方焦点作一条辅助光线 FN 与该光线平行,这两条光线构成倾斜平行光束,它们应该会聚于像方焦平面上一点,这一点的位置可由辅助光线来决定,因辅助光线通过物方焦点,其共轭光线由系统射出后平行于光轴,它与像方焦平面之交点即是该倾斜平行光束通过光学系统后的会聚点 B'。入射光线 AM 与物方主平面的交点为 M,其共轭点是像方主平面上的 M',且 M 和 M' 处于等高的位置。由 M' 和 B' 的连线 $M'B'$ 即得入射光线 AM 的共轭光线。$M'B'$ 和光轴的交点 A' 是轴上点 A 的像点。

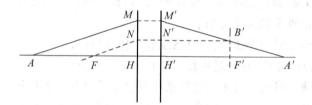

图 2-16 图解法求光线(二)

3) 轴上点经两个光组的图解法求像

这种问题,只要掌握好任意光线的共轭光线的求作方法,就不难迎刃而解。为使读者较为清晰地看到解题过程,在图 2-17 中分(a)、(b)、(c)、(d)四个分图按步骤给出求解过程及结果。

从实用的角度讲,图解法求像并不能完全代替计算。但对初学者来说,掌握好图解方法,对帮助理解光学成像的概念是必要的。

2. 解析法求像

在讨论共轴理想光学系统的成像理论时知道,只要已知了主平面这一对共轭面,以及无限远物点与像方焦点和物方焦点与无限远像点这两对共轭点,则其他一切物点的像点都可以根据这些已知的共轭面和共轭点来表示。这就是解析法求像的理论依据。

如图 2-18 所示,有一垂轴物体 AB,其高度为 $-y$,它被一已知的光学系统成一正像 $A'B'$,其高度为 y'。

按照物(像)位置表示中坐标原点选取的不同,解析法求像的公式有两种,其一称为牛顿

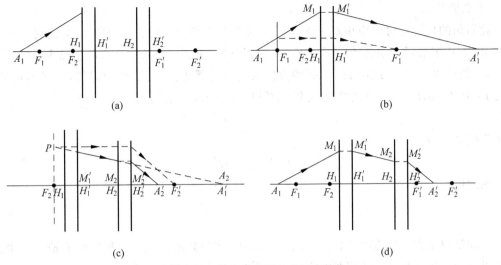

图 2-17 轴上点经两个光组成的像

公式,它是以焦点为坐标原点的;其二称为高斯公式,它是以主点为坐标原点的。

1) 牛顿公式

物和像的位置用相对于光学系统的焦点来确定,即以物点 A 到物方焦点的距离 AF 为物距,以符号 x 表示;以像点 A' 到像方焦点 F' 的距离 $A'F'$ 作为像距,用 x' 表示。物距 x 和像距 x' 的正、负号是以相应焦点为原点来确定的,如果由 $F \sim A$ 或由 $F' \sim A'$ 的方向与光线传播方向一致,则为正,反之为负。在图 2-18 中,$x < 0, x' > 0$。

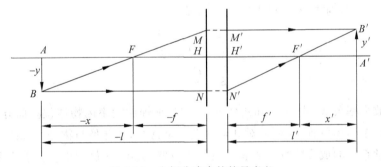

图 2-18 牛顿公式中的符号意义

由两对相似三角形 $\triangle BAF$、$\triangle FHM$ 和 $\triangle H'N'F'$、$\triangle F'A'B'$ 可得

$$-\frac{y'}{y} = \frac{-f}{-x}, \quad -\frac{y'}{y} = \frac{x'}{f'}$$

由此可得

$$xx' = ff' \tag{2-3}$$

这个以焦点为原点的物像位置公式,称为牛顿公式,其中 $\dfrac{y'}{y}$ 为像高与物高之比,即垂轴放大率公式 β。因此,牛顿公式的垂轴放大率公式为

$$\beta = \frac{y'}{y} = -\frac{f}{x} = -\frac{x'}{f'} \tag{2-4}$$

2) 高斯公式

物和像的位置也可以用相对于光学系统的主点来确定。以 l 表示物点 A 到物方主点 H 的距离，以 l' 表示像点 A' 到像方主点 H' 的距离。l 和 l' 的正负以相应的主点为坐标原点来确定，如果由 $H\sim A$ 或由 $H'\sim A'$ 的方向与光线传播方向一致，则为正值，反之为负值。图 2-18 中，$l<0$，$l'>0$。由图 2-18 可得 l、l' 与 x、x' 间的关系为

$$x=l-f,\quad x'=l'-f'$$

代入牛顿公式得

$$lf'+l'f=ll'$$

两边同除 ll' 有

$$\frac{f'}{l'}+\frac{f}{l}=1 \tag{2-5}$$

这就是以主点为原点的物像公式的一般形式，称为高斯公式。其相应的垂轴放大率公式也可以通过牛顿公式转化得到。在 $x'=ff'/x$ 的两边各加 f'，得

$$x'+f'=\frac{ff'}{x}+f'=\frac{f'}{x}(x+f)$$

上式中的 $x'+f'$ 和 $x+f$，由前文知即为 l' 和 l，且由于 $\beta=-\dfrac{x'}{f'}$，即可得

$$\beta=\frac{y'}{y}=-\frac{f}{f'}\frac{l'}{l} \tag{2-6}$$

后面将会看到，当光学系统的物空间和像空间的介质相同时，物方焦距和像方焦距有简单的关系 $f'=-f$，则式(2-5)和式(2-6)可写成

$$\frac{1}{l'}-\frac{1}{l}=\frac{1}{f'} \tag{2-7}$$

$$\beta=\frac{l'}{l} \tag{2-8}$$

由垂轴放大率公式(式(2-4)和式(2-8))可知，垂轴放大率因物体位置而异，某一垂轴放大率只对应一个物体位置，在同一对共轭面上 β 是常数，因此像与物是相似的。

理想光学系统的成像特性主要表现在像的位置、大小、正倒和虚实。引用上述公式可描述任意位置物体的成像性质。

在工程实际中，有一类问题是对于一给定的系统，要寻找物体放在什么位置可以满足给定的倍率，例如图 2-12 所示的三片型照相物镜在原理上是可以当作投影物镜用的，若要求此物镜成像 $-1/10^\times$，问物平面应放置的位置。利用垂轴放大率公式 $\beta=-\dfrac{f}{x}$ 求得的 2.2 节中的数据为

$$x=-820.55\text{mm}$$
$$l=x+l_F=-890.5684\text{mm}$$

即物平面应放在离开三片型物镜第一面顶点左侧 890.5684mm 的位置。

2.3.2　由多个光组组成的理想光学系统的成像

一个光学系统可由一个或几个部件组成,每个部件可以由一个或几个透镜组成。这些部件被称为光组。光组可以单独看作一个理想光学系统,由焦距、焦点和主点的位置来描述。

有时,光学系统由几个光组组成,每个光组的焦距和焦点、主点位置以及光组间的相互位置均为已知。此时,为求某一物体所成的像的位置和大小,需连续应用物像公式于每一光组,为此需知道过渡公式。如图 2-19 所示,物点 A_1 被第一光组成像于 A_1',它就是第二个光组的物 A_2。两光组的相互位置以距离 $H_1'H_2=d_1$ 来表示。由图可见有如下的过渡关系:

$$l_2=l_1'-d_1$$
$$x_2=x_1'-\Delta_1$$

式中,Δ_1 为第一光组的像方焦点 F_1' 到第二光组物方焦点 F_2 的距离,即 $\Delta_1=F_1'F_2$,称为焦点间隔或光学间隔。以前一个光组的像方焦点由原点来决定其正负,若它到下一个光组物方焦点的方向与光线的方向一致,则为正;反之,则为负。光学间隔与主面间隔之间的关系由图 2-19 可得:

$$\Delta_1=d_1-f_1'+f_2$$

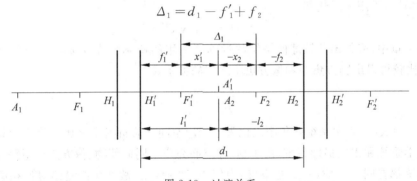

图 2-19　过渡关系

上述过渡公式和两个间隔间的关系只是反映了光学系统由两个光组组成的情况,若光学系统由若干个光组组成,则推广出一般的过渡公式和两个间隔间的关系为

$$l_k=l_{k-1}'-d_{k-1} \tag{2-9}$$
$$x_k=x_{k-1}'-\Delta_{k-1} \tag{2-10}$$
$$\Delta_k=d_k-f_k'+f_{k+1} \tag{2-11}$$

式中,k 是光组序号。由于前一个光组的像是下一个光组的物,即 $y_2=y_1',y_3=y_2',\cdots,y_k=y_{k-1}'$,所以整个系统的放大率 β 等于各光组放大率的乘积,即

$$\beta=\frac{y_k'}{y_1}=\frac{y_1'}{y_1}\frac{y_2'}{y_2}\cdots\frac{y_k'}{y_k}=\beta_1\beta_2\cdots\beta_k \tag{2-12}$$

此处,假定光学系统由 k 个光组构成。

2.3.3　理想光学系统两焦距之间的关系

图 2-20 是轴上点 A 经理想光学系统成像于 A' 的光路,由图显见

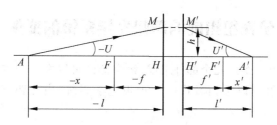

图 2-20   两焦距的关系

$$l \tan U = h = l' \tan U'$$

或

$$(x + f) \tan U = (x' + f') \tan U'$$
$$x' = -f'(y'/y)$$

将由式(2-4)所得的 x 和 x'，即 $x = -f(y/y')$ 和 $x' = -f'(y'/y)$ 代入上式，可得

$$fy \tan U = -f'y' \tan U' \tag{2-13}$$

对于理想光学系统，式(2-13)中的角度不论为何值，该式总是成立的。因而，当这些角度的数值很小时，正切值可用角度的弧度值来代替，即在近轴光线区域中，式(2-13)也成立，故对于小角度，可用下式代替：

$$fyU = -f'y'U' \tag{2-14}$$

在第 1 章中，曾得出共轴球面系统的近轴区适用的拉赫公式 $nyu = n'y'u'$。将此式与式(2-14)比较可得出物方焦距和像方焦距之间的关系式

$$\frac{f'}{f} = -\frac{n'}{n} \tag{2-15}$$

式(2-15)表明，光学系统两焦距之比等于相应空间介质折射率之比。除了少数情况，例如眼睛光学系统和水底摄影系统，由于物、像空间介质不同而使物、像方焦距不等外，绝大多数光学系统都在同一介质(一般是空气)中使用，即 $n' = n$，故两焦距是绝对值相同，符号相反，即 $f' = -f$。

若光学系统中包括反射面，则两焦距之间的关系由反射面个数决定，设反射面的数目为 k，则可将式(2-15)写成如下更一般的形式：

$$\frac{f'}{f} = (-1)^{k+1} \frac{n'}{n} \tag{2-16}$$

根据式(2-15)，式(2-13)可写成

$$ny \tan U = n'y' \tan U' \tag{2-17}$$

这就是理想光学系统的拉赫公式。

2.4   理想光学系统的放大率

在理想光学系统中，除前已述及的垂轴放大率外，还有两种放大率，即轴向放大率和角放大率。

2.4.1　轴向放大率

根据前面的讨论知道,对于确定的理想光学系统,像平面的位置是物平面位置的函数,具体的函数关系式就是高斯公式(2-5)和牛顿公式(2-3)。当物平面沿光轴做一微量的移动 $\mathrm{d}x$ 或 $\mathrm{d}l$ 时,其像平面就移动一相应的距离 $\mathrm{d}x'$ 或 $\mathrm{d}l'$。通常定义两者之比为轴向放大率,用 α 表示,即

$$\alpha = \frac{\mathrm{d}x'}{\mathrm{d}x} = \frac{\mathrm{d}l'}{\mathrm{d}l} \tag{2-18}$$

当物平面的移动量 $\mathrm{d}x$ 很小时,可用牛顿公式或高斯公式微分来导出轴向放大率。由牛顿公式(2-3)可得

$$x\,\mathrm{d}x' + x'\,\mathrm{d}x = 0$$

即

$$\alpha = -\frac{x'}{x}$$

将牛顿公式形式的垂轴放大率公式 $\beta = -f/x = -x'/f'$ 代入上式得

$$\alpha = -\beta^2 \frac{f'}{f} = \frac{n'}{n}\beta^2 \tag{2-19}$$

其中已利用了物方焦距和像方焦距之间的关系式(2-15)。

如果理想光学系统的物方空间的介质与像方空间的介质一样,例如光学系统置于空气中的情况,则式(2-19)可简化为

$$\alpha = \beta^2 \tag{2-20}$$

上式表明,一个小的正方体的像一般不再是正方体。除非正方体处于 $\beta = \pm 1$ 位置。

如果轴上点移动有限距离 Δx,相应的像点移动距离 $\Delta x'$,则轴向放大率可定义为

$$\bar{\alpha} = \frac{\Delta x'}{\Delta x} = \frac{x_2' - x_1'}{x_2 - x_1} = \frac{n'}{n}\beta_1\beta_2 \tag{2-21}$$

式中, β_1 是物点处于物距为 x_1 时的垂轴放大率; β_2 是物点移动 Δx 后处于物距为 x_2 时的垂轴放大率。利用牛顿公式可得到下式:

$$\Delta x' = x_2' - x_1' = \frac{ff'}{x_2} - \frac{ff'}{x_1} = -ff'\left(\frac{x_2 - x_1}{x_1 x_2}\right)$$

则

$$\bar{\alpha} = \frac{\Delta x'}{\Delta x} = \frac{x_2' - x_1'}{x_2 - x_1} = -\frac{f'}{f}\left(-\frac{f}{x_1}\right)\left(-\frac{f}{x_2}\right) = \frac{n'}{n}\beta_1\beta_2$$

轴向放大率公式常用在仪器系统的装调计算及像差系数的转面倍率等问题中。

2.4.2　角放大率

过光轴上一对共轭点,任取一对共轭光线 AM 和 $M'A'$,如图 2-21 所示,其与光轴的夹角分别为 U 和 U',这两个角度正切之比定义为这一对共轭点的角放大率,以 γ 表示为

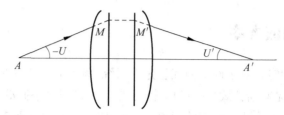

图 2-21　光学系统的角放大率

$$\gamma = \frac{\tan U'}{\tan U} \qquad\qquad (2\text{-}22)$$

由理想光学系统的拉赫公式(2-17)可得

$$\gamma = \frac{n}{n'}\frac{1}{\beta} \qquad\qquad (2\text{-}23)$$

其利用了垂轴放大率的定义式 $\beta = y'/y$。在确定的光学系统中,因为垂轴放大率只随物体位置而变化,所以角放大率仅随物像位置而异,在同一对共轭点上,任一对共轭光线与光轴夹角 U 和 U' 的正切之比恒为常数。

式(2-19)与式(2-23)的左右两端分别相乘可得

$$\alpha\gamma = \beta \qquad\qquad (2\text{-}24)$$

式(2-24)就是理想光学系统的三种放大率之间的关系式。

2.4.3　光学系统的节点

光学系统中角放大率等于 $+1$ 的一对共轭点称为节点。若光学系统位于空气中,或者物空间与像空间的介质相同,则式(2-23)可简化为

$$\gamma = \frac{1}{\beta}$$

在这种情况下,当 $\beta = 1$ 时,即考虑的共轭面是主平面时,$\gamma = 1$,即主点即为节点。其物理意义是过主点的入射光线经过系统后出射方向不变,如图 2-22 所示。在一般的作图法求像中,光学系统的物空间和像空间的折射率是相等的,如此可利用过主点的共轭光线方向不变这一性质。

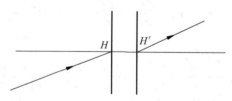

图 2-22　$n = n'$ 时过主点的光线不改变方向

光学系统物方空间折射率与像方空间折射率不相同时,角放大率 $\gamma = 1$ 的物像共轭点(即节点)不再与主点重合。据式(2-23)、式(2-4)和式(2-15)可求得这对共轭点的位置是

$$x_J = f'$$
$$x_J' = f \qquad\qquad (2\text{-}25)$$

对于焦距为正的光学系统,即 $f'>0$ 的系统,物方节点 J 位于物方焦点之右相距 $|f'|$ 之处;又因 $x'_J=f<0$,所以像方节点 J' 位于像方焦点之左相距 $|f|$ 之处,如图 2-23 所示。过节点的共轭光线自然是彼此平行的。

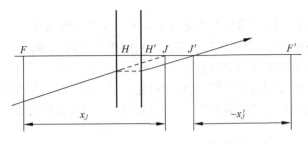

图 2-23 过节点的光线

如前所述,光线通过节点方向不变的性质可方便地用于图解求像。根据这个性质,可用实验方法寻求出实际光学镜头的节点位置。

一对节点加上前面已述的一对主点和一对焦点,统称为光学系统的基点。知道它们的位置以后就能充分了解理想光学系统的成像性质。

2.4.4 用平行光管测定焦距的依据

如图 2-24 所示,一束与光轴成 ω 角入射的平行光束经系统以后,会聚于焦平面上的 B' 点,这就是无限远轴外物点 B 的像。B' 点的高度,即像高 y' 是由这束平行光束中过节点的光线决定的。如果被测系统放在空气中,则主点与节点重合,因此由图可得

$$y'=-f'\tan\omega \tag{2-26}$$

式(2-26)表明,只要给被测系统提供一与光轴倾斜成给定角度 ω 的平行光束,测出其在焦平面上一会聚点的高度 y',就可算出焦距。给定倾角的平行光束可由平行光管提供,整个装置如图 2-25 所示。在平行光管物镜的焦平面上设置一刻有几对已知间隔线条的分划板,用以产生平行光束,平行光管物镜的焦距 f_1 为已知,所以角 ω 满足 $\tan\omega=-y/f_1$ 是已知的,据此,被测物镜的焦距为

$$f'_2=\frac{f_1}{y}y' \tag{2-27}$$

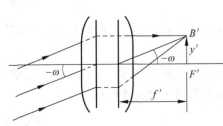

图 2-24 无限远物体的理想像高

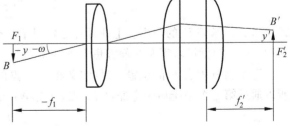

图 2-25 焦距测量原理

2.5 理想光学系统的组合

在光学系统的应用中,时常将两个或两个以上的光学系统组合在一起使用。它相当于一个怎样的等效系统? 它的等效焦距是多少? 它的等效焦点、等效主点又在什么地方? 这是常常遇到的问题,有时在计算和分析一个复杂的光学系统时,为了方便起见,需将一个光学系统分成若干部分,分别进行计算,最后再把它们组合在一起。本节讨论两个光组的组合焦距公式,以及多光组组合的计算方法,并分析几种典型组合系统的特性。

2.5.1 两个光组组合分析

假定两个已知光学系统的焦距分别为 f_1、f_1' 和 f_2、f_2',如图 2-26 所示。两个光学系统间的相对位置用第一个系统的像方焦点 F_1' 距第二个系统的物方焦点 F_2 的距离 Δ 表示,称为光学间隔,Δ 的符号规则是以 F_1' 为起算原点,计算到 F_2,由左向右为正。图中其余有关线段都按各自的符号规则进行标注,并分别用 f、f' 表示组合系统的物方焦距和像方焦距,用 F、F' 表示组合系统的物方焦点和像方焦点。

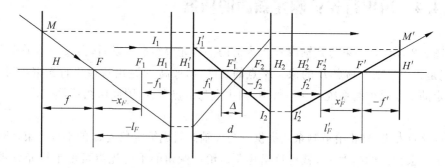

图 2-26 两光组组合

首先求像方焦点 F' 的位置,根据焦点的性质,平行于光轴入射的光线,通过第一个系统后,一定通过 F_1' 然后再通过第二个光学系统。其出射光线与光轴的交点就是组合系统像方焦点 F'。F_1' 和 F' 相对于第二个光学系统来讲是一对共轭点。应用牛顿公式,并考虑到符号规则有

$$x'_F = -\frac{f_2 f_2'}{\Delta} \tag{2-28}$$

式中,x'_F 是 F_2' 到 F' 的距离。上述计算是针对第二个系统进行的,自然 x'_F 的起算原点是 F_2'。利用式(2-28)就可求得系统像方焦点 F' 的位置。

至于物方焦点 F 的位置,根据定义经过 F 点的光线通过整个系统后一定平行于光轴,所以通过第一个系统后一定经过 F_2 点,在对第一个系统利用牛顿公式后有

$$x_F = \frac{f_1 f_1'}{\Delta} \tag{2-29}$$

式中,x_F 是指 F_1 到 F 的距离,坐标原点是 F_1。利用此式可求得系统的物方焦点 F 的位

置。焦点位置确定后,只要求出焦距,主平面位置也就随之确定了。

由前述的定义知,平行于光轴的入射光线和出射光线的延长线的交点 M',一定位于像方主平面上。由图 2-26 知

$$\triangle M'F'H' \backsim \triangle I'_2 H'_2 F'$$
$$\triangle I_2 H_2 F'_1 \backsim \triangle I'_1 H'_1 F'_1$$

即

$$\frac{H'F'}{F'H'_2} = \frac{H'_1 F'_1}{F'_1 H_2}$$

根据图中的标注,有

$$\left. \begin{array}{ll} H'F' = -f', & F'H'_2 = f'_2 + x'_F \\ H'_1 F'_1 = f'_1, & F'_1 H_2 = \Delta - f_2 \end{array} \right\}$$

可得

$$\frac{-f'}{f'_2 + x'_F} = \frac{f'_1}{\Delta - f_2}$$

将 $x'_F = -\dfrac{f_2 f'_2}{\Delta}$ 代入上式,简化后,得

$$f' = -\frac{f'_1 f'_2}{\Delta} \tag{2-30}$$

假定组合系统物空间介质的折射率为 n_1,两个系统间的介质折射率为 n_2,像空间介质的折射率为 n_3,根据物方焦距和像方焦距间的关系

$$f = -f' \frac{n_1}{n_3} = \frac{f'_1 f'_2}{\Delta} \frac{n_1}{n_3}$$

将 $f'_1 = -f_1 \dfrac{n_2}{n_1}$ 和 $f'_2 = -f_2 \dfrac{n_3}{n_2}$ 代入上式,得

$$f = \frac{f_1 f_2}{\Delta} \tag{2-31}$$

两个系统间相对位置有时用两主平面之间的距离 d 表示。d 的符号规则是以第一系统的像方主点 H'_1 为起算原点,计算到第二个系统的物方主点 H_2,顺光路为正。

由图 2-26 得

$$\left. \begin{array}{l} d = f'_1 + \Delta - f_2 \\ \Delta = d - f'_1 + f_2 \end{array} \right\} \tag{2-32}$$

代入焦距公式(2-30)得

$$\frac{1}{f'} = \frac{-\Delta}{f'_1 f'_2} = \frac{1}{f'_2} - \frac{f_2}{f'_1 f'_2} - \frac{d}{f'_1 + f'_2}$$

当两个系统位于同一种介质(例如空气)中时,$f'_2 = -f_2$,故有

$$\frac{1}{f'} = \frac{1}{f'_1} + \frac{1}{f'_2} - \frac{d}{f'_1 f'_2} \tag{2-33}$$

通常用 Φ 表示像方焦距的倒数,$\Phi = \dfrac{1}{f'}$ 称为光焦度。这样式(2-33)可以写作

$$\Phi = \Phi_1 + \Phi_2 - d\Phi_1\Phi_2 \tag{2-34}$$

当两个光学系统平面间距为零时，即在密接薄透镜组的情况下，有

$$\Phi = \Phi_1 + \Phi_2$$

这表示密接薄透镜组总光焦度是两个薄透镜光焦度之和。

由图 2-26 可得

$$l'_F = f'_2 + x'_F, \quad l_F = f_1 + x_F$$

将式(2-28)代入上式，可得

$$l'_F = f'_2 - \frac{f_2 f'_2}{\Delta} = \frac{f'_2 \Delta - f_2 f'_2}{\Delta} \tag{2-35}$$

根据式(2-30)，并利用 $\Delta = d - f'_1 + f_2$，得

$$l'_F = f'\left(1 - \frac{d}{f'_1}\right) \tag{2-36}$$

同理可得

$$l_F = f\left(1 + \frac{d}{f_2}\right) \tag{2-37}$$

由图 2-26，并利用式(2-36)和式(2-37)可得主平面位置

$$l'_H = -f'\frac{d}{f'_1} \tag{2-38}$$

$$l_H = f\frac{d}{f_2} \tag{2-39}$$

2.5.2 多光组组合计算

当多于两个的光组组合成一个系统时，再沿用前述两个光组光线投射高度和角度追迹的合成方法，则过程繁杂，且容易出错，所得公式将很复杂，而且也不实用。这里介绍一个基于计算来求组合系统的方法。

为求出组合系统的焦距，可以追迹一条投射高度为 h_1 的平行于光轴的光线。只要计算出最后的出射光线与光轴的夹角(称为孔径角)U'_k，则

$$f' = \frac{h_1}{\tan U'_k} \tag{2-40}$$

式中，下标 k 表示该系统中的光组数目；投射高度 h_1 是入射光线在第一个光组主面上的投射高度，如图 2-27 所示。

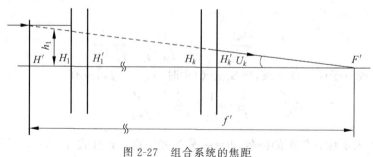

图 2-27 组合系统的焦距

对任意一个单独的光组来说,将高斯公式(2-7)两边同乘以共轭点的光线在其上的投射高度 h,有

$$\frac{h}{l'} - \frac{h}{l} = \frac{h}{f'}$$

因为 $\frac{h}{l'} = \tan U'$,$\frac{h}{l} = \tan U$,所以有

$$\tan U' = \tan U + \frac{h}{f'} \tag{2-41}$$

利用过渡公式(2-9)和 $\tan U'_{k-1} = \tan U_k$,容易得到同一条计算光线在相邻两个光组上的投射高度之间的关系为

$$h_k = h_{k-1} - d_{k-1} \tan U'_{k-1} \tag{2-42}$$

式中,k 是光组序号。

例如,将式(2-41)和式(2-42)连续用于 3 个光组的组合系统,任取 h_1,并令 $\tan U_1 = 0$,则有

$$\left.\begin{aligned}
\tan U'_1 &= \tan U_2 = \frac{h_1}{f'_1} \\
h_2 &= h_1 - d_1 \tan U'_1 \\
\tan U'_2 &= \tan U_3 = \tan U_2 + \frac{h_2}{f'_2} \\
h_3 &= h_2 - d_2 \tan U'_2 \\
\tan U'_3 &= \tan U_3 + \frac{h_3}{f'_3}
\end{aligned}\right\} \tag{2-43}$$

这个算法称为正切计算法。

2.6 透镜

透镜是构成系统的最基本单元,它是由两个折射面包围一种透明介质(例如玻璃)所形成的光学零件。折射面可以是球面(包括平面,即将平面看成是半径无限大的球面)和非球面。因球面加工和检验较为简单,故透镜折射面多为球面。

透镜按其对光线的作用可分为两类,对光线有会聚作用的称为会聚透镜,它的光焦度 Φ 为正值,又称为正透镜;对光线有发散作用的称为发散透镜,它的光焦度 Φ 为负值,也称负透镜。

把透镜的两个折射球面看作是两个单独的光组,只要分别求出它们的焦距和基点位置,再应用前述的光组组合公式就可以求得透镜的焦距和基点位置。

不难分析出,由单个折射球面构成的系统,其两个主面都重合于球面的顶点,其焦距可利用单个折射球面的成像公式求得:

$$\frac{n'}{l'} - \frac{n}{l} = \frac{n' - n}{r}$$

即只要令 $l(l')$ 为无穷大,就有 l' 为 f' 或 l 为 f。假定透镜放在空气中,即 $n_1 = n'_2 = 1$;透镜

材料折射率为 n，即 $n'_1 = n_2 = n$，则有

$$f_1 = -\frac{r_1}{n-1}, \quad f'_1 = \frac{nr_1}{n-1} \left.\begin{array}{l}\end{array}\right\}$$
$$f_2 = \frac{nr_2}{n-1}, \quad f'_2 = -\frac{r_2}{n-1} \left.\begin{array}{l}\end{array}\right\} \tag{2-44}$$

透镜的光学间隔

$$\Delta = d - f'_1 + f_2$$

式中，d 是透镜的光学厚度。

根据这些关系式，可由式(2-30)得出透镜的焦距公式为

$$f' = -f = -\frac{f'_1 f'_2}{\Delta} = \frac{nr_1 r_2}{(n-1)[n(r_2 - r_1) + (n-1)d]} \tag{2-45}$$

将上式写成光焦度的形式，有

$$\Phi = \frac{1}{f'} = (n-1)(\rho_1 - \rho_2) + \frac{(n-1)^2}{n}d\rho_1\rho_2 \tag{2-46}$$

式中，ρ_1、ρ_2 为球面曲率半径的倒数。根据式(2-36)和式(2-37)，可求得焦点位置 l'_F 和 l_F 为

$$l'_F = f'\left(1 - \frac{n-1}{n}d\rho_1\right)$$

$$l_F = -f'\left(1 + \frac{n-1}{n}d\rho_2\right)$$

又根据式(2-38)和式(2-39)可得到主面位置 l'_H 和 l_H 为

$$l'_H = -f'\frac{n-1}{n}d\rho_1$$

$$l_H = -f'\frac{n-1}{n}d\rho_2$$

将式(2-45)中的 f' 代入上式可得另一种形式的表示式：

$$l'_H = \frac{-dr_2}{n(r_2 - r_1) + (n-1)d} \tag{2-47}$$

$$l_H = \frac{-dr_1}{n(r_2 - r_1) + (n-1)d} \tag{2-48}$$

下面假定透镜放在空气中，其材料折射率 n 大于1，根据式(2-45)～式(2-48)分析透镜焦距和主面位置随透镜两曲率半径和厚度 d 的变化而变动的情况，可得以下几点结论：

(1) 对于双凹、平凸、平凹和正弯月形透镜，其焦距的正负，即会聚或发散的性质取决于其形状或曲率半径的配置。

(2) 对于双凸透镜和负弯月形透镜，曲率半径固定后，厚度的变化可使其焦距为正值、负值和无限大值，也可使主面在透镜以内、互相重合、透镜以外或无限远处。

(3) 平凸和平凹透镜的主面之一与透镜球面顶点重合，另一主面在透镜以内距平面 d/n 处。

(4) 正弯月形透镜的主面位于相应折射面远离球面曲率中心一侧；负弯月形透镜的主面位于相应折射面靠近曲率中心的一侧。这两种弯月形透镜的主面可能有一个主面位于空气中，或两个主面同时位于空气中，由两个曲率半径和厚度的数值决定。

（5）实际应用中的透镜其厚度都是比较小的，很少用特别厚的透镜。若透镜的厚度和焦距或曲率半径相比是一个很小的数值，由式（2-46）可知，有厚度 d 的一项远小于另一项，略去此项不会产生太大误差。这种忽略厚度的透镜称为薄透镜。薄透镜将使许多问题大为简化，在像差理论中有重要意义。当 $d \to 0$ 时，式（2-46）可写为

$$\Phi = (n-1)(\rho_1 - \rho_2)$$

当 $d = 0$ 时，由式（2-47）和式（2-48）知

$$l'_H = l_H = 0$$

主面和球面顶点重叠在一起，因此，薄透镜的光学性质仅由焦距或光焦度所决定。

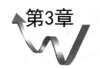

第3章

平面与平面系统

光学系统除利用球面光学元件(如透镜和球面镜等)实现对物体的成像以实现光学设计要求外,还常用到各种平面光学元件,如平面反射镜、平行平板、反射棱镜、折射棱镜和光楔等。这些平面光学元件主要用于改变光路方向、使倒像转换为正像或产生色散用于光谱分析。下面分别讨论这些平面光学元件的成像特性。

3.1 平面镜

3.1.1 平面镜成像

平面镜是平面反射镜的简称,它是唯一能成完善像的最简单的光学元件,即物体上任意一点发出的同心光束经过平面镜后仍为同心光束。如图 3-1 所示,物体上任一点 A 发出的同心光束被平面镜反射,光线 AP 沿 PA 方向原光路返回,光线 AQ 以入射角 I 入射,经反射后沿 QR 方向出射,延长 AP 和 RQ 交于 A'。由反射定律及图中几何关系容易证明 $\triangle APQ \cong \triangle A'PQ$,从而可得 $AP = A'P$,$AQ = A'Q$。同样可证明由 A 点发出的另一条光线 AO 经反射后,其反射光线的延长线必交于 A' 点。这表明,由 A 点发出的同心光束经平面镜反射后,变换为以 A' 为中心的同心光束。因此,A' 为物点 A 的完善像点;同样可以证明 B' 点为物点 B 的完善像点。由于物体上每点都成完善像,所以整个物体也成完善像。显然,实物成虚像,虚物成实像。

令 $r = \infty$,由球面镜的物像位置公式和放大率公式可得

$$l' = -l, \quad \beta = 1$$

这说明正立的像与物等距离地分布在镜面的两边,大小相等,虚实相反。因此,像与物完全对称于平面镜。

这种对称性使一个右手坐标系的物体变换成左手坐标系的像。就像照镜子一样,你的右手只能与镜中的"你"的左手重合,这种像称为镜像。如图 3-2 所示,一个右手坐标系 $O\text{-}xyz$

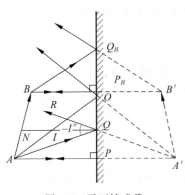

图 3-1 平面镜成像

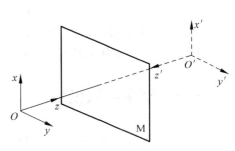

图 3-2 平面镜的镜像

经平面镜 M 后，其像为一个左手坐标系 $O'\text{-}x'y'z'$。当正对着物体即沿 zO 方向观察物时，y 轴在左边；而当正对着像即沿 $z'O'$ 方向观察像时，y' 在右边。显然，一次反射像 $O'\text{-}x'y'z'$ 若再经过一次反射成像，将恢复成与物相同的右手坐标系。推而广之，奇数次反射成镜像，偶数次反射成与物一致的像。

当物体旋转时，其像反方向旋转相同的角度。比如，正对着 zO 方向观察时，y 顺时针方向转 90°至 x，而 y' 则是逆时针方向转 90°至 x'（沿 $z'O'$ 方向观察）。同样，沿 xO 方向观察，z 转向 y 是顺时针方向，而 z' 转向 y' 则是逆时针方向（沿 $x'O'$ 方向观察）。沿 yO 方向观察的情形完全一样。

3.1.2 平面镜旋转

平面镜转动时具有重要特性，当入射光线方向不变而转动平面镜时，反射光线的方向将发生改变。如图 3-3 所示，设平面镜转动 α 角时，反射光线转动 θ 角，根据反射定律有

$$\theta = -I''_1 + \alpha - (-I'') = I_1 + \alpha - I = (I + \alpha) + \alpha - I = 2\alpha \tag{3-1}$$

因此反射光线的方向改变 2α 角。利用平面镜转动的这一性质，可以测量微小角度或位移。如图 3-4 所示，刻有标尺的分划板位于准直物镜 L 的物方焦平面上，标尺零位点（设与物方焦点 F 重合）发出的光束经物镜 L 后平行于光轴。若平面镜 M 与光轴垂直，则平行光经平面镜 M 反射后原光路返回，重新会聚于 F 点，这一过程叫做自准直。若平面镜 M 转动 θ 角，则平行光束经平面镜后与光轴成 2θ 角，经物镜 L 后成像于 B 点，设 $BF = y$，物镜焦距为 f'，则

$$y = f'\tan 2\theta \approx 2f'\theta \tag{3-2}$$

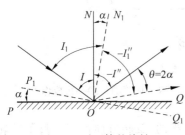

图 3-3 平面镜的旋转

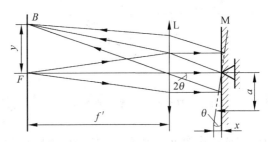

图 3-4 平面镜用于小角度或微小位移的测量

若平面镜的转动是由一测杆移动引起的,设测杆到支点距离为 a,测杆移动量为 x,则 $\tan\theta\approx\theta=x/a$,代入式(3-2)得

$$y=(2f'/a)x=Kx \tag{3-3}$$

利用式(3-2)可以测量微小角度,利用式(3-3)可以测量微小位移。这就是光学比较仪中的光学杠杆原理,式(3-3)中的 $K=2f'/a$ 为光学杠杆的放大倍数。

3.1.3 双平面镜成像

设两个平面镜的夹角为 α,光线 AO_1 入射到双面镜上,经两个平面镜 PQ 和 PR 依次反射,沿 O_2M 方向出射,出射光线与入射光线的延长线相交于 M 点,夹角为 β。如图 3-5 所示,由 $\triangle O_1O_2M$,有

$$(-I_1+I_1'')=(I_2-I_2'')+\beta$$

根据反射定律有

$$\beta=2(I_1''-I_2)$$

所以有

$$\beta=2\alpha \tag{3-4}$$

由此可见,出射光线和入射光线的夹角与入射角无关,只取决于双面镜的夹角 α。如果双面镜的夹角不变,当入射光线方向一定时,双面镜绕其棱边旋转时,出射光线方向始终不变。根据这一性质,用双面镜折转光路非常有利,其优点在于,只需加工并调整好双面镜的夹角(如两个反射面做在玻璃上形成棱镜),而对双面镜的安置精度要求不高,不像单个反射镜折转光路时存在调整困难的问题。

如图 3-6 所示,一右手坐标系的物体 xyz,经双面镜 QPR 的两个反射镜 PQ、PR 依次成像为 $x'y'z'$ 和 $x''y''z''$,PQ 第一次反射的像 $x'y'z'$ 为左手坐标系,经 PR 第二次反射后成的像(称为连续一次像)$x''y''z''$ 还原为右手坐标系。图中用圆圈中加点表示垂直纸面向外的坐标,用圆圈中加叉表示垂直纸面向里的坐标。由于

$$\angle y''Py=\angle y''Py'-\angle yPy'=2\angle RPy'-2\angle QPy'=2\alpha$$

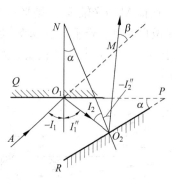

图 3-5 双平面镜对光线的变换

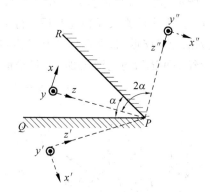

图 3-6 双平面镜的连续一次成像

因此,连续一次像可认为是由物体绕棱边旋转 2α 角而形成的,旋转方向由第一反射镜转向第二反射镜。同样,先经 PR 反射、再经 PQ 反射的连续一次像是由物逆时针方向旋转 2α

而形成的。当 $\alpha = 90°$ 时，这两个连续一次像重合在棱上。显然，只要双面镜夹角 α 不变，双面镜转动时，连续一次像不动。

3.2 平行平板

所谓平行平板，是由两个相互平行的折射平面构成的光学元件，如分划板、微调平板等。3.3 节将证明，反射棱镜展开后，其作用等效于一个平行平板。下面介绍平行平板的特性。

3.2.1 平行平板的成像特性

如图 3-7 所示，轴上点 A_1 发出一孔径角为 U_1 的光线 A_1D，经平行平板两面折射后，其出射光线的延长线与光轴相交于 A_2'，出射光线的孔径角为 U_2'。设平行平板位于空气中，平板玻璃的折射率为 n，光线在两折射面上的入射角和折射角分别为 I_1、I_1' 和 I_2、I_2'，因为两折射面平行，则有 $I_2 = I_1'$，由折射定律得

$$\sin I_1 = n \sin I_1' = n \sin I_2 = \sin I_2'$$

所以

$$I_2' = I_1$$

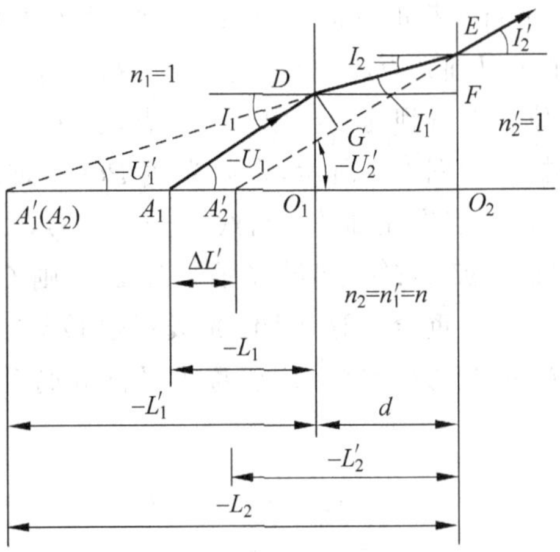

图 3-7 平行平板的成像特性

即出射光线平行于入射光线，光线经平行平板后方向不变。这时，

$$\gamma = \frac{\tan U_2'}{\tan U_1} = 1, \quad \beta = \frac{1}{\gamma} = 1, \quad \alpha = \beta^2 = 1$$

这表明，平行平板是一个无光焦度的光学元件，不会使物体放大或缩小。

由图 3-7 可知，出射光线与入射光线不重合，产生侧向位移 $\Delta T = DG$ 和轴向位移 $\Delta L' = A_1A_2'$。在 $\triangle DEG$ 和 $\triangle DEF$ 中，DE 为公共边，所以

$$\Delta T = DG = DE \sin(I_1 - I_1') = \frac{d}{\cos I_1'} \sin(I_1 - I_1')$$

将 $\sin(I_1-I_1')$ 用三角公式展开,并注意 $\sin I_1 = n\sin I_1'$,得侧向位移

$$\Delta T = d\sin I_1\left(1-\frac{\cos I_1}{n\cos I_1'}\right) \tag{3-5}$$

轴向位移由图 3-7 中的关系及折射定律可得

$$\Delta L' = d\left(1-\frac{\tan I_1'}{\tan I_1}\right) \tag{3-6}$$

式(3-6)表明,轴向位移 $\Delta L'$ 随入射角 I_1(即孔径角 U_1)的不同而不同,即轴上点发出不同孔径的光线经平行平板后与光轴的交点不同,所以同心光束经平行平板后变成非同心光束。因此,平行平板不能成完善像。

计算出光线经过平行平板的轴向位移后,像点 A_2' 相对于第二面的距离 L_2' 可按图中的几何关系由式(3-7)直接给出:

$$L_2' = L_1 + \Delta L' - d \tag{3-7}$$

3.2.2 平行平板的等效光学系统

平行平板在近轴区内以细光束成像时,由于 I_1 和 I_1' 都很小,其余弦值可用 1 代替,于是由式(3-6)得近轴区内轴向位移为

$$\Delta l' = d\left(1-\frac{1}{n}\right) \tag{3-8}$$

式(3-8)表明,在近轴区内,平行平板的轴向位移只与其厚度 d 和折射率 n 有关,与入射角无关。因此,平行平板在近轴区以细光束成像是完善的。这时,不管物体位置如何,其像可认为是由物体移动一个轴向位移而得到的。利用这一特点,在光路计算时,可以将平行玻璃平板简化为一个等效空气平板。如图 3-8 所示,入射光线 PQ 经玻璃平板 $ABCD$ 后,出射光线 HI' 平行于入射光线。过 H 点作光轴的平行线,交 PI 于 G,过 G 作光轴的垂线 EF。将玻璃平板的出射平面及出射光路 HI' 一起沿光轴平移 $\Delta l'$,则 CD 与 EF 重合,出射光线在 G 点与入射光线重合,I' 与 I 重合。这表明,光线经过玻璃平板的光路与无折射通过空气层 $ABEF$ 的光路完全一样。这个空气层就称为平行玻璃平板的等效空气平板,其厚度为

$$\bar{d} = d - \Delta l' = d/n \tag{3-9}$$

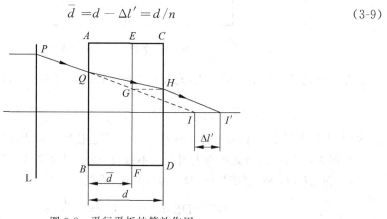

图 3-8 平行平板的等效作用

引入等效空气平板的作用在于,如果光学系统的会聚或发散光路中有平行玻璃平板(包括由反射棱镜展开的平行玻璃平板),可将其等效为空气平板,这样可以在计算光学系统的外形尺寸时简化对平行玻璃平板的处理,只需计算出无平行玻璃平板时(即等效空气平板)的像方位置,然后再沿光轴移动一个轴向位移 $\Delta l'$,就得到有平行玻璃平板时的实际像面位置,即

$$l'_2 = l_1 - d + \Delta l' \tag{3-10}$$

而无须对平行玻璃平板逐面进行计算。因此,在进行光学系统外形尺寸计算时,将平行玻璃平板用等效空气平板取代后,光线无折射地通过等效空气平板,只需考虑平行玻璃平板的出射面或入射面的位置,而不必考虑平行玻璃平板的存在。

3.3 反射棱镜

3.3.1 反射棱镜的类型

将一个或多个反射面磨制在同一块玻璃上形成的光学元件称为反射棱镜。反射棱镜在光学系统中主要实现折转光路、转像和扫描等功能。如将图 3-5 中双面镜的两个反射面做在同一块玻璃上,就形成一个二次反射的棱镜,如图 3-9 所示。光在反射面上,若所有入射光线不能全部发生全反射,则必须在该面上镀以金属反射膜,如银、铝或金等,以减少反射面的光能损失。

光学系统的光轴在棱镜中的部分称为棱镜的光轴,一般为折线,如图 3-9 中的 AO_1、O_1O_2 和 O_2B。每经过一次反射,光轴就折转一次。反射棱镜的工作面为两个折射面和若干个反射面。光线从一个折射面入射,从另一个折射面出射。因此,两个折射面分别称为入射面和出射面。大部分反射棱镜的入射面和出射面都与光轴垂直。工作面之间的交线称为棱镜的棱,垂直于棱的平面为主截面。在光路中,所取主截面与光学系统的光轴重合,因此又称为光轴截面。

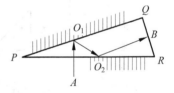

图 3-9 反射棱镜的主截面

反射棱镜的种类繁多,形状各异,大体上可分为简单棱镜、屋脊棱镜、立方角锥棱镜和复合棱镜四类。下面分别予以介绍。

1. 简单棱镜

简单棱镜只有一个主截面,它所有的工作面都与主截面垂直。根据反射面数的不同,又分为一次反射棱镜、二次反射棱镜和三次反射棱镜。

(1) 一次反射棱镜具有一个反射面,与单个平面镜对应,使物体成镜像,即垂直于主截面的坐标方向不变,位于主截面内的坐标改变方向。

最常用的一次反射棱镜为等腰直角棱镜,如图 3-10(a)所示,光线从一直角面入射,从另一直角面出射,使光轴折转 $90°$。图 3-10(b)所示的等腰棱镜可以使光轴折转任意角度。只需使反射面的法线方向处于入射光轴与出射光轴夹角的平分线上即可确定反射面角度。这两种棱镜的入射面与出射面都与光轴垂直,在反射面上的入射角大于临界角,能够发生全反

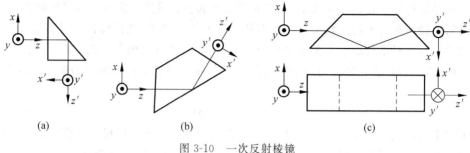

图 3-10　一次反射棱镜

射,反射面上无须镀反射膜。

　　图 3-10(c)所示为道威(Dove)棱镜,它是由直角棱镜去掉多余的直角部分而成的,其入射面和出射面与光轴均不垂直,但出射光轴与入射光轴方向不变。道威棱镜的重要特性之一是:当其绕光轴旋转 α 角时,反射像同方向旋转 2α 角,正如平面镜旋转样。图 3-10(c)中上图为右手坐标系 xyz 经道威棱镜后,x 坐标由向上变为向下,y 坐标方向不变,从而形成左手坐标系 $x'y'z'$。当道威棱镜旋转 90°后,x 坐标方向不变,y 坐标由垂直纸面向外变为垂直纸面向里,如图 3-10(c)下图所示。这时的像相对于旋转前的像转过 180°。由于道威棱镜的入射面和出射面与光轴不垂直,所以道威棱镜只能用于平行光路中。图 3-11 所示的周视瞄准仪就应用了直角棱镜和道威棱镜的旋转特性。当直角棱镜在水平面内以角速度 ω 旋转时,道威棱镜绕其光轴以 2ω 的角速度同向转动,可使在目镜中观察到的像的坐标方向不变。这样直角棱镜旋转扫描时,观察者可以不必改变位置,就能周视全景。

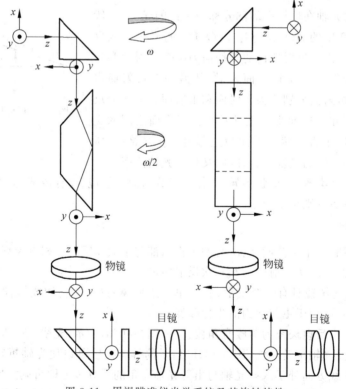

图 3-11　周视瞄准仪光学系统及其旋转特性

（2）二次反射棱镜有两个反射面，作用相当于一个双面镜，其出射光线与入射光线的夹角取决于两个反射面的夹角。由于是偶次反射，像与物一致，不存在镜像。

常用的二次反射棱镜如图 3-12 所示，图 3-12(a)～(e)分别为半五角棱镜、30°直角棱镜、五角棱镜、二次反射直角棱镜和斜方棱镜，棱镜两反射面的夹角分别为 22.5°、30°、45°、90°和 180°，对应出射光线与入射光线的夹角分别为 45°、60°、90°、180°和 360°。半五角棱镜和 30°直角棱镜多用于显微镜观察系统，使垂直向上的光轴折转为便于观察的方向。五角棱镜取代一次反射的直角棱镜或平面镜，使光轴折转 90°，而不产生镜像，且装调方便。用五角棱镜将铅垂激光束折转成水平方向，当五角棱镜绕竖轴旋转时，形成水平扫描的激光平面，确定一水平基准。以这一原理为基础的激光扫平仪广泛运用于建筑工程施工、装饰装潢及土地平整。二次反射直角棱镜多用于转像系统中，或构成复合棱镜。斜方棱镜可以使光轴平移，多用于双目观察的仪器(如双筒望远镜)中，以调节两目镜的中心距离，满足不同眼基距(双眼中心距离)人眼的观察需要。

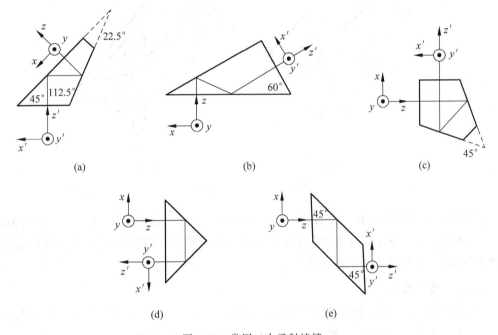

图 3-12　常用二次反射棱镜

（3）如图 3-13(a)所示的三次反射棱镜称为斯密特棱镜，出射光线与入射光线的夹角为 45°，奇次反射成镜像。其最大的特点是因为光线在棱镜中的光路很长，可以折叠光路，使仪器结构紧凑，如图 3-13(b)所示。

2. 屋脊棱镜

由上面的讨论可知，奇数次反射使物体成镜像。如果需要得到与物体一致的像，而又不宜增加反射棱镜时，可用交线位于棱镜光轴面内的两个相互垂直的反射面取代其中一个反射面，使垂直于主截面的坐标被这两个相互垂直的反射面依次反射而改变方向，从而得到与物体一致的像，如图 3-14 所示。这两个相互垂直的反射面叫作屋脊面，带有屋脊面的棱镜称为屋脊棱镜。

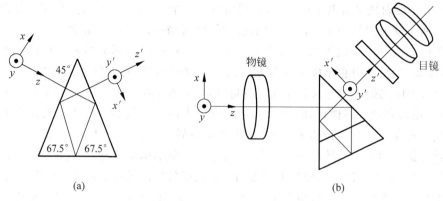

图 3-13 斯密特棱镜及其应用

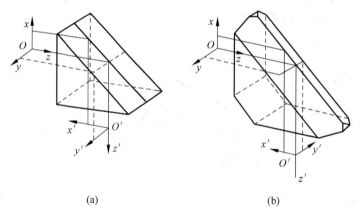

图 3-14 直角屋脊棱镜

常用的屋脊棱镜有直角屋脊棱镜、半五角屋脊棱镜、五角屋脊棱镜、斯密特屋脊棱镜等。图 3-11 周视瞄准仪中目镜前的直角棱镜即为直角屋脊棱镜。将图 3-13 中的斯密特棱镜底面换成屋脊面,就形成斯密特屋脊棱镜。

3. 立方角锥棱镜

这种棱镜是由立方体切下一角而形成的,如图 3-15 所示。其三个反射工作面相互垂直,底面是一个等边三角形,为棱镜的入射面和出射面。立方角锥棱镜的重要特性在于,光经过三个直角面依次反射后,出射光线始终平行于入射光线。当立方角锥棱镜绕其顶点旋转时,出射光线方向不变,仅产生一个平行位移。

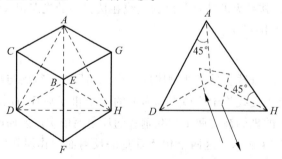

图 3-15 立方角锥棱镜

　　立方角锥棱镜可以和激光测距仪配合使用。激光测距仪发出一束准直激光束,经位于测站上的立方角锥棱镜反射,沿原光路返回,由激光测距仪的光电接收器接收,从而解算出测距仪到测站的距离。将立方角锥棱镜及其阵列安放到卫星上,作为星载合作目标,与地面站激光测距仪配合使用,实现对卫星目标的精确测量,完成卫星的定轨任务。立方角锥棱镜还可用于激光谐振腔中,构成免调谐激光器。

4. 棱镜的组合——复合棱镜

　　由两个以上棱镜组合起来形成复合棱镜,可以实现一些单个棱镜难以实现的特殊功能。下面介绍几种常用的复合棱镜。

　　1)分光棱镜

　　分光棱镜如图 3-16 所示,一块镀有半透半反膜的直角棱镜与另一块尺寸相同的直角棱镜胶合在一起,可以将一束光分成光强相等或光强呈一定比例的两束光,且这两束光在棱镜中的光程相等。这种分光棱镜具有广泛的应用。

　　2)分色棱镜

　　分色棱镜如图 3-17 所示,白光经过分色棱镜后被分解为红、绿、蓝三束单色光,其中,a 面镀反蓝透红绿介质膜,b 面镀反红透绿介质膜。分色棱镜主要用于彩色电视摄像机的光学系统中。

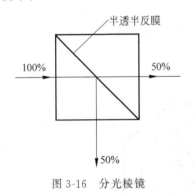

图 3-16　分光棱镜

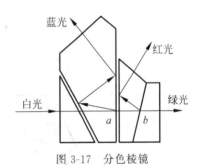

图 3-17　分色棱镜

　　3)转像棱镜

　　转像棱镜如图 3-18 所示,其主要特点是出射光轴与入射光轴平行,实现完全倒像,并能在棱镜中折转很长的光路,可用于望远镜光学系统中实现倒像。

　　4)双像棱镜

　　双像棱镜如图 3-19 所示,它由四块棱镜胶合而成,其中棱镜 II 和棱镜 III 的反射面镀半透半反的析光膜。当物点 A 不在光轴上时,双像棱镜输出两个像点 A_1' 和 A_2';而当物点 A 移向光轴 O 时,双像棱镜输出的两个像 A_1' 和 A_2' 重合在光轴 O' 上。双像棱镜与目镜联用,构成双像目镜,用于对圆孔的瞄准很方便。

　　随着光学零件加工工艺的不断进步以及工程实际的需要,现在也有将球面加工在棱镜上的,即将反射棱镜的一个或几个工作面(折射面或反射面)做成球面甚至非球面,形成所谓"球面棱镜",在满足折转光路和转像的同时,实现一定的光焦度,使整个光学系统结构尽可能简化或紧凑。

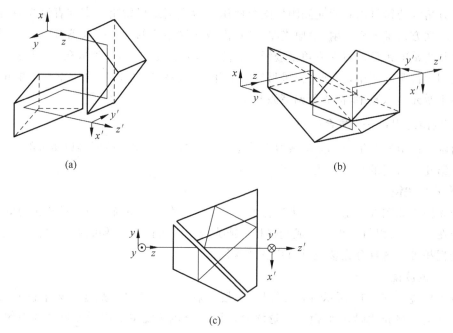

图 3-18　转像棱镜

（a）普罗 I 型转像棱镜；（b）普罗 II 型转像棱镜；（c）别汉棱镜

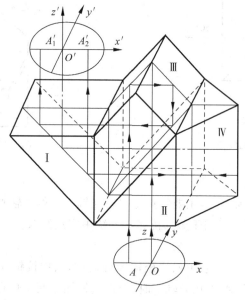

图 3-19　双像棱镜

3.3.2　棱镜系统的成像方向判断

实际光学系统中使用的平面镜和棱镜系统有时是复杂的,正确判断棱镜系统的成像方向对于光学设计来说是至关重要的。如果判断不正确,使光学系统成镜像或者倒像,会给系统操作者观测带来错觉,甚至出现操作上的失误。上面已对常用各种棱镜的光路折转和成像方向进行了讨论,这里归纳为如下判断原则:

（1）$O'z'$坐标轴和光轴的出射方向一致。

（2）垂直于主截面的坐标轴$O'y'$视屋脊面的个数而定,如果有奇数个屋脊面,则其像坐标轴方向与物坐标轴方向Oy相反;没有屋脊面或有偶数个屋脊面,则像坐标轴方向与物坐标轴方向一致。

（3）平行于主截面的坐标轴$O'x'$的方向视反射面个数（屋脊面按两个反射面计算）而定。如果物坐标系为右手坐标系,当反射面个数为偶数时,$O'x'$坐标轴依右手坐标系确定;而当反射面个数为奇数时,$O'x'$坐标轴依左手坐标系确定。

如果是复合棱镜,且各光轴面不在同一个平面内,则上述判断原则在各光轴面内均适应,可按上述原则在各自光轴面内判断成像的坐标方向。

光学系统通常是由透镜和棱镜组成的,因此,还必须考虑透镜系统的成像特性,即透镜系统成像的正倒问题。在如图3-11所示的周视瞄准仪中,望远物镜成倒像,目镜成正像。整个光学系统像的正倒是由透镜成像特征和棱镜转像特征共同决定的。

3.3.3　反射棱镜的等效作用与展开

反射棱镜由两个折射面和若干个反射面组成,主要起折转光路和转像作用,其作用相当于平面镜反射。如果考虑棱镜的反射作用,光在两折射面的光路可等效于一个平行玻璃平板。下面以一次反射棱镜为例,说明棱镜的等效作用与展开过程。

如图3-20所示,平行光经透镜L_e成像在其像方点F'处,如果在其像方放一平面镜PQ,与光轴成$45°$角,则光轴折转$90°$,像点位于F''上。如果将平面镜PQ换成直角棱镜PQR,则由于入射面PR和出射面RQ的折射,像点将平移一段距离至A'',且对成像质量有一定影响。而平面镜成完善像,在光路计算中可以不予以考虑。如果在光路中去掉反射作用,即把反射以后的光路沿PQ翻转$180°$,则光路被"拉"直,棱镜的出射面RQ翻转后位于QR'。因此,用棱镜代替平面镜,就相当于在光路中增加了一块平行玻璃平板。

在光路计算中,常用一个等效平行玻璃平板来取代光线在反射棱镜两折射面之间的光

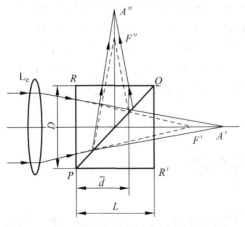

图3-20　反射棱镜的等效作用与展开过程

路,这种做法称为棱镜的展开。棱镜展开的方法是,在棱镜主截面内,按反射面的顺序,以反射面与主截面的交线为轴,依次使主截面翻转180°,便可得到棱镜的等效平行玻璃平板。需要说明的是,若棱镜位于非平行光路中,则要求光轴与两折射面垂直;否则,展开的平行玻璃平板不垂直于光轴,引起侧向位移,影响光学系统的成像质量。

在光路计算中,往往需要求出棱镜光轴长度,即棱镜等效平行玻璃平板的厚度 L。设棱镜的口径为 D,则棱镜光轴长度 L 与口径 D 之间的关系为

$$L = KD \tag{3-11}$$

式中,K 称为棱镜的结构参数,它取决于棱镜的结构型式,而与棱镜的大小无关。

屋脊棱镜的展开具有特殊性。下面以一次反射直角棱镜为例加以说明。如图 3-21 所示,如果反射棱镜的反射面被屋脊棱镜的屋脊面所取代,将使原有口径被切割,即原充满棱镜口径的圆形光束将被屋脊面 PAQ“切掉”。为了确保棱镜的通光孔径 D,必须加大棱镜的高度,使边 PAQ 变为 HEK,即入射面必须增加棱镜高度 AE。由于对称性,其出射面也必须增加棱镜长度 DG,而与 AE 和 DG 相对应的入射面和出射面边的长度分别变为 FE 和 FG。可以证明 $AE = BF = FC = DG = 0.336D$。这样,直角屋脊棱镜的直角边高度,即棱镜的光轴长度变为

$$L = EF = D + 2 \times 0.336D = 1.672D$$

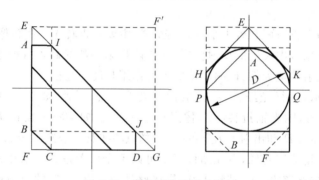

图 3-21　直角屋脊棱镜的展开

由于增加的 EAI、BFC 和 DGJ 部分对通光不起作用,为减小棱镜的体积与重量,通常在加工过程中将其去掉。其他屋脊棱镜的光轴长度罗列如下,便于读者使用时参考:

五角屋脊棱镜的光轴长度为 $L = 3.414 \times 1.237D = 4.223D$;半五角屋脊棱镜的光轴长度为 $L = 1.707 \times 1.237D = 2.111D$;斯密特屋脊棱镜的光轴长度为 $L = 2.414 \times 1.259D = 3.039D$。

需要说明的是,屋脊棱镜对屋脊面90°夹角的精度要求很高,否则,会产生双像,影响系统的成像质量。因此,屋脊棱镜的加工精度和成本较高,在实际光学系统中,常用棱镜的组合来实现转像作用。

3.4　折射棱镜与光楔

折射棱镜的工作面是两个折射面。两折射面的交线称为折射棱,两折射面间的二面角称为折射棱镜折射角,用 α 表示。同样,垂直于折射棱的平面称为折射棱镜的主截面。

3.4.1 折射棱镜的偏向角

如图 3-22 所示,光线 AB 入射到折射棱镜 P 上,经两折射面的折射,出射光线 DE 与入射光线 AB 的夹角 δ 称为偏向角。其正负规定为:由入射光线以锐角转向出射光线,顺时针方向为正,逆时针方向为负。设棱镜折射率为 n,光线在两折射面上的入射角和折射角分别为 I_1、I_1' 和 I_2、I_2',在两个折射面上分别用折射定律,有

$$\sin I_1 = n \sin I_1' \tag{3-12a}$$

$$\sin I_2' = n \sin I_2' \tag{3-12b}$$

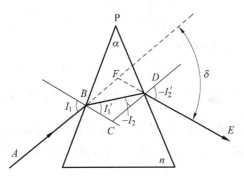

图 3-22 折射棱镜的工作原理

将两式相减,并利用三角学中的和差化积公式,有

$$\sin \frac{1}{2}(I_1 - I_2') \cos \frac{1}{2}(I_1 + I_2') = n \sin \frac{1}{2}(I_1' - I_2) \cos \frac{1}{2}(I_1' + I_2) \tag{3-13}$$

在 $\triangle BCD$ 中有

$$\alpha = I_1' - I_2 \tag{3-14}$$

在 $\triangle BFD$ 中,有

$$\delta = \angle FBD = \angle FDB = (I_1 - I_1') + (I_2 - I_2') = I_1 - I_2' - (I_1' - I_2) = I_1 - I_2' - \alpha$$

即

$$\alpha + \delta = I_1 - I_2' \tag{3-15}$$

代入式(3-13)得

$$\sin \frac{1}{2}(\alpha + \delta) = n \sin \frac{\alpha}{2} \frac{\cos \frac{1}{2}(I_1' + I_2)}{\cos \frac{1}{2}(I_1 + I_2')} \tag{3-16}$$

由此可见,光经过折射棱镜折射后,产生的偏向角 δ 与 α、n 和 I_1 有关。对于给定的棱镜,α 和 n 是定值,于是折射棱镜的偏向角 δ 只随入射光线的入射角 I_1 而变化。

将式(3-15)两边对 I_1 微分得

$$\frac{\mathrm{d}\delta}{\mathrm{d}I_1} = 1 - \frac{\mathrm{d}I_2'}{\mathrm{d}I_1} \tag{3-17}$$

再对式(3-12a)和式(3-12b)的两边分别微分,得

$$\cos I_1 \mathrm{d}I_1 = n \cos I_1' \mathrm{d}I_1', \quad \cos I_2' \mathrm{d}I_2' = n \cos I_2 \mathrm{d}I_2 \tag{3-18}$$

对式(3-14)微分,得 $dI_1' = dI_2$,代入式(3-18),并将两式相除,得

$$\frac{dI_2'}{dI_1} = \frac{\cos I_1 \cos I_2}{\cos I_1' \cos I_2'} \qquad (3-19)$$

令 $\frac{d\delta}{dI_1} = 0$,由式(3-17)得 $\frac{dI_2'}{dI_1} = 1$。代入上式得折射棱镜偏向角取得极值时必须满足的条件为

$$\frac{\cos I_1}{\cos I_1'} = \frac{\cos I_2'}{\cos I_2} \qquad (3-20)$$

由式(3-12)得

$$\frac{\sin I_1}{\sin I_1'} = \frac{\sin I_2'}{\sin I_2} = n \qquad (3-21)$$

欲使式(3-20)和式(3-21)同时成立,必须满足

$$I_1 = -I_2', \quad I_1' = -I_2 \qquad (3-22)$$

由此可以证明,此时 $\frac{d^2\delta}{dI_1^2} > 0$,即偏向角 δ 取得极小值。这表明,光线的光路对称于折射棱镜时,折射棱镜的偏向角取得极小值。这就证明,折射棱镜的偏向角随入射角 I_1 的变化存在一个最小的偏向角 δ_m。将式(3-22)代入式(3-16),得折射棱镜最小偏向角的表达式为

$$\sin\frac{1}{2}(\alpha + \delta_m) = n\sin\frac{\alpha}{2} \qquad (3-23)$$

光学上常用测量折射棱镜最小偏向角的方法来测量玻璃的折射率。为此把被测玻璃加工成棱镜样品,折射角 α 一般加工成 $60°$。用测角仪精确测量出 α 值,当测出棱镜的最小偏向角 δ_m 后,即可由式(3-23)求解出玻璃的折射率 n。

3.4.2　光楔及其应用

折射角很小的校镜称为光楔,如图 3-23 所示。由于折射角很小,其偏向角公式可以简化。当 I_1 为有限大小时,因折射角很小,故可近似地将光楔看作平行平板,即 $I_1' \approx I_2$,$I_1 \approx I_2'$,代入式(3-16),并用 α、δ 的弧度代替相应正弦值,有

$$\delta = \left(n\frac{\cos I_1'}{\cos I_1} - 1\right)\alpha \qquad (3-24)$$

当 I_1 很小时,I_1' 也很小,则式(3-24)中的余弦用 1 代替,则有

$$\delta = (n-1)\alpha \qquad (3-25)$$

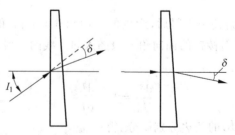

图 3-23　光楔

这表明,当光线垂直入射或接近垂直入射时,所产生的偏向角仅由光楔的楔角 α 和折射率 n 决定。

光楔在小角度和微位移测量中有着重要的应用。如图 3-24 所示,双光楔折射角均为 α,相隔微小间隙。当两光楔主截面平行且同向放置如图 3-24(a)、(c)所示时,所产生的偏向角最大,为两光楔偏向角之和。当一个光楔绕光轴旋转 180°时,所产生的偏向角为 0,当两光楔绕光轴相对旋转,即一个光楔逆时针方向旋转 φ 角,另一个光楔同时顺时针方向旋转 φ 角时,两光楔产生的总偏向角随转角 2φ 而变,即

$$\delta = 2(n-1)\alpha\cos\varphi \tag{3-26}$$

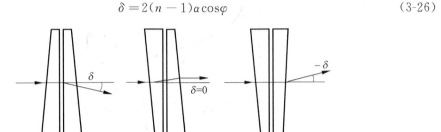

图 3-24 双光楔测量微小角度

这样,就将光线经过双光楔所产生的微小偏向角 δ 转换为两光楔间相对较大的旋转角度 φ,从而进行微小角度的测量。

如图 3-25 所示的双光楔移动测微系统,当两光楔沿轴向相对移动时,出射光线相对入射光线在垂直方向产生的平移为

$$\Delta y = \Delta z\delta = (n-1)\alpha\Delta z \tag{3-27}$$

于是,可将垂轴方向的微小位移 Δy 转换为沿轴方向的大位移 Δz 进行测量。

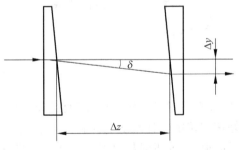

图 3-25 双光楔测量微小位移

3.4.3 棱镜色散

白光是由许多不同波长的单色光组成的。同一透明介质对于不同波长的单色光具有不同的折射率。由式(3-16)可知,以同一角度入射到折射棱镜上的不同波长的单色光,将有不同的偏向角。因此,白光经过棱镜后将被分解为各种不同颜色的光,在棱镜后将会看到各种颜色的光,这种现象称为色散。若将介质的折射率随波长的变化用曲线表示,则将该曲线称为色散曲线,如图 3-26 所示。通常,波长长的红光折射率低,波长短的紫光折射率高。因

此,红光偏向角小,紫光偏向角大,如图 3-27 所示。狭缝发出的白光经过透镜 L_1 准直为平行光,平行光经过棱镜 P 分解为各种色光,在透镜 L_2 的焦平面上从上而下地排列着红、橙、黄、绿、青、蓝、紫等各种颜色的狭缝像。这种按波长长短顺序的排列称为白光光谱,光学上常用夫琅禾费谱线作为特征谱线。不同的光能接收器具有不同的敏感谱线,如人眼对波长为 555m 的黄绿色光最为敏感。

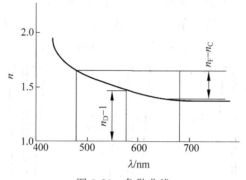

图 3-26　色散曲线

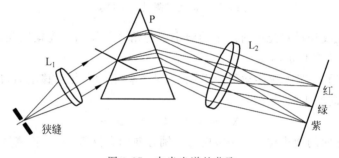

图 3-27　白光光谱的获取

3.5　光学材料

各种折、反射光学元件,如透镜、棱镜、平面镜、球面镜和分划板等都是由各种光学材料制作而成的,光学材料的好坏直接影响到光学元件和光学系统的成像质量和性能。总的来说,光学材料必须满足这样的要求,即折射材料对工作波段有良好的透过率,且反射元件对工作波段具有很高的反射率。

3.5.1　透射材料的光学特性

透射材料分为光学玻璃、光学晶体和光学塑料三大类,它们的光学特性主要由其对各种色光的透过率和折射率决定。

光学玻璃是最常用的光学材料,其制造工艺成熟,品种齐全。一般光学玻璃能透过波长为 $0.35 \sim 2.5\mu m$ 的各种色光,超出这个波段范围的光将会被光学玻璃强烈吸收。光学晶体的透射波段范围一般比光学玻璃更宽,其应用日益广泛。光学塑料是指可用来代替光学玻璃的有机材料,因其具有价格便宜、密度小、质量轻、易于模压成型、成本较低、生产效率高和不易破碎等诸多优点,近年来已在一些中低档的光学仪器中逐步取代光学玻璃。其主要缺点是热膨胀系数和折射率的温度系数比光学玻璃大得多,制成的光学元件受温度影响大,成像质量不稳定。

透射材料的折射特性一般以夫琅禾费特征谱线的折射率表示。用于目视仪器的常规光学玻璃,以 D 光或 d 光的折射率 n_D 或 n_d,F 光和 C 光的折射率 n_F 和 n_C 为主要特征。这是因为 F 光和 C 光位于人眼灵敏光谱区的两端,而 D 光或 d 光位于其中间,比较接近人眼最灵敏的谱线 555mm。根据特征谱线的折射率,定义如下几种光学常数:

(1) 平均折射率 n_D 和平均色散 $dn = n_F - n_C$。

(2) 阿贝常数: $\nu_D = (n_D - 1)/(n_F - n_C)$。阿贝常数越大,色散越低;反之,色散越大。

(3) 部分色散: 任意一对谱线的折射率之差,$n_{\lambda_1} - n_{\lambda_2}$。

(4) 相对色散: 部分色散与平均色散之比,$(n_{\lambda_1} - n_{\lambda_2})/(n_F - n_C)$。

这些光学常数在国产光学玻璃目录中均可以查到。此外国产光学玻璃还给出了光学玻璃的物理化学性能参数,如密度、热膨胀系数、化学稳定性等,对光学均匀性,应力消除程度,玻璃中的气泡、杂质和条纹等均有一定的标准和规定。根据光学玻璃的折射率 n 和阿贝常数的不同,光学玻璃可分为两大类,即冕牌玻璃和大白玻璃,分别用符号 K 和 F 表示。一般冕牌玻璃具有低折射率和低色散(ν_D 大),火石玻璃具有高折射率和高色散(ν_D 小)。冕牌玻璃和火石玻璃分别加不同的其他元素,如氟、磷、钡、钛等元素,形成不同的光学玻璃类型。目前,无色光学玻璃 国家标准(GB/T 903—2019)中列出的无色光学玻璃共计 135 种,其中冕牌玻璃 57 种,冕火石玻璃 3 种,火石玻璃 75 种。随着新型激光器的不断发展,激光光学系统得到了日益广泛的应用。国产光学玻璃目录还给出了波长为 632.8nm 的 He-Ne 激光波长的折射率和 YAG 固体激光器(波长 1064nm)的折射率。但是,由于激光器种类很多,输出的激光波长各不相同,且又不等于夫琅禾费谱线,因此,玻璃目录中没有与之相应的折射率。这时,必须根据玻璃折射率随波长变化的色散公式进行插值计算,得到相应波长的折射率。常用光学玻璃的色散公式有哈特曼公式:

$$n = n_0 + C/(\lambda_0 - \lambda)^a \tag{3-28}$$

式中,n_0、C、λ_0 和 α 为与介质折射率有关的系数。α 值对于低折射率玻璃可取为 1,对于高折射率玻璃取为 1.2。系数 n_0、C 和 λ_0 可由国家标准中已知的三个介质折射率求出,然后再根据公式计算所需波长的折射率。

德国肖特玻璃厂的色散公式:

$$n_\lambda^2 = A_0 + A_1\lambda^2 + \frac{A_2}{\lambda^2} + \frac{A_4}{\lambda^4} + \frac{A_6}{\lambda^6} + \frac{A_8}{\lambda^8} \tag{3-29}$$

式中,波长 λ 以 nm 为单位,系数 A_0、A_1、A_2、A_4、A_6 可由玻璃目录中查出。利用式(3-29),计算精度在 $400 \sim 750$nm 波长范围内可达 $\pm 3 \times 10^{-6}$,在 $365 \sim 400$nm 和 $750 \sim 1014$nm 波长范围内可达 $\pm 5 \times 10^{-6}$。这个计算精度对实际应用是足够的。

和光学玻璃相比,光学塑料质量轻、可塑性好,具有良好的抗冲击性,既可车削加工,又可采用模具注塑成型。虽然模具成本高昂,但大批量注塑生产出的塑料光学元件大大摊薄了模具成本,零件价格低廉,且易于复杂曲面成型加工,制造各种非球面、微镜阵列、菲涅尔透镜、二元光学元件及光栅等,因此光学塑料在光学系统中得到了广泛应用。

　　但是,大多数光学塑料的透过率相对较差,尤其是耐热性、化学稳定性和表面耐磨性都比光学玻璃差,塑料模具需要比玻璃更宽松的加工公差,以适应其热变化。

　　当光学系统工作在紫外或红外波段时,一般光学玻璃对光波的强烈吸收使光能快速衰减,变得不透明而无法工作。而光学晶体在紫外、可见光和红外波段都有良好的透过率,且色散很低,因此在紫外和红外波段,各种光学晶体得到广泛的应用,并进入声光、电光、磁光和激光等各领域。

3.5.2　反射材料的光学特性

　　反射光学元件是在抛光玻璃或金属表面镀上高反射率金属材料的薄膜而成。反射不存在色散,因此,反射光学材料的唯一光学特性是其对各种色光的反射率 $\rho(\lambda)$。各种金属镀层的反射率各不相同,同一金属材料的反射率随波长的不同而不同。图 3-28 所示为不同金属的反射率随波长的变化图。

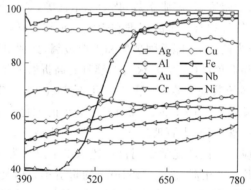

图 3-28　不同金属在可见光波段的反射率特性曲线

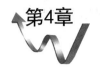

第4章

光学系统中的光阐与光束限制

实际光学系统与理想光学系统不同,其参与成像的光束宽度和成像范围都是有限的。其限制来自于光学零件的尺寸大小。从光学设计的角度看,如何合理地选择成像光束是必须分析的问题。光学系统不同,对参与成像的光束位置和宽度要求也不同。这里先简述光阐的类型、作用和相关的术语,然后以几种典型系统的简化模型为例分析成像光束的选择,并通过对这些具体系统的分析来掌握合理选择成像光束的一般原则。

4.1 光阐

通常,光学系统中用一些中心开孔的薄金属片来合理地限制成像光束的宽度、位置和成像范围。这些限制成像光束和成像范围的薄金属片称为光阐。如果光学系统中安放光阐的位置与光学元件的某一面重合,则光学元件的边框就是光阐。光阐主要有两类:孔径光阐和视场光阐。

4.1.1 孔径光阐

1. 孔径光阐的定义与作用

进入光学系统参与成像的光束宽度与系统分辨物体细微结构能力的高低、进入系统的光能多少密切相关,因此在具体的光学系统设计之前,光学系统物方孔径角的大小已经确定,或者说像方孔径角的大小已经确定。例如要设计一个横向放大率为 $-5^\times$ 的生物显微物镜,大致要求其物方孔径角 $u=-0.12$,即像方孔径角 $u'=0.024$,如图 4-1 所示。

上述对孔径角 u 大小的要求就是使这个锥角内的光线进入显微物镜,而将超过这个锥角的光线拦住不让它们参与成像,为此采用一个中间开有圆孔的金属薄片放在光路中起到这个作用,如图 4-2 所示。这个限制轴上物点孔径角 u 大小的金属圆片称为孔径光阐。

显然,仅就限制孔径角 u 大小的作用来说,孔径光阐可以安放在透镜前,如图 4-2 所示;

也可以安放在透镜上,甚至透镜后面,分别如图 4-3 和图 4-4 所示,而且三者对轴上物点光束宽度的限制作用是一样的,没有区别。

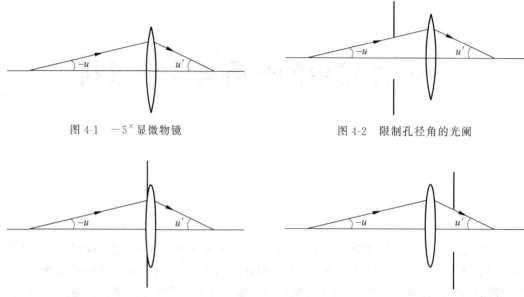

图 4-1   −5[×] 显微物镜   图 4-2   限制孔径角的光阑

图 4-3   孔径光阑安放在透镜上   图 4-4   孔径光阑安放在透镜后

但是,如果进一步考查轴外物点参与成像的光束,会从图 4-5 中看出:孔径光阑位置不同,轴外物点参与成像的光束位置就不同。因此更严格地说,限制轴上物点孔径角 u 的大小,或者说限制轴上物点成像光束宽度,并有选择轴外物点成像光束位置作用的光阑叫作孔径光阑。

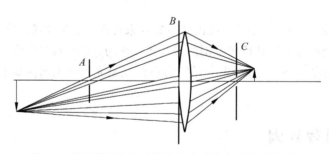

图 4-5   孔径光阑位置对轴外物点成像光束位置的选择

值得注意的是,孔径光阑的位置不同,轴外物点发出并参与成像的光束通过透镜的部位就不同。例如若孔径光阑在透镜前 A 处时,轴外物点发出并参与成像的光束通过透镜的上部;若孔径光阑位于透镜上 B 处时,轴外物点发出并参与成像的光束通过透镜的中部;若孔径光阑位于透镜后 C 处时,轴外物点发出并参与成像的光束则通过透镜的下部。同样可以看出,孔径光阑的位置将影响通过所有成像光束而需要的透镜口径大小。显然孔径光阑置于透镜上时,为使所有轴上物点和轴外物点发出的光束均参与成像所需要的透镜口径是最小的。

2. 入射光瞳和出射光瞳

当两个光学系统组合成一个系统时,除了前一个系统的像即为后一个系统的物这种物像传递关系外,前后两个系统的孔径光阑关系也要匹配,即两个孔径光阑对整个系统应该成另一对物像关系。这个孔径光阑匹配问题的讨论放在以后进行,先定义与这个问题有关的两个术语,即入射光瞳和出射光瞳。

所谓光瞳,就是孔径光阑的像,孔径光阑经孔径光阑前面光学系统所成的像称为入射光瞳,简称入瞳;孔径光阑经孔径光阑后面光学系统所成的像称为出射光瞳,简称出瞳。例如图 4-6 所示的照相机镜头,中间粗实线所示部分俗称光圈,就是这里所讨论的孔径光阑。

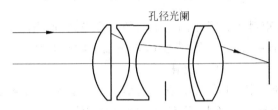

孔径光阑

图 4-6　照相机镜头中的孔径光阑

孔径光阑经其前面的光学系统(即第一块正透镜和第二块负透镜合成的部分)成像,其像就是入射光瞳,如图 4-7(a)所示。从照相机镜头前面看到的孔径光阑就是这个入瞳。值得指出的是,图 4-7(a)是将入射光瞳作为物、孔径光阑作为像的图解画法;在实际求入射光瞳位置时,总是将图 4-7(a)的光阑前部分前后翻转,并从光阑中心追迹一条近轴光线可求得入射光瞳位置;根据光路可逆原理,求得的入射光瞳位置变号后即为实际入瞳位置,如图 4-7(a)所示。

孔径光阑经其后面的光学系统(即双胶合物镜)所成的像即为照相机镜头的出瞳,其成像原理如图 4-7(b)所示。从照相物镜后面看到的孔径光阑就是照相机镜头的出瞳。

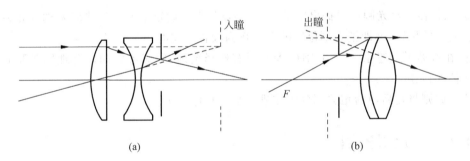

入瞳　　　出瞳

F

(a)　　　　　　　　　　　　(b)

图 4-7　孔径光阑与入瞳、出瞳

(a) 孔径光阑与入瞳;(b) 孔径光阑与出瞳

显然,孔径光阑、入瞳和出瞳三者是物像关系。在图 4-2 所示的光学系统中,孔径光阑在系统的最前边,系统的入瞳与孔径光阑重合,孔径光阑本身也是入瞳;在图 4-3 所示的光学系统中,孔径光阑就安放在透镜上,如果透镜可当薄透镜处理,则孔径光阑本身是系统的入瞳,也是系统的出瞳;在图 4-4 所示的光学系统中,孔径光阑在系统的最后面,因此系统的出瞳与孔径光阑重合,孔径光阑本身也是出瞳。

3. 关于孔径光阑需要注意的几个问题

(1) 在具体的光学系统中,如果物平面位置有了变动,需要仔细分析究竟哪一个是真正起限制轴上物点光束宽度作用的孔径光阑。例如在图 4-8 所示的系统中,当物平面位于 A

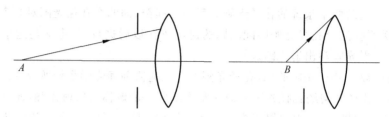

图 4-8　物体位置变动后谁是孔径光阑

处时,限制轴上物点光束最大孔径角的是图示的孔径光阑,而当物平面位置不在 A 处而在 B 处时,原先的"孔径光阑"形同虚设,真正起限制轴上物点孔径角 u 大小作用的是透镜的边框,这时透镜的边框是系统的孔径光阑。

(2) 如果几块口径一定的透镜组合在一起形成一个镜头,对于确定的轴上物点位置,要找出究竟哪个透镜的边框是孔径光阑,有两种常用的方法:

① 从轴上物点追迹一条近轴光线(u 角任意),求出光线在每个折射面上的投射高度,然后将得到的投射高度与相应折射面的实际口径进行比较,则比值最大的那个折射面的边框就是这个镜头的孔径光阑。

② 将每一块透镜经它前面的所有透镜成像并求出像的大小,这些像中,对给定的轴上物点所张的角最小者,其相应的透镜边框为这个镜头的孔径光阑。

(3) 孔径光阑位置的安放原则在不同的光学系统中是不同的。

① 在目视光学系统中,系统的出瞳必须在目镜外的一定位置,便于人眼瞳孔与其衔接。

② 在投影计量光学系统中,为使投影像的倍率不因物距变化而变化,要求系统的出瞳或入瞳位于无限远处。

③ 当仪器不对光阑位置提出要求时,光学设计者所确定的光阑位置应是轴外光束像差校正较完善的位置,亦即把光阑位置的选择作为校正像差的一个手段。

④ 在遵循了上述原则后,光阑位置若还有选择余地,则应考虑如何合理地匹配光学系统各元件的口径。

这些原则将在后面的相关部分中作进一步的具体分析。

4.1.2　视场光阑

(1) 视场光阑的定义和作用。在实际的光学系统中,不仅物面上每一点发出并进入系统参与成像的光束宽度是有限的,而且能够清晰成像的物面大小也是有限的。把能清晰成像的这个物面范围称为光学系统的物方视场,相应的像面范围称为像方视场。事实上,这个清晰成像的范围也是由光学设计者根据仪器性能要求主动地限定的,限定的办法通常是在物面上或在像面上安放一个中间开孔的光阑。光阑孔的大小就限定了物面或像面的大小,即限定了光学系统的成像范围。这个限定成像范围的光阑称为视场光阑。

(2) 入射窗和出射窗。视场光阑经其前面的光学系统所成的像称为入射窗,视场光阑经其后面的光学系统所成的像称为出射窗。如果视场光阑安放在像面上,入射窗就和物平面重合,出射窗就是视场光阑本身;如果视场光阑安放在物平面上,则入射窗就是视场光阑本身,而出射窗与像平面重合。因此,入射窗、视场光阑和出射窗三者是互为物像关系的。

（3）在有些光学系统中，如果在像面处无法安放视场光阑，在物面处安放视场光阑又不现实，成像范围的分析就复杂一些，具体内容参见后续章节。

4.2　照相系统中的光阑

一般来说，普通照相光学系统是由三个主要部分组成的，即照相镜头、可变光阑和感光底片，如图4-9所示。

照相镜头 L 将外面的景物成像在感光底片 B 上，可变光阑 A 是一个开口 A_1A_2 大小可变的圆孔。由图4-9可见，随着 A_1A_2 缩小或增大，参与成像的光束宽度就减小（相当于 u' 角变小）或加大（相当于 u' 角增大），从而实现对光能量的调节以适应外界不同的照明条件。显然可变光阑不能放在镜头 L 上，否则 A_1A_2 的大小就不可变了。照相系统中的可变光阑 A 即为孔径光阑。

至于成像范围则是由照相系统的感光底片框 B_1B_2 的大小确定的。超出底片框的范围，光线被遮挡，底片就不能感光。照相系统中的底片框 B_1B_2 就是视场光阑。

如前述，在光学系统中，不论是限制成像光束的口径，或者是限制成像范围的孔或框，都统称为"光阑"。限制进入光学系统的成像光束口径的光阑称为"孔径光阑"，例如照相系统中的可变光阑 A 即为孔径光阑；限制成像范围的光阑称为"视场光阑"，例如照相系统中的底片框 B_1B_2 就是视场光阑。

下面分析孔径光阑的位置对选择光束的作用。就限制轴上点的光束宽度而言，孔径光阑处于 A 或者 A′ 的位置，情况并无差别。如图4-10所示。

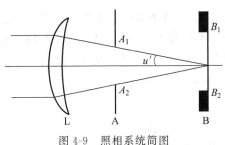

图4-9　照相系统简图

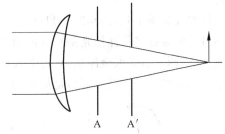

图4-10　孔径光阑对轴上点光束的限制

但对轴外点的成像光束来说，孔径光阑的位置不同，参与成像的轴外光束不一样，轴外光束通过透镜 L 的部位不一样，需要通过全部成像光束的透镜口径大小也不一样，如图4-11(a)和图4-11(b)所示。孔径光阑位于 A 处时，轴外光束 MN 参与成像；孔径光阑位于 A′ 位置时，轴外光束 $M'N'$ 参与成像。显然光束 MN 和 $M'N'$ 所处的空间位置是不同的。另外两者相比，MN 光束较 $M'N'$ 光束通过透镜 L 的部位高一些，自然两者经过透镜的折射情况就不一样。以后会知道，光线的折射情况不一样，其成像质量就不一样，这就隐含着光阑位置的变动可以影响轴外点的像质，从这个意义上来说，孔径光阑的位置是由轴外光束的要求决定的。在照相机镜头中，就是根据轴外点的成像质量选择孔径光阑位置的。另外由两图比较可知，若要通过全部成像光束，光阑处于 A′ 位置时所需的透镜口径要大（即 N' 光线投射

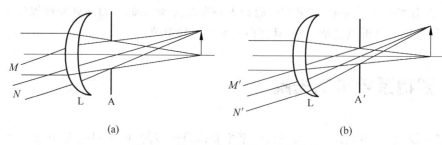

图 4-11　孔径光阑对轴外光束的限制

高度的 2 倍），而光阑处于 A 位置时所需的透镜口径要小（即 2 倍的 N 光线投射高度）。

以上分析是在假定透镜 L 的口径可以任意大的基础上分析孔径光阑位置对轴外光束的选择作用。现考虑一种实际光学系统中存在的情况，即在图 4-11(b) 的情况下，若由于设计或工艺加工的原因，或者结构上的要求，透镜 L 的实际口径比 N' 光线投射高度的 2 倍要小，如图 4-12 所示，这样轴外点光束 M'N' 中画阴影的部分就被透镜 L 的边框阻挡了而不能参与成像，轴外点成像光束宽度较之轴上点成像光束宽度要小，因此像平面边缘部分就比像面中心暗。这种现象称为"渐晕"，透镜 L 的边框起了"拦光"作用，通常称为"渐晕光阑"。假定轴向光束的口径为 D，视场角为 ω 的轴外光束在子午截面内的光束宽度为 D_ω，则 D_ω 与 D 之比称为"渐晕系数"，用 K_ω 表示，即

$$K_\omega = \frac{D_\omega}{D} \tag{4-1}$$

为了缩小光学零件的外形尺寸，实际光学系统中视场边缘一般都有一定的渐晕。视场边缘的渐晕系数有时达到 0.5 也是允许的，即视场边缘成像光束的宽度只有轴上点光束宽度的一半。

仔细分析图 4-11(a) 和图 4-11(b)，会看到经过透镜 L 的全部出射光束从孔径光阑这个最小出口中通过。将孔径光阑对其前面的光学系统（即透镜 L）成像为 A″，孔径光阑与它是共轭关系，则入射光束全部从 A″ 这个入口中"通过"，而且在 A″ 处入射光束的口径（包括全部轴上、轴外光束的整体口径）是最小的，如图 4-13 所示。

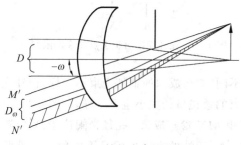

图 4-12　轴外光束的渐晕

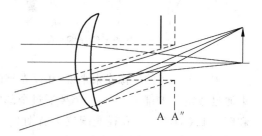

图 4-13　光阑与光阑的像

入瞳是入射光束的入口，出瞳是出射光束的出口。若孔径光阑位于系统的最前边，则系统的入瞳就是孔径光阑；若孔径光阑位于系统的最后边（如图 4-11 的情况），则孔径光阑也是系统的出瞳。

根据上面的分析，可以总结成如下几点：

（1）在照相光学系统中，根据轴外光束的像质来选择孔径光阑的位置，其大致位置在照相物镜的某个空气间隔中，如图 4-14 所示。

（2）在有渐晕的情形下，轴外点光束宽度不仅仅由孔径光阑的口径确定，而且还和渐晕光阑的口径有关。

（3）照相光学系统中，感光底片的边框就是视场光阑。

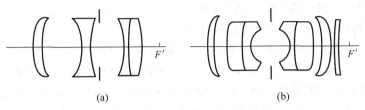

(a)　　　　　　　　(b)

图 4-14　照相物镜中的孔径光阑位置

4.3　望远镜系统中成像光束的选择

如前所述，望远物镜和目镜是望远系统的基本组成部分，再加上为了光路转折和转像而加入的反射棱镜等光学零件，系统中限制光束的情况就比较复杂。如何选择成像光束的问题，直接影响到各个光学零件尺寸和整个仪器的大小，在设计时必须很好地考虑到这一点。下面结合双目望远镜加以说明。

双目望远镜系统是由一个物镜、一对转向棱镜、一块分划板和一组目镜构成的，如图 4-15 所示。

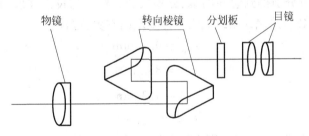

图 4-15　双目望远镜系统

有关光学数据见表 4-1。

表 4-1　双目望远镜系统的光学数据

视觉放大率	$\Gamma = 6^{\times}$	出瞳距离	$l'_z \geqslant 11\text{mm}$
视场角	$2\omega = 8°30'$	物镜焦距	$f'_物 = 108\text{mm}$
出瞳直径	$D' = 5\text{mm}$	目镜焦距	$f'_目 = 18\text{mm}$

这里视场角 2ω 的含义是远处物体直接对人眼的张角，也是远处的物体对望远镜物镜中心的张角。将图 4-15 的望远镜系统简化，把物镜、目镜当作薄透镜处理，暂不考虑棱镜并拉直光路，如图 4-16 所示。

两个光学系统联用时,大多遵从光瞳衔接原则,即前面系统的出瞳与后面系统的入瞳重合,否则会产生光束切割,即前面系统的成像光束中有一部分将被后面的系统拦截,不再能够参与成像。双目望远镜系统是与人眼联用的,人眼的入瞳就是瞳孔,这样,满足光瞳转接原则的望远镜系统其出瞳应该在目

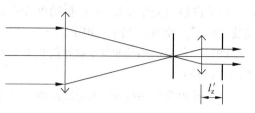

图 4-16　望远镜系统简化图

镜后,而且应离目镜最后一面有一段距离,这段距离成为出瞳距,用 l'_z 表示,为使眼睛睫毛不致和目镜最后一个表面相碰而影响观察,系统的出瞳距不能太短,一般不能短于 6mm,在军用仪器中,考虑到在加眼罩和戴防毒面具的情况下仍能观察,出瞳距离一般为 20mm 左右。如图 4-16 所示,为满足出瞳在目镜之外的要求,孔径光阑必须放在分划板的左侧。假定孔径光阑分别安放在如下三个地方,通过分析比较三组相关数据来确定孔径光阑的位置:①物镜左侧 10mm;②物镜上;③物镜右侧 10mm。

由望远镜系统性质知,若要求双目望远镜的出瞳直径 $D'=5$mm,则入瞳直径为

$$D = \Gamma D' = 30\text{mm}$$

又若该系统的视场角为 $\omega = 4°15'$,则据式(2-26)知分划板上一次实像像高为(孔径光阑位于物镜处)

$$y' = -f'_{物}\tan\omega = 8\text{mm}$$

显然,分划板框就起了照相机中底片框的作用,限制了系统视场。它就是系统的"视场光阑"。

(1)若孔径光阑位于物镜左侧 10mm 的地方,其也为系统的入瞳。追迹一条过光阑(入瞳)中心的主光线,可分别得到它在物镜、分划板和目镜上的投射高度,如图 4-17 所示。依据式(2-41)和式(2-42),并代入系统光学性能要求的有关数据,有

$$h_{z_物} = 0.75\text{mm}$$

$$h_{z_分} = 8\text{mm}$$

$$h_{z_目} = 9.25\text{mm}$$

$$l'_z = 20.5\text{mm}$$

(2)类似于(1)的步骤与方法,可求出孔径光阑位于物镜上时主光线在各光学零件上的投射高度及出瞳距如下:

$$h_{z_物} = 0$$

$$h_{z_分} = 8\text{mm}$$

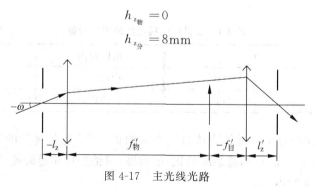

图 4-17　主光线光路

$$h_{z_{目}} = 9.35\text{mm}$$

$$l'_z = 21\text{mm}$$

（3）当孔径光阑位于物镜右侧 10mm 处时，为追迹主光线，可先根据高斯公式求出入瞳位置在物镜右侧 11mm 的地方。然后依照（1）的步骤和方法，可求出主光线在各光学零件上的投射高度和出瞳距：

$$h_{z_{物}} = -0.82\text{mm}$$

$$h_{z_{分}} = 8\text{mm}$$

$$h_{z_{目}} = 9.51\text{mm}$$

$$l'_z = 21.3\text{mm}$$

根据公式 $D_{通} = 2(h + h_z)$ 可求出各光学零件的通光口径 $D_{通}$，见表 4-2，这里 h 是轴上点边光在光学零件上的投射高度。

表 4-2　通光口径　　　　　　　　　　　　　　　　mm

光阑位置	$D_{物}$	$D_{棱}$	$D_{分}$	$D_{目}$	l'_z
（1）	31.5	$31.5 > D_{棱} > 16$	16	23.5	20.5
（2）	30	$30 > D_{棱} > 16$	16	23.7	21.0
（3）	31.6	$31.6 > D_{棱} > 16$	16	24.0	21.3

表中棱镜通光口径的值是估算的，当棱镜插入物镜和分划板之间的光路时，为不遮挡成像光束，则其通光口径是物镜通光口径和分划板通光口径二者之间的某值，这是显然的。

由表可见，物镜的通光口径无论在何种光阑位置情况下都是最大的；出瞳距 l'_z 相差不大，且能满足预定要求。所以选择使物镜口径最小的光阑位置是适宜的，故取第二种情况将物镜框作为系统孔径光阑。

下面通过图 4-18，看看上述三种情况下光阑位置对于轴外点光束位置的选择。为图示清晰，只画出三种情况时的入瞳位置。

如图 4-18 所示，在轴外点发出的整个光束中，光阑位于情况（1）时，选择了较上部的轴外光束参与成像；光阑位于情况（2）时，选择了中部的轴外光束参与成像，相对物镜位置处，其上下光束与光轴对称；光阑位于情况（3）时，选择了较下部的轴外光束参与成像。光阑位置不同，选择的轴外光束的位置也不同。

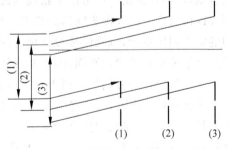

图 4-18　光阑位置对轴外光束位置的选择

总结上面的分析如下：

（1）两个光学系统联用时，一般应满足光瞳衔接原则。

（2）目视光学系统的出瞳一般在外，且出瞳距不能短于 6mm。

（3）望远系统的孔径光阑大致在物镜左右，具体位置可根据尽量减小光学零件的尺寸和体积的考虑去设定。

（4）可放分划板的望远系统中，分划板框是望远系统的视场光阑。

4.4 显微镜系统中的光束限制与分析

由前面两节的分析知道,光学系统中的光束选择一定要具体对象具体分析。这里再以显微镜系统为例,介绍一些光束选择的考虑与分析。

4.4.1 简单显微镜系统中的光束限制

一般的显微镜由物镜和目镜所组成,系统中成像光束的口径往往由物镜框限制,物镜框是孔径光阑。位于目镜物方焦面上的圆孔光阑或分划板框限制了系统的成像范围,成为系统的视场光阑,如图 4-19 所示。

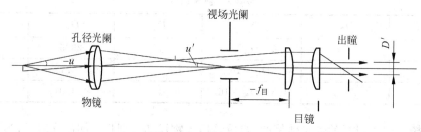

图 4-19   显微镜系统光路

4.4.2 远心光路

有一些显微镜是用于测量长度的,其测量原理是在物镜的实像面上置一刻有标尺的透明分划板,标尺的格值已考虑了物镜的放大率,因此,当被测物体成像于分划板平面上时,按刻尺读得的像的长度即为物体的长度。用此方法作物体长度的测量,标尺分划板与物镜之间的距离固定不变,以确保按设计规定的物镜放大率为常值。同时通过调焦使被测物体的像重合于分划板的刻尺平面,即被测物体位于设计位置,否则就会产生测量误差。但要精确调焦到物体的像与分划板平面重合是有困难的,这就产生了测量误差。如图 4-20(a)所示,L 是测量显微镜物镜,物镜框是孔径光阑,当物体 AB 位于设计位置时,其像 $A'B'$ 就与分划板刻尺重合,此时量出的像高为 y',图中的点划线是主光线;由于调焦不准,物体处于非设计位置时,例如 A_1B_1 所处的位置,其像就不与分划板标尺重合,它位于 $A_1'B_1'$ 的位置,图中的实线是主光线,在分划板标尺上读到像的大小为 y_1',这样由 y_1' 换算出的物体长度就有误差。解决此问题的办法是将孔径光阑移至物镜的像方焦平面上,如图 4-20(b)所示。

由于孔径光阑与物镜像方焦平面重合,所以无论物体位于 AB 位置还是处于 A_1B_1 位置,它们的主光线是重合的,也就是说轴外点的光束中心是相同的,所以尽管 A_1B_1 成像在 $A_1'B_1'$ 的地方不与 $A'B'$ 重合,但在分划板标尺上两个弥散圆的中心间距没有变,仍然等于 y'。这样虽然调焦不准,但也不产生测量误差。这个光路的特点是入瞳位于无穷远,轴外点主光线平行于光轴,因此把这样的光路称为“物方远心光路”。

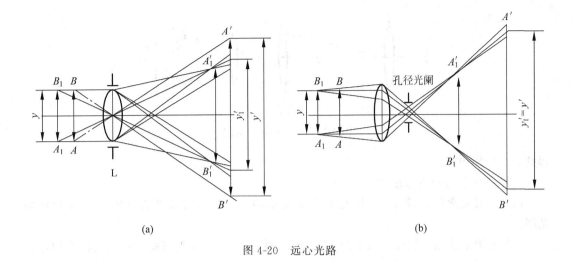

图 4-20 远心光路

4.4.3 场镜的应用

有时,具体的仪器结构需要长光路的显微镜系统,例如系统光学参数全部与图 4-19 所示的显微镜系统雷同,但要大大加长物镜至目镜之间的光路,一般就加一个 $-1^\times$ 透镜转像系统来达到加长光路的目的。$-1^\times$ 的成像系统在原理上是物体位于它的 2 倍焦距处的透镜系统,如图 4-21 所示。

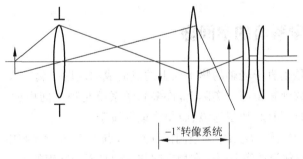

图 4-21 长光路显微镜系统

由图 4-21 可见,若想让经过物镜的成像光束能够通过 $-1^\times$ 转像系统及目镜系统,在上述光路安排中,物镜后面的系统口径将大到无法设想的地步。其原因是孔径光阑位于物镜上时,主光线在 $-1^\times$ 转像透镜和目镜上的投射高度很高。

解决上述问题的办法是在一次实像面处加一块透镜,以降低主光线在后面系统上的入射高度。由于它是加在实像面处,所以它的引入对显微系统的光学特性无影响,也不改变轴上点的光束行进走向。这种和像平面重合,或者和像平面很靠近的透镜称为"场镜"。实际设计时,往往使主光线经过场镜后通过 $-1^\times$ 转像透镜的中心,这样物镜后面的系统口径最小,如图 4-22 所示。

从成像观点看,场镜将孔径光阑成像在 $-1^\times$ 转像透镜上。已经知道,就单独的 $-1^\times$ 转像透镜而言,光阑置于其上时其通光口径最小,将它加入显微系统中时,光瞳要衔接,场镜就

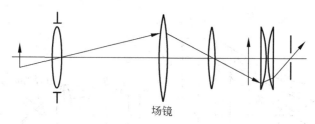

图 4-22　加入场镜的系统

起到了这个作用。

现将这一节的分析总结如下：

（1）一般显微镜系统中，孔径光阑置于显微物镜上；一次实像面处安放系统的视场光阑。

（2）显微系统用于测长等目的时，为了消除测量误差，孔径光阑安放在显微物镜的像方焦面处，称为"物方远心光路"。值得指出的是，远心光路不仅仅在显微镜系统中应用，在望远镜系统中也有应用，如应用在大地测量仪器的测距系统中。

（3）在长光路系统中，往往利用场镜达到前后系统的光瞳衔接，以减小光学零件的口径。值得指出的是，仅为减小后续系统口径的场镜也有应用。同样，场镜在望远系统中也有应用，其使用原则与计算方法与显微系统相同，没有本质的差别。

4.5　光学系统的景深

4.5.1　光学系统的空间像

前面讨论的只是垂直于光轴的物平面上的点的成像问题。属于这一类的光学系统有照相制版物镜和电影放映物镜等。实际上，许多光学系统是把空间中的物点成像在一个像平面上，称为平面上的空间像，如望远镜、照相物镜等属于这一类。

如图 4-23 所示，B_1、B_2、B_3、B_4 为空间的任意点，点 P 为入射光瞳中心，点 P' 为出射光瞳中心，$A'B'$ 为像平面，称为景像平面。在物空间与景像平面相共轭的平面 AB 称为对准平面。

按理想光学系统的特性，物空间一个平面，在像空间只有一个平面与之相共轭。上述景像平面上的空间像，严格来讲除对准平面上的点能成点像外，其他空间点在景像平面上只能为一个弥散斑。但当其弥散斑小于一定限度时，仍可认为是一个点。现在讨论当入射光瞳一定时，在物空间多大的深度范围内的物体在景像平面上能成清晰像。

如图 4-24 所示，空间点 B_1 和 B_2 位于景像平面的共轭面（对准平面）以外，它们的像点 B_1'' 和 B_2'' 也不在景像平面上，在该平面上得到的是光束 $P_1'B_1''P_2'$ 和 $P_1'B_2''P_2'$ 在景像平面上所截的弥散斑，它们是像点 B_1'' 和 B_2'' 在景像平面上的投影像。这些投影像分别与物空间相应光束 $P_1B_1P_2$ 和 $P_1B_2P_2$ 在对准平面上的截面相共轭。显然景像平面上的弥散斑的大小与光学系统入射光瞳的大小、空间点距对准平面的距离有关，如果弥散斑足够小，例如它对人眼的张角小于人眼的极限分辨角（约为 $1'$），则人眼对图像将没有不清晰的感觉，即在一定空间范围内的空间点在景像平面上可成清晰像。

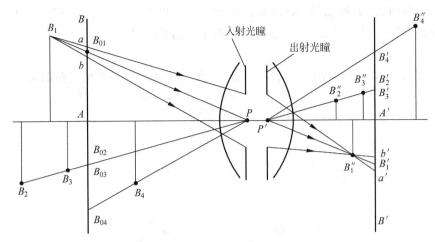

图 4-23 光学系统的空间像

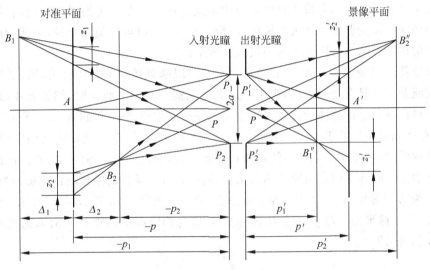

图 4-24 各量的几何表示

4.5.2 光学系统景深的含义

任何光能接收器,例如眼睛、感光乳剂等的分辨率都是有限的,所以并不要求像平面上的像点为一几何点,而要求根据接收器的特性,规定一个允许的数值。当入射光瞳直径为定值时,便可确定成像空间的深度,在此深度范围内的物体,都能在接收器上成清晰图像。能在景像平面上获得清晰像的物方空间深度范围称为景深。能成清晰像的最远的物平面称为远景平面;能成清晰像的最近的物平面称为近景平面。它们与对准平面的距离称远景深度和近景深度。显然,景深 Δ 是远景深度 Δ_1 和近景深度 Δ_2 之和,即 $\Delta = \Delta_1 + \Delta_2$。远景平面、对准平面和近景平面到入射光瞳的距离分别以 p_1、p 和 p_2 表示,并以入射光瞳中心点 P 为坐标原点,上述各值均为负值。在像空间对应的共轭面到出射光瞳的距离分别以 p_1'、p' 和 p_2' 表示,并以出射光瞳中心点 p' 为坐标原点,所有这些值均为正值。设入射光瞳直径和出

射光瞳直径分别以 $2a$ 和 $2a'$ 表示(图 4-24 中的 P_1P_2 和 $P_1'P_2'$)。并设景像平面与对准平面上的弥散斑直径分别为 z_1'、z_2' 和 z_1、z_2,由于两个平面共轭,故有

$$z_1' = \beta z_1, \quad z_2' = \beta z_2$$

式中,β 为景像平面和对准平面之间的垂轴放大率。由图 4-24 中相似三角形关系可得

$$\frac{z_1}{2a} = \frac{p_1 - p}{p_1}, \quad \frac{z_2}{2a} = \frac{p - p_2}{p_2}$$

由此得

$$z_1 = 2a\frac{p_1 - p}{p_1}, \quad z_2 = 2a\frac{p - p_2}{p_2} \tag{4-2}$$

所以

$$z_1' = 2\beta a\frac{p_1 - p}{p_1}, \quad z_2' = 2\beta a\frac{p - p_2}{p_2} \tag{4-3}$$

可见,景像平面上的弥散斑大小除与入射光瞳直径有关,还与距离 p、p_1 和 p_2 有关。

弥散斑直径的允许值取决于光学系统的用途。例如一个普通的照相物镜,若照片上各点的弥散斑对人眼的张角小于人眼极限分辨角($1'\sim2'$),则可近似为点像,可认为图像是清晰的。通常用 ε 表示弥散斑对人眼的极限分辨角。

极限分辨角值确定后,允许的弥散斑大小还与眼睛到照片的距离有关,因此,还需要确定这一观测距离。日常经验表明,当用一只眼睛观察空间的平面像时,例如照片,观察者会把像面上自己所熟悉的物体的像投射到空间去而产生空间感(立体感觉)。但获得空间感觉时,各物点间相对位置的正确性与眼睛观察照片的距离有关,为了获得正确的空间感觉,而不发生景像的歪曲,必须要以适当的距离观察照片,即应使照片上图像的各点对眼睛的张角与直接观察空间时各对应点对眼睛的张角相等,符合这一条件的距离叫作正确透视距离,以 D 表示。为方便起见,以下公式推导不考虑正、负号。如图 4-25 所示,眼睛在 R 处,为得到正确的透视,景像平面上像 y' 对点 R 的张角 ω' 应与物空间的共轭物 y 对入射光瞳中心 P 的张角 ω 相等,即

$$\tan\omega = \frac{y}{p} = \tan\omega' = \frac{y'}{D}$$

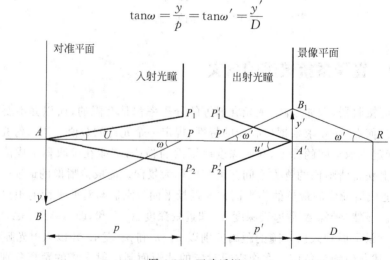

图 4-25   正确透视

则得

$$D = \frac{y'}{y} p = \beta p$$

所以景像面上或照片上弥散斑直径的允许值为

$$z' = z'_1 = z'_2 = D\varepsilon = \beta p \varepsilon$$

对应于对准平面上弥散斑的允许值为

$$z = z_1 = z_2 = \frac{z'}{\beta} = p\varepsilon$$

即当从入射光瞳中心来观察对准平面时,其弥散斑直径 z_1 和 z_2 对眼睛的张角也不应超过眼睛的极限分辨角 ε。

确定对准平面上弥散斑允许直径以后,由式(4-2)可求得远景和近景到入射光瞳的距离 p_1 和 p_2:

$$p_1 = \frac{2ap}{2a - z_1}, \quad p_2 = \frac{2ap}{2a + z_2} \tag{4-4}$$

由此可得远景和近景到对准平面的距离,即远景深度 Δ_1 和近景深度 Δ_2 为

$$\Delta_1 = p_1 - p = \frac{pz_1}{2a - z_1}, \quad \Delta_2 = p - p_2 = \frac{pz_2}{2a + z_2} \tag{4-5a}$$

将 $z_1 = z_2 = p\varepsilon$ 代入式(4-5a),得

$$\Delta_1 = \frac{p^2\varepsilon}{2a - p\varepsilon}, \quad \Delta_2 = \frac{p^2\varepsilon}{2a + p\varepsilon} \tag{4-5b}$$

由上可知,当光学系统的入射光瞳直径 $2a$ 和对准平面的位置以及极限分辨角确定后,远景深度 Δ_1 较近景深度 Δ_2 为大。

总的成像深度,即景深为

$$\Delta = \Delta_1 + \Delta_2 = \frac{4ap^2\varepsilon}{4a^2 - p^2\varepsilon^2} \tag{4-6}$$

若用孔径角 U 取代入射光瞳直径,由图 4-25 可知它们之间有如下关系:

$$2a = 2p\tan U$$

代入式(4-6),得

$$\Delta = \frac{4p\varepsilon\tan U}{4\tan^2 U - \varepsilon^2} \tag{4-7}$$

由式(4-7)可知,入射光瞳的直径越小,即孔径角越小,景深越大。在拍照片时,把光圈缩小可以获得大的空间深度的清晰像,其原因就在于此。

若欲使对准平面前的整个空间都能在景像平面上成清晰像,即远景深度 $\Delta_1 = \infty$,由式(4-5)可知,当 $\Delta_1 = \infty$ 时,分母 $2a - p\varepsilon$ 应为零,故有

$$p = \frac{2a}{\varepsilon}$$

即从对准平面中心看入射光瞳时,其对眼睛的张角应等于极限分辨角 ε。此时近景位置为

$$p_2 = p - \Delta_2 = p - \frac{p_2^2\varepsilon}{2a + p\varepsilon}$$

$$= \frac{p}{2} = \frac{a}{\varepsilon}$$

因此,把照相物镜调焦于 $p=\dfrac{2a}{\varepsilon}$ 处,在景像平面上可以得到自入射光瞳前距离为 $\dfrac{p}{\varepsilon}$ 处的平面起至无限远的整个空间内物体的清晰像。

如果把照相物镜调焦到无限远,即 $p=\infty$,将 $z_2=p\varepsilon$ 代入式(4-4)的第二式内,并对 $p=\infty$ 求极限,则可求得近景位置为

$$p_2=\frac{2a}{\varepsilon}$$

此式表明,这时的景深等于自物镜前距离为 $\dfrac{2a}{\varepsilon}$ 的平面开始到无限远。这种情况的近景距离为 $\dfrac{2a}{\varepsilon}$,上面把对准平面放在 $p=\dfrac{2a}{\varepsilon}$ 时的近景距离为 $\dfrac{a}{\varepsilon}$,后者比前者小一半,故把对准平面放在无限远时的景深要小一些。

4.6　数码照相机镜头的景深

本节的讨论基于一款 VGA 数码相机,它的 CCD 芯片长为 1/3in(1in=2.54cm),镜头的相对孔径为 $f'/2$,详细参数见表4-3。

表 4-3　数码相机有关参数

接收元件	CCD
接收元件尺寸	1/3in(3.6mm×4.8mm,对角线长 6mm)
像素数	640×480
像素尺寸	7.5μm
镜头相对孔径	$f'/2$
镜头焦距	4.8mm
注明的景深	533mm 至无穷远

相机的说明书上说,相机前方 533mm(21in)至无穷远都在相机的景深范围内。许多用过 35mm 焦距照相机的人都知道,在相对孔径为 $f'/2$(光圈数为 2)的情况下,当镜头调焦到前方一个人的鼻子上时,这个人的耳环都不在景深范围内。那么数码相机镜头的景深为什么这么大呢?

根据衍射理论知,这款数码相机镜头对点物所成的艾里斑直径约为 2.8μm,大致为像素大小的 1/3。设接收器 CCD 安放在数码相机镜头的像方焦平面上,即 CCD 位于无穷远物体的理想像平面处。这时位于不同物距处的物平面将成像于不同像距的像平面上,这些像平面上的点像在接收面上将形成直径不同的弥散斑。由第 2 章中的牛顿公式 $xx'=ff'$ 可以计算出当物距 x 分别为 0.5m、1m、2m、3m 及 ∞ 时对应的像距,这个像距乘以数码相机镜头的相对孔径就得出了相应的弥散斑直径。具体数据结果见表4-4。

表 4-4　物距、像距及弥散斑直径

物距 x/m	像距 x'/μm	弥散斑直径/μm(调焦至∞)
∞	0	0
3	7.68	3.84
2	11.5	5.75
1	23.0	11.54
0.5	46.1	23

如果求得物体位于 1m 处的理想像平面,并将接收器 CCD 放在此处,则其他物距对应的像平面离开 CCD 的距离以及像点在接收器上的弥散斑直径见表 4-5。

表 4-5　调焦至 1m 时不同物距对应的弥散斑

物距 x/m	距 CCD/μm	弥散斑直径/μm(调焦至1m)
∞	−23	11.5
3	−15.3	7.7
2	−11.5	5.75
1	0	0
0.5	23	11.5

从这个计算结果可以看出,当调焦至 1m 时,从 0.5m 至无穷远的物点成像在 CCD 上,最大的弥散斑仅为 11.5μm,只有像素的 1.5 倍大小,所以都在景深范围内。这说明数码相机镜头的景深确实很大。

为什么普通的 35mm 照相物镜没有这么大的景深呢?现对数码相机镜头与普通的 35mm 照相物镜的景深作一比较。假定数码相机镜头和 35mm 照相物镜的相对孔径都是 1/2,都调焦至无穷远,两个镜头的视场角都相同,并在两个镜头具有相同的角弥散斑的情况下比较二者的景深。角弥散斑是弥散斑大小的线度与镜头焦距的比值,具体的几何图像就是弥散斑对镜头出瞳中心的张角。

设 x' 是镜头调焦至无穷远后远景或近景像面离开景像平面的距离,对应的远景或近景深度为 x,则胶片或 CCD 上的弥散斑直径为

$$\delta = x'\frac{D}{f'}$$
$$= -\frac{f'^2}{x}\frac{D}{f'} \tag{4-8}$$

故角弥散斑为

$$\zeta = \frac{\delta}{f'}$$
$$= -\frac{f'^2}{x}\frac{D}{f'}\frac{1}{f'}$$
$$= \frac{f'}{x}\frac{D}{f'} \tag{4-9}$$

用 ζ_1 和 ζ_2 分别表示数码相机镜头的角弥散斑和照相物镜的角弥散斑,并在二者相等的情况下比较它们的景深,有

$$\zeta_1 = -\frac{f'_1}{x_1}\frac{1}{2}$$

$$\zeta_2 = -\frac{f'_2}{x_2}\frac{1}{2} \tag{4-10}$$

因为要求

$$\zeta_1 = \zeta_2 \tag{4-11}$$

所以

$$x_2 = x_1\frac{f'_2}{f'_1} \tag{4-12}$$

　　根据表 4-4 估算,当物距为 1.5m 时,弥散斑直径约为 CCD 的一个像素左右,由此知当数码相机镜头的景深范围为 1.5m～∞时,根据式(4-12),35mm 照相物镜的景深范围则是从 $11\text{m}\left(1.5\text{m}\times\dfrac{35}{4.8}\right)$～∞。所以数码相机镜头较之照相物镜有更大的景深范围,因此景深与镜头的焦距是成反比的。

第二篇

光学系统设计与像质评价

第5章

光学设计原理

5.1 光学设计的发展概况

5.1.1 光学设计概论

随着科学技术的发展,光学仪器和光电仪器已普遍应用在社会的各个领域,这类仪器的核心部分是光学系统。光学系统成像质量的好坏,决定着光学仪器和光电仪器整体性能的好坏。然而,一个成像质量好的光学系统是要靠好的光学设计去完成的。因此,光学设计是决定光学仪器和光电仪器良好质量的基础。随着光学仪器及光电仪器的发展,光学设计的理论和方法也在日益发展和完善。

光学设计所要完成的工作包括光学系统设计和光学结构设计。本篇内容主要讨论光学系统设计。

光学系统设计是根据仪器所提出的使用要求,来决定满足使用要求的各种数据,即决定光学系统的性能参数、外形尺寸和各光组的结构等。如今,要为一个光学仪器设计一个光学系统,大体上可以分成以下两个阶段:

第一阶段是根据仪器总体的技术要求(性能指标、外形体积、重量以及有关技术条件),从仪器的总体(光学、机械、电路及计算技术)出发,拟定光学系统的原理图,并初步计算系统的外形尺寸,以及系统中各部分要求的光学特性等,称为初步设计或外形尺寸计算。

第二阶段是根据初步设计的结果,确定每个透镜组的具体结构参数(半径、厚度、间隔、玻璃材料),保证满足系统光学特性和成像质量的要求,称为像差设计,一般简称光学设计。

这两个阶段既有区别又有联系,在初步设计时,就要预计到像差设计是否有可能实现,以及系统大致的结构型式;反之,当像差设计无法实现,或者结构过于复杂时,就不得不修改初步设计。

一个光学仪器工作性能的好坏,关键是初步设计的合理与否,如果初步设计不合理,很有可能造成仪器根本无法完成工作的严重后果,而且会给第二阶段像差设计工作带来困难,导致系统结构过分复杂,或者成像质量不佳;当然在初步设计合理的条件下,如果像差设计不当,同样也可能造成上述不良后果。评价一个光学系统设计的好坏,一方面要看它的性能和成像质量,另一方面还要看系统的复杂程度,一个好的设计应该是在满足使用要求(光学性能、成像质量)的情况下,有最简单的结构。

初步设计和像差设计这两个阶段的工作,在不同类型的仪器中所占的地位和工作量也不尽相同。在某些仪器如大部分军用光学仪器中,初步设计比较复杂,而像差设计相对来说比较简单;在另一些光学仪器如一般的显微镜和照相机中,则初步设计比较简单,而像差设计却较为复杂。

5.1.2　光学设计的发展概况

光学设计是 20 世纪发展起来的一门学科,至今经历了一个漫长的过程。

最初生产的光学仪器是人们直接磨制了各种不同材料、不同形状的透镜,把这些透镜按不同情况进行组合,找出成像质量比较好的结构。由于实际制作比较困难,要找出一个质量好的结构,势必要花费很长的时间和很多的人力、物力,而且也很难找到各方面都较为满意的结果。

为了节省人力、物力,后来逐渐把这一过程用计算来代替。对不同结构参数的光学系统,由同一物点发出,按光线的折射和反射定律,用数学方法计算若干条光线。根据这些光线通过系统以后的聚焦情况,也就是根据这些光线像差的大小,就可以大体知道整个物平面的成像质量;然后修改光学系统的结构参数,重复上述计算,直到成像质量满意为止。这样的方法叫作光路计算或像差计算,光学设计正是从光路计算开始发展的。用像差计算来代替实际制作透镜是一个很大的进步,但这样的方法仍然不能满足光学仪器生产发展的需要,因为光学系统结构参数与像差之间的关系十分复杂,要找到一个理想的结果,仍然需要经过长期的繁重计算过程,特别是对于一些光学特性要求比较高、结构比较复杂的系统,这个矛盾就更加突出。

为了加快设计进程,促进人们对光学系统像差的性质及像差和结构参数之间的关系进行研究,希望能够根据像差要求,用解析的方法直接求出结构参数,这就是像差理论的研究。但这方面的进展不能令人满意,到目前为止像差理论只能给出一些近似的结果,或者给出如何修改结构参数的方向、加速设计的进程,但仍然没有使光学设计从根本上摆脱繁重的像差计算过程。

正是由于光学设计的理论还不能使我们采用一个普通的方法,根据使用要求直接求出系统的结构参数,而只能通过计算像差,逐步修改结构参数,最后得到一个较满意的结果,所以设计人员的经验对设计的进程有着十分重要的意义。因此,学习光学设计,除了要掌握像差的计算方法和熟悉像差的基本理论之外,还必须学习不同类型系统的具体设计方法,并且不断地从实践中积累经验。

电子计算机的出现,才使光学设计人员从繁重的手工计算解放出来,过去由一个人几个月的时间进行的计算,现在用计算机只要几分钟或几秒钟就能完成了。设计人员的主要精力已经由像差计算转到整理计算资料和分析像差结果这方面来。光学设计的发展除了应用计算机进行像差计算外,还让计算机进一步代替人进行分析像差和自动修正结构参数的工作。这就是自动设计或像差自动校正。

今天,大部分光学设计都在不同程度上借助于这样或那样的自动设计程序来完成。有些人认为,在有了自动设计程序以后,似乎过去有关光学设计的一些理论和方法已经没用了,只要能上机计算就可以做光学设计。其实不然,要设计一个光学特性和像质都满足特定的使用要求而结构又最简单的光学系统,只靠自动设计程序是难以完成的。在使用自动设计程序的条件下,特别是那些为了满足某些特殊要求而设计的新结构型式,主要是依靠设计人员的理论分析和实际经验来完成的。因此,即使使用了自动设计程序,也必须学习光学设计的基本理论,以及不同类型系统具体的分析和设计方法,才能真正掌握光学设计。

光学设计的发展经历了人工设计和光学自动设计两个阶段,实现了由手工计算像差、人工修改结构参数进行设计,到使用电子计算机和光学自动设计程序进行设计的巨大飞跃。国内外工程光学领域中已出现了不少功能相当强大的计算机辅助设计(CAD)软件,从而使设计者能快速、高效地设计出优质、经济的光学系统。然而,不管设计手段如何变革,仍然必须遵循光学设计过程的一般规律。

5.2 光学系统设计的具体过程和步骤

5.2.1 光学系统设计的具体过程

1. 根据使用要求制定合理的技术参数

从光学系统对使用要求满足程度出发,制定光学系统合理的技术参数,这是设计成功与否的前提条件。

2. 光学系统总体设计和布局

总体设计的重点是确定光学原理方案和外形尺寸计算。为了设计出光学系统的原理图,确定基本光学特性,使其满足给定的技术要求,首先要确定放大率(或焦距)、线视场(或角视场)、数值孔径(或相对孔径)、共轭距、后工作距、光阑位置和外形尺寸等。因此,常把这个阶段称为外形尺寸计算阶段。一般都按理想光学系统的理论和计算公式进行外形尺寸计算。

在进行上述计算时还要结合机械结构和电气系统,以防在机械结构上无法实现。每项性能的确定一定要合理,过高的要求会使设计结果复杂,造成浪费;过低的要求会使设计不符合要求。因此,这一步必须慎重。

3. 光组的设计

一般分为选型、确定初始结构参数、像差校正三个阶段。

1) 选型

光组的划分,一般以一对物像共轭面之间的所有光学零件为一个光组,也可将其进一步划小。现有的常用镜头可分为物镜和目镜两大类。目镜主要用于望远和显微系统。物镜可分为望远、显微和照相摄影物镜三大类。镜头应首先依据孔径、视场及焦距来选择,特别要注意各类镜头各自能承担的最大相对孔径、视场角。在大类型选型后,选择能达到预定要求而又结构简单的一种。选型是光学系统设计的出发点,合理、适宜与否是设计成败的关键。

2) 确定初始结构参数

初始结构的确定常用以下两种方法。

(1) 解析法(代数法),即根据初级像差理论求解初始结构。这种方法是根据外形尺寸计算得到的基本特性,利用初级像差理论来求解满足成像质量要求的初始结构,即确定系统各光学零件的曲率半径、透镜的厚度和间隔、玻璃的折射率和色散等。

(2) 缩放法,即根据对光组的要求,找出性能参数比较接近的已有结构,将其各尺寸乘以缩放比,得到所要求的结构,并估计其像差的大小或变化趋势。本书后续章节会主要介绍这种方法。

3) 像差校正

初始结构选好后,要在计算机上进行光路计算,或用像差自动校正程序进行自动校正;然后根据计算结果画出像差曲线,分析像差,找出原因,再反复进行像差计算和平衡,直到满足成像质量要求为止。

4. 长光路的拼接与统算

以总体设计为依据,以像差评价为准绳,来进行长光路的拼接与统算。如结果不合理,则应反复试算并调整各光组的位置与结构,直到达到预期的目的为止。

5. 绘制光学系统图、部件图和零件图

绘制光学系统图、部件图和零件图包括确定各光学零件之间的相对位置、光学零件的实际大小和技术条件。这些图纸为光学零件加工、检验,部件的胶合、装配、校正,乃至整机的装调、测试提供依据。

6. 编写设计说明书

设计说明书是进行光学设计整个过程的技术总结,是进行技术方案评审的主要依据。

7. 必要时进行技术答辩

组织用户和技术专家,就设计者的设计方案和结果是否达到使用要求进行评价。

5.2.2　光学系统设计步骤

光学系统设计是选择和安排光学系统中各光学零件的材料、曲率和间隔,使得系统的成像性能符合应用要求。一般设计过程基本是减小像差到可以忽略不计或小到可以接受的程度。光学设计可以概括为以下几个步骤:

(1) 选择系统的类型;

(2) 分配元件的光焦度和间隔;

(3) 校正初级像差;

(4) 减小残余像差(高级像差)。

以上每个步骤可以包括几个环节,重复地循环这几个步骤,最终找到一个满意的结果。

5.3　光学仪器对光学系统性能与质量的要求

任何一种光学仪器的用途和使用条件必然会对它的光学系统提出一定的要求,因此,在进行光学设计之前一定要了解对光学系统的要求。这些要求概括起来有以下几个方面。

1. 光学系统的基本特性

光学系统的基本特性有数值孔径(或相对孔径)、线视场(或视场角)、系统的放大率(或焦距)。此外,还有与这些基本特性有关的一些特性参数,如光瞳的大小和位置、后工作距、共轭距等。

2. 系统的外形尺寸

系统的外形尺寸,即系统的轴向尺寸和径向尺寸。在设计多光组的复杂光学系统时,如一些军用光学系统,其外形尺寸计算以及各光组之间的光瞳衔接都是很重要的。

3. 成像质量

成像质量的要求和光学系统的用途有关,不同的光学系统按其用途可提出不同的成像质量要求。对于望远系统和一般的显微镜,只要求中心视场有较好的成像质量;对于照相物镜,要求整个视场都应有较好的成像质量。

4. 仪器的使用条件

根据仪器的使用条件,要求光学系统具有一定的稳定性、抗振性、耐热性和耐寒性等,以保证仪器在特定的环境下能正常工作。

在对光学系统提出使用要求时,一定要考虑在技术上和物理上实现的可能性。例如,生物显微镜的视觉放大率 Γ,一定要按有效放大率的条件来选取,即满足 500NA$<\Gamma<$ 1000NA 的条件。过大的放大率是没有意义的。只有提高数值孔径(NA)才能提高有效放大率。

对于望远镜的视觉放大率 Γ,一定要把望远系统的极限分辨率和眼睛的极限分辨率放在一起来考虑。在眼睛的极限分辨率为 $1'$ 时,望远镜的正常放大率 $\Gamma=D/2.3$(式中,D 是入瞳直径)。实际上,在多数情况下,按仪器用途所确定的放大率常大于正常放大率,这样可以减轻观察者视觉的疲劳。对于一些手持的观察望远镜,它的实际放大率比正常放大率要低,以便具备较大的出瞳直径,增加观察时的光强度。望远镜的工作放大率应按下式选取:

$$0.2D \leqslant \Gamma \leqslant 0.75D \tag{5-1}$$

有时对光学系统提出的要求是互相矛盾的,这时,应进行深入分析、全面考虑、抓住主要矛盾,切忌提出不合理的要求。例如,在设计照相物镜时,为了使相对孔径、视场角和焦距三者之间的选择更合理,应该参照下列关系式来选择:

$$\frac{D}{f'}\tan\omega\sqrt{\frac{f'}{100}} = C_{\mathrm{m}} \tag{5-2}$$

式中,C_{m} 为物镜的质量因数,其范围为 0.22～0.26。实际计算时,取 $C_{\mathrm{m}}=0.24$。当 $C_{\mathrm{m}}<0.24$ 时,则光学系统的像差校正就不会发生困难;当 $C_{\mathrm{m}}>0.24$ 时,则系统的像差很难校正,成像质量很差。但是,随着高折射率玻璃的出现,光学设计方法的完善,光学零件制造水平的提高,以及装调工艺的完善,C_m 值也在逐渐提高。

总之,对光学系统提出的要求应合理,保证在技术上和物理上能够实现,并且具有良好的工艺性和经济性。

5.4　高斯光学和理想成像

如果点光源位于对称光学系统的光轴上,由对称性可知,在像空间,光束的波前必然是以光轴为对称轴的回转曲面。取坐标原点选在折射面的坐标系统,如图 5-1 所示,可以写出像空间的波前方程:

$$z = \frac{1}{2}c(x^2 + y^2) + O(x^2 + y^2)^2 \tag{5-3}$$

其中坐标原点选在折射面上。

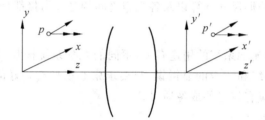

图 5-1　对称光学系统的坐标系

同理,任何折射面都可以用相似的方程表示,例如,曲率为 c 的球面可以表示为

$$z = \frac{1}{2}c(x^2 + y^2) + \frac{1}{8}c^3(x^2 + y^2)^2 + O(x^2 + y^2)^3 \tag{5-4}$$

式(5-3)、式(5-4)这样的幂级数展开式有助于考查由于仅保留式中的第一项、第二项,忽略其他项而导致的近似性。

德国的数学家、物理学家高斯于1841年对此作出了完整的概括。有鉴于此,傍轴光学也称为高斯光学,其范围规定为足够接近光轴的区域,以保证式(5-3)或式(5-4)中高于 x 和 y 的二次方项的所有高次项都被忽略。这个"近轴区域"也称为高斯区域。

图 5-2 是由 A 点发出的一条光线经过一个折射球面的情形,利用折射定律和三角公式可以得到式(5-5),利用该式就可以精确地计算出射光线的位置。

$$\left.\begin{aligned}
\sin I &= \frac{L - r}{r}\sin U \\
\sin I' &= \frac{n}{n'}\sin I \\
U' &= U + I - I' \\
L' &= r + \frac{r\sin I'}{\sin U'}
\end{aligned}\right\} \tag{5-5}$$

若入射光线与光轴的夹角 U 很小,并且与其相对应的 I、I'、U' 等也很小,则这些角度正弦值可以用弧度来代替。上述光必然很靠近光轴,故称它们为"近轴光线"。光轴附近的这

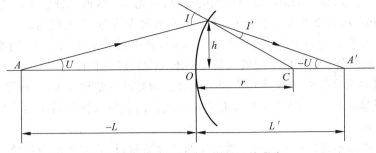

图 5-2 光线通过单个折射面的光路

个区域称为"近轴区"。

当 I、I'、U' 和 U 同时趋于零时,把代表这些角度的无限小量用相应的小写字母 u、i、i' 和 u' 表示,对应的 L 和 L' 用 l 和 l' 表示。相应的关于 i、i'、u' 和 l' 的光路计算公式如下:

$$\left.\begin{aligned} i &= \frac{l-r}{r}u \\ i' &= \frac{n}{n'}i \\ u' &= u+i-i' \\ l' &= r+\frac{ri'}{u'} \end{aligned}\right\} \tag{5-6}$$

式(5-6)称为近轴公式。近轴公式的实质就是用三角函数 $\sin\theta$ 的幂函数展开式 $\left(\sin\theta = \theta - \dfrac{\theta^3}{3!} + \dfrac{\theta^5}{5!} + \cdots\right)$ 中的第一项 θ 来代替 $\sin\theta$,取 $\sin\theta = \theta$。

对于同由 A 点发出的 U 角不同的光线,由近轴公式(5-6)可得,出射光线都交于同一点 A'(即 U 角不同的光线对应的 I' 都相同)。可见近轴公式计算出来的像就是理想像,这个像通常称为高斯像,或者说在近轴区域是理想成像的。

5.5 初级像差及其独立性原理

所谓像差,简单地说就是实际光线位置和理想像点位置之差。既然理想像是用近轴公式计算出来的,而近轴公式又是取 $\sin\theta = \theta$ 得到的,因此像差的存在可以看成是由级数(三角函数的展开式)中其余各项引起的。

在像差理论研究的发展过程中,为了由易到难、由浅入深,一般把像差分为初级像差和高级像差两大类。由级数中第二项引起的像差叫作初级像差,其他各式引起的像差称为高级像差。

德国数学家赛得于 1856 年第一个系统地提出初级像差计算公式,因此初级像差有时也叫赛得像差。

初级像差是用三角函数 $\sin\theta$ 幂级数展开式的前两项代替函数本身(即取 $\sin\theta = \theta - \theta^3/3!$)而得到的,同样是一种近似公式。因为只有当 θ 比较小时,才能忽略 $\theta^5/5!$ 及以后的各高次项。也就是只有当孔径角和物高都不大时,初级像差才能足够近似地表示光学系统的像差性质。

　　　初级像差公式所适用的范围没有明确的边界,由光学系统所允许的误差决定。例如,如果以 θ 代替 $\sin\theta$,同时要求误差小于 $1/1000$,则 θ 的最大值为 $5°$,此时的近轴区大约与角度小于 $5°$ 的范围相当。而如果用 $\theta-\theta^3/3!$ 代替 $\sin\theta$,要求误差小于 $1/1000$,则 θ 的最大值为 $32°$,对应初级像差公式适用的范围就与角度小于 $32°$ 的范围相当。

　　　实际使用的光学系统,其光束的孔径角和成像物高往往都比较大,由级数中 $\theta^5/5!$ 及以上各高次项引起的像差,即所谓高级像差就相当大。因此初级像差尚不能充分地代表光学系统的成像性质。

　　　尽管初级像差不足以充分代表光学系统的成像质量,但是它正确地反映了光学系统在小孔径和小视场情形下的成像性质。对于一个具有较大孔径和较大视场的实际光学系统来说,如果要清晰成像,则在小孔径和小视场范围内所成的像必须是清晰的。因此对于一个成像质量优良的光学系统,将初级像差校正到一定限度以内,就是一个虽不充分但却必要的条件。由此可见,研究初级像差对光学系统设计具有重要的实际意义。目前初级像差理论已经比较完整,已广泛应用于实际的设计工作中;高级像差虽也作过不少研究,但是由于问题本身的复杂性和计算量过大,几乎和实际像差计算的工作量相当,因此在实际设计中应用比较少。本书主要讨论共轴球面系统的初级像差,对高级像差只作简单介绍。

　　　对于一个共轴球面系统,物体被各个球面依次成像,最后像空间的像差是各个球面综合作用的结果。如图 5-3 所示,光线通过 j 个面后总的像差可分为两部分,一部分是第一面到第 $j-1$ 产生的,另一部分是第 j 面产生的。由于第一面到第 $j-1$ 面存在像差,因此第 j 面的入射光束中已经有像差存在。第 j 面产生的像差不仅和它本身的结构参数以及物体位置有关,而且还和入射光束的像差有关。当入射光束中的像差变化时,光线在第 j 面上的入射位置也将发生变化,第 j 面对它成像后所产生的像差也将因此发生变化。所以实际上系统中各个球面对于像差的影响并不是彼此独立的。

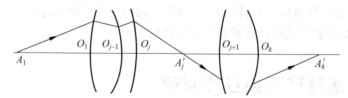

图 5-3　物体通过各个球面依次成像

　　　但是在初级像差范围内,可以认为每一面产生的像差和入射光束的像差无关。在初级像差范围内,已忽略了高级像差。在某一面上,由入射光束像差引起的该面所产生的像差的变化量,同入射光束没有像差时该面所产生的像差相比,显然是更高阶的小量,因此可以忽略。由此得出结论:在初级像差范围内,系统中每个球面所产生的像差可以认为是彼此独立的。以上即所谓初级像差的独立性原理。

5.6　轴向球差与横向球差

　　　参照图 5-2,考虑由轴上同一点发出的孔径角 U 不同(对应的 h 也不同)的多条光线,它们虽满足 L 相同,但通过光学系统后将有不同的 L' 值,这就是球差现象。

球差是轴上点唯一的单色像差。如图 5-4 所示，球差 $\Delta L'$ 在数值上是轴上点发出的不同孔径光线的像方截距 L' 与近轴截距 l' 间的差值，即

$$\Delta L' = L' - l' \tag{5-7}$$

球差是沿光轴方向度量的，是一种轴向像差，故也称轴向球差。

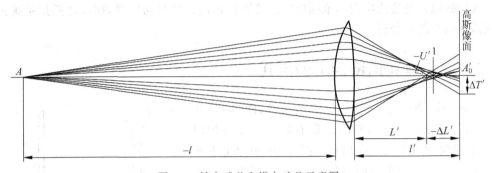

图 5-4 轴向球差和横向球差示意图

如图 5-4 所示，物点 A 发出 5 条不同孔径的远轴光线和一条近轴光线。这些光线的孔径角 U 不同，通过光学系统后，并不会聚于理想像点 A_0' 处。用一个屏在透镜右侧接收物点的像。当屏沿光轴移动时，屏上所得的像为一弥散斑。但无论屏与透镜间的距离怎样变化，屏上的像都不能成为一个几何点。这种现象是由球差引起的，近轴像面上弥散斑的半径称为横向球差，以 $\Delta T'$ 表示：

$$\Delta T' = \Delta L' \tan U' \tag{5-8}$$

由于像面上的像由弥散斑组成，所以不能反映物的细节。当球差严重时，像会变得模糊不清，所以任何光学系统都必须校正好球差。

现在给出关于 L' 值不同的解释。在图 5-2 中，由式（5-5）可知，对不同的光线，因 U 不同，从折射面出射后，将有不同的 I' 和 U' 值，从而 $\sin I'/\sin U'$ 也将是不同的值，对应的 L' 也就一定不同了。

5.7 透镜的近似表示

5.7.1 薄透镜与薄透镜系统

所谓薄透镜，是指忽略真实透镜的实际厚度而得到的一种结构，是真实透镜在近轴条件下的表现形式。

需要强调的是，虽然忽略了透镜的真实厚度，但在做与薄透镜有关的计算时，仍然认为，在薄透镜的前、后表面间有折射率为 n 的介质。

而所谓的薄透镜系统，是指整个系统由若干个"厚度"和"间隔"可以忽略的薄透镜组构成，薄透镜组之间以一定的空气间隔相互分离。绝大多数实际透镜组的厚度相对于透镜组的焦距来说并不很大，可以近似当成薄透镜组看待。

薄透镜系统的初级像差理论有重要的实际意义。利用薄透镜系统的初级像差公式，一

方面可以直接由要求的像差值求解光学系统的结构参数,另一方面也可以对系统中每个薄透镜组的像差性质进行全面的解析研究。尽管实际透镜组总有一定的厚度,由薄透镜系统的初级像差公式得出的结果仍然是近似的,但和一般初级像差公式只能获得像差和结构参数之间概略的定性关系比较起来,是向前进了一大步。因此薄透镜系统的初级像差理论,比起一般的初级像差公式应用的范围更广。特别是在设计的最初阶段,往往总是把系统近似当成薄透镜系统来分析。

5.7.2　真实透镜的近轴形式

图 5-5 中,图(a)是一个实际的负透镜,图(b)是其近轴形式。图(b)与图(a)相比,所有的尺寸都是相同的,包括透镜的口径及轴向厚度。图(b)中用两个平面取代了图(a)中的两个曲面,但这两个平面仍然是有光焦度的,并且这两个光焦度的值与图(a)中两个曲面光焦度的值相等。

一个真实透镜所有的一级特性都可用相应的近轴形式描述。

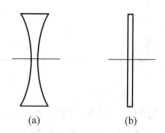

(a)　　　　(b)

图 5-5　负透镜及相应的近轴形式

5.8　玻璃的特性

玻璃是一种神奇的材料,很难想象,如果离开了玻璃(或塑料),照相机、摄影像机、双目显微镜、望远镜和 CD 播放器这些现代光学设备将怎样工作。本节将就这些透镜设计师们最感兴趣的玻璃性质作简要介绍。

5.8.1　折射率

折射率是描述玻璃特性唯一的最重要的参数。如果玻璃没有折射功能,光线就不能发生偏折,透镜也就不能称为透镜,因而也就无法成像。

折射率是光在真空中的速度与在玻璃材料中的速度之比:

$$n = \frac{c}{v} \tag{5-9}$$

按照斯涅耳定律,在两种折射率不同的介质界面处,光将发生偏折现象,其入射角 θ_i 和折射角 θ_r 间满足:

$$n_r \sin\theta_r = n_i \sin\theta_i \tag{5-10}$$

按照此定律来构造透镜的两个表面,就能得到符合成像要求的透镜。

5.8.2　色散

任何事物都有两面性,玻璃也会给光学系统带来麻烦。一束准直白光入射到玻璃透镜上后,出射的是一束不同颜色的光,如图 5-6 所示。而且它们将会聚在光轴的不同位置上,这就使得透镜的等效焦距(equivalent focal length,EFL)随波长而变化。这种色光沿光轴方向的扩散称为色差。色差将导致像质下降以及分辨率的损失。

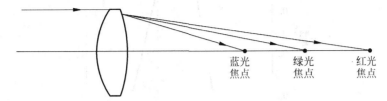

蓝光焦点　绿光焦点　红光焦点

图 5-6　EFL 随颜色变化关系

产生上述现象的原因在于玻璃的折射率不是常数,而是波长的函数。玻璃的折射率随波长而变化的现象叫色散。一般来讲,折射率在蓝光区较高,而在红光区较低。这就意味着,在同一折射界面处,蓝光的偏折程度比红光要大(见图 5-6)。

据说,当年牛顿曾经认为色散是折射式光学仪器不可克服的缺点,也正是这一想法促使牛顿发明了反射成像仪器——牛顿望远镜。

5.8.3　玻璃色散特性的量化

在说明如何量化色散特性之前,首先应了解选择标准波长的一些传统做法或者说规则。过去,如果要精确地测量折射率,必须有与可见光谱范围内各波长相对应的光源。在激光出现以前,可供使用的光源也就是煤气灯所发出的电焊光,例如钠光。将这样的光输入到棱镜进行分光,然后从棱镜的输出光中选择某一光谱,最后将其送到折射计中就能得到相应色光的折射率。在上述测量过程中还要注意,白天人眼响应的峰值波长是 555nm(绿光),而在夜间这一峰值波长要移到 513nm,表 5-1 概括了在折射率测量过程中透镜设计师采用的传统谱线,本书中主要使用 F、d、e 和 C 光。图 5-7 给出了白天这些谱线在人眼明视曲线上的位置。

表 5-1　波长与谱线的对应关系

波长/nm	符　号	谱　　线
404.6	h	Hg(紫光)
435.8	g	Hg(蓝光)
480	F′	Cd(蓝光)
486.1	F	H(蓝光)
546.1	e	Hg(绿光)
587.6	d	He(黄光)
589.3	D	Na(黄光)
643.8	C′	Cd(红光)
656.3	C	H(红光)
706.5	r	He(红光)

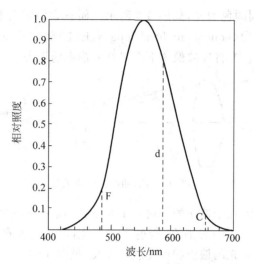

图 5-7　各谱线在人眼明视曲线上的位置

再回到本节开头关于色散量化的话题。图 5-8 描述的是一条普通的折射率随波长变化的关系曲线。曲线上标出了 F、d 和 C 光的折射率,分别为 n_F、n_d 和 n_C。

有一种测色散的方法是取比值:

$$D = \frac{n_F - n_C}{n_d - 1} \tag{5-11}$$

在式(5-11)中,分子是可见光谱段两个边界波长的折射率之差,而分母是光学材料在中间光谱的折射率与它在空气中折射率(相对于所有波长都是 1)之差。用式(5-11)描述的比值将是一个比 1 小很多的数。随着分子的增加(色散加大),D 也加大。如果材料没有色散(对应平坦的响应光谱曲线),D 值将为零。

但在光学发展史上,色散的最初定义并不是这样的,先行者们用式(5-11)的倒数来描述色散现象。这种描述方法称为阿贝常数 ν_d 法:

$$\nu_d = \frac{n_d - 1}{n_F - n_C} \tag{5-12}$$

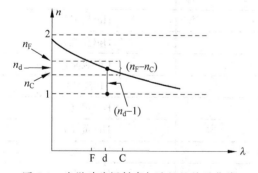

图 5-8　光学玻璃折射率与波长的关系曲线

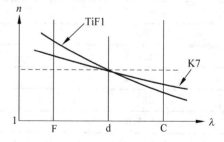

图 5-9　两种 Scott 玻璃的折射率光谱

在图 5-9 中给出了两种肖特(Scott)玻璃的折射率光谱。这两种玻璃的色散不同,但中间折射率基本相同。表 5-2 概括了两种肖特玻璃在不同波长下的折射率及阿贝数。

表 5-2   两种肖特玻璃在不同波长下的折射率及阿贝数

玻璃	F	d	C	$n_F - n_C$	ν_d
K7	1.51700	1.51112	1.50854	0.00846	60.42
TiF1	1.51820	1.51118	1.50818	0.01002	51.02

与 K7 玻璃相比,TiF1 玻璃的色散虽然更大(蓝光与红光的折射率差要更大一些),但它的阿贝数较小。

5.8.4 玻璃图

对现在的透镜设计师而言,因为有太多的光学玻璃可供选择,因此他们很难做到对每种玻璃的特性都很了解。将常用的玻璃材料及其特性以图表的形式总结出来也就很有必要。图 5-10 给出的是玻璃 n_d-ν_d 图。图中横坐标取的是玻璃的阿贝数 ν_d,纵坐标是中间折射率 n_d。显然,玻璃曲线在图中的位置越靠右,对应玻璃的色散越强。"横坐标 $\nu_d = 50$"的一条加粗的直线,将图分成了左右两部分,直线以右的玻璃通常称为火石玻璃,以左的玻璃称为冕牌玻璃。这样划分的依据主要是玻璃的化学成分。BK7(K9)是一种很常用的光学玻璃,其具有优良的机械性能和非常低的气泡和杂质,具有良好的抗划伤性。由于其化学性能稳定,无须特殊处理(如研磨和抛光),广泛应用于光电子、微波技术、衍射光学元件等众多领域。有关 BK7 玻璃的详细信息见表 5-3～表 5-10。

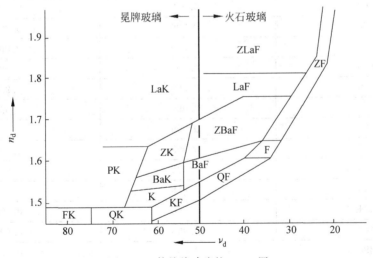

图 5-10   某品牌玻璃的 n_d-ν_d 图

表 5-3   BK7 玻璃性能

光 学 性 质	标 准 值
折射率	1.51680
阿贝数	63.96

表 5-4   BK7 玻璃的机械性能

机 械 性 能	标 准 值
密度	$2.51g/cm^3$
努氏硬度 HK100	$610kg/mm^2$
杨氏模量 E	$82 \times 10^3 kN/mm^2$
泊松比 μ	0.21

表 5-5   BK7 玻璃的热性能

热 性 能	标 准 值	热 性 能	标 准 值
软化点	719℃	热导率	$1.1W/(m \cdot ℃)$
退火点	657℃	比热容	$879J/(kg \cdot ℃)$
应变点	624℃	热膨胀系数	$7.1 \times 10^{-6}/K$

表 5-6   BK7 玻璃的化学性能

化学性能	标准值
水解性	2 级
耐酸性	1 级
耐碱性	2 级

表 5-7   BK7 玻璃色散公式中的常数项

A_0	2.2718929
A_1	$-1.0108077 \times 10^{-2}$
A_2	1.0592509×10^{-2}
A_3	2.0816965×10^{-4}
A_4	$-7.6472538 \times 10^{-4}$
A_5	4.924099×10^{-7}

表 5-8   BK7 玻璃的内透射率 T_i

λ/nm	$T_i(5nm)$	$T_i(25nm)$
2325.4	0.89	0.57
1970.1	0.968	0.85
1529.6	0.997	0.985
1060.0	0.999	0.998
700	0.999	0.998
660	0.999	0.997
620	0.999	0.997
580	0.999	0.996
546.1	0.999	0.996
500	0.999	0.996
460	0.999	0.994
435.8	0.999	0.994
420	0.998	0.993
404.7	0.998	0.993
400	0.998	0.991
390	0.998	0.989
380	0.996	0.980
370	0.995	0.974
365.0	0.994	0.969
350	0.996	0.93
334.1	0.950	0.77
320	0.81	0.35
310	0.59	0.07

表 5-9　BK7 玻璃的折射率的温度系数

温度 $t/°C$	$\Delta n/\Delta T_{相对}/(10^{-6}\mathrm{K}^{-1})$					$\Delta n/\Delta T_{绝对}/(10^{-6}\mathrm{K}^{-1})$				
	1060.0	s	C′	e	g	1060.0	s	C′	e	g
$-40/-20$	2.2	2.3	2.5	2.7	3.1	0.2	0.3	0.4	0.6	1.0
$-20/0$	2.2	2.3	2.6	2.8	3.3	0.5	0.6	0.8	1.0	1.5
$0/+20$	2.3	2.4	2.7	2.8	3.4	0.9	1.0	1.2	1.3	1.9
$+20/+40$	2.4	2.5	2.8	3.0	3.6	1.2	1.3	1.5	1.7	2.3
$+40/+60$	2.5	2.6	2.9	3.1	3.8	1.3	1.4	1.7	1.9	2.6
$+60/+80$	2.6	2.7	3.0	3.2	3.9	1.6	1.7	2.0	2.2	2.8

表 5-10　BK7 玻璃的其他性质

$\alpha_{-30/+70°C}/(10^{-6}\mathrm{K}^{-1})$	7.1	μ	0.208
$\alpha_{20/300°C}/(10^{-6}/\mathrm{K}^{-1})$	8.3	HK	520
$T_g/°C$	559	B	0
$T_{10}^{7.6}/°C$	719	CR	2
$cp/[\mathrm{J}/(\mathrm{g}\cdot\mathrm{K})]$	0.858	FR	0
$\lambda/[\mathrm{W}/(\mathrm{m}\cdot\mathrm{K})]$	1.114	SR	1
$\rho/(\mathrm{g}/\mathrm{cm}^3)$	2.51	AR	2.0
$E/(10^3\mathrm{N}/\mathrm{mm}^2)$	81		

5.8.5　熔炼数据

许多现代光学设计软件都有自带的描述玻璃折射率和色散数据的数据库。数据库中的这些信息称为"熔炼数据",可从制造商那里获得。

数据库中数据的保存有两种形式,一种是可供查询的表格,另一种是多项式。多项式的系数与玻璃的类型相对应。当然,这两种形式的数据,都是由玻璃制造商提供的。描述玻璃性能的图表也是根据这些数据制成的。但设计师在确定玻璃类型时必须清楚,玻璃图表中的数据只是近似值。在选择了图表中的某种玻璃并用它加工制成了实际的透镜后,实际的折射率数值与玻璃库中的数据会稍有不同。实际值与表中的数值相比,可能从小数点后第三位开始就不一样了。如果设计师所设计的透镜对折射率的变化非常敏感,或者这个透镜将应用于非常关键的部位,那么设计师必须修改自己的设计,将所有的折射率值都取实际值。

修改折射率后,可能透镜的所有曲率都有所变化。因此,修改工作必须在光学车间开始正式加工透镜之前完成,从而保证加工按照新的设计方案进行。

5.8.6　部分色散

部分色散定义为

$$P=\frac{n_F-n_d}{n_F-n_C} \tag{5-13}$$

　　图 5-11 描述的是几种常用玻璃的部分色散 P 随 ν_d 变化的关系曲线。图中有一个令设计师非常感兴趣的现象,那就是代表不同玻璃的那些点都聚集在同一条直线的两侧。这条直线称为"中性玻璃线"。

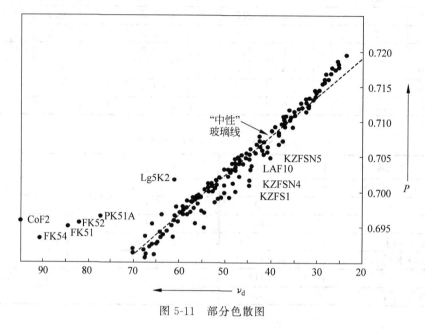

图 5-11　部分色散图

第6章

光路计算及像差理论

实际光学系统与理想光学系统有很大的差异,即物空间的一个物点发出的光线经实际光学系统后,不再会聚于像空间的一点,而是一个弥散斑,弥散斑的大小与系统的像差有关。本章主要介绍实际光学系统的单色像差和色差的基本概念、产生这些像差的原因及校正这些像差的方法。

6.1 概述

6.1.1 基本概念

在近轴光学系统中,根据精确的球面折射公式,导出在 $\sin\theta=\theta$、$\cos\theta=1$ 的物像大小和位置,即理想光学系统的物像关系式。一个物点的理想像仍然是一个点,从物点发出的所有光线通过光学系统后都会聚于一点。

近轴光学系统只适用于近轴的小物体以细光束成像。对任何一个实际光学系统而言,都需要一定的相对孔径和视场,恰恰是相对孔径和视场这两个因素才与系统的功能和使用价值紧密相连。因此实际的光路计算,远远超过近轴区域所限制的范围,物像的大小和位置与近轴光学系统计算的结果不同。这种实际像与理想像之间的差异称为像差。

正弦函数的级数展开为

$$\sin\theta=\theta-\frac{\theta^3}{3!}+\frac{\theta^5}{5!}-\frac{\theta^7}{7!}+\cdots$$

利用展开式中的第一项 θ 代替三角函数 $\sin\theta(\sin\theta=\theta)$,导出了近轴公式。由于用 θ 代替 $\sin\theta$ 而忽略了级数展开式中的高次项,而这些高次项即是产生像差的原因所在。

由于光学系统的成像均具有一定的孔径和视场,因此对不同孔径的入射光线其成像的位置不同,不同视场的入射光线其成像的倍率也不同,子午面和弧矢面光束成像的性质也不尽相同。因此,单色光成像会产生性质不同的五种像差,即球差、彗差(正弦差)、像散、场曲和畸变,统称为单色像差。实际上绝大多数的光学系统都是对白光或复色光成像的。同一光学介质对不同的色光有不同的折射率,因此,白光进入光学系统后,由于折射率不同而有不同的光程,这样就导致了不同色光成像的大小和位置也不相同,这种不同色光的成像差异称为色差。色差有两种,即位置色差和倍率色差。

以上讨论是基于几何光学的,所以上述七种像差称为几何像差。

若基于波动光学理论,在近轴区内一个物点发出的球面波经过光学系统后仍然是一球面波,由于衍射现象的存在,一个物点的理想像是一个复杂的艾里斑。对于实际的光学系统,由于像差的存在,经光学系统形成的波面已不是球面,这种实际波面与理想球面的偏差称为波像差,简称波差。

由于波像差的大小可直接用于评价光学系统的成像质量,而波像差与几何像差之间又有着直接的变化关系,因此了解波像差的概念是非常有用的。

除平面反射镜成像之外,没有像差的光学系统是不存在的。实践表明,完全消除像差也是不可能的,且也是没有必要的,因为所有的光能探测器,包括人眼都具有像差,或者说具有一定缺陷。光学设计中总是根据光学系统的作用和接收器的特性把影响像质的主要像差校正到某一公差范围内,使接收器不能察觉,即可认为像质是令人满意的。

6.1.2 像差计算的谱线选择

计算和校正像差时的谱线选择主要取决于光能接收器的光谱特性。基本原则是,对光能接收器的最灵敏的谱线校正单色像差,对接收器所能接收的波段范围两边缘附近的谱线校正色差,同时接收器的光谱特性也直接受光源和光学系统的材料限制,设计时应使三者的性能匹配好,尽可能使光源辐射的波段与最强谱线、光学系统透过的波段与最强谱线和接收器所能接收的波段与灵敏谱线三者对应一致。

不同光学系统具有不同的接收器,因此在计算和校正像差时选择的谱线不同。

(1) 目视光学系统。目视光学系统的接收器是人的眼睛。由人眼视见函数曲线可知,人眼只对波长在 $380\sim760\mathrm{nm}$ 内的波段有响应,其中最灵敏的波长 $\lambda=555\mathrm{nm}$,故目视光学系统一般选择靠近此灵敏波长的 D 光($\lambda=589.3\mathrm{nm}$)或 e 光($\lambda=546.1\mathrm{nm}$)校正单色像差。因 e 光比 D 光更接近于 $555\mathrm{nm}$,故用 e 光校正单色像差更为合适,对靠近可见区两端的 F 光($\lambda=486.1\mathrm{nm}$)和 C 光($\lambda=656.3\mathrm{nm}$)校正色差。选择光学材料相应的参数是 n_{D} 和 ν_{D},其中 ν_{D} 是阿贝数,其表达式为 $\nu_{\mathrm{D}}=(n_{\mathrm{D}}-1)/(n_{\mathrm{F}}-n_{\mathrm{C}})$。

(2) 普通照相系统。照相系统的光能接收器是照相底片,一般照相乳胶对蓝光较灵敏,所以对 F 光校正单色像差,而对 D 光和 G′光($\lambda=434.1\mathrm{nm}$)校正色差。实际上,各种照相乳胶的光谱灵敏度不尽相同,并常用目视法调焦,故也可以与目视系统一样来选择谱线。光学材料相应的参数指标是 n_{F} 和 ν_{F},其中 $\nu_{\mathrm{F}}=(n_{\mathrm{F}}-1)/(n_{\mathrm{G}'}-n_{\mathrm{D}})$。

对于天文照相光学系统,所用感光乳胶的灵敏区更偏于蓝光一端,并且不用目视调焦,所以常用 G′光校正单色像差,对 h 光($\lambda=404.7\mathrm{nm}$)和 F 光校正色差。

(3) 近红外和近紫外的光学系统。对近红外光学系统,一般对 C 光校正单色像差,对 d 光($\lambda=587.6\mathrm{nm}$)和 A′光($\lambda=768.2\mathrm{nm}$)校正色差。对近紫外光学系统,一般对 i 光($\lambda=365.0\mathrm{nm}$)校正单色像差,而对 $\lambda=257\mathrm{nm}$ 和 h 光校正色差。相应的光学材料的参数是 n_{C}

和 ν_C，其中 $\nu_C = (n_C - 1)/(n_d - n_{\Lambda'})$；以及 n_i 和 ν_i，其中 $\nu_i = (n_i - 1)/(n_{257} - n_b)$。

（4）特殊光学系统。有些光学系统，例如某些激光光学系统，只需某一波长的单色光照明，所以只对使用波长校正单色像差，而不校正色差。对于可见区以外的某个波段的光学系统（如夜视仪），若其光谱区范围为 $\lambda_1 \sim \lambda_2$，其光学参数是 $n_\lambda = (n_{\lambda 1} + n_{\lambda 2})/2$ 和 $\nu_\lambda = (n_\lambda - 1)/(n_{\lambda 1} - n_{\lambda 2})$。

6.2　光线的光路计算

从物点发出进入光学系统入瞳，并通过光学系统成像的光线有无数条，故不可能也没有必要对每条光线都进行光路计算，一般只对计算像差有特征意义的光线进行光路计算，研究不同视场的物点对应不同孔径和不同色光的像差值，如已知光学系统的结构参数（r, d, n）、物体的位置和大小、孔径光阑的位置和大小（或数值孔径角），为求出光学系统的成像位置和大小以及各种像差，需进行下列光路计算。

对计算像差有特征意义的光线主要有三类：

（1）子午面内的光线光路计算，包括近轴光线的光路计算和实际光线的光路计算，以求出理想像的位置和大小、实际像的位置和大小以及有关像差值。

（2）轴外点沿主光线的细光束光路计算，以求像散和场曲。

（3）子午面外的空间光线的光路计算，求得空间光线的子午像差分量和弧矢像差分量，对光学系统的像质进行更全面的了解。

对于小视场的光学系统，例如望远物镜和显微物镜等，因为只要求校正与孔径有关的像差，因此只需作第一种光线的光路计算即可。对大孔径、大视场的光学系统，例如照相物镜等，要求校正所有像差，因此上述三种光线的光路计算都需要进行。

6.2.1　子午面内的光线光路计算

1. 近轴光线的光路计算

轴上点近轴光线的光路计算（又称第一近轴光线）的初始数据为 l_1、u_1。根据前文章节所述，近轴光线通过单个折射球面的计算公式为

$$i = (l - r)u/r \quad （当 l_1 = \infty 时, u_1 = 0, i_1 = h_1/r_1）$$
$$i' = ni/n'$$
$$u' = u + i - i'$$
$$l' = (i'r/u') + r$$

对于一个由 k 个面组成的光学系统，还要解决由前一个面到下一个面的过渡问题。由过渡公式得

$$l_k = l'_{k-1} - d_{k-1}$$
$$u_k = u'_{k-1}$$
$$n_k = n'_{k-1}$$

校对公式为

$$h = lu = l'u'$$

或

$$nuy = n'u'y' = J$$

这样可以计算出像点位置 l' 和系统各基点的位置,若要计算系统的焦点位置,可令 $l_1 = \infty$,$u_1 = 0$,由近轴光路计算出的 l'_k 即为系统的焦点位置,系统的焦距为

$$f' = h_1 / u'_k$$

轴外点近轴光线的光路计算(又称第二近轴光线)是对轴外点而言的,一般要对五个视场($0.3, 0.5, 0.707, 0.85, 1$)的物点分别进行近轴光线光路计算,以求出不同视场的主光线与理想像面的交点高度,即理想像高 y'_k。轴外点近轴光的初始数据为

$$l_z, u_z = y/(l_z - l_1) \quad (当 \ l_1 = \infty, u_2 = \omega) \tag{6-1}$$

式中符号意义如图 6-1 所示。可按上述第一近轴光线的光路计算公式进行计算,计算结果为 l'_z 和 u'_z,由此可求得理想像高为

$$y' = (l'_z - l')u'_z \tag{6-2}$$

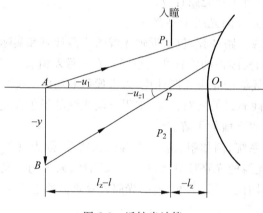

图 6-1　近轴光计算

2. 远轴光线的光路计算

轴上点远轴光线的光路计算的初始数据是 L_1、$\sin U_1$,根据第 1 章中实际光线的光路计算公式可知

$$\sin I = (L - r)\sin U / r \quad \left(当 \ L_1 = \infty \ 时, U_1 = 0, \sin I_1 = \frac{h_1}{r_1}\right)$$

$$\sin I' = n \sin I / n'$$

$$U' = U + I - I'$$

$$L' = r + r \sin I' / \sin U'$$

相应的转面公式为

$$L_k = L'_{k-1} - d_{k-1}$$

$$U_k = U'_{k-1}$$

$$n_k = n'_{k-1}$$

校对公式为

$$L' = PA \frac{\cos \frac{1}{2}(I' - U')}{\sin U'} = \frac{L \sin U}{\cos \frac{1}{2}(I - U)} \times \frac{\cos \frac{1}{2}(I' - U')}{\sin U'} \tag{6-3}$$

计算结果为 L'_k、U'_k，由此可求出通过该孔径光线的实际成像位置和像点弥散情况。

轴外点子午面内远轴光线的光路计算与轴上点不同，光束的中心线即主光线不是光学系统的对称轴，因此在计算轴外点子午面内远轴光线时，对各个视场一般要计算 11 条光线，考虑到问题的简化与代表性，本节只考虑计算 3 条光线，即主光线和上、下光线。对在无限远处的物体，若光学系统的视场角为 ω，入瞳半孔径为 h，入瞳距为 L_z，则其 3 条光线的初始数据为

$$
\left.
\begin{array}{lll}
\text{上光线} & U_a = U_z, & L_a = L_z + h/\tan U_z \\
\text{主光线} & U_z = \omega, & L_z \\
\text{下光线} & U_b = U_z, & L_b = L_z - h/\tan U_z
\end{array}
\right\} \tag{6-4}
$$

式中的符号意义如图 6-2(a)所示。

对物体在有限远处，若光学系统的物距为 L，高为 $-y$，入瞳半孔径为 h，入瞳距为 L_z，则其 3 条光线的初始数据为

$$
\left.
\begin{array}{lll}
\text{上光线} & \tan U_a = (y - h)/(L_z - L), & L_a = L_z + h/\tan U_a \\
\text{主光线} & \tan U_z = y/(L_z - L), & L_z \\
\text{下光线} & \tan U_b = (y + h)/(L_z - L), & L_b = L_z - h/\tan U_b
\end{array}
\right\} \tag{6-5}
$$

式中的符号意义如图 6-2(b)所示。

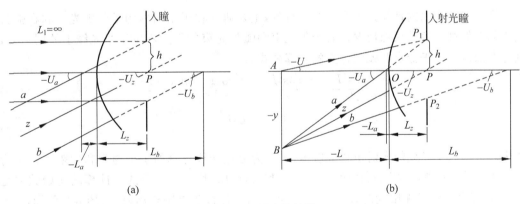

图 6-2　远光轴计算

光线的初始数据确定之后，利用实际光线计算公式和过渡公式逐面计算，可得实际像高为

$$
\left.
\begin{array}{l}
y'_a = (L'_a - l') \tan U'_a \\
y'_z = (L'_z - l') \tan U'_z \\
y'_b = (L'_b - l') \tan U'_b
\end{array}
\right\} \tag{6-6}
$$

应该指出，虽然应用了校对公式，但还会在两个地方发生错误。一个是由 $\sin I$ 计算 $\sin I'$ 时，一个是由 L'_{k-1} 计算 L_k 时。另外，当光线的入射高度超过折射面半径时，会出现 $\sin I > 1$；当光线由玻璃进入空气发生全反射时，会出现 $\sin I' > 1$，这两种情况都表示该光线实际上不能通过该光学系统。

3. 折射平面和反射面的光路计算

折射平面远轴光线的光路计算公式为

$$\left.\begin{array}{l} I = -U \\ \sin I' = n\sin I / n' \\ U' = -I' \\ L' = L\tan U / \tan U' \end{array}\right\} \tag{6-7}$$

当 U 角较小时,为提高计算精度,可作如下变换:

$$L' = L\,\frac{n'\cos U'}{n\cos U}$$

近轴区光线的光路计算公式类似地有

$$\left.\begin{array}{l} i = -u \\ i' = ni / n' = -nu / n' \\ u' = -i' \\ l' = lu / u' = ln' / n \end{array}\right\} \tag{6-8}$$

球面的校对公式仍然适用于平面。

反射面可以作为折射面的一个特例,在计算时,令 $n' = -n$,且将反射球面以后光路中的间隔 d 取为负值,则可应用折射面的公式进行计算。

6.2.2 沿轴外点主光线细光束的光路计算

轴外点细光束的计算是沿主光线进行的,主要研究在子午面内的子午细光束和在弧矢面内的弧矢细光束的成像情况。若子午光束和弧矢光束的像点不位于主光线上的同一点,则存在像散。子午像点和弧矢像点的计算公式为

$$\frac{n'\cos^2 I'_z}{t'} - \frac{n\cos^2 I_z}{t} = \frac{n'\cos I'_z - n\cos I_z}{r} \tag{6-9}$$

$$\frac{n'}{s'} - \frac{n}{s} = \frac{n'\cos I'_z - n\cos I_z}{r} \tag{6-10}$$

式中,I_z、I'_z 为主光线的入射角和折射角;t、t' 为沿主光线计算的子午物距和像距;S、S' 为沿主光线计算的弧矢物距和像距。式(6-9)和式(6-10)称为杨氏公式。计算的初始数据是 $t_1 = s_1$,当物体位于无限远时,$t_1 = s_1 = -\infty$。当物体位于有限距离时,由图 6-3 可知,$t_1 = s_1 = \dfrac{l_1 - x_1}{\cos U_{z1}}$ 或 $t_1 = s_1 = \dfrac{h_1 - y_1}{\sin U_{z1}}$。$I_z$ 和 I'_z 在主光线的光路计算中得出。

转面也是沿主光线进行计算的,过渡公式为

$$\left.\begin{array}{l} t_k = t'_{k-1} - D_{k-1} \\ s_k = s'_{k-1} - D_{k-1} \end{array}\right\} \tag{6-11}$$

式中,D_{k-1} 为相邻两折射面间沿主光线方向的间隔。

$$D_k = (h_k - h_{k+1}) / \sin U'_{zk}$$

其中

$$h_k = r_k \sin(U_{zk} + I_{zk})$$

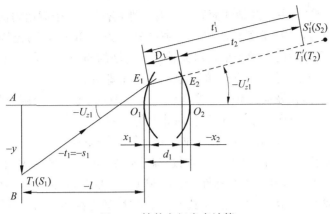

图 6-3　轴外点细光束计算

或

$$D_k = (d_k - x_k + x_{k+1})/\cos U'_{zk} \qquad (6\text{-}12)$$

空间光线的光路计算比较复杂,只是在视场和孔径均很大的系统才有必要计算它,这里不再叙述。

6.3　轴上点球差

6.3.1　球差的定义和表示方法

球差是宽光束像差,仅是口径的函数。由 6.2 节子午面内光线的光路计算可知,对于轴上物点,近轴光线的光路计算结果 l' 和 u' 与光线的入射高度 h_1 或孔径 $u_1(l \neq \infty)$ 无关,而远轴光线的光路计算结果 L' 和 U' 随入射高度 h_1 或孔径角 U_1 的不同而不同,如图 6-4 所示。

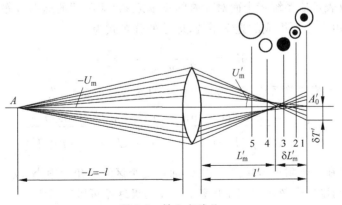

图 6-4　轴上点球差

因此,轴上点发出的同心光束经光学系统后,不再是同心光束,不同入射高度 $h(U)$ 的光线交光轴于不同位置,相对近轴像点(理想像点)有不同程度的偏离,这种偏离称为轴向球差,简称球差,用 $\delta L'$ 表示:

$$\delta L' = L' - l' \qquad (6\text{-}13)$$

由图 6-4 可以看出,由于共轴球面系统的对称性,含轴的各个截面内的成像光束结构均相同。在同一截面内,入射高度为 h 和 $-h$(或孔径角为 U 和 $-U$)的光线相对光轴也是对称的。这样,通过系统后的成像光束是以光轴为旋转轴的非同心光束,所以计算球差时只需要计算子午面内光轴某一侧的不同入射高度的光线束即可。

由于球差的存在,在高斯像面上的像点已不是一个点,而是一个圆形的弥散斑,弥散斑的半径用 $\delta T'$ 表示,称作垂轴球差,它与轴向球差的关系是

$$\delta T' = \delta L' \tan U' = (L' - l') \tan U' \tag{6-14}$$

球差是入射高度 h_1 或孔径角 U_1 的函数,球差随 h_1 或 U_1 变化的规律,可以由 h_1 或 U_1 的幂级数表示。由于球差具有轴对称性,当 h_1 或 U_1 变号时,球差 $\delta L'$ 不变,这样在级数展开时,不存在 h_1 或 U_1 的奇次项;当 h_1 或 U_1 为零时,像方截距 L' 等于 l',即球差 $\delta L' = 0$,故展开式中没有常数项;球差是轴上点像差,与视场无关,故展开式中没有 y 或 ω 项,所以球差可以表示为

$$\delta L' = A_1 h_1^2 + A_2 h_1^4 + A_3 h_1^6 + \cdots \tag{6-15a}$$

或

$$\delta L' = a_1 U_1^2 + a_2 U_1^4 + a_3 U_1^6 + \cdots \tag{6-15b}$$

展开式中第一项称为初级球差,第二项为二级球差,第三项为三级球差。二级以上球差称为高级球差。A_1、A_2、A_3 分别为初级球差系数、二级球差系数、三级球差系数。大部分光学系统二级以上的球差很小,可以忽略,故球差可以表示为

$$\delta L' = A_1 h_1^2 + A_2 h_1^4 \tag{6-16a}$$

或

$$\delta L' = a_1 U_1^2 + a_2 U_1^4 \tag{6-16b}$$

由此可知,初级球差与孔径的平方成正比,二级球差与孔径的 4 次方成正比。当孔径较小时,主要存在初级球差;孔径较大时,高级球差增大。

光学系统的球差是由系统各个折射面产生的球差传递到系统的像空间后相加而得,故系统的球差可以表示成系统每个面对球差的贡献之和,即所谓的球差分布式。当对实际物体成像时,对于由 k 个面组成的光学系统,球差的分布式为

$$\delta L' = -\frac{1}{2 n_k' u_k' \sin U_k'} \sum_1^k S_- \tag{6-17}$$

$\sum S_-$ 称为光学系统球差系数,S_- 为每个面上的球差分布系数,为

$$S_- = \frac{n i L \sin U (\sin I - \sin I')(\sin I' - \sin U)}{\cos \frac{1}{2}(I - U) \cos \frac{1}{2}(I' + U) \cos \frac{1}{2}(I + I')} \tag{6-18}$$

因初级球差在光轴附近区域内有意义,而在这个区域内角度很小,故角度的正弦值可以用弧度值代替,角度的余弦可以用 1 代替;这样初级球差可以表示为

$$\delta L'(初) = -\frac{1}{2 n_k' u_k'^2} \sum_1^k S_{\mathrm{I}} \tag{6-19}$$

$$S_{\mathrm{I}} = l u n i (i - i')(i' - u) \tag{6-20}$$

S_{I} 即为每个面上的初级球差分布系数。

由近轴光线的光路计算,可根据式(6-20)计算出每个面的 S_{I},并由式(6-19)算出系统

的初级球差。知道了系统的初级球差和实际球差,则可由公式(6-16)算出高级球差分量。

因初级横向球差(弥散斑直径)正比于孔径的三次方,所以弥散斑的中心集中光能多,而外环光能少。因此在数字图像处理中,由质心可求出像点的位置。

6.3.2　球差的校正

如果把单正透镜和单负透镜分别看作由无数个不同楔角的光楔组成,则由光楔的偏向角公式 $\delta=(n-1)\theta$ 可知,对于单正透镜,边缘光线的偏向角比靠近光轴光线的偏向角大,换句话说,边缘光线的像方截距 L' 比近轴光线的像方截距 l' 小。根据球差的定义,单正透镜产生负球差。同理,对于单负透镜,边缘光线的偏向角比近轴光线的偏向角大,单负透镜产生正球差。因此,对于共轴球面系统,单透镜本身不能校正球差,正、负透镜组合则有可能校正球差。

由式(6-15)可知,球差是孔径的偶次方函数,因此,校正球差只能使某带的球差为零。如果通过改变结构参数,使式(6-15)中初级球差系数 A_1 和高级球差系数 A_2 符号相反,并具有一定比例,使某带的初级球差和高级球差大小相等,符号相反,则该带的球差为零。在实际设计光学系统时,常通过使初级球差与高级球差相补偿,将边缘带的球差校正到零,即

$$\delta L'_{\mathrm{m}}=A_1 h_{\mathrm{m}}^2 + A_2 h_{\mathrm{m}}^4 = 0$$

当边缘带校正球差,即 $h=h_{\mathrm{m}}$、$\delta L'_{\mathrm{m}}=0$ 时,则有 $A_1=-A_2 h_{\mathrm{m}}^2$,将此值代入上式可得,球差极大值对应的入射高度为

$$h=0.707 h_{\mathrm{m}} \tag{6-21}$$

将此值代入 $\delta L'_{\mathrm{m}}=0$ 时的级数展开式,得

$$\delta L'_{0.707}=-A_2 h_{\mathrm{m}}^4/4 \tag{6-22}$$

式(6-22)表明,对于仅含初级和二级球差的光学系统,当边缘带的球差为零时,在0.707带有最大的球差,其值是边缘带高级球差的 $-1/4$,如图 6-5(a)所示。若以 $(h/h_{\mathrm{m}})^2$ 为纵坐标,画出球差曲线和初级球差曲线,初级球差为一条直线,且与球差曲线相切于原点,如图 6-5(b)所示。

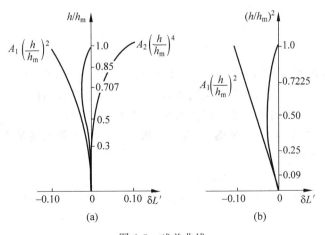

图 6-5　球差曲线

由球差分布式(6-18)可知,对于单个折射球面,有几个特殊的物点位置,不管球面的曲率半径如何,均不产生球差。

(1) $L=0$,此时也有 $L'=0$,$\beta=1$,即物点和像点均位于球面顶点时,不产生球差。

(2) $\sin I-\sin I'=0$,即 $I=I'=0$。表示物点和像点均位于球面的曲率中心,或者说,$L=L'=r$,垂轴放大倍率 $\beta=n/n'$。

(3) $\sin I'-\sin U=0$,即 $I'=U$,因为

$$\sin I'=n\sin I/n'=n(L-r)\sin U/n'r$$

故可得出

$$L=(n+n')r/n \tag{6-23}$$

同理,由 $\sin I=\sin U'$ 可以得出

$$L'=(n+n')r/n' \tag{6-24}$$

由式(6-23)和式(6-24)所确定的共轭点,不管孔径角 U 多大,均不产生球差。由上式也可以得出,$nL=n'L'$,则该面的垂轴放大倍率为

$$\beta=nL'/n'L=(n/n')^2 \tag{6-25}$$

上述三对不产生像差的共轭点称作不晕点或齐明点,常利用齐明点的特性来制作齐明透镜,以增大物镜的孔径角,用于显微物镜或照明系统中。

第一种情况下,物点位于透镜第一个折射面的曲率中心(见图 6-6),对于该表面,$L_1=L_1'=r_1$,$\beta=n_1/n_2=1/n$。第二个折射面满足式(6-23)和式(6-24)。如果透镜的厚度为 d,且透镜位于空气中,则有下列关系:

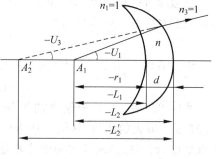

$$L_2=L_1-d=r_1-d$$
$$L_2'=n_2L_2/n_3=nL_2$$
$$r_2=n_2L_2/(n_2+n_3)=nL_2/(n+1)$$
$$\beta_2=(n_2/n_3)^2=n^2$$
$$\beta=\beta_1\beta_2=n$$

图 6-6　齐明透镜

由这样两个齐明面组成的透镜叫作齐明透镜,经该透镜后

$$\sin U_3=\frac{\sin U_1}{\beta}=\frac{\sin U_1}{n} \tag{6-26}$$

如果透镜的玻璃折射率为 $n=1.5$,则系统前放入这样一个齐明透镜,可使系统入射光束的孔径角增大 1.5 倍。若在这个弯月镜后还有两个这样设计的齐明镜,则 $\sin U_5=\sin U_1/n^3$。

第二种情况下,物点同第一个折射面的顶点重合,即 $L=L'=0$,$\beta_1=1$。第一个表面的曲率半径可以是任意的,通常为平面,如图 6-7 所示。第二个表面满足齐明条件,当透镜厚度为 d 时,有下列关系:

$$L_2=-d$$
$$L_2'=\frac{n_2L_2}{n_3}=-nd$$
$$r_2=\frac{n_2L_2}{n_2+n_3}=-\frac{nd}{n+1}$$

$$\beta_2 = \left(\frac{n_2}{n_3}\right)^2 = n^2$$

$$\beta = \beta_1 \beta_2 = n^2$$

$$\sin U_3 = \frac{\sin U_1}{\beta} = \frac{\sin U_1}{n^2}$$

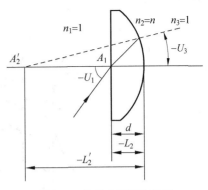

图 6-7　带有齐明面的透镜

如果光学系统有较大的孔径角,那么在系统像差校正时困难较大,但若在系统的前部放一齐明透镜,则对轴上点(对于小面元)不引进像差,这样大大地减少了后面系统的孔径角负担,可控制系统的残余像差在较小的范围内。

6.4　正弦差和彗差

6.4.1　正弦差

对于轴外物点,主光线不是系统的对称轴,对称轴是通过物点和球心的辅助轴。由于球差的影响,对称于主光线的同心光束,经光学系统后,它们不再相交于一点,在垂轴方向也不与主光线相交,即相对主光线失去对称性。正弦差即用来表示小视场时宽光束成像的不对称性。

垂直于光轴平面内两个相邻点,一个是轴上点,一个是靠近光轴的轴外点,其理想成像的条件是

$$ny\sin U = n'y'\sin U' \qquad (6\text{-}27)$$

式(6-27)即是所谓的正弦条件。当光学系统满足正弦条件时,若轴上点是理想成像,则近轴物点也是理想成像,即光学系统既无球差也无正弦差,这就是所谓的不晕成像。

当物体在无限远时,$\sin U_1 = 0$,正弦条件可以表示为

$$f' = h / \sin U' \qquad (6\text{-}28)$$

实际光学系统对轴上点只能使某一带的球差为零,即轴上点不能成完善像,物点的像是一个弥散斑。只要弥散斑很小,则认为像质是好的。同理,对于近轴物点,用宽光束成像时也不能成完善像,故只能要求其成像光束结构与轴上点成像光束结构相同,也就是说,轴上点和近轴点有相同的成像缺陷,称为等晕成像。欲满足等晕成像的要求,光学系统必须满足等晕条件,即

$$\frac{1}{\beta} \frac{n}{n'} \frac{\sin U}{\sin U'} - 1 = \frac{\delta L'}{L' - l'_z} \qquad (6\text{-}29)$$

式中,l'_z 为第二近轴光线计算的出瞳距;β 为近轴区垂轴放大倍率。若物体在无限远,等晕条件为

$$\frac{h_1}{f'\sin U'} - 1 = \frac{\delta L'}{L' - l'_z} \qquad (6\text{-}30)$$

等晕成像在图 6-8 中示出。因研究近轴点成像,其视场较小,故不考虑其他视场像差。

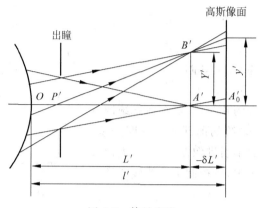

图 6-8　等晕成像

由图可知,轴上点与轴外点具有相同的球差值,且轴外光束不失对称性,即无彗差。这就是满足等晕条件的系统。

若系统不满足等晕条件,则式(6-29)和式(6-30)两端不相等,其偏差用 OSC′ 表示,即是正弦差。由上两式可以导出,物体在有限远时,其正弦差为

$$\mathrm{OSC}' = \frac{n}{\beta n'}\frac{\sin U}{\sin U'} - \frac{\delta L'}{L' - l'_z} - 1 \tag{6-31}$$

物体在无限远时,其正弦差为

$$\mathrm{OSC}' = \frac{h_1}{f'\sin U'} - \frac{\delta L'}{L' - l'_z} - 1 \tag{6-32}$$

若正弦差 OSC′ = 0,球差 δL′ ≠ 0,则满足等晕成像条件;若正弦差 OSC′ = 0,球差 δL′ = 0,由式(6-31)可以得出

$$ny\sin U = n'y'\sin U'$$

此式正是正弦条件,因此可以说,正弦条件是等晕条件的特殊情况。

由式(6-31)和式(6-32)可知,除出瞳距 l'_z 外,其余各参量都是轴上点子午面内孔径光线的参量,在计算球差时已求出。所以对于近轴物点,只需计算一条第二近轴光线,便能从轴上物点的像差计算中确定正弦差的大小。由前面的光线光路计算结果可得,双胶合望远物镜的正弦差,由公式(6-32)计算为

$$\mathrm{OSC}' = \frac{h_1}{f'\sin U'} - \frac{\delta L'}{L' - l'_z} - 1$$

$$= \frac{10}{99.896 \times 0.10008} - \frac{-0.004}{97.005 - (-3.3813)} - 1 = 0.00028$$

应注意,正弦差无量纲。

由正弦差的表示式可知,它与视场无关,只是孔径的函数,其随孔径变化的规律与球差一样,故其级数展开式可写为

$$\mathrm{OSC}' = A_1 h_1^2 + A_2 h_1^4 + A_3 h_1^6 \tag{6-33}$$

第一项称为初级正弦差,第二项为二级正弦差,其余类推。初级正弦差的分布式可以写作:

$$\mathrm{OSC}' = -\frac{1}{2J}\sum_1^k S_{\mathrm{II}} \tag{6-34}$$

$$S_{\mathrm{II}} = luni_z(i-i')(i'-u) = S_{\mathrm{I}} i_z/i \tag{6-35}$$

式中，S_{II} 称作初级彗差分布系数。由此可知，当 l 一定时，初级正弦差与孔径平方成正比，而与视场无关，这一点与级数展开式(6-33)是一致的。但因分布式中含有与光阑位置有关的 i_z 项，因此正弦差与孔径光阑的位置有关，改变光阑的位置可以使正弦差发生变化。这样，可以把光阑位置作为校正正弦差的一个参数。由式(6-35)可以得出，当满足以下条件时，均不产生正弦差：

(1) $i_z=0$，即光阑在球面的曲率中心；

(2) $l=0$，物点在球面顶点；

(3) $i=i'$，即物点在球面曲率中心；

(4) $i'=u$，即物点在 $L=(n'+n)r/n$ 处。

因此，在 6.3 节中所论述的三对无球差的物点和像点的位置，同样也没有正弦差，均满足正弦条件。校正了球差，并满足正弦条件的一对共轭点，称作不晕点或齐明点。

6.4.2　彗差

彗差是轴外点宽光束像差，是孔径和视场的函数。彗差与正弦差没有本质区别，二者均表示轴外物点宽光束经光学系统成像后失对称的情况，区别在于正弦差仅适用于具有小视场的光学系统，而彗差可用于任何视场的光学系统。然而，用正弦差表示轴外物点宽光束经系统后的失对称情况，可不必计算相对主光线对称入射的上、下光线，在计算球差的基础上，只需计算一条第二近轴光线即可，而为了计算彗差，必须对每一视场计算相对主光线对称入射的上、下两光线对。

具有彗差的光学系统，轴外物点在理想像面上形成的像点如同彗星状的光斑，靠近主光线的细光束交于主光线形成一亮点，而远离主光线的不同孔径的光线束形成的像点是远离主光线的不同圆环，如图 6-9 所示，故这种成像缺陷称为彗差。

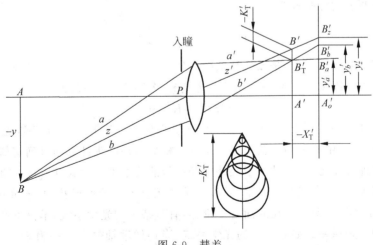

图 6-9　彗差

为了表示彗差的大小，通常在子午面和弧矢面内用不同孔径的光线对在像空间的交点到主光线的垂轴距离表示。子午面内的光线对的交点到主光线的垂轴距离称为子午彗差，

用 K'_T 表示；弧矢面内的光线对的交点到主光线的距离称为弧矢彗差，用 K'_S 表示。子午彗差是以轴外点子午光束的上、下光线在高斯像面(即理想像面)的交点高度 y'_a 和 y'_b 的平均值 $(y'_a + y'_b)/2$ 与主光线在高斯像面上交点高度 y'_z 之差来表示的，即

$$K'_T = (y'_a + y'_b)/2 - y'_z \tag{6-36}$$

y'_a、y'_b 和 y'_z 可通过式(6-6)计算得出。

因弧矢光线对的两条光线对称于子午面，故两光线在高斯像面上的交点高度 y'_s 相等，弧矢彗差表示为

$$K'_s = y'_s - y'_z \tag{6-37}$$

y'_s 可通过空间光线的光路计算求得，计算较为复杂，这里不详细展开。但弧矢彗差总比子午彗差小，手工计算光路时可不必考虑。

根据彗差的定义，彗差是与孔径 $U(h)$ 和视场 y 都有关的像差。当孔径 U 改变符号时，彗差的符号不变，故展开式中只有 $U(h)$ 的偶次项；当视场 y 改变符号时，彗差反号，故展开式中只有 y 的奇次项；当视场和孔径均为零时，没有彗差，故展开式中没有常数项。这样彗差的级数展开式为

$$K'_s = A_1 y h^2 + A_2 y h^4 + A_3 y^3 h^2 + \cdots \tag{6-38}$$

式中，第一项为初级彗差，第二项为孔径二级彗差，第三项为视场二级彗差。对于大孔径、小视场的光学系统，彗差主要由第一、二项决定；对于大视场、相对孔径较小的光学系统，彗差主要由第一、三项决定。

与球差的推导方法相同，若边缘孔径光线的彗差校正到零时，在 0.707 带可得到最大的剩余彗差，其值是孔径二级彗差的 $-1/4$ 倍，即

$$K'_{S0.707} = -A_2 y h_m^4 / 4$$

初级子午彗差的分布式为

$$K'_T = -\frac{3}{2n'_k u'_k} \sum_1^k S_{\mathrm{II}} \tag{6-39}$$

初级弧矢彗差的分布式为

$$K'_s = -\frac{1}{2n'_k u'_k} \sum_1^k S_{\mathrm{II}} \tag{6-40}$$

由此可知，初级子午彗差是弧矢彗差的 3 倍。

比较式(6-34)和式(6-40)可知，初级彗差与初级正弦差的关系为

$$\mathrm{OSC}' = K'_s / y' \tag{6-41}$$

由级数展开式(6-38)可知，彗差与孔径平方成正比。因此，彗差的头部最亮，即主光线与像面的交点最亮，由此可确定轴外像点位置。根据彗差的头部方向可确定彗差的正负。

彗差是轴外像差之一，它破坏了轴外视场成像的清晰度。由式(6-38)可知，彗差值随视场的增大而增大，故对大视场的光学系统，必须校正彗差。前面已指出，若光阑通过单折射面的球心，则不产生彗差。且在后面将要论述，有些特定的光学系统，不仅不产生彗差，也不产生轴外点的垂轴像差。如对称式的光学系统，当物像垂轴放大倍率为 $\beta = -1$ 时，所有垂轴像差自动校正，因为在此条件下，对称于孔径光阑前部和后部光学系统所产生的垂轴像差大小相等，符号相反。所以系统的前部和后部所产生的垂轴像差相互补偿。这一设计思想常用于光学设计中。

6.5　像散和场曲

6.5.1　场曲与轴外球差

场曲是轴外点光束像差,仅是视场的函数。在6.4节中指出,彗差是孔径和视场的函数,同一视场不同孔径的光线对的交点不仅在垂直于光轴方向偏离主光线,而且沿光轴方向也和高斯像面有偏离。子午宽光束的交点沿光轴方向到高斯像面的距离 X'_T 称为宽光束的子午场曲,子午细光束的交点沿光轴方向到高斯像面的距离 x'_t 称为细光束的子午场曲。与轴上点的球差类似,这种轴外点宽光束的交点与细光束的交点沿光轴方向的偏离称为轴外子午球差,用 $\delta L'_T$ 表示

$$\delta L'_T = X'_T - x'_t \tag{6-42}$$

同理,在弧矢面内,弧矢宽光束交点沿光轴方向到高斯像面的距离 X'_s 称为宽光束弧矢场曲,弧矢细光束的交点沿光轴方向到高斯像面的距离 x'_s 称为细光束弧矢场曲,两者间的轴向距离称为轴外弧矢球差,用 $\delta L'_s$ 表示

$$\delta L'_s = X'_s - x'_s \tag{6-43}$$

各视场的子午像点构成的像面称为子午像面,由弧矢像点构成的像面称为弧矢像面,如图6-10所示,两者均为对称于光轴的旋转曲面。由此可知,当存在场曲时,在高斯像平面上超出近轴区的像点都会变得模糊,一平面物体的像变成一回转的曲面,在任何像平面处都不会得到一个完善的物平面的像。

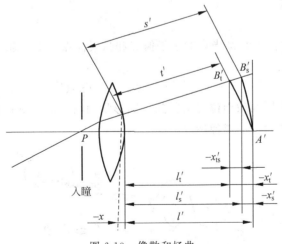

图 6-10　像散和场曲

细光束的子午场曲和弧矢场曲的计算公式为

$$\left. \begin{aligned} x'_t &= l'_t - l' = t'\cos U'_z - l' \\ x'_s &= l'_s - l' = s'\cos U'_z - l' \end{aligned} \right\} \tag{6-44}$$

由此可知,为计算细光束场曲,只需计算各视场的轴外点细光束的光路和轴上点近轴光

路,则可得各视场的场曲。

　　轴外点的子午细光束的交点和弧矢细光束的交点并不重合,也不在高斯像面上。细光束的场曲与孔径无关,只是视场的函数。当视场角为零时,不存在场曲,故场曲的级数展开式与球差类似,只要把孔径坐标用视场坐标代替,即

$$x'_{t(s)}=A_1y^2+A_2y^4+A_3y^6+\cdots \tag{6-45}$$

展开式中第一项为初级场曲,第二项为二级场曲,其余类推,一般取前两项就够了。

　　与球差分析相同,当边缘视场 y_m（或 ω_m）校正到零时,$0.707y_m$ 带有最大余场曲,其值是高级场曲的 $-1/4$ 倍。

　　初级子午场曲和弧矢场曲的分布式分别为

$$x'_t=-\frac{1}{2n'_ku'^2_k}\sum_1^k(3S_{\text{III}}+S_{\text{IV}}) \tag{6-46}$$

$$x'_s=-\frac{1}{2n'_ku'^2_k}\sum_1^k(3S_{\text{III}}+S_{\text{IV}}) \tag{6-47}$$

$$S_{\text{III}}=luni(i-i')(i'-u)(i_z/i)^2=S_1(i_z/i)^2 \tag{6-48}$$

$$S_{\text{IV}}=J^2(n'-n)/nn'r \tag{6-49}$$

式中,S_{III} 是系统的初级像散分布系数;S_{IV} 是系统的初级场曲分布系数;J 是拉赫不变量。

　　校正场曲通常是对细光束而言(对大孔径、大视场的光学系统,也要考虑宽光束场曲)。由式(6-46)～式(6-49)可知,欲使像面为平面应满足 $\sum_1^k S_{\text{III}}=\sum_1^k S_{\text{IV}}=0$,但 S_{IV} 是系统结构参数的函数,不易控制,故通常使 S_{III} 与 S_{IV} 异号来校正场曲。

6.5.2　像散

　　由式(6-44)的计算表明,细光束的子午像点和弧矢像点并不重合,两者分开的轴向距离称为像散,用 x'_{ts} 表示:

$$x'_{ts}=x'_t-x'_s=(t'-s')\cos U'_z \tag{6-50}$$

　　当存在像散时,不同的像面位置会得到不同形状的物点像。图 6-11 所示为当系统具有像散时,不同相面位置物点的成像情况。

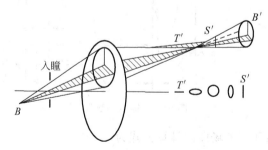

图 6-11　存在像散时的光束结构

　　在子午像点 T' 处得到一垂直于子午面的短线,称作子午焦线;在弧矢像点 S' 处,得到一垂直于弧矢平面的短线,称作弧矢焦线,两条焦线互相垂直。在子午焦线和弧矢焦线中

间,物点的像是一个圆斑,其他位置是椭圆形弥散斑。

若光学系统对直线成像,由于像散的存在,其成像质量与直线的方向有关。例如,若直线在子午面内,其子午像是弥散的,其弧矢像是清晰的;若直线在弧矢面内,其弧矢像是弥散的,而子午像是清晰的。若直线既不在子午面又不在弧矢面内,则其子午像和弧矢像均不清晰。

同理,宽光束的子午像点和弧矢像点也不重合,两者之间的轴向距离称为宽光束的像散,以 X'_{TS} 表示

$$X'_{TS} = X'_T - X'_S \tag{6-51}$$

由式(6-50)和式(6-51)可知,像散的级数展开式应与场曲相同。而初级像散的分布式可根据定义由场曲分布式导出,由此得到

$$x'_{ts} = -\frac{1}{n'_k u'^2_k} \sum_1^k S_{\text{III}} \tag{6-52}$$

由像散分布式可知,对单个折射球面而言,没有正弦差的物点位置(齐明点)和光阑位置(光阑在球心)也不存在像散。然而,当像散为零时$(S_{\text{III}}=0)$,虽然子午焦点和弧矢焦点重合在一起,但像面弯曲仍然存在,中心视场调焦清晰了,边缘视场仍然模糊。由式(6-49)可知,球面光学系统存在场曲是球面本身所决定的,当像散为零时的像面弯曲以 x'_p 表示,称为匹兹伐尔场曲:

$$x'_p = -\frac{1}{2n'_k u'^2_k} \sum_1^k S_{\text{IV}} = -\frac{1}{2n'_k u'^2_k} J^2 \sum_1^k \frac{n'-n}{nn'r} \tag{6-53}$$

由上面的讨论可知,像散和场曲是两个不同的概念,两者既有联系又有区别。像散的存在,必然引起像面弯曲;但反之,即便像散为零,子午像面和弧矢像重合在一起,像面也不是平的,而是相切于高斯像面中心的二次抛物面。

6.6　畸变

畸变是主光线的像差。由于球差的影响,不同视场的主光线通过光学系统后与高斯像面的交点高度 y'_z 不等于理想像高 y',其差别就是系统的畸变,用 $\delta y'_z$ 表示

$$\delta y'_z = y'_z - y' \tag{6-54}$$

在光学设计中,通常用相对畸变 q' 来表示

$$q' = \frac{\delta y'_z}{y'} \times 100\% = \frac{\overline{\beta} - \beta}{\beta} \times 100\% \tag{6-55}$$

式中,$\overline{\beta}$ 为某视场的实际垂轴放大倍率;β 为光学系统的理想垂轴放大倍率。

畸变仅是视场的函数,不同视场的实际垂轴放大倍率不同,畸变也不同。如一垂直于光轴的正方形平面物体,如图 6-12(a)所示,当系统具有正畸变时,则其像如图 6-12(b)所示;当系统具有负畸变时,则其像如图 6-12(c)所示,图中的虚线表示理想像的图形。正畸变也称枕形畸变,负畸变也称桶形畸变。

由畸变的定义可知,畸变是垂轴像差,它只改变轴外物点在理想像面上的成像位置,使像的形状产生失真,但不影响像的清晰度。

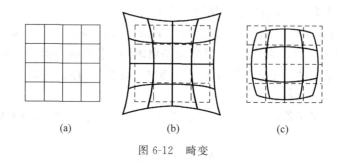

图 6-12　畸变

畸变仅与物高 y（或 ω）有关，随 y 的符号改变而变号，故在其级数展开式中，只有 y 的奇次项

$$\delta y'_z = A_1 y^3 + A_2 y^5 + \cdots \tag{6-56}$$

第一项为初级畸变，第二项为二级畸变。展开式中没有 y 的一次项，因一次项表示理想像高。与球差的分析方法相同，在边缘带 y_m 处畸变校正到零时，在 $0.775y_m$ 带有最大的剩余畸变，其值是高级畸变的 0.186 倍。

初级畸变的分布式是

$$\delta y'_z = -\frac{1}{2n'_k u'_k} \sum_1^k S_V \tag{6-57}$$

$$S_V = (S_{\text{III}} + S_{\text{IV}}) i_z / i \tag{6-58a}$$

或写作

$$S_V = l_z u_z n i (i_z - i'_z)(i'_z - u_z) + J(u_z^2 - u'^2_z) \tag{6-58b}$$

由式（6-58a）可知，若孔径光阑与球心重合则球面不产生畸变。由式（6-58b）进一步分析表明，产生畸变的原因有 2 个：光阑位置的正弦差（式中前部）和角倍率（式中后部）。所以若仅满足光阑位置的正弦条件

$$ny_z \sin U_z = n' y'_z \sin U'_z$$

则不能消除畸变，角倍率还必须再满足正切条件

$$ny \tan U_z = n' y' \tan U'_z$$

要完全消除畸变是困难的，因为消除畸变的正切条件和消除光阑彗差的正弦条件是不能同时满足的。

对于 $\beta = -1$ 的对称光学系统，由于光阑位于系统的中间，其前部系统和后部系统的畸变大小相等，符号相反，畸变自动校正。

6.7　色差

6.7.1　位置色差、色球差和二级光谱

光学材料对不同波长的色光有不同的折射率，因此同一孔径不同色光的光线经光学系统后与光轴有不同的交点。不同孔径、不同色光的光线与光轴的交点也不相同。在任何像面位置，物点的像是一个彩色的弥散斑。如图 6-13 所示。

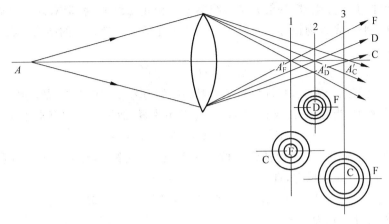

图 6-13　轴上点色差

各种色光之间成像位置和成像大小的差异称为色差。

轴上点两种色光成像位置的差异称为位置色差,也叫轴向色差。对目视光学系统用 $\Delta L'_{FC}$ 表示,即系统对 F 光和 C 光消色差

$$\Delta L'_{FC} = L'_F - L'_C \tag{6-59}$$

对近轴区表示为

$$\Delta l'_{FC} = l'_F - l'_C \tag{6-60}$$

根据定义可知,位置色差在近轴区就已产生。为计算色差,只需对 F 光和 C 光进行近轴光路计算,就可求出系统的近轴色差和远轴色差。

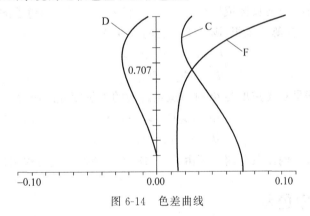

图 6-14　色差曲线

不同孔径的光线有不同的色差值,一般对 0.707 带的光线校正色差后,其他带仍存在有剩余色差。图 6-14 所示为某镜头光路计算后的 D、F、C 三色光的球差曲线。由图可知,在 0.707 带校正色差之后,边缘带色差 $\Delta L'_{FC}$ 和近轴色差 $\Delta l'_{FC}$ 并不相等,两者之差称为色球差 $\delta L'_{FC}$,它也等于 F 光的球差 $\delta L'_F$ 和 C 光的球差 $\delta L'_C$ 之差

$$\delta L'_{FC} = \Delta L'_{FC} - \Delta l'_{FC} = \delta L'_F - \delta L'_C \tag{6-61}$$

色球差属于高级像差。

由图 6-14 还可以看出,在 0.707 带对 F 光和 C 光校正了色差,但两色光的交点与 D 光球差曲线并不相交,此交点到 D 光曲线的轴向距离称为二级光谱,用 $\Delta L'_{FCD}$ 来表示,则有

$$\Delta L'_{FCD} = L'_{F0.707h} - L'_{D0.707h} \tag{6-62}$$

二级光谱校正十分困难,一般光学系统不要求校正二级光谱,但对高倍显微物镜、天文望远镜、高质量平行光管物镜等应进行校正。二级光谱与光学系统的结构参数几乎无关,可以近似地表示为

$$\Delta L'_{FCD} = 0.00052 f' \tag{6-63}$$

位置色差仅与孔径有关,其符号不随入射高度的符号改变而改变,故其级数展开式仅与孔径的偶次方有关,当孔径 h(或 U)为零时,色差不为零,故展开式中有常数项,展开式为

$$\Delta L'_{FC} = A_0 + A_1 h_1^2 + A_2 h_1^4 + \cdots \tag{6-64}$$

式中,A_0 是初级位置色差,即近轴光的位置色差 $\Delta l'_{FC}$,而第二项是二级位置色差,不难证明,第二项实际上就是色球差,即

$$A_1 h_1^2 = A_{F1} h_1^2 - A_{C1} h_1^2 = \delta L'_F - \delta L'_C = \delta L'_{FC}$$

初级色差的分布式为

$$\Delta l'_{FC} = -\frac{1}{n'_k u'^2_k} \sum_1^k C_{\mathrm{I}} \tag{6-65}$$

$$C_{\mathrm{I}} = luni(\Delta n'/n' - \Delta n/n) \tag{6-66}$$

式中,$\Delta n' = n'_F - n'_C$;$\Delta n = n_F - n_C$;C_{I} 称为初级位置色差分布系数。

对于单薄透镜,应用式(6-66)可得

$$\sum_1^M C_{\mathrm{I}} = \sum_1^M h^2 \frac{\Phi}{\nu} \tag{6-67}$$

式中,ν 为透镜玻璃的阿贝数;Φ 为透镜的光焦度;M 为透镜数;h 为透镜的半通光口径。

由此可知,单透镜不能校正色差,单正透镜具有负色差,单负透镜具有正色差。色差的大小与光焦度成正比,与阿贝数成反比,与结构形状无关。因此消色差的光学系统需由正负透镜组成。对于双胶合薄透镜组,满足消色差的条件是

$$h^2(\Phi_1/\nu_1 + \Phi_2/\nu_2) = 0 \tag{6-68}$$

$$\Phi_1 + \Phi_2 = \Phi$$

由此可得出,满足总光焦度为 Φ 时,正、负透镜的光焦度分配应为

$$\Phi_1 = \nu_1 \Phi_1 (\nu_1 - \nu_2)$$

$$\Phi_2 = -\nu_2 \Phi_2 (\nu_1 - \nu_2) \tag{6-69}$$

对于其他薄透镜(例如双分离),可由式(6-67)类似地用上述方法求出。

6.7.2　倍率色差

由几何光学理论可知,光学系统的垂轴放大率 $\beta = l'/l = -f/x$。因系统的焦距或像距是曲率半径 r、间距 d 和折射率 n 的函数,同一介质对不同的色光有不同的折射率,故对轴外物点,不同色光的垂轴放大率也不相等,这种差异称为倍率色差或垂轴色差。由于不同色光有不同的像面位置(见图 6-15),不同色光的像高都在消单色像差的高斯像面上进行度量,因此倍率色差定义为轴外物点发出的两种色光的主光线在消单色光像差的高斯像面上交点高度之差,对目视光学系统,表示为

$$\Delta Y'_{FC} = Y'_F - Y'_C \tag{6-70}$$

近轴光倍率色差(称初级倍率色差)为

$$\Delta y'_{FC} = y'_F - y'_C \tag{6-71}$$

式中，y'_F 和 y'_C 为色光的第二近轴光像高。

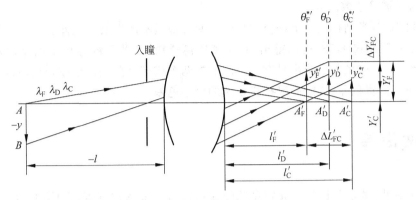

图 6-15　倍率色差

由远轴光线的光路计算可得出各色光像高

$$\left.\begin{array}{l} Y'_F = (L'_{zF} - l') \tan U'_{zF} \\ Y'_C = (L'_{zC} - l') \tan U'_{zC} \end{array}\right\} \tag{6-72}$$

同理，由近轴光线的光路计算可得出近轴各色光像高

$$\left.\begin{array}{l} y'_F = (l'_{zF} - l') u'_{zF} \\ y'_C = (l'_{zC} - l') u'_{zC} \end{array}\right\} \tag{6-73}$$

倍率色差是像高的色差别，故其级数展开式与畸变的形式相同，但不同色光的理想像高不同，故展开式中含有物高的一次项

$$\Delta y'_{FC} = A_1 y + A_2 y^3 + A_3 y^5 + \cdots \tag{6-74}$$

式中，第一项为初级倍率色差，第二项为二级倍率色差。一般情况下，式(6-74)中只取前两项即可。

初级倍率色差公式(6-71)表示的是近轴区轴外物点两种色光的理想像高之差。由式(6-74)可知，倍率色差的高级分量与畸变的幂级数展开式相同，由此可以推出，高级倍率色差是不同色光的畸变差别所致，所以也称作色畸变：

$$A_2 y^3 = \delta Y'_{zF} - \delta Y'_{zC} \tag{6-75}$$

令边缘带 y_m 的倍率色差为零，则在 $y = 0.58 y_m$ 时带有最大的剩余倍率色差，其值为

$$\Delta Y'_{FC0.58} = -0.38 A_2 y_m^3$$

即是边缘视场高级倍率色差的 -0.38 倍。初级倍率色差的分布式为

$$\Delta y'_{FC} = -\frac{1}{n'_k u'_k} \sum_1^k C_{\mathrm{II}} \tag{6-76}$$

$$C_{\mathrm{II}} = l u n i_z (\Delta n'/n' - \Delta n/n) = C_{\mathrm{I}} (i_z/i) \tag{6-77}$$

由此可知，当光阑在球面的球心时($i_z = 0$)，该球面不产生倍率色差，若物体在球面的顶点($l = 0$)，则也不产生倍率色差。同样对于全对称的光学系统，当 $\beta = -1$ 时，倍率色差自动校正。

对于薄透镜系统，由式(6-77)可以导出

$$\sum_{1}^{M} C_{\mathrm{II}} = \sum_{1}^{M} h h_{z} \frac{\Phi}{\nu} \tag{6-78}$$

式中，M 为单透镜个数。

由此可知，若光阑在透镜上（$h_{z}=0$），则该薄透镜组不产生倍率色差。

由式（6-67）和式（6-78）可以得出，对于密接薄透镜组，若系统已校正色差，则倍率色差也同时得到校正，但是若系统由具有一定间隔的两个或多个薄透镜组成，只有对各个薄透镜组分别校正了位置色差，才能同时校正系统的倍率色差。

6.8　波像差

到目前为止，我们只讨论了光学系统的几何像差。虽然它直观、简单，且容易由计算得到，但对高像质要求的光学系统，仅用几何像差来评价成像质量有时还是不够的，还需进一步研究光波波面经光学系统后的变形情况来评价系统的成像质量，因此引入了波像差的概念。

从物点发出的波面经理想光学系统后，其出射波面应该是球面。但由于实际光学系统存在像差，实际波面与理想波面就有了偏差。当实际波面与理想波面在出瞳处相切时，两波面间的光程差就是波像差，以 W 表示，如图 6-16 所示。

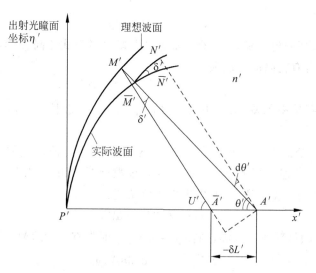

图 6-16　波像差

波像差也是孔径的函数，当几何像差越大时，其波像差也越大。对轴上物点而言，单色光的波像差仅由球差引起，它与球差之间的关系为

$$W = \frac{n'}{2} \int_{0}^{U'_{\mathrm{m}}} \delta L' \mathrm{d} u'^{2} \tag{6-79}$$

波像差越小，系统的成像质量越好。瑞利判断认为，当光学系统的最大波像差小于 1/4 波长时，成像质量好；最大波像差小于 1/10 波长时，其成像是完善的。对显微物镜和望远物镜这类小像差系统，其成像质量应按此标准来要求。

高斯像面不是最佳成像位置,在光学系统设计中经常用离焦技术来确定最佳像面。设离焦量为某一定值 $\Delta l'$,离焦产生的波像差为 W_d,则

$$W_d = \frac{n'}{2}\int_0^{U'_m}\Delta l'\,\mathrm{d}u'^2 = \frac{n'}{2}\Delta l'u'^2 \tag{6-80}$$

离焦后的波像差是光学镜头理想像面的波像差 W 和离焦产生的波像差 W_d 之和,即

$$W' = -\frac{n'\Delta l'u'^2}{2} + \frac{n'}{2}\int_0^{u'}\delta L'\,\mathrm{d}u'^2 \tag{6-81}$$

图 6-17 所示为某个镜头实例中在视场为 3°时离焦前后的波像差,离焦前的峰谷比是 4.5 个波长,离焦后为 3.1 个波长,即离焦后波像差变小,成像质量改善。

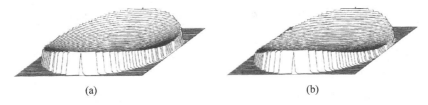

(a)   (b)

图 6-17 离焦前的波像差(a)和离焦后的波像差(b)

由式(6-80)可知,当取 u'^2 为横坐标时,离焦产生的波像差 W_d 与孔径 u'^2 的关系是一条直线,这一特性应用于干涉仪波像差测量。在用干涉仪测量波像差时,为了提高测量精度,使像面离焦,产生略多的干涉条纹,测出离焦后的波像差 W',减去离焦产生的波像差 W_d,则得出镜头的实际波像差 W。

色差也可以用波色差的概念来描述,对轴上点而言,λ_1 和 λ_2 光在出瞳处两波面之间的光程差称为波色差,用 $W_{\lambda_1\lambda_2}$ 来表示。例如对目视光学系统,若对 F 光和 C 光校正色差,其波色差的计算,不需要对 F 光和 C 光进行光路计算,只需对 D 光进行球差的光路计算就可以求出,其计算公式为

$$W_{FC} = W_F - W_C = \sum(D_F - d)n_F - \sum(D_C - d)n_C = \sum_1^n(D - d)\mathrm{d}n \tag{6-82}$$

式中,d 为透镜(或其他光学零件)沿光轴的厚度;D 是光线在透镜两折射面间沿光路度量的间隔;$\mathrm{d}n$ 是介质的色散,$\mathrm{d}n = n_F - n_C$。由于空气中的 $\mathrm{d}n = 0$,所以利用式(6-82)计算波色差时,只需对光学系统中的透镜等光学零件进行计算即可,且计算简单、精度高。

利用波色差表示二级光谱很简单,如果在 0.707 带校正了 F、C 光色差,则 F、D 光的二级光谱可表示为

$$W'_{FC} = W'_F - W'_C = \sum(D - d)(n_F - n_C)$$

$$W'_{FD} = W'_F - W'_D = \sum(D - d)(n_F - n_D) = W'_{FC}P_{FD}$$

式中,P_{FD} 为相对部分色散。

第7章

光学系统的像质评价与像差分析

　　任何一个实际的光学系统都不可能成理想像,即成像不可能绝对的清晰和没有变形,像差就是光学系统所成的实际像与理想像之间的差异。在不考虑衍射现象影响时,光学系统的成像质量主要与系统的像差大小有关。任何的光学系统都不可能也没有必要把所有的像差都校正为零,必然还存有剩余像差,且剩余像差的大小直接与系统的成像质量好坏有关。因此,有必要讨论各种光学系统所允许存在的剩余像差值及像差公差的范围。由于一个光学系统不可能理想成像,因此存在一个光学系统成像质量优劣的评价问题。本章简要介绍几种在光学设计软件中用来判断光学系统成像质量的评价方法及光学系统设计完成之后的检验方法。

7.1　几何像差的曲线表示

7.1.1　独立几何像差的曲线表示

　　为了较全面地了解一个光学系统的成像质量,需要计算不同孔径的若干子午和弧矢光线对的像差。整个像面上还要计算不同像高的若干像点的像差,从计算机输出的全部像差计算结果数据量很大,设计人员必须反复、仔细地阅读和分析这些数据,才能获得系统成像质量优劣的结论。为了使设计者对系统的像质有一个直观、明确的概念,一般把若干主要像差画成像差曲线。主要的像差曲线有如下几种。

1. 轴上点的球差和轴向色差曲线

　　对一个轴上物点来说,它只有球差和轴向色差两种像差。通常把这两种像差画在一个像差曲线图上,如图 7-1(a)所示,图中纵坐标代表光束口径 h,横坐标代表球差和轴向色差。一般为了方便,按相对值(h/h_m)作图,图上的三条曲线分别代表 C、D、F 三种颜色光线的球差曲线,把平均光线 D 的理想像面作为坐标原点,根据这三条曲线可以看到每一种光线球差的大小,以及球差随着光线颜色不同而改变的情况。同时,这三条曲线之间的距离表示了

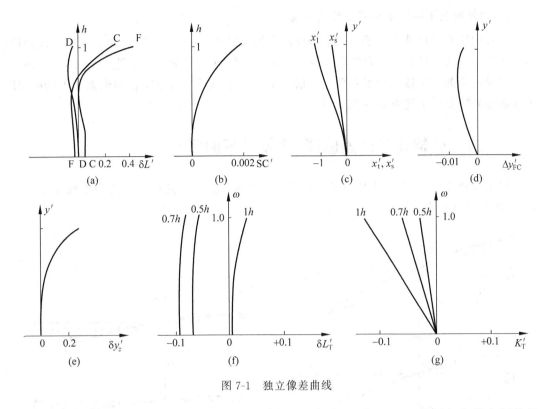

图 7-1　独立像差曲线

不同颜色光线轴向的位置差别，也就是轴向色差，一般主要看 C、F 两种颜色光线之间位置的差。根据球差和轴向色差曲线即可对轴上物点的像差有一个清楚的概念。

2. 正弦差曲线

图 7-1(b)为正弦差曲线，它以光束口径 h（或相对值 h/h_m）为纵坐标，正弦差 SC′（或称为 OSC′）为横坐标。它表示近轴物点不同口径光线的相对彗差。对近轴区域的物点来说，除了和轴上点一样有球差和轴向色差而外，其次就是正弦差。所以这两种像差曲线基本上代表了像平面上光轴周围的一个小范围内的成像质量。一般只计算平均光线的正弦差。

3. 细光束像散曲线

为了表示轴外物点的成像清晰度，一般同时作出两种曲线，一种为细光束像散曲线，另一种为宽光束像差曲线。细光束像散代表光束中心主光线周围细光束的成像质量。以像高 y（或像高、视场的相对值 y/y'、ω/ω_m）为纵坐标，以子午和弧矢场曲为横坐标，x'_t、x'_s 之间的位置之差即为像散，如图 7-1(c)所示。

4. 垂轴色差曲线

垂轴色差就是不同颜色主光线与 D 光理想像面交点高度之差，以像高 y'（或像高、视场的相对值 y/y'、ω/ω_m）为纵坐标，以垂轴色差为横坐标，如图 7-1(d)所示。

5. 畸变曲线

畸变曲线以像高 y'（或像高、视场的相对值 y/y'、ω/ω_m）为纵坐标，以畸变为横坐标，如图 7-1(e)所示。

6. 轴外物点子午球差和子午彗差曲线

这种曲线表示轴外物点子午光束的球差和彗差随视场变化的情况,如图 7-1(f)、(g)所示。图 7-1(f)、(g)代表宽光束的像差性质,每一个图中有三条曲线,分别代表 1.0、0.7、0.5 三个口径对应的子午球差和子午彗差。根据子午球差和子午彗差结合细光束子午场曲,便可确定轴外物点子午光束的成像质量。

7.1.2 垂轴几何像差曲线(像差特征曲线)

对于垂轴像差,把它画成如图 7-2 所示的垂轴像差曲线。这些曲线的横坐标为光束口径 h,纵坐标为垂轴像差 $\delta y'$。

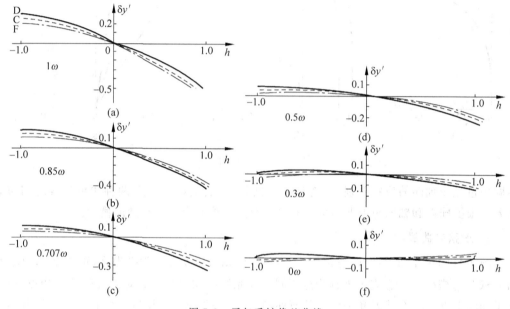

图 7-2 子午垂轴像差曲线

图 7-2 为子午垂轴像差曲线,每个轴外点和轴上点作一条曲线,图 7-2(a)~(f)分别是 $(1、0.85、0.707、0.5、0.3、0)y'_{max}$ 不同视场的 6 个子午垂轴像差曲线,每一条曲线代表一个视场的子午光束在像平面上的聚交情况,最理想的曲线应该是和横坐标相重合的一条直线,这说明所有的光线都聚焦于像面上的同一点,曲线的纵坐标上对应的区间就是子午光束在理想像平面上的最大弥散范围,例如,最大视场(1ω)子午光束的弥散范围约为 0.8。每个图中的三条曲线分别代表 C、D、F 三种颜色的光线,因此,这个图一方面表示了单色像差,另一方面也表示出垂轴色差的大小。

子午垂轴像差曲线的形状是由子午像差——细光束子午场曲、子午球差和子午彗差决定的,因此曲线形状和像差数量的对应关系经常在校正像差过程中用到。根据垂轴像差曲线很容易判断:欲改善系统的成像质量,曲线的位置和形状应该如何变化。若要使曲线产生一定的位置和形状的变化,就必须要改变三种子午像差的数量。只有知道了曲线的位置和形状与像差数量的对应关系,才能知道如何校正像差。下面根据图 7-3 来讨论曲线形状

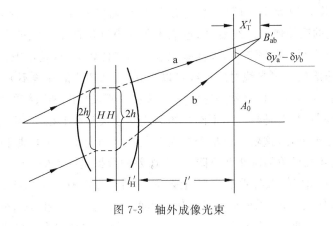

图 7-3 轴外成像光束

和像差的关系。

由图 7-3 得

$$\frac{\delta y'_a - \delta y'_b}{2h} \approx \frac{X'_T}{l' - l'_H + X'_T}$$

公式右边分母上的 X'_T 相对于 $(l' - l'_H)$ 是可以忽略的，求解 X'_T 得

$$X'_T = \frac{\delta y'_a - \delta y'_b}{2h}(l' - l'_H)$$

式中，$(l' - l'_H)$ 是一个与视场、口径无关的常数。下面分析公式中的 $\dfrac{\delta y'_a - \delta y'_b}{2h}$。

图 7-4 为一条子午垂轴像差曲线，将子午光线对 a、b 作一连线，则该连线的斜率为 $m = \dfrac{\delta y'_a - \delta y'_b}{2h}$，因此宽光束子午场曲和子午垂轴像差曲线上对应的子午光线对连线的斜率成正比，当口径改变时，连线的斜率的变化表示 X'_T 随口径变化的规律。当口径逐渐减小而趋近于零时，连线便成了过坐标原点（对应主光线）的切线，切线的斜率和细光束子午场曲 x'_t 相对应。子午光线对连线的斜率和切线的斜率之差则和子午球差 $(X'_T - x'_t)$ 成比例，即连线和切线之间的夹角越大，子午球差越大。

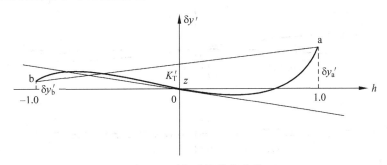

图 7-4 子午垂轴像差曲线

子午光线对的连线和纵坐标交点的高度显然等于 $\dfrac{\delta y'_a + \delta y'_b}{2}$，它就是子午彗差。所以在子午垂轴像差曲线上，某子午光线对的连线和纵坐标交点的高度就代表了它的子午彗差。

根据上面的对应关系，就能够由曲线的位置和形状直接判断出三种子午像差的大小；

反之,由三种子午像差的大小,也可以估计出子午垂轴像差曲线的位置和形状。例如,由图7-2中最大视场的垂轴像差曲线看到,造成子午光束弥散范围扩大的主要原因是整个曲线对横坐标轴有一个很大的倾斜角,即曲线顶点的斜率比较大,这是由细光束子午场曲太大造成的。如果作边缘的子午光线对的连线可以看到,它和切线的夹角不大,因此子午球差不大。连线对应的弧高为−0.1,这就是它的子午彗差。所以要改善系统的成像质量,首先要减小细光束子午场曲,其次是彗差。不同视场曲线的形状基本上相似,只是切线的斜率和弧高随视场减小而逐渐下降,这就是说整个像面上主要是细光束子午场曲和子午彗差这两种像差,它们的数量随视场角的减小而下降,这和像差的数据是一致的。

同样,图7-5为相应的弧矢垂轴像差曲线,每个轴外像点有两条曲线,一条是$\delta y'$,另一条是$\delta z'$。横坐标代表口径,纵坐标代表垂轴像差的两个分量$\delta y'$和$\delta z'$,分别代表弧矢垂轴像差的两个分量。$\delta y'$曲线对纵坐标对称,$\delta z'$与原点对称,这是因为弧矢光线对对称于子午面,$+h$的弧矢光线和$-h$的弧矢光线$\delta y'$不变,而$\delta z'$大小相等、符号相反。在计算得到的像差数据中,$+h$只有弧矢像差,$-h$的弧矢像差曲线是根据上面所说的对称关系作出来的。弧矢垂轴像差曲线只对五个轴外点作图,而不作轴上点,因为轴上点的子午和弧矢像差是完全相同的。$\delta y'$代表弧矢彗差,弧矢光束的$\delta z'$和子午光束的$\delta y'$对应,它和弧矢场曲有关,曲线的位置和形状与像差数量的关系和子午垂轴像差曲线相同。

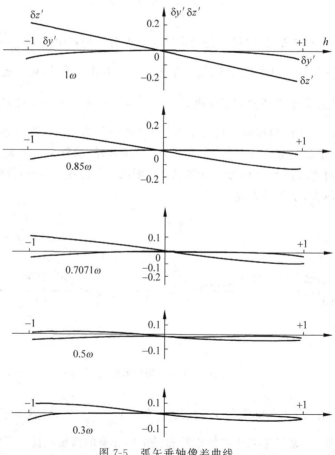

图7-5   弧矢垂轴像差曲线

　　子午和弧矢垂轴像差曲线全面反映了细光束和宽光束的成像质量,因此常常把它和前面的独立几何像差曲线结合起来表示系统的成像质量。

　　当然,并不是所有的光学系统都要作这么多像差曲线,实际工作中根据系统要求的不同,只需作出其中的一部分。例如,对于望远镜物镜一般只需要作出球差和轴向色差曲线以及正弦差曲线就可以了;对目镜只要作出细光束像散曲线、垂轴色差曲线和子午彗差曲线就可以了。

7.2　瑞利判断和中心点亮度

7.2.1　瑞利判断

　　瑞利判断是根据成像波面相对理想球面波的变形程度来判断光学系统的成像质量的。瑞利认为"实际波面与参考球面波之间的最大偏离量,即波像差不超过 1/4 波长时,此波面可看作是无缺陷的",此判断称之为瑞利判断。该判据提出了光学系统成像时所允许存在的最大波像差公差,即认为波像差 $W < \dfrac{\lambda}{4}$ 时,光学系统的成像质量是良好的。

　　瑞利判断的优点是便于实际应用,因为波像差与几何像差之间的计算关系比较简单,只要利用几何光学中的光路计算得出几何像差曲线,由曲线图形积分即可容易地得到波像差,并根据所得到的波像差即可判断光学系统的成像质量优劣;反之,由波像差和几何像差之间的关系,利用瑞利判断也可以得到几何像差的公差范围,这对实际光学系统的讨论更为有利。

　　瑞利判断只考虑波像差的最大允许公差,而忽略了缺陷部分在整个波面面积中所占的比重。例如透镜中的小气泡或表面划痕等,可能在某一局部会引起很大的波像差,根据瑞利判断,这是不允许的。然而在实际的成像过程中,这种局部区域的极小缺陷,对光学系统的成像质量并没有明显的影响。

　　因此,瑞利判断是一种较为严格的像质评价的方法,它主要适用于对成像质量要求较高的,例如望远物镜、显微物镜、微缩物镜和制版物镜等小像差光学系统。

　　现代光学设计软件已能计算并绘制实际出射波面的整体情况,如图 7-6 所示。该图给出了一个望远镜的波像差计算实例,分别绘制了轴上点、0.707 视场(3.5°)和全视场(5°)的

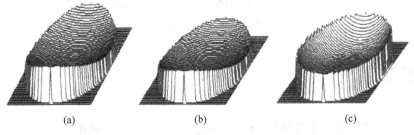

(a)　　　　　　　　　　　(b)　　　　　　　　　　　(c)

图 7-6　望远物镜出射波面图

(a) 轴上点;(b) 0.707 视场(3.5°);(c) 全视场(5°)

出射波面情况。从图 7-6 中,设计者既能了解波面变形的程度,也能了解变形的面积大小。因此,瑞利判断法正逐步克服其缺陷,在小像差系统中获得越来越广泛的应用。

7.2.2　中心点亮度

瑞利判断是根据成像波面的变形程度来判断成像质量的,而中心点亮度则是依据光学系统存在像差时,其成像衍射斑的中心亮度和不存在像差时衍射斑的中心亮度的比值来表示光学系统的成像质量的,用 S.D 来表示。当 S.D≥0.8 时,即可认为光学系统的成像质量是完善的,这便是有名的斯托列尔(K.Strehl)准则。

瑞利判断和中心点亮度是从不同角度提出来的像质评价的方法,但研究表明,对一些常用的像差形式,当最大波像差为 $\lambda/4$ 时,其中心点亮度 S.D 约等于 0.8,这说明这两种评价成像质量的方法是一致的。

斯托列尔准则同样是一种高质量的像质评价的标准,它也只适用于小像差光学系统。但由于其计算较为复杂,在实际中不便应用。

现代光学设计软件不仅能计算中心点亮度,而且能绘制任一像点的整体能量分布情况,如图 7-7 所示。图中,横坐标为以高斯像点为中心的包容圆半径,纵坐标为该包容圆所包容的能量(已归一化,设像点总能量为1)。虚线代表仅仅考虑衍射影响时的像点能量分布情况,实线代表存在像差时像点的实际能量分布情况。从图 7-7 中,能获取比单中心点亮度指标更多的信息,因此,它已成为中心点亮度判别方法的补充和替代方法并得到了广泛的应用。

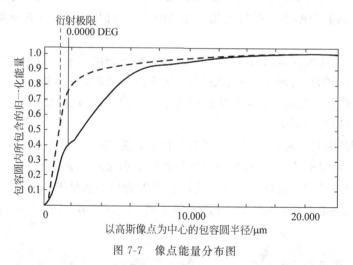

图 7-7　像点能量分布图

7.3　分辨率

分辨率是指能被光学系统分辨开的两个物点或像点之间的最小距离,反映了光学系统能分辨物体细节的能力。因此也常常将分辨率作为光学系统的成像质量评价方法。

瑞利指出"能分辨的两个等亮度点间的距离对应艾里斑的半径",即当一个亮点的衍射图案中心与另一个亮点的衍射图案的第一条暗环相重合时,这两个亮点则能被分辨。如图 7-8 所示,这时在两个衍射图案光强分布的叠加曲线中有两个极大值和一个极小值,其极大值与极小值之比为 1∶0.735,这与光能接收器(如眼睛或照相底板等)能分辨的亮度差别相当。若两亮点更靠近时,则光能接收器就不能再分辨出它们是分离开的两点了。

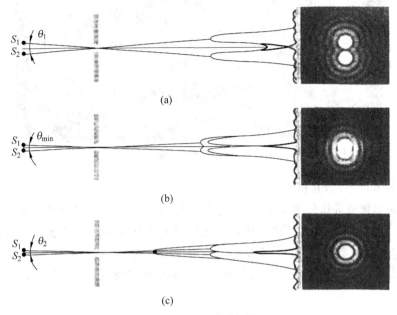

图 7-8 瑞利分辨极限

根据衍射理论,无限远的物体被理想光学系统形成的衍射图案中,第一暗环半径对出射光瞳中心的张角为

$$\Delta\theta = \frac{1.22\lambda}{D} \tag{7-1}$$

式中,$\Delta\theta$ 为光学系统的最小分辨角;D 为出瞳直径。

对 $\lambda = 0.555\mu m$ 的单色光,最小分辨角以式(″)为单位,D 以 mm 为单位时,有

$$\Delta\theta = \frac{140''}{D} \tag{7-2}$$

式(7-2)是计算光学系统理论分辨率的基本公式,对不同类型的光学系统可由该式推导出不同的表达形式。

图 7-9 给出了 ISO 12233 鉴别率板的示意图,这专门用于数码相机镜头分辨率检测的鉴别率板,图中数字单位为每 mm 线对数。

使用分辨率作为光学系统成像质量的评价方法并不完善,原因在于:

(1) 虽然光学系统的分辨率与其像差大小直接有关,即像差可降低光学系统的分辨率,但对于小像差光学系统(例如望远系统)来说,实际的分辨率几乎只与系统的相对孔径(即衍射现象)有关,受像差的影响很小。而在大像差光学系统(例如照相物镜)中,分辨率才与系统的像差有关,并常以分辨率作为系统的成像质量指标。

(2) 分辨率的检测是对黑白相间的条纹进行观察。因此分辨率和实际物体上对物体的观测有着很大的区别,即对同一光学系统,使用同一块鉴别率板来检测其分辨率,由于照明

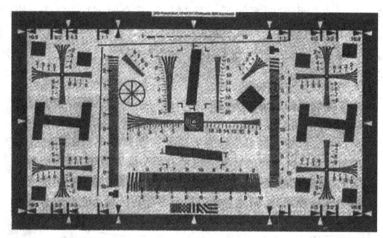

图 7-9   鉴别率板

条件以及接收器的不同,其检测结果也是不相同的。

(3) 对照相物镜等作分辨率检测时,也会发生"伪分辨现象",即分辨率在鉴别率板的某一组条纹时已不能分辨,但对更密一组的条纹反而可以分辨,这是由对比度反转造成的。

因此,使用分辨率来评价光学系统的成像质量也不是一种严格而可靠的像质评价方法。但因其便于测量,检测指标单一,在光学系统的像质检测中得到了广泛应用。

7.4   点列图

在几何光学的成像过程中,由一点发出的许多条光线经光学系统成像后,由于像差的存在,使其与像面不再集中于一点,而是形成一个分布在一定范围内的散开的图形,称之为点列图。在点列图中这些点的密集程度可以衡量系统质量的优劣。

对于大像差光学系统(例如照相物镜等),利用几何光路追迹方法可以较为精确地表示出点物体的成像情况。通常是把光学系统入射光瞳分成为大量的等面积小面元,并把发自物点且穿过每一个小面元中心的光线,认为是代表通过入瞳上小面元的光能量。在成像面上,追迹光线的点子分布密度就代表像点的光亮度或光强。追迹的光线条数越多,点子数越多,就越能精确地反映出像面上的光强度分布情况。实验表明,在大像差的光学系统中,用几何光线追迹所确定的光能分布与实际成像情况的光强度分布基本符合。

图 7-10 列举了光瞳面上选取面元的方法。可以按直角坐标或极坐标来确定每条光线的坐标。对轴外物点发出的光束,当存在阻拦光线的情况时,只追迹通光面积内的光线。

利用点列图法来评价照相物镜等大像差光学系统的成像质量时,通常是利用集中 30% 以上的点或光线所构成的图形区域作为其实际有效弥散斑,弥散斑直径的倒数则为系统的分辨率。图 7-11 给出了一个照相物镜轴上物点的点列图计算实例,图(a)为子午面内的光路追迹模拟,图(b)为其点列图,可将高斯像点 A' 翻转 $90°$ 并放大来观看。其中,"+"号为蓝色光的分布情况;"×"号为绿色光的分布情况;"□"号为红色光的分布情况,虽然部分边光比较分散,但主要能量(大部分光线)集中在中心区域。图 7-12 给出了轴外物点的点列

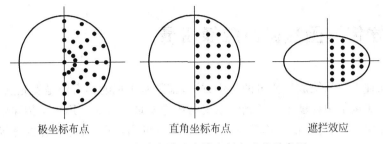

极坐标布点　　　　　　直角坐标布点　　　　　　遮拦效应

图 7-10　入瞳上选取光线坐标方法的示意图

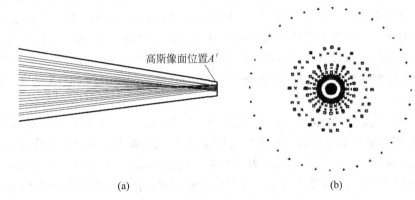

高斯像面位置A′

(a)　　　　　　　　　　　　　　　(b)

图 7-11　某照相物镜轴上物点的点列图

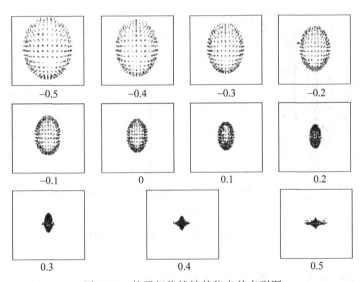

-0.5　　　　-0.4　　　　-0.3　　　　-0.2

-0.1　　　　0　　　　0.1　　　　0.2

0.3　　　　0.4　　　　0.5

图 7-12　某照相物镜轴外物点的点列图

图,从上到下分别为离焦 $-0.5 \sim -0.1$mm、高斯像面、离焦 $0.1 \sim 0.5$mm 处的点列图,可以清楚地观察到球差、彗差、像散、场曲等多种像差。

　　利用点列图法来评价成像质量时,需大量的光路计算,所以常用计算机来完成上述的计算任务。但它又是一种简便易行且直观的像质评价方法,因此在大像差的照相物镜等设计中得到应用。

7.5　光学传递函数评价成像质量

　　上述的几种光学系统成像质量的评价方法,都是基于把物体看作是发光点的集合,并以一点成像时的能量集中程度来表征光学系统的成像质量的。而利用光学传递函数来评价光学系统的成像质量,是基于把物体看作是由各种频率的谱组成,即把物体的光场分布函数展开成傅里叶级数(物函数为周期函数)或傅里叶积分(物函数为非周期函数)的形式。若把光学系统看成是线性不变的系统,那么物体经光学系统成像,可视为物体经光学系统传递后,其传递效果是频率不变,但其对比度下降,相位要发生推移,并在某一频率处截止,即对比度为零。这种对比度的降低和相位推移是随频率不同而不同的,其函数关系称之为光学传递函数。由于光学传递函数既与光学系统的像差有关,又与光学系统的衍射效果有关,故用它来评价光学系统的成像质量,具有客观和可靠的优点,并能同时运用于小像差光学系统和大像差光学系统。

　　光学传递函数是反映物体不同频率成分的传递能力的。一般来说,高频部分反映物体的细节传递情况,中频部分反映物体的层次传递情况,而低频部分则是反映物体的亮度和轮廓传递情况。表明各种频率传递情况的则是调制传递函数(modulation transfer function,MTF),如图7-13所示。因此下面简要介绍两种利用调制传递函数来评价光学系统成像质量的方法。

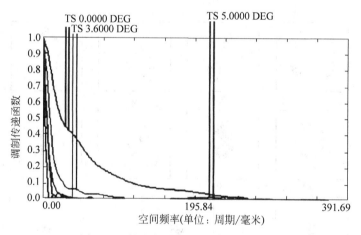

图 7-13　某光学系统的调制传递函数图

7.5.1　利用 MTF 曲线来评价成像质量

　　所谓 MTF 是表示各种不同频率的正弦强度分布函数经光学系统成像后,其对比度(即振幅)的衰减程度。当某一频率的对比度下降到零时,说明该频率的光强分布已无亮度变化,即该频率被截止。这是利用光学传递函数来评价光学系统成像质量的主要方法。

　　设有两个光学系统(Ⅰ和Ⅱ)的设计结果,它们的 MTF 曲线如图7-14所示,图中的调制传递函数 MTF 曲线为频率 ν 的函数。曲线Ⅰ的截止频率较曲线Ⅱ小,但曲线Ⅰ在低频部

分的值较曲线Ⅰ大得多。对这两种光学系统的设
计结果,不能轻易说哪种设计结果较好,而要根据
光学系统的实际使用要求来判断。若把光学系统
作为目视系统来应用,由于人眼的对比度值大约
为 0.03,因此 MTF 曲线下降到 0.03 以下时,曲
线Ⅱ的 MTF 值大于曲线Ⅰ,如图 7-14 中的虚线
所示,这说明了光学系统Ⅱ用作目视系统较光学
系统Ⅰ有较高的分辨率。若把系统作为摄影系统
来使用,其 MTF 值要大于 0.1,从图 7-14 中可以

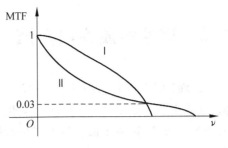

图 7-14　MTF 曲线

看出,曲线Ⅰ的 MTF 值要大于曲线Ⅱ,即光学系统Ⅰ较光学系统Ⅱ有较高的分辨率。且光
学系统Ⅰ在低频部分有较高的对比度,用光学系统Ⅰ作为摄影使用的系统时,能拍摄出层次
丰富,真实感强的对比图像。所以在实际评价成像质量时,不同的使用目的,对其 MTF 的
要求是不一样的。

7.5.2　利用 MTF 曲线的积分值来评价成像质量

上述方法虽然能评价光学系统的成像质量,但只能反映 MTF 曲线上的少数几个点处
的情况,而没有反映 MTF 曲线的整体性质。从理论上可以证明,像点的中心点亮度值等于
MTF 曲线所围的面积,MTF 所围的面积越大,表明光学系统所传递的信息量越多,光学系
统的成像质量越好,图像越清晰。因此在光学系统的接收器截止频率范围内,利用 MTF 曲
线所围面积的大小来评价光学系统的成像质量是非常有效的。

图 7-15(a)的阴影部分为 MTF 曲线所围的面积,从图中可以看出,所围面积的大小与
MTF 曲线有关,在一定的截止频率范围内,只有获得较大的 MTF 值,光学系统才能传递较
多的信息。

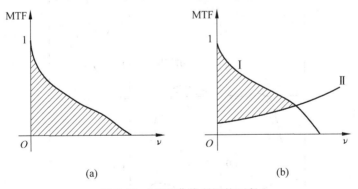

(a)　　　　　　　　　　　　(b)

图 7-15　MTF 曲线所围的面积

图 7-4(b)的阴影部分为两条曲线所围的面积,曲线Ⅰ是光学系统的 MTF 曲线,曲线Ⅱ
是接收器的分辨率极值曲线。此两曲线所围的面积越大,表示光学系统的成像质量越好。
两条曲线的交点处为光学系统和接收器共同使用时的极限分辨率,说明此种成像质量评价
方法也兼顾了接收器的性能指标。

7.6　其他像质评价方法

前面讨论了几种常用的像质评价方法,其中,瑞利判断和中心点亮度方法,由于要求严格,仅适用于小像差系统;分辨率和点列图方法,由于主要考虑成像质量的影响,仅适用于大像差系统,不适用于像差校正到衍射极限的小像差系统;光学传递函数法虽然同时适用于大像差系统和小像差系统,但它仅仅考虑光学系统对物体不同频率成分的传递能力,也不能全面评价一个成像系统的所有性能。因此,对任何光学系统进行像质评价,往往都需要综合使用多种评价方法。

所有的像质评价方法,都可以归结为基于几何光学的方法和基于衍射理论的方法两大类。下面简要介绍现代光学设计中常用的其他评价方法。

7.6.1　基于几何光学的方法

在计算机技术成熟以前,主要的像质评价方法都是基于几何光学原理,例如,通过近轴光路计算得到高斯像点位置以及其他理想参数;通过实际光路计算获得各种像差值或绘制各种像差曲线等。现代光学设计中,还经常使用两种基于几何光学的像质评价方法:光程差曲线和像差特征曲线。

图 7-16 给出了一个三片型库克物镜的光程差计算实例,左边为子午面情况,右边为弧矢

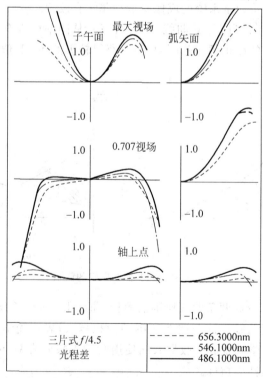

图 7-16　三片型库克物镜的光程差曲线

面情况。图中绘出了不同波长(由曲线虚实表示)、不同视场(从上到下三排分别为 1、0.707 和 0 视场)、不同孔径(由横坐标表示)的光线到达高斯像面时与近轴理想光线的光程差(纵坐标,单位为波长 λ)。图 7-17 则是同一物镜的像差特征曲线计算实例,采用与光程差计算相同的表现形式,给出不同波长、不同视场、不同孔径的光线到达高斯像面时偏离高斯像点的距离。不难看出,这两种方法比单纯观察球差曲线、彗差曲线等能获得更多的信息,能帮助我们更全面地了解光学系统的成像质量,因此越来越受到重视。

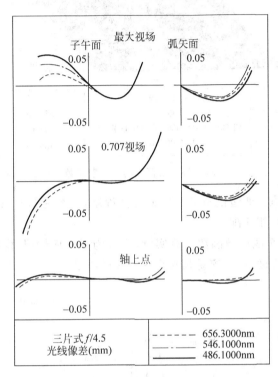

图 7-17　三片型库克物镜的像差特征曲线

7.6.2　基于衍射理论的方法

像质要求非常高的光学系统,其像差一般要校正到衍射极限,此时使用几何光学方法往往得不到正确的评价。例如,如果绘制其点列图,可能会出现弥散圆直径小于其波长的情况。因此,针对这一类系统,只有基于衍射理论的评价方法才能对其成像质量进行客观的评价;大像差系统的成像质量主要由像差决定,但也不能忽略衍射现象的影响。

除了瑞利判断、光学传递函数等方法外,点扩散函数和线扩散函数也是基于衍射理论而得到广泛应用的像质评价方法。点扩散函数是指一个理想的几何物点,经过光学系统后其像点的能量展开情况;线扩散函数是指子午或弧矢面内的几何线,经过光学系统后的能量展开情况。真实的点扩散函数和线扩散函数应该利用惠更斯原理进行计算,但是计算量太大,所以通常采用快速傅里叶变换(FFT)算法进行近似处理。

图 7-18 给出一个点扩散函数计算实例,其中 x、y 方向为偏离中心(高斯像点)的距离,

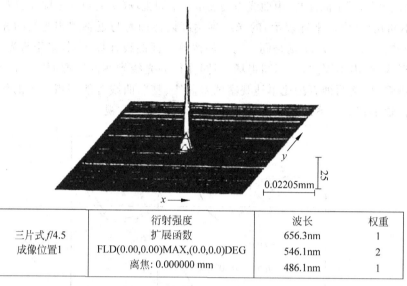

三片式 *f*/4.5 成像位置1	衍射强度 扩展函数 FLD(0.00,0.00)MAX,(0.0,0.0)DEG 离焦: 0.000000 mm	波长 656.3nm 546.1nm 486.1nm	权重 1 2 1

图 7-18　某镜头的点扩散函数

z 轴则代表相对能量值。通过能量的集中或分散程度,很容易判断系统的成像质量是否与接收器像敏单元的大小相匹配。

　　图 7-19 给出了一个线扩散函数计算实例,实线为子午面情况,虚线为弧矢面情况。通过能量的集中或分散程度,也很容易判断系统的成像质量。

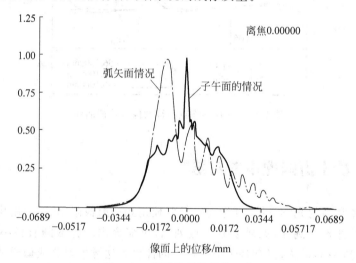

图 7-19　某镜头的线扩散函数

7.6.3　其他需要评价的成像质量

　　上述所有像质评价方法,都把光学元件当成了理想光学系统,没有考虑其材料特性以及加工、安装误差对成像质量的影响。现代光学设计还必须在加工前对这些因素进行全面的评价和分析,以期模拟真实的成像效果材料方面,任何光学材料都有不同的光谱透过率、制作精度(光学均匀性、气泡等)以及热胀冷缩效应等,它们对最终的成像质量具有很重要的影响。另外,任何透射介质的表面都会反射部分光能,这些被反射的光沿着非期望路径到达像面后,会形成鬼像,影响成像质量。上述影响,都可以通过光路追迹计算进行模拟,因此现代光学设计软件大多具备光谱分析、透过率分析、材质分析、鬼像分析的功能。

　　加工精度与安装精度方面,为避免出现对误差产生敏感影响的情况,应在设计阶段通过光路追迹进行仿真分析。例如,轻微改变某一个或几个折射面的曲率半径(模拟加工误差),观察像差是否急剧变化;轻微改变某一个或几个元件的位置(模拟安装误差),观察像差是否急剧变化等。另外,通过分析各种误差对成像质量的影响,也可以反过来对加工误差和安装误差进行合理分配,在保证成像质量的同时降低加工成本和安装成本。该技术称为公差分析,已为大多数光学设计软件所采用,并发展出许多基于光学传递函数、点列图和波前分析等技术的新方法。

　　图 7-20 给出对上述三片型库克物镜利用 MTF 技术分配系统公差的计算实例,其中,不同类型曲线代表不同视场。由图可知,若按照设计软件分配的公差要求进行加工和装配,约80%的产品其中心视场的 MTF 只能达到理想值的 0.88 倍或更高。

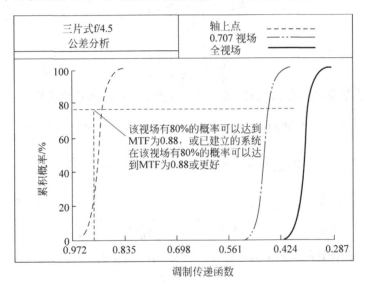

图 7-20　三片型库克物镜中利用 MTF 技术分配系统公差

7.7　光学系统的像差公差

　　对于一个光学系统来说,一般不可能也没有必要消除各种像差,那么多大的剩余像差被认为是允许的呢? 这是一个比较复杂的问题。因为光学系统的像差公差不仅与像质的评价方法有关,而且还随系统的使用条件、使用要求和接收器性能等问题的不同而不同。像质评价的方法很多,它们之间虽然有直接或间接的联系,但大都从不同的观点、不同的角度来加以评价,因此其评价方法均具有一定的局限性,使得其中任何一种方法都不可能评价所有的光学系统。此外有些评价方法由于数学计算量大,实际上也很难从像质判据来直接得出像差公差。

由于波像差与几何像差之间有着较为方便和直接的联系,因此以最大波像差作为评价依据的瑞利判断是一种方便而实用的像质评价方法。利用它可由波像差的允许值得出几何像差公差,但它只适用于评价望远镜和显微镜等小像差系统。对于其他系统的像差公差则是根据长期设计和实际使用要求而得出的,这些公差虽然没有理论证明,但实践证明是可靠的。

7.7.1　望远物镜和显微物镜的像差公差

由于这类物镜视场小、孔径角较大,应保证其轴上物点和近轴物点有很好的成像质量,因此必须校正好球差、色差和正弦差,使之符合瑞利判断的要求。

1. 球差公差

对于球差可直接应用波像差理论中推导的最大波像差公式导出球差公差计算公式。当光学系统仅有初级球差时,经$\frac{1}{2}\delta L'_m$离焦后的最大波像差为

$$W'_{max}=\frac{n'}{16}u'^2_m\delta L'_m\leqslant\frac{\lambda}{4} \tag{7-3}$$

所以

$$\delta L'_m\leqslant\frac{4\lambda}{n'\sin^2 u'_m} \tag{7-4}$$

大多数的光学系统具有初级和二级球差,当边缘孔径处球差校正后,在 0.707 带上有最大剩余球差,作$\frac{3}{4}\delta L'_{0.707}$的轴向离焦后,其系统的最大波像差为

$$W_{max}=\frac{n'h^2_m}{24f'^2}\delta L'_{0.707}=\frac{n'u'^2_m\delta L'_{0.707}}{24}\leqslant\frac{\lambda}{4} \tag{7-5}$$

所以

$$\delta L'_{0.707}\leqslant\frac{6\lambda}{n'\sin^2 u'_m} \tag{7-6}$$

实际上边缘孔径处的球差未必正好校正到零,可控制在焦深以内,故边缘孔径处的球差为

$$\delta L'_m\leqslant\frac{\lambda}{n'\sin^2 u'_m} \tag{7-7}$$

2. 彗差公式

小视场光学系统的彗差通常用相对彗差 SC' 来表示,其公差值根据经验取

$$SC'\leqslant 0.0025 \tag{7-8}$$

3. 色散公差

通常取

$$\Delta L'_{FC}\leqslant\frac{\lambda}{n'\sin^2 u'_m} \tag{7-9}$$

按波色差计算为

$$W'_{FC}=\sum_1^k (D-d)\delta n_{FC}\leqslant\frac{\lambda}{4}\sim\frac{\lambda}{2} \tag{7-10}$$

7.7.2　望远目镜和显微目镜的像差公差

目镜的视场角较大,一般应校正好轴外点像差,因此本节主要介绍其轴外点的像差公差,轴上点的像差公差可参考望远物镜和显微物镜的像差公式。

1. 子午彗差

$$K'_{\mathrm{T}} \leqslant \frac{1.5\lambda}{n'\sin u'_{\mathrm{m}}} \tag{7-11}$$

2. 弧矢彗差公差

$$K'_{\mathrm{S}} \leqslant \frac{\lambda}{2n'\sin u'_{\mathrm{m}}} \tag{7-12}$$

3. 像散公差

$$x'_{\mathrm{ts}} \leqslant \frac{\lambda}{n'\sin^2 u'_{\mathrm{m}}} \tag{7-13}$$

4. 场曲公差

因为像散和场曲都应在眼睛的调节范围之内,可以允许为 $2D \sim 4D$(屈光度),因此场曲为

$$\left.\begin{array}{c} x'_{\mathrm{t}} \leqslant \dfrac{4f'^{2}_{\text{目}}}{1000} \\[2mm] x'_{\mathrm{s}} \leqslant \dfrac{4f'^{2}_{\text{目}}}{1000} \end{array}\right\} \tag{7-14}$$

目镜视场角 $2\omega < 30°$时,公差应缩小一半。

5. 畸变像差

$$\delta y'_{z} = \frac{y'_{z} - y'}{y'} \times 100\% \leqslant 5\% \tag{7-15}$$

当 $2\omega = 30° \sim 60°$时,$\delta y'_{z} \leqslant 7\%$;当 $2\omega > 60°$时,$\delta y'_{z} \leqslant 12\%$。

6. 倍率色差公差

目镜的倍率色差通常用目镜焦平面上的倍率色差与目镜的焦距之比来表示,即用角像差来表示其大小:

$$\frac{\Delta y'_{\mathrm{FC}}}{f'} \times 3440' \leqslant 2' \sim 4' \tag{7-16}$$

7.7.3　照相物镜的像差公差

照相物镜属大孔径、大视场的光学系统,所以应校正全部像差。但作为照相系统接收器的感光胶片存在一定的颗粒度,所以在很大程度上限制了系统的成像质量。因此照相物镜无须有很高的像差校正要求,往往以像差在像面上形成的弥散斑大小(即能分辨的线对)来衡量系统的成像质量。

　　照相物镜所允许的弥散斑大小应与光能接收器的分辨率相匹配。例如,荧光屏的分辨率为 4~6 线对/mm,光电变换器的分辨率为 30~40 线对/mm,常用照相胶片的分辨率为 60~80 线对/mm,微粒胶片的分辨率为 100~140 线对/mm,超微粒干版的分辨率为 500 线对/mm,所以不同的接收器有不同的分辨率,照相物镜应根据使用的接收器来确定其像差公差。此外,照相物镜的分辨率 N_L 应不小于接收器的分辨率 N_d,即 $N_L \geqslant N_d$,所以照相物镜所允许的弥散斑直径应为

$$2\Delta y' = \frac{2 \times (1.5 \sim 1.2)}{N_L} \tag{7-17}$$

　　系数(1.5~1.2)是考虑到弥散斑的能量分布,也就是把弥散圆直径的 60%~65% 作为影响分辨率的亮核。

　　对一般的照相物镜来说,其弥散斑的直径在 0.03~0.05mm 以内是允许的。对以后需要放大的高质量照相物镜,其弥散斑直径要小于 0.01~0.03mm。倍率色差最好不超过 0.01mm,畸变要小于 2%~3%。以上只是一般的要求,对一些特殊用途的高质量照相物镜,如投影光刻物镜、微缩物镜、制版物镜等,其成像质量要比一般照相物镜高得多,其弥散斑的大小要根据实际使用分辨率来确定,有些物镜的分辨率高达衍射分辨极限。

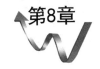

第8章

典型光学系统

视觉是人和大多数动物最重要的感觉,至少有 80% 以上的外界信息经视觉获得,但眼睛的视觉能力并不是无限的,传统的光学仪器就是人眼能力的延伸,放大镜、显微镜是向微观方向的延伸,望远镜是向宏观方向的延伸,照相机、摄影摄像机等是时间方向的延伸。本章所讨论的就是这些典型光学系统的成像特性、光学结构特点、外形轮廓、光束限制能量传递等问题,虽然本章是围绕经典光学系统展开,但是绝大多数现代光学系统也是基于这些系统的基本原理。本章主要介绍的系统包括眼睛、放大镜、显微镜及照明系统、望远镜及转像系统、摄影光学系统、投影及放映光学系统。

8.1 眼睛

眼睛作为显微镜和望远镜等目视光学仪器的接收器,它的构造及有关特性应在设计这类仪器时予以考虑。这里仅作必要的介绍。

8.1.1 眼睛的构造、标准眼和简约眼

人眼呈球状,直径约 25mm,右眼的内部构造如图 6-1 所示。眼球被一层坚韧的膜所包围,前面凸出的透明部分称为角膜,其余部分称为巩膜。角膜在外层 b 处与眼皮相连。角膜后是充满折射率为 1.336 的透明液体的前室,前室的后壁为虹膜,其中央部分有一圆孔,称为瞳孔,随着外界光亮程度的不同,瞳孔的直径能自主地在 2～8mm 范围内变化,以调节进入眼睛的光能量。虹膜之后是水晶体,它是由多层薄膜构成的一个双凸透镜,但各层折射率不同,内层约为 1.41,外层约为 1.38。其前表面的曲率半径比后表面大,并且在与之相连的睫状肌的作用下,前表面的半径可本能地发生改变,使不同距离的物体都能成像在视网膜上。水晶体的后面是后室,也称眼腔,内中充满折射率为 1.336 的胶状透明液体,称为玻状液。后室的内壁与玻状液紧贴的部分是由视神经末梢组成的膜,称为视网膜,是眼睛系统所

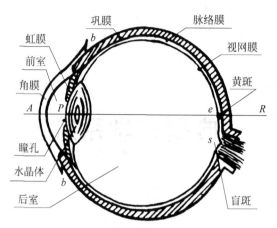

图 8-1　人眼的构造

成像的接收器。它具有非常复杂的结构,共有十层:前八层对光透明但不引起刺激;第九层是感光层,布满作为感光元素的视神经细胞;第十层直接与脉络膜相连。脉络膜是视网膜外面包围着的一层色膜,它吸收透过视网膜的光线,使感光器官免受强光的过分刺激。在视神经进入眼腔处 s 点附近的视网膜上,有一个椭圆形区域,这个区域内没有感光细胞,不产生视觉,称为盲斑。通常我们感觉不到盲斑的存在,是因为眼球不时在眼窝内转动之故。距盲斑中心 $15°30'$,在太阳穴方向有一椭圆形区域 e,大小为 1mm(水平方向)×0.8mm(垂直方向),称为黄斑,在黄斑中心有一 0.3mm×0.2mm 的凹部,称为中心凹,这里密集了大量的感光细胞,是视网膜上视觉最灵敏的区域。当眼睛观察外界物体时,会本能地转动眼球,使像成在中心凹上,因而称通过眼睛节点和中心凹的直线为眼睛的视轴。

　　由上所述,整个眼睛犹似一只自动变焦和自动收缩光圈的照相机。

　　人眼作为一个光学系统,其有关参数可由专门的仪器测出,根据大量的测量结果,定出了眼的各项光学常数,包括角膜、水状液、玻状液和水晶体的折射率,各光学表面的曲率半径,以及各有关距离,并将满足这些光学常数值的眼睛为标准眼。

　　为了作近似计算方便,可把标准眼简化为一个折射球面的模型,称为简约眼。简约眼的有关参数如下:①折射面的曲率半径为 5.56mm;②像方介质的折射率为 $4/3 \approx 1.333$;③视网膜的曲率半径为 9.7mm。

　　可算得简约眼的物方焦距为 −16.70mm,像方焦距为 22.26mm,光焦度为 59.88 屈光度。

8.1.2　眼睛的调节和适应

　　水晶体在睫状肌的作用下曲率可变,使不同远近的物体精确地成像在视网膜上。当肌肉收缩时,水晶体曲率变大,可看清近物;肌肉放松时,水晶体曲率减小,可看清远物。眼睛的这种本能地改变水晶体光焦度以看清不同远近物体的功能称为调节。当肌肉完全放松时,眼睛所能看清的最远的点称为远点;当肌肉收缩到最紧张状态时所能看清的最近点称为近点。分别以 p 和 r 表示近点和远点到眼睛物方主点的距离(m),则其倒数 $P=1/p$ 和 $R=1/r$ 就是近点和远点会聚度的屈光度数。两者之差以 A 表示,即

$$A = R - P \tag{8-1}$$

称为眼睛的调节范围或调节能力。

正常眼的调节范围是随年龄而变化的,随着年龄的增大,肌肉收缩功能衰退,近点逐渐移远,调节范围减小,如表 8-1 所列。

表 8-1 正常眼在不同年龄时的调节能力

年龄/岁	近点距 p /m	$P=1/p$ /屈光度	远点距 r /m	$R=1/r$ /屈光度	$A=R-P$ /屈光度
10	-0.071	-14	∞	0	14
20	-0.100	-10	∞	0	10
30	-0.143	-7	∞	0	7
40	-0.222	-4.5	∞	0	4.5
50	-0.40	-2.5	∞	0	2.5
60	-2.00	-0.5	2.0	0.5	1.00
70	1.00	1.00	0.80	1.25	0.25
80	0.4	2.50	0.40	2.5	0.00

可见,青少年时期,近点距眼睛很近,调节范围很大。但 40~45 岁开外,近点逐渐移到明视距离以外,称老性远视或老花眼。当年龄至 70 岁以上时,眼就失去了调节能力。这里,明视距离指正常眼在正常照明(约 50lx)下的正常阅读距离,国际上规定为 250mm。

对于正常眼,远点会度 $R=0$,如图 8-2 所示,反之,若在正常年龄之内 $R \neq 0$,则称为非正常眼。远点会聚度称为眼睛的折光度,是眼睛的一项性能指标,可用折光度计来测定。

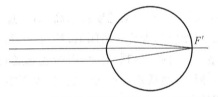

图 8-2 正常眼将无限远光束会聚于视网膜上

非正常眼主要有以下几种。

(1)近视眼:远点在眼前有限远处,$R<0$,这是由于眼球偏长,像方焦点位于视网膜之前,只有眼前有限远处的物体才能成像在视网膜上,如图 8-3(b)所示。因此,须配一负光焦度的眼镜才能够矫正。

(2)远视眼:远点在眼睛之后,$R>0$,这是由于眼球偏短,像方焦点位于视网膜之后,因此,只有会聚光束才能聚焦在视网膜上,如图 8-3(c)所示,可用正透镜来矫正。

(3)由于眼睛结构上的其他缺陷,如水晶体位置不正、各个折射面曲率不正常或不对称等也会使眼睛成为非正常眼,即散光眼(如图 8-3(d)所示)和斜视眼,前者须用柱面透镜矫正,后者以光楔矫正。

(4)有时,眼睛可能同时存在几种缺陷,如近视散光等。

人眼除了能随物体距离的改变而调节水晶体的曲率外,还能在不同亮暗条件下工作。眼睛所能感受的光亮度变化范围是很大的,可达 $10^{12}:1$。这是因为眼睛对不同的亮度具有适应能力。适应有暗适应和明适应两种。前者发生在自亮处到暗时,后者发生在自暗处到亮处时。

明适应或暗适应并不是即刻完成的。当人们从亮处到暗处时,瞳孔逐渐变大使进入眼睛的光量逐渐增加,暗适应逐渐完成。此时,眼睛的敏感度大大提高,在暗处的时间越长,暗

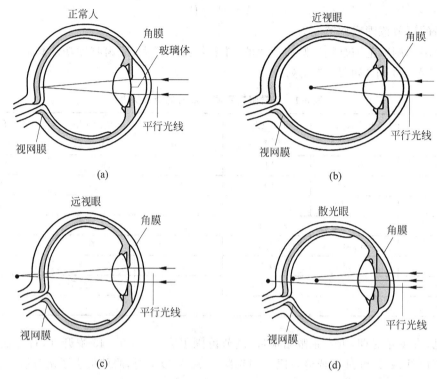

图 8-3 正常眼、近视眼、远视眼和散光眼示意图

适应越好,对光的敏感度就越高,但经过 $50\sim60$ min 后,敏感度达极限值。人眼能感受到的最低照度值称为绝对暗阈值,约为 10^{-9} lx,它相当于蜡烛在 30km 远处所产生的照度。即当忽略大气的吸收和散射时,眼睛能感受到 30km 远处的烛光。

同样,当从暗处进入亮处时,也不能立即适应,要产生眩目现象,亮适应过程很快,几分钟即可完成。

8.1.3 眼睛的分辨率和准精度

眼睛能分辨开两个很靠近的点的能力称为眼睛的分辨率。刚能分辨开的两个点对眼睛物方节点的张角称为眼睛的极限分辨角。显然,分辨率与极限分辨角成反比。

根据物理光学理论,入瞳为 D 的理想光学系统的极限分辨角为

$$\varphi = \frac{1.22\lambda}{D} \tag{8-2}$$

对 555nm 的色光而言,若入瞳单位取毫米,将极限分辨角的单位取作秒,则有

$$\varphi'' = \frac{140}{D} \tag{8-3}$$

当日间瞳孔直径为 2mm 时,极限分辨角约为 $70''$。当瞳孔直径增大到 $3\sim4$ mm 时,分辨角还可小些。若瞳孔直径继续增大,则由于眼睛像差的影响,分辨角反而增大,所以一般认为眼睛的极限分辨角为 $1'$,对应于视网膜上的大小为 $5\sim6\mu$m,这个尺寸大于视神经细胞的直径。因此,视网膜的结构不会限制眼睛的分辨率。

眼睛的分辨率随被观察物体的亮度和对比度而异。当对比度一定时,亮度越大则分辨率越高;当对比度不同时,对比度越大则分辨率越高。当背景亮度增大时分辨率与对比度的这一关系十分明显。同时,照明光的光谱成分也是影响分辨率的一个重要因素,由于眼睛有较大的色差,单色光的分辨率要比白光为高,并以555nm的黄光为最高。此外,视网膜上的成像位置对此也有影响,当成像于黄斑处时分辨率最高。

由于分辨率的限制,当我们看很小或很远的物体时,必须借助显微镜、望远镜等光学仪器。这些目视光学仪器应具有一定的放大率,以使能被仪器分辨的物体像放大到能被眼睛分辨的程度。否则,光学仪器的分辨率就被眼睛所限制而不能充分利用。

在很多量测工作中,为了读数,常用某种标志对目标进行对准或重合,例如用一根直线去与另一直线重合。这种重合或对准的过程称为瞄准。由于受人眼分辨率的限制,二者完全重合是不可能的。偏离于完全重合的程度称为瞄准精度。它与分辨率是两个不同的概念,但互有关系。实际经验表明,瞄准精度随所选取的瞄准标志而异,最高时可达人眼分辨率的$1/5 \sim 1/10$。

常用的瞄准标志和方式有二直线重合、二直线端部对准、叉丝对直线对准和双线对直线瞄准,分别如图8-4(a)~(d)所示。其瞄准精度分别为$30'' \sim 60''$、$10'' \sim 20''$、$10''$和$5''$。

(a)　　　　　(b)　　　　　(c)　　　　　(d)

图8-4　瞄准标志和方式

8.1.4　眼睛的立体视觉

眼睛观察空间物体时,能区别它们的相对远近而具有立体视觉。这种立体视觉单眼和双眼都能产生,但产生的原因和效果不同。

单眼观察时,对于较近的物体,是利用眼睛的调节发生变化而产生的感觉来估计距离的,范围不大于5m,因看更远的物体时,水晶体的曲率已几乎不变。对于较远的熟悉物体,是利用它对眼睛的张角大小来估计远近的,而不熟悉的物体,则以与邻近的熟悉物比较来确定其相对远近。此类估计是极粗略的。

通常,人们总以双眼观物。物在两眼中各自成像,然后,两眼的视觉汇合到大脑中产生单一的印象。但物在两眼视网膜上的像必须位于视网膜的对应点,即相对于黄斑中心的同一侧时,才有单像的印象,这是因为两视网膜上的对应点由视神经相连结,成对地将该对点上的光刺激传到大脑。若物在两视网膜上的像不在对应点上,就不能合而为一而有双像的感觉。如图8-5所示,当两眼注视 A 点时,A 点的像 a_1 和 a_2 位于黄斑的中心,较近的 B 点在两视网膜上的像 b_1 和 b_2 分别位于黄斑中心的外侧,不在对应点上,将明显地感到是双像,实际上,此时凡在角 O_1AO_2 内的点都是成双像的;反之,当注视 B 点时,会感到较远的 A 点成双像;此外,当注视 A 点时,图中 C 点在两眼视网膜上的像位于黄斑的同侧,将有单像的印象。

双眼视觉的另一特性是能估计被观察物体的距离及辨别空间物体的相对远近,这就是双眼立体视觉。对于图 8-5 中不同远近的三个物点 A、C、D,当两眼注视点 A 时,A 在两眼网膜上的 a_1 和 a_2 位于黄斑的中心,两视线的夹角 O_1AO_2 称为视差角,即

$$\theta_A = \frac{b}{L} \qquad (8\text{-}4)$$

式中,b 为两眼节点 O_1 和 O_2 的连线长度,称为基线长度;L 为 A 到基线的距离。可见,不同远近的物体有不同的视差角。设另两点 C 和 D 位于直线 CDO_2 上,则它们在右眼中的像 c_2 和 d_2 重合,而左眼中的两个像 c_1 和 d_1 并不重合,其对节点 O_1 的张角即为 C 点和 D 点的视差角之差,即

$$\Delta\theta = \theta_D - \theta_C$$

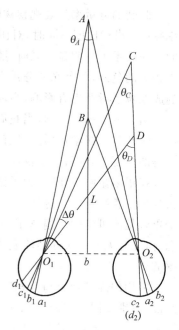

图 8-5 立体视觉的产生

称为立体视差。立体视差大时,表示两物体的远近相差大,眼睛极易判知;但当 $\Delta\theta$ 小到某一限度时,人眼就辨别不出与此对应的两物体的相对远近了。人眼正好能觉察的最小立体视差称为人眼的体视锐度,用 $\Delta\theta_0$ 表示。通常人眼的体视锐度为 $30'' \sim 60''$,经训练可小到 $10''$ 或 $10''$ 以下。一般以 $10''$ 作为体视锐度的极限值。

成年人的双眼基线平均长度 $b=65\text{mm}$,当 $\Delta\theta_0=10''$ 时,可导出双眼存在体视的距离

$$L_m = \frac{b}{\Delta\theta_0} = 1350\text{mm}$$

式中,L_m 称为体视圈半径。位于体视圈以外的物体,人眼已分辨不出远近。

能分辨出不同远近的两点间的最小距离 ΔL_0 称为体视阈值。对式(8-4)微分得

$$\Delta L_0 = \frac{L^2}{b}\Delta\theta_0 \qquad (8\text{-}5)$$

当 $\Delta\theta_0=10''$、$b=0.065\text{m}$ 时,得 $\Delta L_0 = 7.46 \times 10^{-4}\text{m}$。

由式(8-5)知,观察远物时,体视阈值很大;而对近处物体,辨别其远近的能力就很强。结合式(8-5)可以看出,如能增大基线长度 b 和减小体视锐度 $\Delta\theta_0$,体视圈半径 L_m 就可增大,而体视域值 ΔL_0 就可减小,从而提高体视效果。双筒棱镜望远镜和某些军用指挥仪就是为此目的而设计的。若其放大率为 Γ,两物镜的中心距即基线长度为人眼的 K 倍,则根据公式易于得出,通过此类仪器来观察时,体视锐度将为 $\Delta\theta_0/\Gamma$,体视圈半径将扩大到肉眼观察时的 $K\Gamma$ 倍,而体视阈值缩小为肉眼观察时的 $1/K\Gamma$,使体视效果大为提高。

8.2 放大镜

肉眼观察时,要能看清物体的细节,该细节对眼睛的张角须大于眼睛的极限分辨角,一般不小于 $1'$。当物体移到眼睛的近点附近而其细节对眼睛的张角仍小于 $1'$ 时,眼睛就无法

辨别它了,只能借助于放大镜或显微镜将其放大后再进行观察,才能了解其细微结构。

对于目视光学仪器,其放大作用不能简单地以横向放大率来表征,而应以视觉放大率来表征。放大镜的放大率的定义是:通过放大镜看物体时,其像对眼睛张角的正切与直接看物体时,物体对眼睛张角的正切之比。如图 8-6 所示,放大镜将位于焦点以内的物 AB 在镜前明视距离处形成虚像 $A'B'$,它对眼睛张角为 W',有

$$\tan W' = \frac{y'}{-x'+a}$$

而当眼睛直接于明视距离 250mm 处观察物体时,对眼的张角为 W,有

$$\tan W = \frac{y}{250}$$

以 $\tan W'/\tan W$ 表示放大镜的放大率 M,并以 $\beta = -x'/f'$ 代替 y'/y,得

$$M = \frac{250}{f'} \frac{x'}{x'-a} \tag{8-6}$$

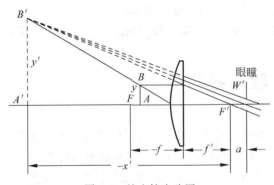

图 8-6　放大镜光路图

由式(8-6)可见,放大镜的放大率除与焦距有关外,还与眼睛的位置有关。由于使用放大镜时,眼睛总位于像方焦点附近,a 相对于 x' 是一小量,于是

$$M = \frac{250}{f'} \tag{8-7}$$

即放大镜的放大率仅由其焦距所决定。焦距越短,放大率越大。

其实,由于正常眼正好能把入射的平行光束聚焦于视网膜上,因此在使用放大镜时应使物位于物方焦面上,即有 $M = 250/f'$。读者可画出此时的光路图并直接导出该式。

通常,放大镜的直径比瞳孔直径大得多,物面上各点的成像光束是被眼瞳所限制的,眼瞳是孔径光阑,也是出瞳,放大镜是渐晕光阑。由于放大镜通光口径的限制,视场外围有渐晕而无明晰的边界。图 8-7 画出了决定无渐晕成像范围的 B_1 点、50%渐晕的 B_2 点和可能成像的最边缘点 B_3,对应的视场角分别为 W'_1、W'_2 和 W'_3。由图可见:

$$\tan W'_2 = \frac{h}{d} \tag{8-8}$$

同理易于写出 $\tan W'_1$ 和 $\tan W'_3$ 的表达式。可见,放大镜的直径 $2h$ 越大,眼睛越靠近放大镜,可见的视场就越大。若以 50%渐晕点为界来决定线视场,可导出

$$2y = \frac{500h}{Md} \tag{8-9}$$

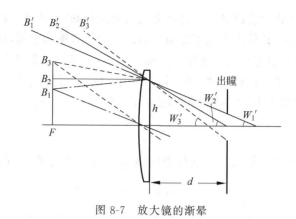

图 8-7　放大镜的渐晕

　　所以在放大镜的直径和眼瞳位置一定时,放大率越大,线视场越小。这就限制了放大镜的分辨率不能做得很大,一般不超过 15 倍。

　　低倍放大镜仅用单块平凸透镜即可。倍率较高(5~10 倍)且要求有良好像质的放大镜可用双胶合镜组。高于 10 倍的放大镜一般用两块有一定间距的平凸透镜组成。

8.3　显微镜与照明系统

　　借助放大镜可用来观察不易为肉眼看清的微小物体,但如果是更微小的观察对象或其微观结构,则须依赖显微镜才能观察和分析。最早的显微镜来源于荷兰的眼镜商,从列文虎克(Antony van Leeuwenhoek,1632—1723)首先磨制装配成功并用于观察细菌和原生动物以来,显微镜已成为应用广泛的重要光学仪器。

8.3.1　显微镜概述

　　显微镜的主光学系统由物镜和目镜两部分组成,图 8-8 即为显微镜的成像原理图。位于物镜物方焦点以外与之靠近处的物体 AB,先被物镜成一放大、倒立的实像 $A'B'$ 于目镜的物方焦面上或之后很靠近处,然后此中间像再被目镜成一放大虚像 $A''B''$ 于无穷远或明视距离处,供眼睛观察。目镜的作用与放大镜一样,但它的成像光束是被物镜限制了的。相应的,眼睛就不能像使用放大镜那样自由,而必须有一个固定的观察位置。显然,显微镜的总放大率应该是物镜放大率 M_o 和目镜放大率 M_e 的乘积。这里

$$M_o = \beta = -\frac{\Delta}{f'_o}, \quad M_e = \frac{250}{f'_e}$$

即

$$M = M_o M_e = -\frac{250\Delta}{f'_o f'_e} \tag{8-10}$$

式中,$\Delta = F'_o F_e$,称为光学筒长。显然,显微镜的放大率与光学筒长成正比,与物镜和目镜的焦距成反比,且 $M < 0$,即对物体成倒像。如果将物镜和目镜组合起来看成一个系统,则可得到与放大镜的放大率完全相同的公式,这表示显微镜实质上就是一个复杂的放大镜。

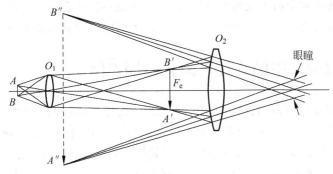

图 8-8　显微镜的成像原理图

显微镜通常会由数只物镜和目镜组成。一般情况下,物镜有四只,倍率分别为 4、10、40 和 100,都装在镜筒下面的物镜转换器上,可通过旋转方便地选用。目镜通常有三只,倍率分别为 5、10 和 15,是插入式的。这样,总共可获得自低倍到高倍的 12 种倍率。

显微镜物镜和目镜的支承面之间的距离 t_m 称为显微镜的机械筒长。大量生产的生物显微镜的机械筒长都按标准值设计,此标准各国不同,在 160～190mm 之间。我国标准为 160mm。

由于显微镜在使用过程中要经常调换物镜和目镜,它必须满足齐焦条件,即当调换物镜后,不需重新调焦就能看到物体的像。为此,不同倍率的物镜需有不同的光学筒长,并在光学和机构尺寸上满足如下要求:

(1) 不同倍率的物镜有相同的物像共轭距。对于生物显微镜,我国规定这个值为 195mm。

(2) 物镜的像面到镜筒的上端面,即目镜的支承面的距离固定。我国规定为 10mm。

(3) 为在调换目镜后也不需重新调焦,目镜的物方焦面要与物镜的像面重合。

当然这些尺寸不可能做得很准确,但至少调换物镜后不需粗动调焦,只需微调就可以了。

还有一类称为筒长无限大的显微物镜,在现代显微镜尤其是金相显微镜中得到了广泛的应用。它的物平面恰好位于物方焦面上,在像方的成像光束是平行的,由其后的一个称为镜筒透镜的辅助镜组将此平行光束会聚于目镜的物方焦面上。显然,整个物镜的倍率是镜筒透镜的焦距 f'_t 与前置物镜的焦距 f'_0 之比。镜筒透镜的焦距是固定的,只要调换不同焦距的前置物镜就能达到改变倍率的目的。这类物镜由于两镜组之间是平行光束,具有间距比较自由、装配调整方便,以及可任意加用棱镜等一系列优点。

为了避免长时间使用显微镜而导致两眼不均衡的疲劳,现代的观察显微镜多半设计成双目镜型式。此时需利用反射棱镜将物镜射出的成像光束分为两路,并应保证其具有相等的光程。此外,如使物体经显微物镜所成的像位于目镜的物方焦点之外,还可将高倍放大的实像显示在投投影屏上,或将其用摄影方法记录下来。

综上所述,显微镜与放大镜相比,具有如下一系列优点:

(1) 有相当高的放大率;

(2) 眼睛与物体之间距离适度,便于使用;

(3) 可通过调换物镜和目镜方便而迅速地改变放大率;

（4）在物镜的实像平面上安置分划板后，可对被观察物体进行测量；

（5）通过目镜的离焦，可把微小物体经二次放大后的实像显示出来或摄影记录下来。

8.3.2   显微镜中的孔径光阑和视场光阑

对于单组低倍显微物镜，其镜框就是孔径光阑；对于多组透镜组成的复杂物镜，或以最后一组的透镜框作为孔径光阑，或在物镜的像方焦面上或其附近专设孔阑。这些孔阑的位置差异相对于光学筒长 Δ 是一小量，因此孔阑被目镜所成的像，即显微镜的出射光瞳都在目镜的像方焦点之外近乎相同的地方，即距目镜像方焦点为 $x' = f_e'^2/\Delta$ 处。这正是整个显微镜的像方焦面位置。所以，在观察时眼瞳能与出瞳重合，且在更换物镜时不需改变眼瞳的位置。

图 8-9 所示是显微镜像方的成像光束，据此易于求出出瞳的大小，即

$$a' = x'\tan U' \approx x'\sin U'$$

利用正弦条件 $n'y'\sin U' = ny\sin U$ 和横向放大率 β 的表示式，考虑到 $n' = 1$，可导出

$$a' = -f'n\sin U = -f'\mathrm{NA} \tag{8-11}$$

式中，NA 称为显微镜物镜的数值孔径，是显微镜的一个重要性能参数，$\mathrm{NA} = n\sin U$。引入显微镜的放大率，可得

$$a' = 250\,\frac{\mathrm{NA}}{M} \tag{8-12}$$

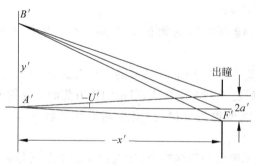

图 8-9   显微镜像方的成像光束

可见，显微镜的出瞳主要被其焦距或放大率所决定，高倍率时出瞳是很小的。例如，用 40 倍物镜（NA=0.65）和 15 倍目镜获得 600 倍总倍率时，出瞳直径仅为 0.54mm。

在显微镜中间实像平面上有专设的视场光阑，其大小是物面上的可见范围（线视场）与物镜放大率的乘积。因此，高倍物镜只能看到物面上很小的范围，低倍物镜才有较大的视场。早期的显微镜，视场光阑直径只有 14～15mm，相当于线视场只有物镜焦距的 1/15，而能给出满意像质的范围仅为 $f_e'/20$。但随着光学设计和制造工艺水平的提高，特别是光学新材料的发展，现代显微镜的视场有了成倍的增大，质量也有所改善，能更好地适应科学技术研究的需要。

8.3.3   显微镜的景深

当显微镜调焦于物面即对准平面时，如果位于其前和后的物面仍能被看清，则这两个平

面之间的距离称为显微镜的景深。

图 8-10 中, $A'B'$ 是对准平面被显微镜所成的像, 即景像平面, $A'_1B'_1$ 是对准平面之前的物平面的像, 与景像平面相相距 $\mathrm{d}x'$。设显微镜的出瞳与像方焦面重合, 则 A'_1 点的成像光束被景像平面截得一弥散圆, 其直径 Z' 由下式决定:

$$\frac{Z'}{2a'} = \frac{\mathrm{d}x'}{-x' + \mathrm{d}x'}$$

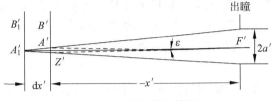

图 8-10 显微镜的景深

若弥散圆对出瞳中心的张角不大于眼睛的极限分辨角 ε, 眼睛看它时犹似点像, 此时 $2\mathrm{d}x'$ 就是像方能同时看清景像平面前后两个像平面间的深度。考虑到 $|\mathrm{d}x'| \ll |x'|$, 可导出 $2\mathrm{d}x$ 的表达式; 再利用轴向放大率 $\alpha = n'\beta^2/n$ 将此换算到物方, 可得

$$2\mathrm{d}x = \frac{nf'^2\varepsilon}{a'} \tag{8-13}$$

根据式(8-12)和 $M = 250/f'$, 式(8-13)还可表示为

$$2\mathrm{d}x = \frac{250n\varepsilon}{M \cdot \mathrm{NA}} \tag{8-14}$$

可见, 显微镜的倍率越高, 物镜的数值孔径越大, 景深就越小。

以上讨论的仅是显微镜本身的景深, 没有考虑到眼睛的调节。由于眼睛能在近点和远点间自行调节, 故景深将有所扩大。若在像空间中, 近点和远点到眼瞳所在的出瞳面的距离为 p' 和 r', 根据出瞳与显微镜的像方焦点重合可导出与此对应的物空间距离 p 和 r, 两者之差即为眼睛通过显微镜观察时的调节范围, 有

$$r - p = -nf'^2\left(\frac{1}{r'} - \frac{1}{p'}\right) \tag{8-15}$$

当 r' 和 p' 以米为单位时, 括号内的值就是眼睛的调节范围 $\overline{A}$, 单位是屈光度, 即

$$r - p = -0.001nf'^2\overline{A} \tag{8-16}$$

根据上述公式, 若有 $A = 0.65$、$n = 1$ 的 40 倍物镜分别与 5 倍、10 倍和 15 倍的目镜配用时, 设极限分辨角为 $2'$, 即 $\varepsilon = 0.00058$, 该显微镜由一位 30 岁的人使用, 调节范围约为 7 屈光度, 则可分别求出显微镜本身的景深和眼睛通过显微镜观察时的调节范围如表 8-2 所列。

表 8-2 显微镜本身的景深和眼睛通过显微镜观察时的调节范围

放大率 M/倍	200	400	600
景深 $2\mathrm{d}x$/mm	0.00112	0.00056	0.00037
调节范围 $r-p$/mm	0.0109	0.0027	0.0012

显微镜的景深应该是以上两个数值($2\mathrm{d}x$ 和 $r-p$)之和, 是相当小的。显微镜是通过对整个镜筒的调焦来看清被观察物体的, 要调到这样小的范围内, 必须要有精密的微调机构才行。

8.3.4　显微镜的分辨率和有效放大率

由于衍射现象的存在,即使是理想光学系统对一个几何点成像时,也只能得到一个具有一定能量分布的衍射图形。按瑞利判据,一个点的衍射像中心正好与另一点的衍射像的第一暗环重合时,是光学系统刚好能分开这两点的最小界限。从波动光学原理可知,自身发光的点被理想系统所成的衍射像,其第一暗环半径对出瞳中心所张的角度,即正好能被此系统分辨得开的两个点的极限分辨角 ϕ 由式(8-2)决定,即 $\phi=1.22\lambda/D$,其中 D 为系统入瞳直径。该式虽得自远场衍射,但在物距与光瞳直径相比大得多时也能适用。显微物镜的像空间是符合此条件的。

显微镜的分辨率以物面上能被物镜分辨开的两点之间的最小距离表示。如图 8-11 所示,对应的两像点之间的距离 σ' 应等于其中任一个衍射斑的第一暗环的半径,再考虑到像方孔径角很小,有

$$\sigma' = \phi P'A' = \frac{0.61\lambda}{\tan U'} = \frac{0.61\lambda}{\sin U'}$$

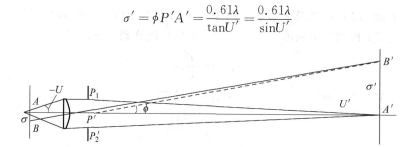

图 8-11　显微镜的分辨率

由于显微物镜总满足正弦条件 $n'\sigma'\sin U'=n\sigma\sin U$,且 $n'=1$,故可得最小分辨距为

$$\sigma = \frac{0.61\lambda}{n\sin U} = \frac{0.61\lambda}{\text{NA}} \tag{8-17}$$

须指出,据以导出此式的基本公式(8-2)只对两个非相干的自身发光点是正确的,但在显微镜中,被观察物体系被其他光源所照明,使物面上相邻各点的光振动是部分相干的,受此影响,式(8-17)中的数值因子将略有不同。该数值因子将在 $0.57\sim0.83$ 内变化。根据阿贝研究,在对物体作斜照明时,最小分辨距为

$$\sigma = \frac{0.5\lambda}{n\sin U} \tag{8-18}$$

从以上讨论可见,显微镜的分辨率,对于一定波长的色光,在像差校正良好的情况下,完全由物镜的数值孔径所决定。数值孔径越大,分辨率越高。这就是显微物镜为什么要有尽可能大的数值孔径的原因。当显微镜物方介质为空气时,物镜的极限数值孔径为1,一般最大只能做到0.9左右。在物与大数值孔径物镜之间浸以液体,可提高数值孔径。常用的液体有折射率为1.5左右的香柏油和某些更高折射率的液体,后者可使数值孔径达到1.5。由于数值孔径只能在 1 左右变动,光学显微镜的极限分辨距与所用色光的波长同一数量级。

浸液物镜需要把浸液作为物方介质来专门设计。

为充分利用物镜的分辨率,使已被物镜所分辨的物体细节能被眼睛看清,显微镜必须有适当的放大率,以便把细节放大到足够使人眼能分辨的程度。分别取 $2'$ 和 $4'$ 为人眼分辨角

的下限和上限,则人眼在明视距离处能分辨开两点的间距即为 σ 被显微镜放大以后的像,有

$$250 \times 2 \times 0.00029 < \frac{0.5\lambda}{\mathrm{NA}}M < 250 \times 4 \times 0.00029$$

对于目视光学仪器,主色光的波长为 0.00055,则

$$500\mathrm{NA} < M < 1000\mathrm{NA} \tag{8-19}$$

满足式(8-19)的放大率称为显微镜的有效放大率。可见,该有效放大率被物镜的数值孔径所决定,即数值孔径须与放大率相匹配。由于浸液物镜的最大数值孔径可达 1.5,故光学显微镜所能达到的最高有效倍率为 1500 倍。不考虑数值孔径而盲目加大物镜或目镜的倍率是无效放大,不但没有好处,反而会因对物体细节的不真实反映而造成判别的错误。

8.3.5　显微镜的物镜

物镜是显微镜光学系统的主要组成部分,其主要性能参数是数值孔径和倍率。为了分辨物体的细微结构并确保最佳成像质量,除了一定要在设计该物镜时所规定的机械筒长下使用外,还应有尽可能大的数值孔径,且其放大率须与数值孔径相适应。就生物显微镜的物镜系列而言,大致选取的数值如表 8-3 所列。

表 8-3　生物显微镜的放大率和数值孔径

放大率/倍	100	60	40	10
数值孔径	1.25～1.5	0.80～0.85	0.65	0.25

生物显微镜的观察标本是极薄的物体切片,夹在两个玻璃片之间。承载标本的玻片较厚,称载玻片;覆盖标本的玻片较薄,称盖玻片。盖玻片的厚度(常用的为 0.17mm)必须严格控制,使其产生的像差与设计值相符。

为使显微镜能在最适条件下使用,上述物镜参数需要在物镜的外壳上标明。

显微物镜在提高其数值孔径时,首先碰到的是校正高级像差的困难,结构简单的物镜无法解决这一问题。这就决定了显微物镜将有相当复杂的结构型式。

显微物镜有折射式、反射式和折反射式三类,但绝大多数实用的物镜是折射式的。折射式显微物镜又可根据质量要求的不同而有不同的类型。

1. 消色差物镜

这是应用最广泛的一类物镜,一般只要对轴上点校正好色差和球差,并使之满足正弦条件,达到对近轴点消彗差即可,因此只能在中低档的普及型显微镜中作一般观察之用。下面几种典型的消色差物镜,由于其结构型式有利于带球差的校正,仍为人们所广泛采用。

1) 单组双胶合低倍物镜

图 8-12 所示的物镜是可能实现上述像差要求的最简单结构,能承担的最大相对孔径为 1:3,因此数值孔径只能达 0.1～0.15,相应的值率为 3～6 倍。

2) 李斯特型中倍物镜

图 8-13 所示的物镜是由两组双胶合镜组成。它能达到的数值孔径为单组的 2 倍,即 0.2～0.3,相应的倍率为 8～20 倍,它是更复杂的其他型式物镜的基础。

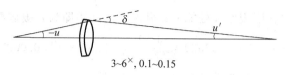

$3\sim6^{\times}$, $0.1\sim0.15$

图 8-12　单组双胶合低倍物镜

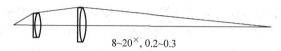

$8\sim20^{\times}$, $0.2\sim0.3$

图 8-13　李斯特型中倍物镜

3）阿米西型高倍物镜

这种物镜可看成是在李斯特物镜之前加一半球形透镜而成，如图 8-14 所示。该半球透镜称为前片，一般其第一面是平面，第二面是齐明面。当前片的折射率满足 $n\geqslant1.5$ 时，阿米西型物镜能达到的数值孔径为 0.65，相应的倍率为 40。

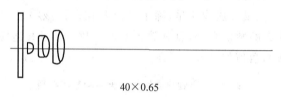

40×0.65

图 8-14　阿米西型高倍物镜

4）阿贝浸液物镜

数值孔径大于 0.90 时，采用干物镜已不合适，通常都用浸液物镜，阿贝浸液物镜的结构如图 8-15 所示，相当于在阿米西物镜的前片与中组之间加一弯月形正透镜，其数值孔径可达 $1.25\sim1.35$，用高折射率的浸液时可达 1.5，相应的倍率为 100。

$100\times1.25\sim1.35$

图 8-15　阿贝浸液物镜

浸液物镜的第一块透镜是超半球的，应选用折射率与浸液相同或略高的玻璃，这样第一面通常是平面，不产生像差；第二面是齐明面，也不产生像差。物镜的第三面应在平面和大的负球面之间选取，第四面为齐明面。

设计阿米西物镜和阿贝浸液物镜时，由于数值孔径大，一定要把盖玻片考虑在内。

消色差物镜存在着二级光谱，且由于匹兹凡和不能校正，存在着较大的像面弯曲，因而这类物镜的视场较小，不能满足研究工作和显微摄影的质量要求。

2. 复消色差物镜

这种物镜是在消色差物镜的基础上，再对二级光谱和色球差作严格的校正而成，因此在小视场范围内有极高的成像质量。为校正二级光谱，部分透镜需要采用特殊色散的光学材料，如萤石（CaF_2）或特种光学玻璃。这些材料的折射率均很低，又要校正色球差，故复消色差物镜的结构要较消色差物镜复杂得多,图 8-16 为一数值孔径为 1.25 的 100 倍复消色差物镜,其中阴影部分是萤石透镜。由于这种物镜倍率色差较大,需与相应的补偿性目镜配合使用。

3. 平场消色差物镜和平场复消色差物镜

由于复消色差物镜仍然具有较大的像面弯曲,不能在平的接收面上给出整个视场的清晰像,为作显微投影或显微摄影,或被光电器件接收,最好应用平场物镜。这种物镜的主要问题是无法减小或校正匹兹凡和,办法是在系统中加入弯月形厚透镜或正负光焦度分离的薄透镜成分,或二者兼用,因此必然导致结构的复杂化。图 8-17 所示为一数值孔径为 0.85 的 60 倍平场消色差物镜。

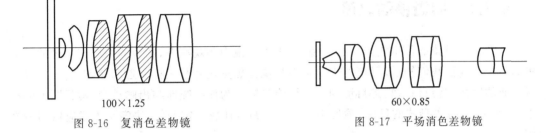

图 8-16 复消色差物镜   图 8-17 平场消色差物镜

在消色差物镜的基础上,同时对二级光谱和色球差、像散和场曲作严格校正,即得到平场复消色差物镜。它在较大视场范围内有极高的成像质量,用于大型研究用显微镜中。它的结构极为复杂,设计、工艺、装校检测上都甚为困难,因此价格十分昂贵。图 8-18 所示为一数值孔径为 1.4 的 100 倍平场复消色差物镜的例子,其中阴影部分为萤石透镜。

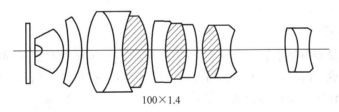

图 8-18 平场复消色差物镜

近 20 年来,随着光学设计和工艺水平的提高以及新的高折射率和特殊色散玻璃的推出,现代显微物镜的质量不断提高,品种也有所增加,视场也有明显扩大,还推出了同时消倍率色差的平场复消色差物镜系列(CF 系统),标志着显微物镜发展的最高水平。

至此,折射式物镜结构已极度复杂,而要增大工作距离和扩展使用波段就更难以解决了。但是,反射式物镜和折反射式物镜,则可用简单的结构达到要求。

反射式物镜不产生色差,可使用在很宽的波段内,且有相当大的工作距离。如图 8-19 所示的同心双球面系统,数值孔径可做到 0.5,常用作紫外光显微物镜。

在反射式系统之前加一半球透镜,所得到的折反射物镜将达到更大的数值孔径。当它用于浸液时,数据孔径可达 1.25。若其中的折射透镜采用对紫外光透明的材料,也能用于紫外。

反射式和折反射式物镜的中心遮拦的存在,导致衍射图形的中央亮斑能量下降,像的对

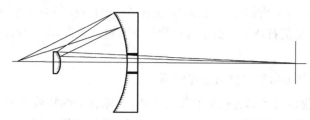

图 8-19　同心双球面反射式显微镜

比度降低,因此只适于对高对比物体的成像。此外,反射面的加工要求高,物镜装调、防止杂光和保持稳定性等也较困难,因此这类物镜未能普遍采用。

8.3.6　显微镜的目镜

显微镜中目镜的作用相当于放大镜,对于正常视力的观察者,物镜的像应与目镜的物方焦面重合。前面我们知道,目镜的出瞳总在其像方焦点之外与之很靠近的地方,它与目镜最后一面的距离称镜目距,它是目镜的一个性能参数。为使眼瞳能与出瞳重合,镜目距不应小于 6～8mm。各种型式的目镜,镜目距相对于焦距有比较一定的值,决定了可能应用的最高倍率。

在目镜的物方焦面上设置视场光阑,它到目镜第一面的距离称目镜的工作距离,这个距离不能太短。尤其在测量用显微镜中,此距离应保证近视眼观察时不能因目镜调焦而碰到分划板。由于物镜的高倍放大,目镜只承担很小的光束孔径角,但视场相对较大,因此显微镜目镜属短焦距的小孔径大视场系统,设计时首先应考虑轴外像差,主要是倍率色差、彗差和像散的校正。

1. 惠更斯目镜

惠更斯目镜是观察用生物显微镜中普遍应用的目镜,由两块平面朝向眼睛的平凸透镜相隔一定距离组成,如图 8-20 所示。朝向物镜的那块透镜叫场镜,朝向眼睛的那块透镜叫接目镜。场镜的作用是使由物镜射来的轴外光束折向接目镜,以减小接目镜的口径,也有利于轴外像差的校正。

通常惠更斯目镜的两块透镜采用同种玻璃。按校正倍率色差的要求,有 $d = (f_1' + f_2')/2$,其中场镜的焦距总大于间隔 d,因此其物方焦点位于两透镜之间,应在此位置设置视场光阑。由于此视阑只通过接目镜被眼睛所观察,不能

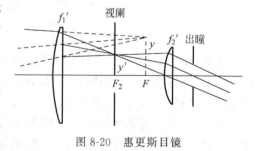

图 8-20　惠更斯目镜

在其上设置分划板,故此种目镜不宜在量测显微镜中应用。

惠更斯目镜的镜目距约为焦距的 1/3,因此其焦距不能小于 15mm。

2. 冉斯登目镜

冉斯登目镜由两块凸面相对的平凸透镜组成,如图 8-21 所示。其间隔小于场镜和接目镜的焦距,且这两个焦距也不相等。这样使目镜的物方焦点位于场镜之外,可设置分划板;

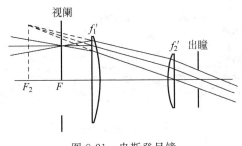

图 8-21　冉斯登目镜

镜目距也可有所增大,使之能用于量测显微镜中。

与惠更斯目镜相比,冉斯登目镜的物方焦面到接目镜的距离要长一些,应用时显微镜的镜筒长度要明显增长,故不宜用于只作观察的生物显微镜中。在像差校正方面。由于这种结构对彗差和像散的校正条件比惠更斯目镜有利得多,因此除了倍率色差外,所有其他的像差都要比惠更斯目镜小。

3. 补偿目镜

补偿目镜用于和具有残余倍率色差的复消色差物镜匹配使用,其结构型式如图 8-22 所示。它相当于把惠更斯目镜中的单片接目镜改为双胶合镜组而得,可利用控制该组的色差而使整个目镜产生定量的倍率色差。

4. 平场目镜

平场目镜与补偿物镜一起使用,一般的结构如图 8-23 所示。请读者考虑它改善像面弯曲的机理。

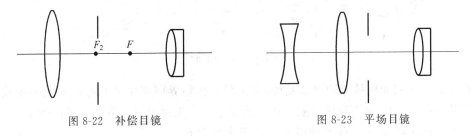

图 8-22　补偿目镜　　　　　　　　　　图 8-23　平场目镜

8.3.7　显微镜的照明系统

照明系统是显微镜中不可缺少的组成部分,根据被观察物体的不同。主要有以下三类。

1. 用透射光照明透明标本的照明系统

在生物显微镜中,被观察物体系透明标本,必须具备这种照明系统。可以有两种方法。

1) 临界照明

临界照明是把光源通过照明系统或聚光镜成像于物面上的照明方法,如图 8-24 所示。图中的双点划线是从光源到物面再到像面的一对共轭关系,虚线是从光源光阑到物镜孔阑的另一对共轭关系。此时,聚光镜的像方孔径角必须与物镜的物方孔径角相匹配,为此在聚光镜的物方焦面上或附近设置可变光阑。于是照明系统的出瞳正好与物镜的入瞳大致重

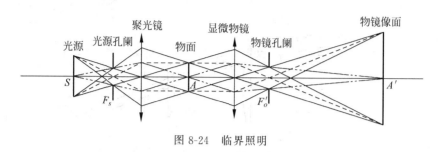

图 8-24 临界照明

合。临界照明的缺点是当光源的亮度不均匀或呈现明显的灯丝结构时，将会反映到物面上而影响观察效果。

2）柯拉照明

柯拉照明是一种把光源像成在物镜入瞳面上的照明方法。它没有临界照明的缺点，整个系统如图 8-25 所示。图中的虚线是从光源到物镜孔阑的一对共轭关系，双点划线是从光源光阑 J_1 到物面再到像面的另一对共轭关系，光源发出的光先经一个前置透镜 L 成像于聚光镜前的可变光阑 J_2 上，聚光镜再将此光源像成在物镜的入瞳面上。在前置透镜后紧靠透镜处设置另一可变光阑，它被照明后具有均匀的亮度，并被聚光镜成像于物面上，使物面也得到均匀照明。调节光阑 J_2，可以使照明系统与不同数值孔径的物镜相匹配；调节光阑 J_1，可改变物面上的照明范围。

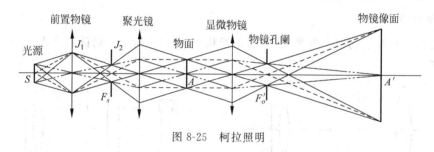

图 8-25 柯拉照明

对比临界照明和柯拉照明可以发现，柯拉照明将临界照明中的光源换成光源加前置物镜和光源光阑 J_1（J_1 位于原临界照明的光源位置），将光源通过前置物镜成像到 J_2。

照明系统中的聚光镜有多种型式。对于小数值孔径的低倍物镜，仅应用显微镜中所装有的单块凹面镜即可，光源可以是天空光。适用于大数值孔径的物镜，有两片式和三片式聚光镜，如图 8-26 所示。前者的数值孔径可达 0.65，后者可达 0.85，油浸时可达 1.3。这类由单片球面透镜组成的聚光镜只适用于照明要求不高的场合。若照明要求较高，应配用齐明聚光镜，其结构

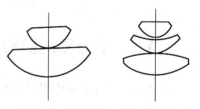

图 8-26 两片式和三片式聚光镜

型式与阿米西物镜和阿贝浸液物镜相同，只是参数不同而已。

2. 非透明物体的照明系统

观察非透明物体时，光必须从侧面或正面来照明它。

当物镜倍率不高而工作距离较大时，可按如图 8-27 所示方式从侧面对物体进行照明。此时规则反射的光线不能进入物镜，进入物镜成像的仅为从物体表面散射的光线。

照明非透明物体最常用的方法是正向照明,把显微物镜同时作为聚光镜来用,有如图 8-28 和图 8-29 所示的两种方法,易于看出,前者相当于临界照明,后者相当于柯拉照明。

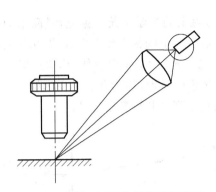

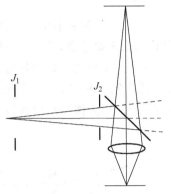

图 8-27　从侧面对物体照明的显微镜　　　图 8-28　从正面对物体进行照明的显微镜(临界照明)

3. 用暗视场观察微小质点的照明方法

用暗视场方法可观察到超显微质点,即小于显微镜分辨极限的质点。图 8-30 所示即为一种暗视场照明系统,它是在普通的三透镜聚光镜下安置一个环形光阑所成的系统。在聚光镜与标本之间应滴以油,而盖玻片与物镜之间是干的。于是经聚光镜会聚的环形光束在盖玻片内全反射,能进入物镜的只是由微粒散射的光束,因此能在暗的视场背景上看到亮的微粒的像。这种用环形光束获得暗场观察的方法只适用于小数值孔径的物镜。若要在大数值孔径物镜中获得暗视场,需应用专门的暗视场聚光镜。

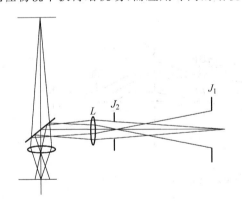

图 8-29　从正面对物体照明的显微镜(柯拉照明)　　　图 8-30　显微镜的暗视场照明系统

8.4　望远镜系统

望远镜是一种用于观察远距离物体的目视光学仪器,能把物方很小的物体张角按一定的倍率放大,使之在像空间具有较大的张角,使本来无法由肉眼看清或分辨的物体变得清楚可见或明晰可辨。所以,望远镜是天文观察和天体测量中不可缺少的工具,在军事上指挥、观察、瞄准和测距等方面不可或缺,在大地测量和一些其他光学仪器中有大量应用。

8.4.1 望远镜系统的一般特性

望远镜系统是一种使入射的平行光束仍保持平行射出的光学系统。据此,最简单的望远镜系统须由两个光组组成,前一光组的像方焦点与后一光组的物方焦点重合,即光学间隔 $\Delta=0$。图 8-31 所示是可能实现望远镜系统的两种情况。光组 L_1 朝向物体,称望远镜的物镜;另一个接近眼睛的光组 L_2 称目镜。系统具有正光焦度目镜,称为开普勒望远镜;系统具有负光焦度目镜,称为伽利略望远镜。实际应用的几乎都是开普勒望远镜。

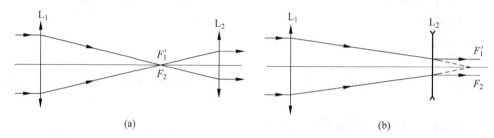

图 8-31   实现望远镜系统的两种情况

（a）开普勒望远镜；（b）伽利略望远镜

图 8-32 画出了光束经开普勒望远镜时的光路,这里物镜和目镜均以单薄透镜表示。通常在中间实像面上设置视场光阑。在仅由物镜和目镜组成的简单望远镜中,一般不再专设孔径光阑。从图易知,物镜的通光孔径限制了轴上点的成像光束,是系统的孔径光阑和入瞳,出瞳是物镜的通光孔被目镜所成的像,应在目镜的像方焦点之外,能与观察者的眼瞳重合。

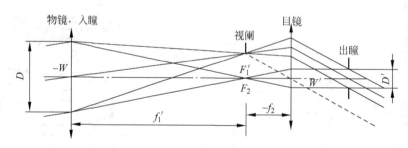

图 8-32   开普勒望远镜的光路

望远镜的放大率以 Γ 表示,定义为:眼睛通过望远镜观察时,物体的像对眼睛张角的正切与眼睛直接看该物体时,物体对眼睛张角的正切之比。由于物方、像方都位于无穷远,这个放大率就是系统本身的像方视场角与物方视场角的正切之比,称为视觉放大率,可以得到

$$\Gamma = \frac{\tan W'}{\tan W} = -\frac{f_1'}{f_2'} = \frac{D}{D'} \tag{8-20}$$

所以,望远镜的放大率还可表示为物镜焦距与目镜焦距之比、入瞳直径与出瞳直径之比。从式(8-20)可见,开普勒望远镜成倒像,伽利略望远镜成正像。

从视觉放大率公式(8-20)可知:

（1）当物镜的焦距大于目镜的焦距时,望远镜有视觉放大作用。

（2）当目镜的焦距一定时,倍率越大,物镜的焦距就越长,导致望远镜长度增大。

（3）当像方视场角 W' 一定时,倍率越大,物方视场就越小。

（4）当入瞳直径一定时,倍率越大,出瞳直径就越小;下面将会知道,当出瞳小于眼瞳时,观察到的像的光亮度要下降。

可见,望远镜系统的诸光学参数之间存在着相互矛盾的制约关系。所以,望远镜的倍率要考虑各个因素,综合确定。首先要联系物镜的分辨率。前已述及,当望远镜的入瞳直径为 D 时,它能分辨的远处两点对入瞳中心的最小张角为 $\phi''=140/D$。为充分利用物镜的分辨率,望远镜应把此角度放大到能为眼睛所分辨的程度,因此要求 $\Gamma\phi''\geqslant 60''\sim 70''$,即

$$\Gamma \geqslant 0.5D \tag{8-21}$$

式中,D 的单位是 mm。按此式确定的放大率称为望远镜的正常放大率,对应的出瞳直径为 2mm,正好与白天光亮条件下的眼瞳直径相当。

实际上,较多情况下按仪器用途确定的放大率,常大于正常放大率。这是因为在正常放大率时,观察者须注意力集中,容易疲劳;另外,若通过望远镜瞄准,则瞄准误差应为

$$\Delta\alpha'' = \frac{\alpha''}{\Gamma} \tag{8-22}$$

式中,α'' 是肉眼的瞄准误差,可见增大大倍率可提高瞄准精度。当然,也有另一些望远镜,其实际放大率要比正常放大率低,如手持观察的军用望远镜。这是为了具有较大的出瞳直径,提高夜间观察时的光亮度,也为了减小手的抖动造成的目标像的晃动,更有利于观察。

8.4.2　望远镜的主观亮度

眼睛观物时,成在视网膜上的像对感光神经末梢的作用所引起的视觉刺激程度,称为主观亮度。眼睛直接观物时感知的像的明亮程度称为肉眼的主观亮度;通过望远镜观察时感知的像的明亮程度称为望远镜的主观亮度。不论何种情形,像的主观亮度均与进入眼睛的光能量有关,但随观察对象是点物还是有限大小物体而异。

1. 点物或点光源的像

视网膜上感光细胞的大小为 $5\sim 6\mu m$,只要视网膜上的像在一个感光细胞内,与之对应的物即认为是点光源。此时像的主观亮度仅取决于进入眼睛的光通量。当通过望远镜观察该点光源时,能进入望远镜的光通量 Φ_T 被入瞳直径 D 决定;用人眼直接观察时,能进入眼瞳的光通量 Φ_e 由眼瞳的直径 D_e 决定。若眼瞳直径 D_e 大于望远镜的出瞳直径 D',所有射入望远镜的光通量全部能进入眼睛,因此点像的主观亮度要比肉眼观察时大。其相对主观亮度,即两种情况下光通量之比为

$$\frac{\Phi_T}{\Phi_e} = k\frac{D^2}{D_e^2} \tag{8-23}$$

式中,k 为望远镜的透过率。若望远镜的出瞳直径 D' 与眼瞳直径 D_e 相等,此时有 $D=\Gamma D_e$,则相对主观亮度为

$$\frac{\Phi_T}{\Phi_e} = k\Gamma^2 \tag{8-24}$$

再若出瞳大于眼瞳,则进入望远镜的光通量不能全部进入眼瞳,眼睛便成为整个系统的出瞳,入瞳直径应为 ΓD_e,此时同样可得到公式

$$\frac{\Phi_T}{\Phi_e} = k\Gamma^2 \tag{8-25}$$

后两种情况,公式虽同,但含义不同。例如,有一望远镜,透过率 $k=1$,物镜的直径为 40mm,利用调换目镜获得 20、10 和 5 倍的倍率,假定眼瞳直径为 4mm,则各种倍率时的相对主观亮度如表8-4所列。

表 8-4   某望远镜的相对主观亮度

$D=40\text{mm}$		$D_c=4\text{mm}$	
$\Gamma/$倍	$D'=D/\Gamma$	$D' \& D_c$	Φ_T/Φ_c
20	2	$D'<D_c$	$(D/D_c)^2=100$
10	4	$D'=D_c$	$\Gamma^2=100$
5	8	$D'>D_c$	$\Gamma^2=25$

从上面的例子可见,望远镜的物镜口径一定时,倍率越高,相对主观亮度越大,但倍率高到使出瞳不大于眼瞳时,即为定值。而当望远镜的倍率和眼瞳直径一定时,物镜的直径越大,相对主观亮度也越大。因此,要能观察到天空中微弱发光的星星,须用倍率高、物镜孔径大的天文望远镜。

2. 观察有限大小物体的情况

此时,像的主观亮度应由视网膜上的照度决定。通过望远镜观察的物体与人眼直接观察同一物体在视网膜上像的面积之比值为 Γ^2,由式(8-23)得观察有限大小物体的相对主观亮度为

$$\frac{E_T}{E_e} = k\left(\frac{D'}{D_e}\right)^2 \tag{8-26}$$

显然,式(8-26)的值不可能大于 k,所以,当用望远镜观察有限大小的物体时,主观亮度总比用肉眼观察时低。特别是当出瞳小于眼瞳时更为明显。据此,对于需在黄昏或夜间使用的望远镜,由于眼瞳较大,应有较大的出瞳。

望远镜的倍率越高,出瞳越小,当用于天文观察时,作为点光源的星星,其相对主观亮度很大,而作为背景的天空,相对主观亮度则很小,所以在白天,利用高倍天文望远镜可以看见明亮天空中的星星。

8.4.3   望远镜的光束限制

伽利略望远镜和开普勒望远镜是望远镜的两种基本类型,它们具有不同的光束限制。

伽利略望远镜是问世最早的一台望远镜,因伽利略曾用它发现了木星的卫星而得名。这种望远镜由于是用负目镜,如将物镜作为入瞳,其被目镜所成的像将是位于目镜之前的虚像,使观察者的眼瞳无法与之重合。而当把眼瞳作为一个光孔时,显然它就是整个系统中的孔阑和出瞳。它被整个望远镜所成的像即为入瞳,是一个位于眼瞳之后放大了的虚像,而物镜则成为渐晕光阑。图8-33中画出了物方的入瞳和物镜、像方的出瞳和渐晕光阑的像。根

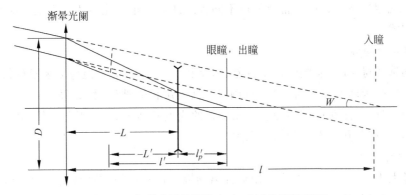

图 8-33　伽利略望远镜的入瞳、出瞳和渐晕光阑

据它们之间的几何关系,易于导出无渐晕、50%渐晕的视场角,后者的正切为

$$\tan W = \frac{D}{2l} = \frac{D}{2\Gamma(f'_1 + f'_2 + \Gamma l'_p)} \qquad (8-27)$$

式中,D 为物镜的直径;l'_p 为出瞳距。可见,伽利略望远镜的倍率越高、视场越小。因此,这种望远镜的倍率不宜过高,一般不超过 6～8 倍。同时,视场还随眼睛远离目镜而变小。

伽利略望远镜的优点是结构简单、筒长短,因此既轻便,光能损失也少,还有一个突出的优点是成正像,这是一般观察所必需的。但它没有中间实像平面,不能设置分划板作瞄准和定位之用。所以,问世不久即被开普勒望远镜所取代。

开普勒望远镜于 1611 年首次被开普勒所论述,并于 1615 年首次制造出来。与伽利略望远镜不同,这种望远镜用的是正光焦度目镜,因而在物镜与目镜之间具有中间实像平面,可以在其上专设视阑,安装分划板,作瞄准、定位和测量之用。所谓分划板,就是在磨光的玻璃片上刻以分划标志的光学零件,其通光口径就是视阑的直径,有

$$D_F = 2f'\tan W \qquad (8-28)$$

显然,通过开普勒望远镜观察时有明晰的视场边界。但为了在大相对孔径和大视场的情况下不致使目镜直径太大,并减少目镜斜光束像差的有害影响,可适当减小目镜的口径而允许轴外点存在 50% 的渐晕,此时图 8-33 中主光线以上部分光束将被目镜限制而不能通过。开普勒望远镜对物体成倒像,这使得它只能适用于天文观察或对一些专设目标的瞄准和测量。如果要便于观察,应在整个系统中加入转像系统。当然,其在结构上要比伽利略望远镜复杂得多。

8.4.4　望远镜系统的物镜

一般来说,望远镜物镜的视场较小,例如:大地测量仪器中的望远镜,视场仅 1°～2°;天文望远镜的视场则是以分计的;而一般低倍率的观察用望远镜,视场也只在 10° 以下。但物镜的焦距和相对孔径相对较大,这是为保证分辨率和主观亮度所必需的,可认为是长焦距、小视场中等孔径系统。因此,望远镜物镜只需对轴上点校正色差、球差和对近轴点校正彗差,轴外像差可不予考虑,其结构相对比较简单,一般有以下几种型式。

1. 折射式望远镜物镜

折射式望远镜物镜要达到上述像质要求并无困难,但要求高质量时,要同时校正二级光

谱和色球差就相当不易。这常常只能以不同程度地减小相对孔径才能实现。这类物镜有如下常用的型式：

（1）双胶合物镜

在玻璃选择得当时，能同时校正色差、球差和彗差，是可能满足像质要求的最简单型式，但胶合面上的高级球差使相对孔径受到限制，且当用普通玻璃时，二级光谱为常量，色球差也无法控制，因而不能获得高的像质。该型式的优点是结构简单、工艺方便、光能损失小，宜于在焦距不长、相对孔径不大的场合采用。

（2）双分离物镜

当口径大于 $50\sim60\text{mm}$ 时宜采用双分离物镜。这种物镜在玻璃选得恰当时，除能校正好色差、球差和彗差外，还能利用灵敏的空气间隙的少量变化来校正带球差，因此可达到相当大的相对孔径。但该物镜对色球差和二级光谱不能校正。

（3）三分离物镜

将双分离物镜中的正透镜分裂成两片时，即获得三分离物镜，有图 8-34 所示的两种型式。这种物镜能改善对色球差的校正，若选用特种玻璃，并与其他玻璃适当配组，还可校正或改善二级光谱。但要在此同时控制好带球差，相对孔径只能是相当小的。目前实际应用的复消色差物镜（多半用作平行光管物镜）都采用这种型式。

（4）内调焦望远镜物镜

上述单组型式的物镜对非无穷远物体进行调焦时，会增大镜筒长度，相应的望远镜称外调焦望远镜。内调焦望远镜物镜是指在物镜之后一定距离处加一负镜组而成的复合系统，如图 8-35 所示。这种物镜在对不同远近物体成像时，总可利用改变负镜组的位置而使像位于同一位置上。此负镜组称为内调焦镜。计算内调焦望远镜的参数时，可根据给定的物镜焦距 f'、物镜长度 L 和准距条件即

$$L - 2d + \frac{\delta f'_\Lambda}{\delta + f'_\Lambda} = 0 \tag{8-29}$$

联立求解出两镜组的焦距及其间隔。当物镜对有限远物体调焦时，易于按照成像规律导出内调焦镜的移动距离。现代大地测量仪器中，几乎全部应用内调焦望远镜。这是因为它具有可以达到简化视距测量、缩短镜筒长度、改善密封性能等一系列优点。这对经常需要在野外作业的测量仪器来说是非常重要的。

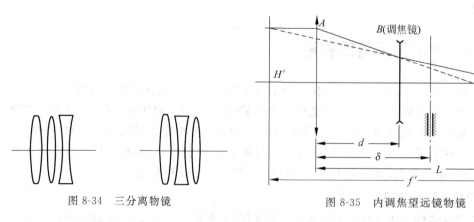

图 8-34   三分离物镜

图 8-35   内调焦望远镜物镜

2. 反射式望远镜物镜

反射式物镜主要用于天文望远镜中,因天文望远镜需要很大的口径,而大口径的折射物镜无论在材料的熔制、透镜的加工和安装上都很困难。因此,口径大于1m时都用反射式。反射式物镜完全没有色差,可用于很宽的波段。但反射面的加工要求要较折射面高得多。表面的局部误差和变形对像质的影响也大。最著名的反射式物镜是双反射面系统,它有如下两种型式:

(1)卡塞格林系统

如图 8-36 所示,称主镜的第一个大反射面是抛物面;称副镜的第二个小反射面是双曲面。F_1'是主镜的焦点,又是副镜的虚焦点,因而满足等光程条件,轴上点成像是完善的。该系统对物体成倒像,焦距长而筒长短。

(2)格利果里系统

如图 8-37 所示,由抛物面主镜和椭球面副镜组成。抛物面的焦点 F_1' 与椭球面的第一焦点重合,对于轴上点也满足等光程,成像也是完善的。该系统对物体成正像。筒长比同焦距的卡塞格林系统长些。

以上两种反射物镜虽对轴上点完善成像,但近轴点却有彗差,使视场只能很小。若适当降低对轴上点的像质要求,采用双球面系统,可同时兼顾球差和彗差,既加工方便,又能使视场内有均匀的像质。

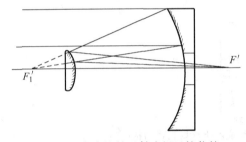

图 8-36 卡塞格林反射式望远镜物镜

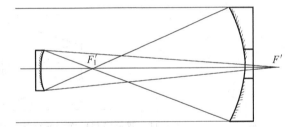

图 8-37 格利果里反射式望远镜物镜

3. 折反射式望远镜物镜

折反射式望远镜物镜以球面反射镜为基础,再加入用于校正像差的折射元件,可避免困难的大型非球面加工,又能获得良好的像质。比较著名的折反射物镜有如下几种:

(1)施密特物镜

如图 8-38 所示,它在球面反射镜的球心处置一施密特校正板。施密特校正板的一面是平面,另一面是轻度变形的非球面,使光束的中心部分略有会聚,而外围部分略有发散。由于校正板位于球心且作为物镜的入瞳,轴外点不会产生彗差和像散,仅有匹兹凡像面弯曲。校正板近于平板,对色差的影响也是很小的。

(2)马克苏托夫物镜

如图 8-39 所示,由球面反射镜与略具负光焦度的弯月形透镜构成,后者满足马克苏托夫提出的消色差条件,即 $r_2 - r_1 = (n^2 - 1)d/n^2$。适当选择弯月形透镜的参数和它相对于反射镜的位置,可同时校正好球差与彗差。若将这种消色差弯月形透镜置于卡氏系统的平行光束中,可把两个反射镜改成球面而获得良好的像质。

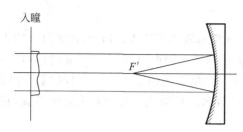

图 8-38　施密特物镜

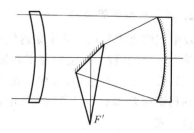

图 8-39　马克苏托夫物镜

（3）将无光焦度双透镜与球面卡氏系统相结合,可构成像质更好的折反射物镜,有图 8-40 和图 8-41 两种结构。这种双透镜由焦距相等、玻璃相同、间隔甚小的正负透镜组成,总光焦度为 0 且消色差。当分别改变两个透镜的弯曲形状时,可抵消球面系统的球差和彗差。

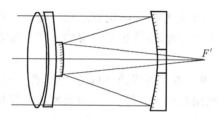

图 8-40　双透镜与球面卡塞格林系统组成的折反射物镜结构(一)

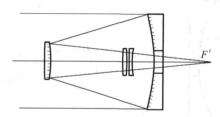

图 8-41　双透镜与球面卡塞格林系统组成的折反射物镜结构(二)

8.4.5　望远镜的目镜

望远镜目镜的相对孔径与物镜相同,属中等大小,但其焦距比物镜短得多,故视场较大。据此,目镜的像差校正一般以轴外像差为主。只有对低倍望远镜的目镜,在焦距不短、出瞳直径较大时才有必要考虑轴上像差,并且主要是通过与物镜的像差相互补偿来改善的。

用于瞄准和测量的望远镜须在其视阑平面上设锐分划板。为了使屈光不正的观察者能看清分划刻线,目镜应能作视度调节。若要求视度的调节范围为 $\pm N$ 个屈光度,目镜相对于分划板的调焦量 Δl 与 N 的关系应为

$$\Delta l = \pm \frac{N f_2'^2}{1000} \text{ mm} \tag{8-30}$$

式中,f_2' 为目镜的焦距,mm。一般仪器中,要求 $N = \pm 5$ 屈光度。显然,目镜的工作距离应大于 Δl。

望远镜中常用的目镜有以下几种。

1. 冉斯登目镜

冉斯登目镜常应用于简易望远镜中。具体内容可参见8.3.6节"显微镜的目镜"部分的相关介绍。

2. 凯涅尔目镜

凯涅尔目镜可认为是在冉斯登目镜的基础上,将接目镜改变为双胶合镜组而成,如图8-42所示。它具有比冉斯登目镜更好的像质,工作距离、镜目距和视场均有所增大。视场可达40°~50°,镜目距约为焦距的50%,工作距离约为焦距的1/3。

3. 对称式目镜

对称式目镜由两组相同的双胶合镜组对称设置而成,如图8-43所示。两镜组各自校正好轴向色差,整个目镜的倍率色差也随之校正,使其间隔可不受倍率色差的限制而做得很小,使其匹兹凡和与凯涅尔目镜、冉斯登目镜和惠更斯目镜相比最小,这样就能在校正好像散时有相对较平的清晰像面。对称式目镜的镜目距也由于两镜组的间隔小而有较大的值,可达焦距的70%,适宜于在目镜的焦距很短或需要有较长镜目距的场合下采用。然而,由于胶合面的高级像差限制了视场的增大,其视场一般只能到40°~45°。为了有利于像差的校正,现在的对称式目镜的结构参数并不完全对称。

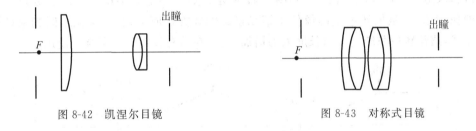

图 8-42　凯涅尔目镜　　　　　　　　　　图 8-43　对称式目镜

4. 阿贝无畸变目镜

阿贝无畸变目镜由朝向物镜的三胶合镜组和朝向眼睛的单正透镜组成,如图8-44所示。由于两镜组无限靠近,故镜目距很大,可达焦距的80%,因此能设计成很短的焦距,特别适用于天文仪器中的高倍率望远镜。该目镜因能在校正倍率色差、彗差和像散的同时改善畸变而得名,视场为40°~50°。

5. 爱弗尔目镜

爱弗尔目镜是在对称式目镜中加入一块正透镜而得,如图8-45所示。由于减轻了两个双胶合镜组对主光线的偏角负担,故高级轴外像差减小,视场可达65°~70°,属广角目镜之列,镜目距约为焦距的70%,较多应用于质量较高的高倍双筒望远镜中。

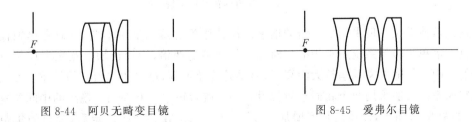

图 8-44　阿贝无畸变目镜　　　　　　　　图 8-45　爱弗尔目镜

8.4.6　正像望远镜中的转像系统和场镜

观察用的和大部分瞄准用的望远镜须对物体成正像。伽利略望远镜虽成正像,但因没有中间实像平面和只能有很低的倍率而无实用意义。实际应用的都是利用转像系统使倒像转成正像的开普勒型望远镜。这种望远镜常称地上望远镜。转像系统为棱镜系统或透镜系统。

1. 棱镜转像系统

当要求望远镜系统的筒长较短且结构紧凑时,都采用棱镜系统来实现转像,并根据需要可以对光轴作转折或改变视线方向。

从前文章节可知,用单块屋脊棱镜或由普通棱镜组合起来的棱镜系统,均能达到使像相对于物体在上下和左右方向都倒转过来的目的。应根据仪器的具体要求选取转像系统,且必须是偶数次反射以防止产生镜像。

2. 透镜转像系统

设在物镜的实像平面后面,使倒像再一次倒转成为正像的透镜系统称为透镜转像系统。有单组和双组两种形式,如图 8-46 和图 8-47 所示。后一种形式中第一组的物方焦平面与物镜的像面重合,被倒转过来的像位于第二镜组的像方焦面上,在两个镜组间光束是平行的。显然,透镜转像系统使镜筒长度大为增加,适宜在需有长镜筒的场合下使用。

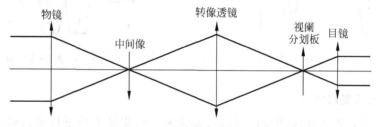

图 8-46　单组透镜转像系统

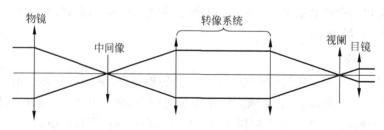

图 8-47　双组透镜转像系统

透镜转像系统一般采用负一倍的倍率以保持原望远镜的倍率不变,且通常单独校正像差。负一倍单组转像系统所承担的相对孔径是物镜的两倍,为校正轴上宽光束像差只能取较短的焦距。但随之需承担较大的视场,对轴外像差不利,难以达到预期的像质。而负一倍双组转像系统一般采用两个相同且对称设置的双胶合镜组。并在两个镜组的中间位置放置光阑,如图 8-48 所示,使镜筒长度增加了 $f'_A + d + f'_B$。在共轭距取定后,镜组的焦距和间

隔的选择与像质有关。间隔大对校正像散有利,但会导致轴外光束渐晕的增加。一般不应

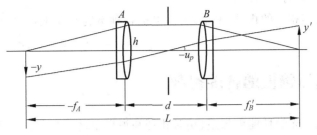

图 8-48 透镜转像系统的光阑位置

使渐晕大于 50%。

必须指出的是,如果只是简单地加入透镜转像系统,则轴外点成像光束在转像镜组上的入射高度将大为增加,以致视场较大时,绝大部分光线不能通过转像系统。为此,可在中间实像平面上加一适当光焦度的透镜,使望远镜的光瞳与转像系统的光瞳共轭,使轴外光束折向转像镜组,如图 8-49 所示。这种加于中间像面上或其附近的透镜称为场镜,它的光焦度对系统的总光焦度并无贡献,不影响轴上点光束和系统的放大率。

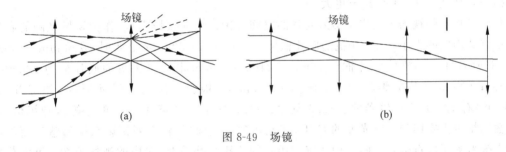

图 8-49 场镜

根据像差理论可知,位于像面上的场镜除了只产生匹兹凡和以及由此引起的畸变外,不产生其他像差。因此场镜都用单透镜,并且在不需由它来改变畸变时,都采用平凸透镜。

8.5 摄影光学系统

摄影光学系统是指那些平面图像或空间物体成像于感光元器件(如胶片图像传感器等)上的光学系统,通常称它们为摄影物镜。以胶片作为像面进行摄影时,底片上的感光乳胶受光的作用获得了潜像,经化学处理后即显现出与所摄物体明暗相反的像,称为负像或负片。用另一感光胶片或感光纸与负片接触,经再一次光作用和相同的化学处理后,就可获得与原物明暗对应的正片或正像,即所谓影片和照片。用接触印像法获得正像,不需光学系统,大小与负像相同。

1969 年,博伊尔和史密斯发明了固体图像传感器,自此数码摄影技术得到了极大的发展。数字化记录和计算机处理使摄影技术进入了新时代。数码相机已经从尖端科技领域走到百姓身边,占领了民用相机主流市场。从光学成像原理与光学系统基本结构来说,数码摄

影系统仍未超出摄影光学系统定义的范畴。手机镜头也属于这一范畴,只是在其长度、结构、像质等方面需满足特殊要求。

应用摄影系统和相应的机械、电子设备,可把各种事物真实地记录下来,在各个领域有极为广泛的用途。

8.5.1　摄影物镜的性能参数

摄影物镜的基本光学性能由焦距、相对孔径和视场角这三个参数表征。

物镜的焦距决定拍摄像的大小,这可从公式 $y' = -f'\tan W$(物在无穷远时)或 $y' = \beta y = -(f/x)y$(物在有限远时)看出。当视场角 W 或焦物距 x 一定时,像的大小 y' 与焦距成正比。摄影物镜视其用途不同,焦距覆盖范围很大,有短到十几毫米的,也有 $1m$ 以上的。一般照相机上应用的物镜,焦距在二十几毫米到几百毫米之间。

像的照度与相对孔径的平方和透过率的乘积成比例。因此,相对孔径反映了照相物镜的光度特性,它与透过率的乘积客观地反映了物镜的光强度特征。随相对孔径的不同,摄影物镜有弱光、普通、强光、超强光之分。普通镜头的相对孔径为 $1/6.3 \sim 1/3.5$,而超强光镜头的相对孔径高达 $1:1$,甚至更大。

摄影物镜的视场角决定了摄入底片的空间范围。任何摄影系统,作为视场光阑的底片框都有其固定的大小。120 相机的底片框尺寸为 $60mm \times 60mm$(12 张时)或 $60mm \times 45mm$(16 张时);135 相机的底片框为 $36mm \times 24mm$;35mm 电影摄影机的底片框为 $22mm \times 16mm$;16mm 影片的画幅为 $10.4mm \times 7.5mm$。摄影系统的感光元器件(如 CCD 或 CMOS)有 1/4 英寸、1/3 英寸、1/2.5 英寸、1/1.7 英寸、2/3 英寸、3/4 英寸等多种规格,单反数码相机需要用到大感光面的 CCD,甚至达到全幅面规格,空间摄影系统的感光面可达数十毫米甚至数百毫米。同一种系统配用不同焦距的物镜时,对应的视场角 $2W$ 可由公式 $y' = -f'\tan W$ 算得,式中的 y' 应是画幅对角线之半。可见,长焦距的物镜只能有较小的视场角,能对远处物体拍摄得比较大的像,适宜于远距离摄影,故常称之为望远镜头;而短焦距的物镜则有较大的视场角,能将较大范围内的景物摄入底片,故又称之为广角镜头;介于二者之间、焦距约等于画幅对角线长度的物镜称为标准镜头。现在,变焦距物镜已得到广泛应用,可以取代一套不同焦距的定焦镜头,使摄影十分方便,尤其在电影或电视摄影中,能获得定焦镜头难以达到的艺术效果。

由上可知,135 胶片相机的底片大小是一定的,由焦距易于计算视场角的大小。但数码相机图像传感器的规格众多,如果要计算视场角,仅知道焦距值就不够了。所以数码相机常给出另一个焦距值,称为相当于 135 相机的焦距值。这意味着知道这个焦距值就可以按 135 相机底片框的大小计算出视场角。这里可以发现,如果既知道数码相机的实际焦距,又知道相当于 135 相机的焦距值时,按后者计算出视场角,再利用前者计算出的感光面大小比用户手册上标出的要小,这是因为规格所称的感光面大小并非有效感光面大小,而是将周边面积也计算在内了。例如某公司推出用于单反相机的 4/3 英寸的图像传感器,其有效感光面仅为 $18mm \times 13.5mm$,也就是说对角线只有 $22.5mm$ 而达不到 4/3 英寸。因此,在设计时需要按照有效感光面的大小来确定视场。为便于讨论,在摄影物镜的讨论中,凡涉及焦距均采用相当于 135 相机的焦距值。

上述决定摄影物镜性能的三个因素之间,有着相互制约的关系,这主要反映在像差的校正上。一方面,对于一定的相对孔径和视场角,像差与焦距成正比,但像差的容限并不因焦距的增大而可放宽,使得长焦距物镜只能有较小的相对孔径。另一方面,相对孔径大时要控制好宽光束像差已非易事,再要达到大视场就更困难了。这就是说,要设计一个兼顾大孔径、大视场的优良结果是极其困难的。实际上,常根据物镜的具体用途满足其主要的性能指标,即强光镜头只能有较小的视场,而广角镜头只能选较小的孔径。

8.5.2 摄影物镜中的光束限制

在摄影物镜中,都设有专门的孔径光阑,它限制进入物镜的光通量,决定像的照度。为了使同一物镜能适应各种光照条件以控制像面获得适当的照度,孔阑都采用大小可连续变化的可变光阑,从而获得多种相对孔径以供选用,并在物镜的外壳上标出各档相对孔径的位置刻线及其倒数,称为 F 数或光圈数(F-number)。由于像的照度与相对孔径平方成比例,镜头中所标出的各档 F 数是以 $\sqrt{2}$ 为公比的等比级数。根据国家标准,F 数按如下数值给出:1,1.4,2,2.8,4,5.6,8,11,16,22,32。

像面上的照度与曝光时间的乘积称曝光量,它分别被镜头的 F 数和快门开启时间所决定。F 数按上表排列时,正好使相邻二档在曝光量上相差一倍(曝光时间相同时)。摄影时,为使底片正确曝光,即使所摄影像具有与景物明暗程度相对应的光学密度,以显示出影像的明暗层次,应根据底片的感光度,正确控制曝光量。同时,根据景物条件,有时需首先确定 F 数(光圈优先),有时需先确定曝光时间(快门优先),但都是使 F 数和曝光时间相匹配。

摄影物镜中,底片框就是视场光阑。由于相对孔径和视场都相对较大,为校正各种像差,物镜须具有相当复杂且正负光焦度分离的结构。这样,为了减小物镜的体积和重量,并拦截那些偏离理想光路较远的光线,提高成像质量,常有意识地减小远离光阑的透镜直径。图 8-50 画出了三片式物镜中的拦光情况。一般,视场边缘点渐晕 50% 是常有的事,这并不会引起底片感光的明显不均匀。必要时由于拦光而剩 30% 也勉强能够使用。因为相机极少在物镜光圈开足时使用,当光圈缩小时,光束的渐晕程度随之减轻。

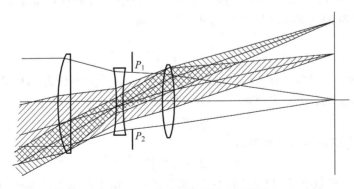

图 8-50　三片式摄影物镜中的拦光

8.5.3　摄影物镜的景深

在摄影时,底片上摄得的是在物镜视场角范围以内的纵深空间中各物体的像。其中有多大的空间深度范围在底片上能得到清晰像,就是摄影物镜的景深问题。具体说,当把物镜调焦于某一摄影对象时,在该对象的前后能在底片上成清晰像的范围,称为景深。

根据前文对这一问题的讨论,将景深公式中的入瞳直径 $2a$ 用光圈数 F 取代,即可得到适用于计算摄影物镜远景深度和近景深度的公式,具体见式(4-5)。式中,各物理量和前文相同。可见,景深与物镜的焦距、光圈大小和摄影距离有关。光圈越小(F 数越大),或摄影距离越远,景深越大,但远景深度要比近景深度大。若在同一距离用同一光圈值摄影,则焦距短的镜头具有大的景深;反之,长焦距镜头的景深就小。

合理地运用景深,能得到具有各种艺术效果的照片。例如要获得清晰的背景,使片子具有丰富的景物层次,就需在小光圈的状况下拍摄,而为了突出人物形象需对背景加以模糊的话,就应加大光圈或选用长焦距的镜头。应用变焦距镜头,能较好地运用影响景深的各种因素,当然就更理想了。

由于在使用同一物镜时,景深随光圈大小和摄影距离而变,所以在照相物镜外壳上,与镜头调焦的距离刻度相关联地标出光圈数刻度,以粗略指示所选定的光圈数和摄影距离时的景深。可以通过实例计算和摄影实践体会景深和光圈、焦距、拍摄距离的关系。计算时可取 135 相机变焦镜头为例,焦距取 35mm、50mm、70mm,光圈数取 4、5.6、8、11、22,拍摄距离取 2m、3m、5m、10m,允许的弥散圆直径为 0.03mm。

8.5.4　摄影物镜的几何焦深

严格地说,一个像面只与一个物面对应。当拍摄某一物面时,要通过对镜头的调焦,使之清晰成像于底片平面上。但因眼睛分辨率的限制而存在调焦不准的情况,因为在真正的像面前后也存在一个貌似清晰的深度范围。这一在像空间对同一物面都成清晰像的范围称几何焦深。

如图 8-51 所示,成像光束与像面前后相距 Δ' 的两个平面相截的弥散圆 z',如果小到被眼睛看起来是清晰的点像时,则 $2\Delta'$ 即为几何焦深,有

$$2\Delta' = \frac{Z'}{\tan U'} \tag{8-31}$$

由于摄影物镜一般都具有对称或近对称型结构,光瞳放大率约为 1,因此可认为入瞳和出瞳分别与物方主面和像方主面重合,引入光圈数 F 和放大率 β,可导出

$$2\Delta' = 2Z'F(1-\beta) \tag{8-32}$$

当对准平面位于无穷远时,几何焦深

$$2\Delta' = 2Z'F \tag{8-33}$$

可见,几何焦深与 F 数有关,相对孔径越大,焦深越小。由于调焦不准导致的接收像面上的弥散圆与像面上由于像差所引起的弥散斑一致,故 $2\Delta'$ 可作为摄影物镜轴向像差的允差。

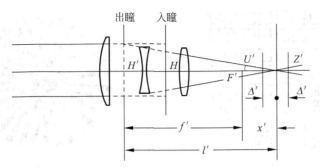

图 8-51　摄影物镜的几何焦深

8.5.5　摄影物镜的分辨率

摄影物镜的分辨率是以焦面上每毫米中能分辨开黑白相间的条纹数来表征的。根据对无穷远两点可能被理想系统分辨开的最小分辨角,则在摄影物镜焦平面上能分辨开的两条纹之间的相应间距为

$$\sigma = \frac{1.22\lambda}{D/f'} \tag{8-34}$$

其倒数即为摄影物镜的分辨率。当 $\lambda = 0.00055$mm 时,有

$$N = \frac{1}{\sigma} = 1475\frac{D}{f'} \tag{8-35}$$

可见,完善的摄影物镜,其分辨率与相对孔径成正比。式(8-36)决定了视场中心的分辨率,视场边缘由于成像光束的孔径角比轴上点小,分辨率有所降低,且在子午和弧矢方向也有差异。实际的摄影物镜总有较大的剩余像差,其分辨率要比上述理想分辨率低得多,而视场边缘受轴外像差和光束渐晕的影响要低得更多。因此分辨率是衡量摄影物镜的像质指标之一。

图 8-52 为两种测试摄影物镜分辨率的图案,前者由 16 组或 25 组条纹宽度不等的相同图案按序排列而成,各组又以条纹方向不同的四个小方块排列起来,根据被测物镜能分辨开的最密一组条纹宽度可得知其分辨率。后者是一个条纹和间隔宽度在径向连续变化的图形,根据它被物镜所成的像中已分辨不出条纹的模糊圆直径来求其分辨率。通常还将多种图样组合起来构成大幅综合图表,可同时测试整个视场内的分辨率。

检验时,分辨率图表须给予充分而均匀的照明。测试方式可以是直接用显微镜来观察图案被物镜所成的像,得到物镜的目视分辨率。此时显微物镜的数值孔径应与被检物镜的像方孔径角匹配。也可以用显微镜来观察图案被物镜所拍摄得的底片,得到物镜的照相分辨率。显然,照相分辨率同时由摄影物镜的分辨率和底片的分辨率所决定。底片的感光乳胶由卤化银晶粒组成,其粒度远比人眼的感光细胞粗。普通底片的分辨率为 $40 \sim 60$ 线对/mm。因此,照相分辨率要比目视分辨率低得多。一般摄影物镜在视场中心能有 40 线对/mm、边缘能有 20 线对/mm 的照相分辨率就算是优良的了。物镜的目视分辨率 N_L、照相分辨率 N_P 与底片分辨率 N_F 之间有如下的关系:

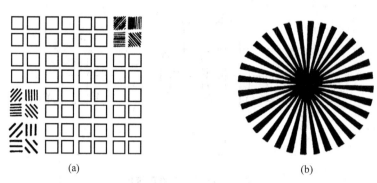

(a)　　　　　　　　　　　　(b)

图 8-52　摄影物镜分辨率的测试图案

$$\frac{1}{N_P} = \frac{1}{N_L} + \frac{1}{N_F} \tag{8-36}$$

测试物镜的照相分辨率时,所用的底片和拍摄、冲洗条件都必须严格规定。

须指出,由于高对比分辨率检验图案与物镜所拍摄的景物有很大差别,测试结果并不足以断定该物镜的成像质量。但采用低对比的分辨率图案的测试结果与像质的好坏是一致的。

8.5.6　摄影物镜

摄影物镜属大孔径、大视场系统,需要对各种像差作全面校正。但由于其光能接收器感光乳胶的粒子相对较粗,对像差的要求要比目视光学系统低得多,属大像差系统。按普通照相底片的分辨率,像的结构中小于 $0.025\sim0.017\mathrm{mm}$ 的细节就无法反映了。这一细节仅相当于理想系统在相对孔径为 1/32～1/25 时的分辨率。因此可以认为,摄影物镜的相对孔径小到 1/10 时就可以算是理想的了。相对孔径大时,像差将随之增大,其像差容限要比显微物镜和望远物镜大 10～40 倍。正因如此,摄影物镜才具有比目视系统高得多的光学性能,同时具有大孔径和大视场。

摄影物镜在设计时,一般对无穷远物面校正像差。因为在作一般摄影时,拍摄距离总要比物镜的焦距大得多。对于只对有限远物体摄影的物镜,应按最常用的拍摄距离或摄影倍率来进行设计。而对照相制版物镜,则常对一倍的倍率进行设计。

摄影物镜随相对孔径和视场大小的不同,结构型式繁多。只要结构不是很不合理或过于简单,七种初级像差一般都能校正到目标值。又因各种型式物镜的高级像差和像差特征不会有明显的变化,所以须从高级像差出发来选择结构型式,并使初级像差与高级像差合理平衡。

基于初级像差理论可以计算初始结构,但计算繁复,特别是高级像差较大,使初始结构与最后结果相差颇多,需经大量的像差平衡工作才能完成。除应用计算机进行像差自动平衡外,各种型式的物镜每年均有不少专利发表。从中选取一个适当的结果作为初始结构,对其作必要的修改和像差平衡,是设计工作中的一条捷径。下面仅介绍几种基本类型。

1. 匹兹凡型物镜

这是第一个依靠设计而制造出来的摄影物镜,于 1841 年由匹兹凡所设计,结构如图 8-53

所示,其相对孔径为 1/3.4,视场为 25°。1878 年有人把这种物镜的后组改成双胶合镜组,使结构更为简单。这种物镜的结构对校正带球差有利,但由于正组分离而产生较大的匹兹凡和,使它只能有较小的视场,只适用于大孔径小视场的场合,长期来作为电影放映物镜使用。

在像面附近加负场镜以校正匹兹凡和,可得到像质优异的设计结果,如图 8-54 所示。

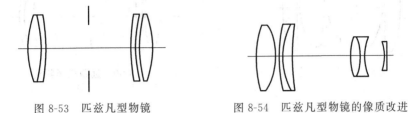

图 8-53　匹兹凡型物镜　　　　　　图 8-54　匹兹凡型物镜的像质改进

2. 柯克三片式物镜及其变形

柯克物镜由正负正分离的三片单透镜组成,如图 8-55 所示。它是三片式物镜所能得出的必然结构型式,共有八个变数,是能同时校正七种像差的最简单结构。设计时玻璃的选择对结果有相当影响,一般正透镜宜用高折射率低色散玻璃,负透镜宜选低折射率高色散玻璃。这种物镜的相对孔径为 1/4.5～1/3.5,视场约为 50°,仍是目前普及型相机广泛采用的一种物镜。

天塞物镜和海利亚物镜都可看成是由柯克物镜演变而成,分别如图 8-56 和图 8-57 所示。胶合面可用来改善高级彗差、像散和轴外球差。前者的相对孔径可达 1/3.5～1/2.8,视场为 50°～55°,是比较流行的一种物镜。后者曾被广泛用于航空摄影。

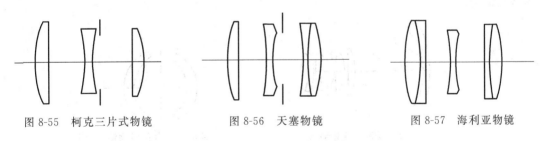

图 8-55　柯克三片式物镜　　　　图 8-56　天塞物镜　　　　图 8-57　海利亚物镜

3. 双高斯物镜

双高斯物镜是经常用于大相对孔径的摄影物镜之一,如图 8-58 所示,以厚透镜为基础加薄透镜而成。由于小半径的面处于会聚光束中近于不晕的有利位置,可将球差校正得很好,对称型结构使垂轴像差可以自动校正,并引用一个胶合面来校正色差。所以,这种物镜做成相对孔径 1/2、视场 45°毫无困难,是普遍应用的一种物镜。进一步提高其性能指标,将受到轴外球差和高级像散的限制。如把最后一块透镜分离成两块,可使其相对孔径提高到 1/1.4。

4. 远距摄影物镜

为拍摄远距离目标并获得较大的像时,应采用正负透镜分离、正组在前的结构型式,以使主面前移,得到长焦距、短工作距离的结果。通常,筒长可缩短到焦距的 70% 左右,图 8-59

是远摄物镜的基本结构。相对孔径一般为 1/5.6，视场约为 30°。这种物镜由于主光线的角放大率偏离于 1 较大，畸变的校正较为困难。如果焦距特别长，二级光谱也是一个主要问题。

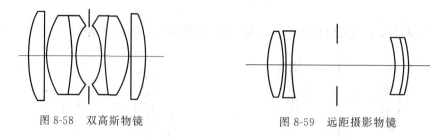

图 8-58　双高斯物镜　　　　　　　　　图 8-59　远距摄影物镜

5. 反远距摄影物镜

与远摄物镜相反，反远距摄影物镜要求短焦距、长工作距离。这就必须采用正负镜组分离、负组在前的结构型式，以使主面后移。图 8-60 所示为这种物镜的一个例子，焦距为 35mm，相对孔径 1/2.8，视场 60°，工作距离约为 35mm，现代 135 单反相机中，广角镜头的焦距短到 28mm 以下，视场为 75°以上，需更复杂的结构。

6. 超广角物镜

视场角大于 90°的摄影物镜属超广角物镜，常应用于航空测量工作中.该种物镜的结构型式都属对称型。

早期的超广角物镜是海普岗物镜，由两块弯曲得很厉害的弯月形正透镜组成，如图 8-61 所示。尽管视场可达 130°，因不能校正球差和色差，相对孔径很小，是很多其他超广角物镜的基础结构。

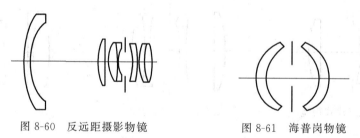

图 8-60　反远距摄影物镜　　　　　　　图 8-61　海普岗物镜

在海普岗物镜的基础上校正球差，可以得到托普岗物镜，如图 8-62 所示。为了校正球差，负透镜必须极度弯曲，接近与光阑同心，使视场可达 100°，相对孔径比海普岗物镜有很大提高，但因消球差后负透镜半径很小，相对孔径只能在 1/6.3 以下。它的畸变校正也不理想，不能作精密测量之用。

苏联学者设计了一种负正负对称型超广角物镜，称为鲁沙尔 25 型物镜，如图 8-63 所示，相对孔径为 1/6.3，视场角为 122°，带畸变仅为 0.03%。

瑞士在 20 世纪 60 年代推出了一种称为阿维岗物镜的超广角物镜，结构型式有如图 8-64 和图 8-65 所示的两种；前者焦距 152mm，视场 90°，后者焦距 88mm，视场 120°。二者不仅畸变很小，且轴外的宽光束像差也校正得十分完善，相对孔径达 1/5.6。

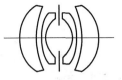

图 8-62 托普岗物镜

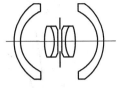

图 8-63 鲁沙尔 25 型物镜

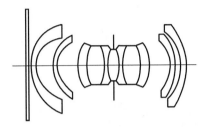

图 8-64 阿维岗物镜 1

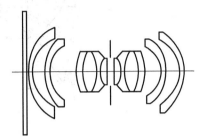

图 8-65 阿维岗物镜 2

广角物镜的一个重要问题是视场边缘照度的显著降低,在不计及轴外光束的渐晕时,视场边缘照度就为视场中心照度的 $\cos^4 W'$。反远距型广角物镜可做到 $W' < W$,照度的降低还不显著;而对称型超广角物镜的 $W' \approx W$,当 $2W = 120°$ 时视场边缘的照度仅为中心照度的 1/16,将使底片感光严重不均,是不能允许的。解决的方法:一是在物镜前加一透过率不均的中性滤光保护玻璃,以抑制视场中心的照度;二是利用光阑彗差,使轴外光束比轴上光束具有更大截面的像差渐晕,也可两种方法兼用。用第二种方法时,轴外点成像的照度公式应为

$$E_\mathrm{W} = E_0 \frac{S'_\mathrm{p}}{S'_\mathrm{p0}} \cos^4 W' \tag{8-37}$$

式中,S'_p 和 S'_p0 分别为轴外点和轴上点的成像光束在入瞳上的截面积。光阑彗差应使前者大于后者。上述鲁沙尔型和阿维岗型物镜可看成是由两个反远距型系统相向组成的对称型结构,正好做到了这一点。应用这一原理,可使照度按 $\cos^3 W'$ 的规律变化。当然,此时对轴外宽光束像差的校正将显得特别重要。

鱼眼镜头是超广角物镜的一种极端情况,视场角可以达到 $180°$ 甚至更大,实现半球成像甚至是超半球成像。这种镜头由于半视场角接近甚至超过 $90°$,已经不可能按照公式 $y' = -f' \tan W$ 计算像方视线场,所以必然会有很大的畸变,以使大视场成像仍能落在有效像面上。大视场带来很大的轴外像差,使得这种镜头的结构也比较复杂。图 8-66 是一种视场角达到 $200°$ 的鱼眼镜头结构。

7. 变焦距摄影物镜

这是一种利用系统中某些镜组的相对位置移动来连续改变焦距的物镜,特别适宜于电影或电视摄影,能达到良好的艺术效果。变焦距物镜在变焦过程中除需满足像面位置不变、相对孔径不变或变化不大这两个条件外,还必须使各档焦距均有满足要求的成像质量。

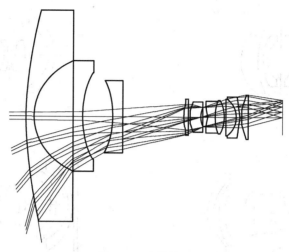

图 8-66　鱼眼镜头

　　变焦或变倍的原理是基于成像的一个简单性质,即物像交换原则,具体表述为,透镜要满足一定的共轭距可有两个位置,这两个位置的放大率分别为 β 和 $1/\beta$。若物面一定,当透镜从一个位置向另一位置移动时,像面将发生移动。若采取补偿措施使像面不动,便构成一个变焦距系统。

　　变焦距系统有光学补偿和机械补偿两种,"前后固定组＋双组联动＋中组固定"构成光学补偿变焦距系统,使像面位置的变化量大为减小,如图 8-67 所示;"前固定组＋线性运动的变倍组＋非线性运动的补偿组＋后固定组"构成机械补偿变焦距系统,使像面位置不动,如图 8-68 所示,各运动组的运动须由精密的凸轮机构来控制。

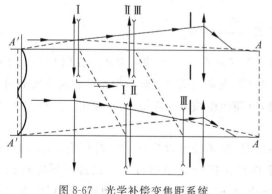

图 8-67　光学补偿变焦距系统

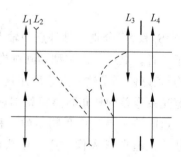

图 8-68　机械补偿变焦距系统

　　实际的变焦距物镜,为满足各焦距的像质要求,根据变焦比的大小,应对三个到五个焦距校正好像差,所以各镜组都需由多片透镜组成,结构相当复杂。现在,由于光学设计水平的提高、光学塑料及非球面加工工艺的发展,变焦距物镜的质量已经可以和定焦物距相比拟,正向着高变倍、小型化、简单化的方向发展,不仅在电影和电视摄影中广泛应用,而且普遍用于普通照相机中。后者主要要求结构紧凑、体积小、重量轻,目前多采用二组元、三组元和四组元的全动型变焦距系统。

8.6　放映系统

放映系统是指那些将物体或影片经照明后放大成像于屏幕，以供观察的系统。它由照明物体的聚光镜系统和对物体成像的放映物镜两部分合理配置而成。放映仪器有两类：一类是用透射光成像的透射放映仪器，如电影放映机、幻灯机和放大照片的放大机等；另一类是对非透射图片成像的反射放映仪器。

8.6.1　透射放映时幕上的照度

设图片的亮度为 L_1，根据照度传递可知屏幕上的照度分布为

$$E = E_0 \cos^4 W' = \pi k_2 L_1 \sin^2 U' \cos^4 W' \tag{8-38}$$

式中，E_0 为中心点照度；k_2 为放映物镜的透过率；W' 为像方视场角。通常，放映距离 l' 远较放映物镜的出瞳直径 D 大，U' 角很小，有 $\sin U' \approx \tan U' = D/(2l')$，再引入光瞳面积 S，式(8-38)化为

$$E = \frac{k_2 L_1 S}{l'^2} \cos^4 W' \tag{8-39}$$

对于视场角较小的放映物镜，欲使幕上照度均匀，不同视场角的成像光束在物镜出瞳面上应有相同的截面积。如果物镜、聚光镜和图片之间的相互位置安排不当，这一要求是不能满足的。解决这个问题的合理办法是使图片紧靠聚光镜，同时使光源的像与物镜重合，如图 8-69 所示。此时图片上的各点均以相同孔径角的光束成像，可做到像面上照度均匀。

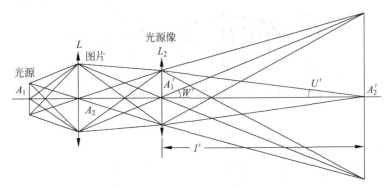

图 8-69　透射式放映系统的成像

设光源的亮度为 L，则经聚光镜照明图片后，图片的亮度为 $L_1 = k_1 L$，k_1 是聚光镜的透过率。因 $l' \gg f_2'$，可表示为 $l' \approx \beta_2 f_2'$，并将式(8-39)中的 S 用 D 表示，得

$$E = \frac{k_1 k_2 \pi L}{4\beta_2^2} \left(\frac{D}{f_2'}\right)^2 \cos^4 W' \tag{8-40}$$

可见，透射放映时，像的照度与放映物镜的相对孔径平方成正比，与像的放大率平方成反比。

反射放映时,将从正向或侧向照明非透光图面,由其上的漫反射光来成像,像的照度很低。为此,除了需用大相对孔径的放映物镜和取较低的倍率外,还需提高照明光源的功率,以增大图面亮度。

8.6.2　放映系统中的聚光镜

放映系统中的聚光镜除了应与图片、放映物镜之间有合理的位置关系外,还应使图片和物镜的入瞳包容在它的照明光管内。后一要求可具体表达为:由光源和聚光镜组成的光管,其拉氏不变量 J_1 应大于或等于由物面和放映物镜所成光管的拉氏不变量 J_2。若光源的大小为 $2y_1$,聚光镜的孔径角为 u_1,图片大小为 $2y_2$,放映物镜的孔径角为 u_2,应有

$$y_1 u_1 \geqslant y_2 u_2 \tag{8-41}$$

聚光镜除按上述原则来计算有关参数外,并无理想的成像要求,但要使像差尽可能小,以免一些光线不能通过放映物镜。如选用低色散玻璃减小色差,并采用使球差最小的透镜形状。放映仪器中常用的聚光镜系统有图 8-70、图 8-71 和图 8-72 所示的三种:第一种孔径角不大于 30°;第二种加了一个齐明透镜,孔径角可达 45°~50°,并加了球面反射镜以提高光能的利用率;第三种是反射式照明系统,通常用椭球面反射镜,常用于小型电影放映机中,孔径角可达 70°。

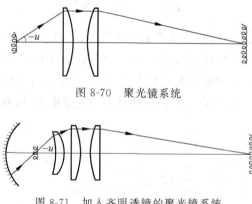

图 8-70　聚光镜系统

图 8-71　加入齐明透镜的聚光镜系统

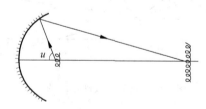

图 8-72　反射式照明系统

8.6.3　放映物镜

放映物镜除了应使放映像具有良好的像质外,还应有利于像照度的提高,故应有尽可能大的相对孔径。电影放映物镜的相对孔径一般为 1/2~1/1.2。在像质要求方面,显然球

差、彗差、色差等宽光束像差应予特别重视。对于视场不大的电影放映物镜,常应用匹兹凡型物镜,因为它对小视场范围内的物体有良好的像质。当视场较大或对像质有更高的要求时,应采用消像散物镜。常被采用的有柯克型、天塞型和双高斯型物镜。

当放映宽银幕影片时,需在放映物镜之前附加一个宽银幕镜头。因为这种影片的画幅尺寸与普通影片相同,只是在画面的宽度方向将景物压缩为正常景物的 1/2 倍,故放映时,应在影片的宽度方向给予 2 倍的单向放大,将影片中的变形景物恢复为正常的放映像。显然,这种镜头应在相互垂直的两个方向有不同的倍率。两个方向的倍率比称为变形系数。

容易想到,宽银幕镜头需用柱面透镜来构成。图 8-73 画出了一个平凸柱面透镜的成像原理,它只在弧矢方向有放大作用,而子午方向则无放大作用。但它对物体所成的子午像与弧矢像并不重合,使得单组柱面透镜不能直接用作宽银幕镜头。

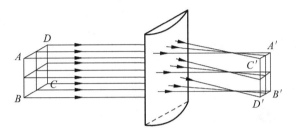

图 8-73 平凸柱面透镜的成像原理

实际的宽银幕镜头是由母线方向相同的两组柱面透镜组成的伽利略望远镜系统。负的镜组朝向银幕,母线与银幕的上下同向。只要弧矢方向的角放大率等于变形系数,即能满足要求。图 8-74 画出了上下、左右两个方向的系统图。上下方向只相当于一个平板,左右方向相当于加了一个 2 倍的望远镜,使视场角扩大为原系统的 2 倍。当然,由于放映附加宽银幕镜头距离并非无穷远,该附加镜头不应处于真正的望远镜系统状态,应根据不同的放映距离调节两镜组之间的间隔,才能使子午像与弧矢像重合。

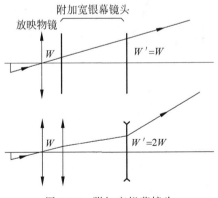

图 8-74 附加宽银幕镜头

目前已经广泛应用的液晶投影系统也属于放映系统。由于液晶板对照明光和成像光的方向、偏振态等的选择性,其照明系统与成像物镜的设计具有一些不同的特点。

第三篇

CODE V光学设计应用基础

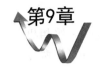

第9章

欢迎来到CODE V

CODE V 是 Optical Research Associates 公司推出的一种设计和分析光学系统的工具,能够用于计算机辅助光学系统建模、像质评价和优化设计。本章向读者介绍 CODE V,介绍可用于帮助读者学习和使用它的内容,并简要介绍其用户界面和软件结构。

9.1 什么是 CODE V

9.1.1 强大的光学工具

CODE V 是一种可用于解决光学问题的强大而灵活的软件工具。尽管其发展始于 20 世纪 70 年代,但 CODE V 一直在持续不断地改进,以使其跟上计算机辅助光学设计的发展步伐。CODE V 具有基于 Windows 系统的可定制用户界面、丰富的帮助功能以及出色的技术支持,本篇的介绍将有助于读者对 CODE V 的学习和使用。

9.1.2 CODE V 的典型功能

CODE V 具有许多功能,以下是其中一些用于计算机辅助光学设计的典型功能。

(1) 对软件数据库内的已有光学设计方案进行评估和改进,以适应新的应用,或降低制造成本。在重新设计过程中可以灵活地对光学材料、光学面型、衍射光学元件等进行优化。

(2) 根据特定的设计目标和应用要求,建立并开展新的光学设计方案。

(3) 通过公差分析、加工制图以及 CAD 格式输出,准备能够用于实际生产加工的光学设计方案。

CODE V 的应用领域广义上包括了以下三个方面:

(1) 成像系统;

(2) 光子学或通信系统;

（3）照明和其他系统。

其中，80%及以上的 CODE V 光学设计都应用于成像系统中，设计实例包括了照相机系统、望远镜系统、显微镜系统、变焦镜头、医疗系统、光谱仪、复印机、投影仪、扫描仪、微光刻系统，以及许多军用和民用的航空航天系统。

虽然这些应用已经存在很多年，但随着光学设计的发展，传统光学设计几乎被计算机辅助光学设计所替代，因此仍然需要对 CODE V 进行进一步研究。

9.1.3　知识产权问题

如 9.1.2 节所述，CODE V 已在很多应用领域使用多年，这带来的一个优点就是，极小的情况下才需要完全从头开始一个光学设计。更常见的则是对现有设计进行调整优化，以适用于新的目的，本书将介绍如何从 CODE V 的"New Lens Wizard"功能开始设计并最终达到设计目标。

New Lens Wizard（新镜头向导）允许从 CODE V 的示例镜头开始设计，可以从 CODE V 软件自带的包括 2456 项镜头专利的数据库中选取，也可以从设计者收集的"收藏夹"或从空白镜头开始。示例镜头和专利可以作为有效的设计起点，但在设计过程中需要时刻保有尊重知识产权的意识。虽然 CODE V 专利数据库中的所有专利都已过期，但其他来源可能包括未到期的专利，这些未到期的专利可以用于研究和学习，但使用它们作为设计起点可能涉及侵犯专利所有人的权利。

"收藏夹"功能将来可能成为一个重要设计工具，随着不断开发设计，或者导入并研究同行的设计，设计者将累积起一个属于自己的镜头设计库，这个设计库不仅是设计者所深入理解的，而且能够帮助设计者快速应用于其他设计中。当设计者完成设计并将其保存在镜头文件中时，可以使用"Tools→Add to Favorites"的菜单将其快速添加到收藏夹中，然后用于"New Lens Wizard"开始新镜头的设计。

9.1.4　有用的提示

当设计者开始一个新的光学设计，应优先尽量考虑基本因素，并把较为复杂的功能留在以后。例如，偏振问题在最终可能是一个影响镜头像质的重要因素，但是在设计之初并不需要优先考虑它。以下是使光学设计简单而有效的一些提示：

（1）在采用非球面或衍射元件进行设计之前，先尝试使用全球面面型进行设计。

（2）如果确实需要引入非球面或衍射元件，应首先引入低阶项。

（3）除非系统是非对称的，否则尽量不要使用视场、倾斜和偏心的 X 分量。

但是也不能将设计过于简化，例如：

（1）即使光学系统仅用于一维轴向（例如某些激光系统），考虑到实际使用过程中的对位问题，通常也建议至少加入一个非常小的轴外 Y 视场。仅使用一个视场，可能会产生默认孔径太小而导致设计不准确的问题。

（2）二次曲面看起来比非球面更简单，但如果其表面具有非常小的曲率，则二次曲面将不再具有有效的优化变量，而多阶非球面则可能提供有效的优化变量。

以上这些仅仅是部分设计经验,更具体的技术细节需要设计者在使用 CODE V 的过程中不断体会。通常来说,设计者应首先利用 CODE V 的快速设计、易用性和撤销功能(Edit→Undo)来尝试一个简单的设计方法并进行评估,如果无法达到设计目标,可使用撤销功能并添加更多变量,然后重新进行优化。在某些情况下,这可能只需要点击几下鼠标或等待几秒钟的时间就能重新运行,这使试错法成为有效的设计策略之一。

9.2 本书第三篇内容及其读者

9.2.1 读者

本书第三篇内容的目标读者是任何想使用 CODE V 来对光学系统进行模拟、分析和优化的技术人员。本书前两篇内容已经对 CODE V 所涉及的主要光学背景知识进行了详细讲解,同时 CODE V 设计者还可以通过专业研讨会或自学各种书籍学习必要的技能和知识。CODE V 并不是一个能使任何不了解光学基础知识的人设计出镜头的魔法黑盒,但是本篇内容也将介绍一些使用该程序过程中用到的必要的背景知识。

9.2.2 关于第三篇内容

本书第三篇内容是相当独立的,但它并非旨在讲授光学理论或一般光学工程知识,更不会系统介绍相关知识。它也不会讲授 CODE V 的所有功能,而是通过一系列详细的做法示例介绍 CODE V 在一些实际问题上的使用。

9.2.3 更多信息

有关于用户界面结构方面更详细的信息和操作,请完成 CODE V 自带的 Test Drive 使用指南进行实操训练。要查找有关程序功能的更多详细信息或更多示例,联机在线帮助或 CODE V 自带的参考手册都是很好的来源(请参阅 9.2.4 节获取更多详细信息)。

提示:本书第 18 章的技术讨论中提供了许多背景知识方面的宝贵材料,以更详细地补充和解释了光学建模问题。它涵盖坐标系建立和选取、系统数据详细信息、光阑和渐晕,以及其他重要的主题。建议读者可在第一篇和第二篇结束之后,先浏览这一章节,再进行第 10 章和第 11 章中的示例操作。

如果读者需要更多背景知识来理解现代光学设计技术或光学要点,建议阅读相关的参考文献或著作,例如,Fischer(2000)和 Shannon(1997)的著作就非常实用,很好地补充了本书第三篇中的实例与讨论。

9.2.4 联机在线帮助和文档

CODE V 自身就包含了非常丰富的联机在线帮助和文档,这些文档都随着安装程序安装在计算机上,并可随时通过程序调用查看,无须再通过印刷或者在互联网上下载的方式获得。这里面甚至还包括了关于如何获取帮助方面的内容,说明了在 CODE V 中有很多方法可以获得帮助。帮助菜单如图 9-1 所示。

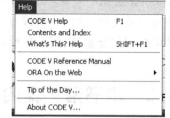

（1）选择 Help→CODE V Help(或按 F1),将进入一个页面帮助系统,该页面上的信息是针对当前打开的窗口或对话框。

（2）选择 Help→Contents and Index,打开帮助内容浏览器;双击主题标题以展开它们并查看许多子主题。此外,还可以从此窗口搜索帮助内容。

图 9-1　CODE V 软件提供的
"帮助"菜单

（3）选择 Help→What's This? Help(或按 SHIFT＋F1),将光标更改为"帮助指针",就可以使用该帮助指针点击感兴趣的项目,以查看相关帮助主题(界面中的大多数项目都有一些帮助内容,但并非全部都有)。

（4）选择 Help→CODE V Reference Manual,打开完整的 CODE V Reference Manual,即 CODE V 参考手册的 PDF 文件,其中包括了所有文本、图形和示例。CODE V Reference Manual 也提供了完善的搜索功能,并可供打印。

（5）选择 Help→Tip of the Day,可查看一条 CODE V 提示,该提示可以在此对话框中关闭(Show Tips on Startup)。

9.3　假设和术语

本书第三篇内容是以读者对光学系统的基本概念、术语、设计方法等有一些基本的了解为基础,而基础内容需要读者通过第一篇和第二篇内容进行学习。以下是 CODE V 在使用过程中不会多加解释的默认概念和术语。如果读者已经阅读了第一篇和第二篇内容或者是学习过基本光学知识,那么尽管对工程和设计方面的问题仍然比较陌生,但是至少能够对大多数概念和术语有所熟悉。

（1）光(light)——CODE V 中主要指能够通过其波长或颜色来表征其光学特性的电磁波。光波的波长非常短,绿光大约为 500×10^{-9} m 或 500nm。光的速度在真空中是恒定的($c = 3 \times 10^{8}$ m/s),但在诸如玻璃的致密介质中的传播速度将减慢。真空和材料之间的速度比称为折射率(n),它随材料(玻璃)类型和波长而变化。光还具有其他可以在 CODE V 中建模的属性,例如光的偏振性,但这些属性都没有波长重要。

（2）光学表面(optical surface)——在 CODE V 中指具有曲率半径、位置和材料(主要由其折射率值和阿贝数表征)的表面。同时,光学表面还具有横向范围(孔径尺寸),以及许多可定义其孔径形状或偏心等的其他性质。

（3）几何光学与物理光学对比(geometrical vs. physical optics)——CODE V 将以几何光学为主、辅以物理光学进行工作。几何光学假设光沿着被称为光线的直线传播,并且当光线遇到光学表面时,将遵循基本定律(例如斯涅耳定律和反射定律)。物理光学假设光是一种波,这种波动行为是衍射效应的根本原因。

（4）光线追迹(ray tracing)——在 CODE V 中确定光通过一系列光学表面的路径的数

学方法。光线通常与几何光学相关联,但是 CODE V 也提供多种方式扩展光线追迹方法,如结合波动行为、偏振状态等,从而进行物理光学计算(也称为基于波动或基于衍射的计算)。

(5) 光学系统(optical system)——光学表面和定义光线与表面间相互作用的某些属性(系统数据)组成的集合。CODE V 中的光学系统是可以构建的真实光学系统的模型,它可以包含折射表面、反射表面或者同时包含两者的组合。

(6) 透镜、镜头(lens)——使用"镜头"作为 CODE V 中光学系统的同义词,就像设计者通常默认变焦镜头作为相机镜头一样。在通常的用法中,使用的术语"透镜"常常表示一个单块的精确定型的玻璃片,用于光学设计时,它被理解为镜头元件,或者有时称为光学元件。

(7) 物面和像面(object and image surfaces)——在 CODE V 中物面被假定为是光的起点,而像面则是收集和分析光的地方(通常在像面成像并分析,但也有设计例外)。"物"和"像"的概念在传统或经典光学中具有特殊意义,后续将介绍更多关于这一概念的基本光学参考内容。在 CODE V 中建模的大多数光学系统都是成像系统,所以这些内容很重要,特别是在 CODE V 中,定量计算已经可由计算机辅助完成,则了解基本概念和意义就显得更为重要。

(8) 一阶或近轴光学(first-order or paraxial optics)——通过进行某些特定假设(例如,角度较小时令 $\sin\theta=\theta$,或光线投射高度较小等),可以将光线追迹减少到更简单的线性方程。这些被称为一阶或近轴关系,并且它们便于定义光学系统的基本特性。

(9) 焦距(focal length)——CODE V 中成像光学系统最为基本的一阶属性,薄透镜(零厚度)的焦距是来自无穷远的光线束会聚到一点成像位置。有效焦距(effective focal length,EFL)则适用于厚度不为零的真实光学系统。

(10) 艾里斑(Airy disc)——艾里斑表示具有圆形孔径的完美镜头对一个点光源产生的最佳聚焦光斑,如图 9-2 所示。点扩散函数(point spread function,PSF)中第一个最小值的直径为 2.44λ(F 数)。在整个 CODE V 文档中将可能遇到多次对于艾里斑的引用。

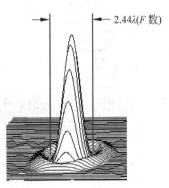

图 9-2 艾里斑

9.4 CODE V 界面

9.4.1 简介

在理论上,学习某样东西的最好办法就是动手去做,建议使用 CODE V Test Drive 作为 CODE V 用户界面的实际介绍。虽然它与其他基于 Windows 的应用程序有很多共同点,但其还有一些特定于 CODE V 的界面概念和技术。Test Drive 是一个简短的手册,专注于用户界面和程序的最基本功能,只有相对较少的说明材料。

本书最终将介绍和展示所有的界面功能,其间将穿插有示例和说明性文字,用于讲授

CODE V 在各种应用中的实际使用。

建议在阅读并完成 Test Drive 的两个简短的示例会话的练习工作后,就可以继续学习本书第三篇中的技术资料,而不用再担心用户界面的复杂结构。如果设计者很熟悉其他 Windows 的应用程序,那么在使用 CODE V 导航界面上不会遇到太大困难,然而 Test Drive 还会介绍 CODE V 特有的界面功能,这些功能将使 CODE V 的使用更加高效。

提示:请注意,当在 CODE V 中使用电子表格时,既可以选择单个单元格,也可以选择整个行或列。单元格对应于诸如厚度等的特定数据项,而行则通常对应于某个表面的各个光学性质。右键菜单将根据所选择的内容而变化。要选择一行,请单击最左侧的单元格,直到整行高亮显示,还可以拖动以选择多个行,然后右键单击以对它们执行某些操作(例如删除多个表面)。

以下是 CODE V 程序运行的界面截图,并配有关键部分的简要定义。如果在后续学习过程中遇到诸如状态栏的术语,又不能确定它指的是什么或在什么位置,则可以返回参考此页面。

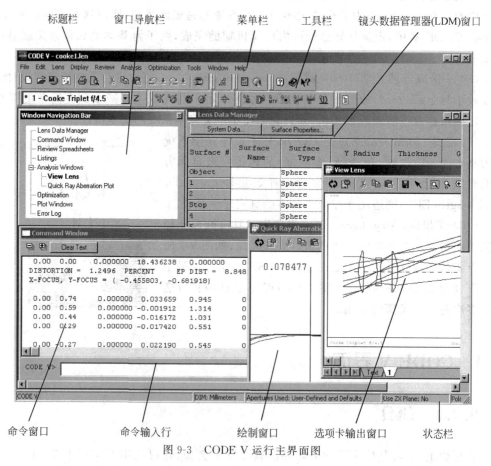

图 9-3　CODE V 运行主界面图

(1) 标题栏——包括当前镜头"文档"的文件名称。

(2) 窗口导航栏——提供一种方法用于追踪设计者正在使用的所有窗口。该导航栏可以紧贴在 CODE V 工作区窗口的边缘,也可以浮动在其他窗口上,此时可以通过按住 Ctrl 键,以防止鼠标拖动窗口时停止。

（3）菜单栏——包含程序的大部分功能。设计者可以在"自定义"对话框（Tools→Customize 菜单）中添加其他的菜单项（例如常用的宏）。

（4）工具栏——用于为许多常用功能提供单击快捷键。将鼠标指针放在工具上，以查看"工具提示"的描述性信息。设计者可以使用鼠标将工具栏进行拖动，还可以在"自定义"对话框（Tool→Customize 菜单）中修改工具栏内容。

（5）镜头数据管理器（lens data manager，LDM）窗口——此电子表格是主要镜头数据的主要数值视图。设计者可以通过右键单击此电子表格中的单元格、行或列来访问其他数据和操作。弹出式菜单将仅包含设计者可对单击项目输入的命令。

（6）命令窗口——所有基于文本输出的"日志"窗口，以及用于直接输入命令和查看结果的主工作区。

（7）命令输入行——命令窗口的组成部分之一，设计者可从中输入要使用的程序命令。实际上，CODE V 中集成了命令和基于鼠标操作的两种方法，两种方法具有相同的效果，设计者可以任意选择。

（8）绘制窗口——命令操作生成的图形（例如镜头）显示在专用绘图窗口中。最多支持显示 100 个绘制窗口，但是通常设计者都只会用到 3～4 个。

（9）选项卡输出窗口——专用计算（例如 MTF、点列图等）在 CODE V 中被称为选项，每个选项从菜单栏启动时，都会创建自己的选项卡输出窗口（tabbed output window，TOW），该窗口包括文本、图形、警告或错误等消息。TOW 的主要特点是它们记住自己的设置，因此可以通过点击 Execute（执行）按钮重新运行计算。

（10）状态栏——状态栏是 CODE V 主窗口的下部边框，它显示了在自定义对话框（Tools→Customize 菜单）中配置的多组参数，例如焦距、尺寸等。

9.4.2 关于命令和宏

设计者可以通过选择菜单项目、填写电子表格和对话框，以及单击按钮来运行 CODE V，这是本书中使用最多的方法，但还有另一种方法，即设计者还可以通过在 Command Window 中键入命令来访问 CODE V 所有程序的功能。如果设计者经验丰富，那么许多命令会令 CODE V 的操作更加便利和有效。当然，设计者可以采用键入命令，使用菜单，或者两者兼用。

如果要学习命令，可以先阅读本书中相关的命令输入示例，还可以使用帮助功能（特别是 F1 键）访问文档，这些文档会同时列出 CODE V 命令的屏幕提示和三个字母缩略词（three-letter acronym，TLA），如果设计者热衷于 TLAs，将会非常喜欢使用 CODE V 的命令语言，它提供了超过 1000 个 TLA，这也有助于解释 CODE V 开发菜单界面的原因。

查看和学习命令语言的另一种方式是通过 ORA 提供的宏。在 Macro 对话框（Tools→Macro Manager 菜单）或 CODE V 安装目录的宏子目录中可以找到大量的宏。实际上，虽然可以从菜单界面很好地使用软件提供的宏，但设计者必须使用命令来编写宏。CODE V 联机在线帮助提供了一个非常好的内置 Macro-PLUS 编程语言和软件所提供的宏的部分。

9.5　CODE V 的结构

　　CODE V 有很多部分,但其整体架构相当简单,只有两个层次,如图 9-4 所示。CODE V 的交互式"核心"称为镜头数据管理器(lens data manager,LDM)。设计者可以通过菜单和对话框或通过命令,或通过两者的结合,对与程序的 LDM 进行交流,如果在"命令窗口"中看到提示 CODE V→in the Command Window,则表明设计者正在使用 LDM 的窗口。LDM 可展示和维护镜头数据库,并在必要时与计算机的操作系统和文件系统进行通信。

　　CODE V 的另一个层次是选项层次。选项是具有特殊目标的专用计算,如 MTF、点列图、优化等,CODE V 提供超过 45 个选项。设计者可以将它们视为拥有自己的输入对话框、命令和输出容器的子程序,因为这就是它们的本质。当设计者在选项中工作时,将被锁定在选项中,无法进行 LDM 的操作,直到设计者在选项对话框中单击 Apply(应用)或 Close(关闭)、OK(确定)或 Cancel(取消),或者当设计者在命令行上启动了选项,那么则需要在命令行上键入 GO 或 CAN。当看到的命令窗口提示符不是 CODE V >(例如 MTF >、AUT >等),则设计者正处于选项中,可以选择该选项。

　　Macro-PLUS 随时处于可用状态,当宏运行时,它们会根据设计者所编制的程序语言向 LDM 或选项提供命令。

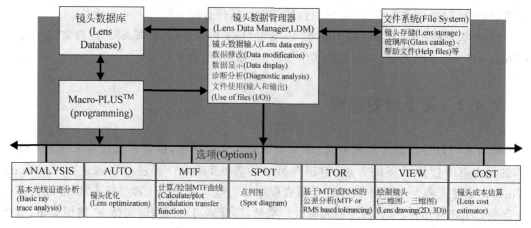

图 9-4　CODE V 结构图

9.6　其他操作

1. 安装 CODE V

这里假设 CODE V 已经正确安装。相关帮助请参阅 CODE V CD-ROM 附带的安装指南。如果用户的安装过程需要密钥,还要确保将安全密钥连接到并行端口上。

2. 启动 CODE V

要启动 CODE V,只需使用 Windows Start(开始)菜单找到程序快捷方式(或双击桌面上的快捷方式)。

3. 保存你的工作

要保存镜头文件,请选择 File→Save Lens As 菜单。

要保存文本或图形窗口的内容,请将该窗口置于所有窗口的最前面,然后选择 File→Save Window As 菜单。

要保存 CODE V 选项输入的设置,请单击选项对话框左下角的 Option Set 按钮,将显示 Option Sets 对话框。单击对话框中的 Save As 按钮,并为该输入的设置提供描述性名称。

4. 退出 CODE V

选择 File→Exit 菜单退出 CODE V(或在命令窗口中键入 EXIT)。

9.7　设计开始之前的操作

CODE V 设计提供了多种可影响该程序外观和运行的配置设置,这些设置中大多数是外观装饰或个性化的(例如字体大小),但当某些设置与设计者所默认的不同时,也有可能会导致混淆。在开始学习本书后续章节之前,建议执行以下操作。

(1) 选择 Tools→Preferences 菜单。

(2) 在 Preferences 对话框中,单击 General 选项卡。

(3) 检查并根据需要进行设置(其他设置本书中并未介绍):①系统单位设置为Millimeters(毫米);②孔径模式设置为 Semi(显示半孔径而不是直径)。

(4) 单击 UI 用户界面选项卡进行用户界面设置。

(5) 检查并根据需要进行设置(其他设置对本书中并未介绍):①在设置激活下方,选择 Invoke Options Settings First;②在使用向导下方,选择 New Lens。

(6) 单击 OK 保存这些设置并关闭 Preferences 对话框。

(7) 选择 Tools→Customize 菜单。

(8) 在 Customize(自定义)对话框中,单击 Format Cell(格式化单元格)选项卡。确保已经选中 General Format 按钮,并在 Precision(♯of digits)字段中输入 5。

(9) 单击 Close 按钮保存这些设置并关闭 Customize 对话框。

(10) 选择 Edit→Radius Mode 设置为半径/曲率模式。

设计一个数码相机镜头

本章将设计一款用于视频图形阵列(video graphic array,VGA)、分辨率为 640×480 的固定焦距数码相机镜头。根据所需的规格,设计者将使用"New Lens Wizard(新镜头向导)"来确定合适的设计起点。接着,设计者将对光学系统进行修改、分析和优化,以满足设计要求。设计者将从中学习到使用 CODE V 所需的大部分基本技术。

10.1 边做边学

10.1.1 一个简单的数码相机镜头

随着科技进步,数码相机已非常普遍,最新的千万像素级数码相机大多采用了超高分辨率 CCD 阵列和复杂的光学和电子元件,但这些复杂的光学系统并不是本书学习 CODE V 的第一个任务。设计者将通过本章一个固定焦距的数码相机设计一个相当简单的成像物镜,这仍然需要一定的光学设计基础,但相对而言比较简单。该镜头是由玻璃和(或)塑料折射透镜元件构成的两个或三个光学元件的定焦镜头。

设计者将在本章中学到以下内容:

(1)说明一个简单镜头的设计规格;

(2)使用这些信息来确定设计初始结构的出发点;

(3)修改起始点以符合要求;

(4)执行一些基本的分析,并将这些结果与规格进行比较,确定优化策略。

在第 11 章中,设计者将使用本章的结果作为起点,进行以下步骤:

(1)优化镜头;

(2)确定设计中潜在的问题,以实现细化和改进。

这些步骤将使设计者经历 CODE V 光学设计的各个阶段,并学习使用 CODE V 的各项功能。这里将介绍所使用的的功能的部分特性,并在后面的章节中做进一步说明。

10.1.2 设计规格

在设计时设计者有可能会获得其他技术人员给予的关于某个镜头的规格,这就需要在CODE V中进行输入,并对其进行分析,而且可能还需要对它进行优化,这是较为常规的过程。在其他情况下,某个设计问题是从镜头功能的某种规格或某一系列规格开始,以这些规格为指导原则,设计者就必须确定初始镜头结构作为设计起点,再进行设置、分析和优化。

本章数码相机镜头实例的规格来自一个制造消费类产品的 CODE V 客户。问题是:"如果设计者想实现一个低成本、固定焦距的数码相机镜头,将如何去描述它呢?"

1. 定焦 VGA 数码相机的成像物镜规格

(1)少量由普通光学玻璃或光学塑料制成的透镜元件(1~3 片)

(2)图像传感器(基线为 Agilent FDCS-2020)

① 分辨率:有效像素 640×480。

② 像素尺寸:7.4μm×7.4μm。

③ 像面尺寸:3.55mm×4.74mm(对角线 6mm)。

(3)物镜

① 焦点:固定,景深 750mm(2.5ft)到无限远。

② 焦距:固定,6mm。

③ 几何畸变:<4%。

④ F 数:固定孔径,$f/3.5$。

⑤ 清晰度:整个聚焦区域的 MTF(中心区域为 CCD 向内 3mm)。

⑥ 低频信息在 17lp/mm 处,MTF 值中心视场达到 90%,边缘视场达到 85%;
高频信息在 51lp/mm 处,MTF 值中心视场达到 30%,边缘视场达到 25%。

⑦ 渐晕:边缘相对照度>60%。

⑧ 透过率:单透镜,>80%(波长为 400~700nm 时)。

⑨ IR 滤光片:厚度为 1mm 的 Schott IR638 或 Hoya CM500。

2. 以上规格的意义

首先,这意味着这将是一个非常小的镜头系统。镜头的传感器尺寸和物镜焦距均为6mm(即约 0.25in),传感器尺寸和有效焦距(EFL)将确定镜头的视场角(FOV),这可通过无限远物像关系式进行表述:$h=f\tan\theta$,即 image height=EFL×tan(semi-FOV)。在这一镜头中,像高(image height)为 3mm(CCD 图像传感器对角线的一半),且有效焦距为 6mm,因此通过上式可以求解出半视场角(semi-FOV)为 26.5°,这些数据非常有用,因为 CODE V 软件自带的镜头专利数据库都可以由 F 数和半视场角列出并进行搜索。此外,本设计还要求使用尽可能少量的光学元件以降低成本。以上就是设计者查找镜头初始结构起点所需要的所有信息。

CODE V 具有非常完善的分析功能,可以对光学设计结果进行评估(例如畸变、MTF、相对照度、透过率等),其大部分特性将在后面进行介绍,现在先解释"清晰度"这个概念。清晰度通常由调制传递函数(modulation transfer function,MTF)定义,MTF 将镜头对图像信息的成像能力量化为空间频率函数。详细定义可见本书第二篇相关内容。MTF 为 1.0 时清晰度最大,MTF 为 0.0 时为清晰度最小(即无任何信息)。较高的空间频率代表微小的细节,并通过每毫米的线对数进行度量。稍后将详细讨论 MTF 及其他像质评价方法在 CODE V 中的运用。

数码相机使用的 CCD 阵列由许多有限大小的细微单元组成,这些单元称为像素(实际上,每个单元都由三个彩色像素组成,但是为了简化设计,这里将每个单元看成是仅由一个像素构成)。规格中指出像素尺寸大小为 $7.4\mu m^2$,因此,该阵列解析的最大空间频率可以通过 2 倍像素大小的倒数进行计算,即 $1/(2\times0.0074)=67.6$ 线/mm。利用该 CCD 阵列,将无法分辨出任何高于此数值的空间频率的任何图像信息,即无法分辨对更细微的细节进行成像。尽管如此,光学元件实际上必须具有非零的 MTF 值,且需要略高于 CCD 的截止频率,因此,光学元件/检测器组合的 MTF 将产生一个直到 CCD 截止频率的可用对比度。

10.2   新建镜头向导

10.2.1   启动新建镜头

New Lens Wizard(新镜头向导)是一种从现有镜头库(包括了示例镜头、专利镜头或设计者在收藏夹中保存的镜头)或从头开始去创建新的光学系统模型的工具。它可以帮助设计者找到合适的起点,然后定义与需求的规格相对应的基本系统数据(包括光瞳大小、波长和视场数据)。现在启动 CODE V 并运行 New Lens Wizard,如图 10-1 所示。

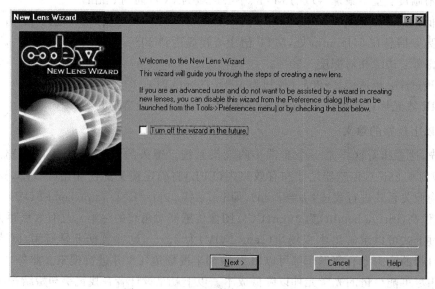

图 10-1   CODE V 的新镜头向导界面

(1) 选择 File→New 菜单。

(2) 单击欢迎屏幕上的 Next 按钮。

(3) 单击标有 Patent Lens(专利镜头)的按钮,如图 10-2 所示,然后单击 Next 按钮。

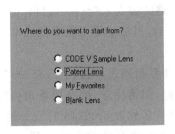

图 10-2 初始镜头选取的起始界面

10.2.2 专利数据库

除了演示程序功能的 30 多个示例镜头之外,CODE V 还带有一个数据库,其中大约有 2456 个已经过期的专利镜头,适用于光学系统的各种应用。设计者可以使用 New Lens Wizard 或专利镜头搜索功能(Tools→Patent Lens Search 菜单)访问和搜索此数据库,并可使用 Filter(过滤器)指定所需要的各种属性参数。以下步骤将继续使用 New Lens Wizard 选择专利镜头。

(1) 在 New Lens Wizard 中,单击 Filter(过滤器)按钮。

将显示 Filter 对话框,设计者可以从中缩小镜头设计起点的搜索范围。本数码相机镜头示例需要相对较小的 F 数和相对较宽的视场或视场角,这里,半视场角为 26.5°,它对应于 CCD 阵列的半对角线 3mm。由于希望这个镜头成本较低,因此仅需要少量光学元件 (1~3 片)。设计者可以填写 Filter 对话框以开始搜索。由于设计过程将经常修改或优化系统所需规格,因此最好对搜索范围进行扩展,若搜索目标太窄,则很可能会错过某些合适的镜头初始结构。

(2) 单击复选框,并填写最小(最大)值,如图 10-3 所示。其中包括:

① F/♯ (F 数,尝试输入 1~4),目标值是 3.5;

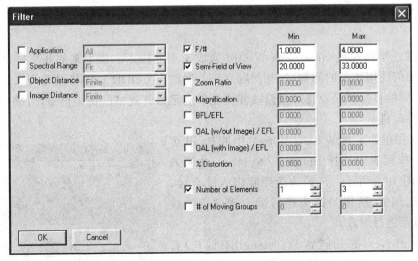

图 10-3 用于初始镜头选择的过滤器复选框界面

② 视场(这里是半视场角,尝试输入 20°～33°),目标值为 26.5°;

③ 元件数量(尝试输入 1～3),目标是尽可能降低成本。

(3) 单击 OK 确定。

New Lens Wizard 将返回到专利列表,找到了约有 13 个镜头能够满足这些要求。设计者可以继续尝试几个不同的起点,但请注意,扩展视场角可能较为困难,因此建议使用较宽的视场起点。目前在专利列表中,名称为 or02248 的镜头较为合适,它具有 27.5°的视场角,以及比规格更小的 F 数。这个镜头的 F 数约为 2.4,通常更大的 F 数可以提高成像质量。

(4) 在专利电子表格中,点击名为 or02248 的镜头。

(5) 单击 Next 按钮转到 Pupil(光瞳)页面。

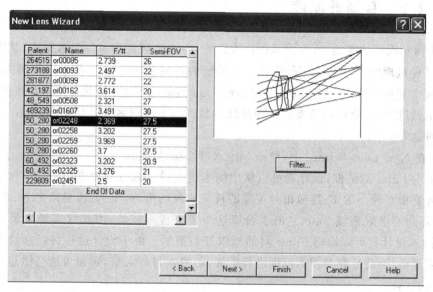

图 10-4　CODE V 中提供的镜头专利以及相应的镜头简图

10.2.3　定义系统数据

现在这一步将通过 New Lens Wizard 完成镜头的输入。接下来的几个屏幕会询问设计者有关如何使用镜头的问题,这些问题对应的属性在 CODE V 中将设置为系统数据。请注意,此步骤的目标仅是获得可供修改和优化以满足最终规格的镜头模型,后续仍然需要进一步的优化改进。

(1) 现在正处于 New Lens Wizard 中的 Pupil 页面上,从下拉列表中选择 Image F/Number,并输入值 3.5,如图 10-5 所示。F 数为焦距除以入瞳直径,这是一个比例值,所以当镜头在后续步骤中被缩放时,它不需要进行缩放。

(2) 单击 Next 按钮转到 Wavelengths(波长)页面,将绿色波长(589.0)的权重更改为 2。这将使该中心波长在后续优化中具有更重要的地位。

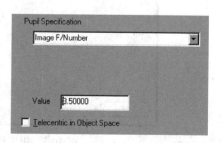

图 10-5　镜头孔径设置页面

（3）单击 Next 按钮，跳转到 Reference wavelength（参考波长）页面，但无须更改默认值，该值是用于近轴和参考光线追迹的波长。

（4）单击 Next 按钮，跳转到 Fields（视场）页面。在视场 2 上右键单击，并从快捷菜单中选择 Insert 以添加额外的视场角，然后输入四个值 0、11、19、26.5 作为 Y 视场角，如图 10-6 所示。

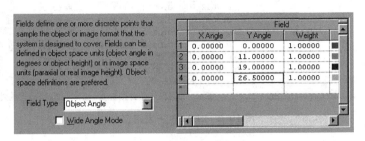

图 10-6　镜头视场设置页面

对于具有较大视场角的成像镜头，添加一个或多个中间视场角有利于后续的优化和分析。通常，最好是至少要添加 0 视场、0.7 视场和全视场。多添加一个中间视场有助于控制视场有关的像差（如像散）在某一个带状区域的变化。

（5）单击 Next 按钮进入 System Settings（系统设置）页面，但不要更改默认值。

（6）单击 Next 按钮转到 New Lens Wizard 中的最后一页。

（7）单击 Done 按钮。

10.3　光学表面的操作

10.3.1　镜头数据管理器电子表格

CODE V 最基本的操作是光线追迹，所有任务在某种程度上都是基于追迹一条或多条光线，并与它们进行一些计算来完成的。在大多数系统中，光线依次通过设计者定义的一系列光学表面进行追迹，这些表面的属性将决定如何追迹光线，它们与系统数据相结合，就构成了光学系统的模型。

由于光学表面是任何镜头光学模型的核心，需要花费大量时间查看镜头数据管理器（LDM）电子表格窗口（图 10-7），该窗口始终都在用户界面中，设计者可以调整其大小或加以最小化，但不能关闭它。

LDM 窗口与 Windows 其他程序中的电子表格类似，可以调整行宽或列宽，选择单元格或单元格的组合，并在单元格中输入数据。请注意，某些单元格显示为灰色，这表示该单元格不接受数据输入，通常这些单元格包含程序计算的数据，因此无法直接更改。设计者可以右键单击任何单元格，包括灰色单元格，以查看该单元格的菜单。CODE V 中的右键单击是一个非常常用的操作，可以快速访问某个单元格的所有可用信息。

提示：要查看任何显示数字的完整值，可将鼠标指针放在该值上，并将指针停留在那里但不要单击。要更改用户界面中所有数字显示的小数位数，请选择 Tools→Customize 菜

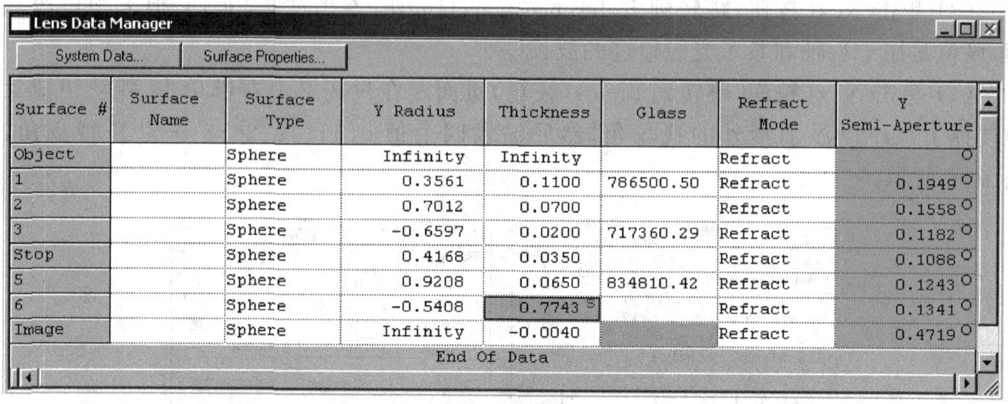

Surface #	Surface Name	Surface Type	Y Radius	Thickness	Glass	Refract Mode	Y Semi-Aperture
Object		Sphere	Infinity	Infinity		Refract	O
1		Sphere	0.3561	0.1100	786500.50	Refract	0.1949 O
2		Sphere	0.7012	0.0700		Refract	0.1558 O
3		Sphere	-0.6597	0.0200	717360.29	Refract	0.1182 O
Stop		Sphere	0.4168	0.0350		Refract	0.1088 O
5		Sphere	0.9208	0.0650	834810.42	Refract	0.1243 O
6		Sphere	-0.5408	0.7743 S		Refract	0.1341 O
Image		Sphere	Infinity	-0.0040		Refract	0.4719 O
			End Of Data				

图 10-7 LDM 电子表格窗口

单，并跳转到 Customize 对话框中的 Format Cell 选项卡（通常使用 5 位数的小数格式）。在这一操作中，设计者只能对所有单元格一起设置，而不能单独格式化某个单元格。

还要注意的是，在下面的讨论中，默认 LDM 窗口是针对旋转对称的光学系统而言的，在这一条件下，通常可以隐藏列（右键单击任意标题单元格）或使某些常用项为空。例如，Sphere and Refract（球面和折射），选择 Tools→Preferences→菜单，然后转到 Preferences 对话框中的用户界面选项卡进行更改。若镜头中存在非旋转对称的表面属性，则 LDM 窗口可为特定的 X 和 Y 数据增加相应的附加列。

每个镜头模型都将以物面开始，并以像面结束，像面通常是指光学系统的最后一个表面，大多数镜头都会在这里成像，但也有例外。设计者还将注意到，LDM 中有一个表面始终被标记为 Stop，这就是孔径光阑所在的表面，即被定义为对轴上光线起限制作用的表面。来自每个视场的主光线都将通过孔径光阑面的中心（此处 $X=0, Y=0$），除非设计者自定义了主光线的传播方向（这只在少数特殊情况下出现）。

LDM 电子表格中的每行都有一个 Surface Number（表面编号）和一个 Surface Name（表面名称），它们只是可选的定义项，但在复杂系统中却非常有用。某个光学表面的属性均显示在 LDM 的某一行中，要选择整个表面，可以单击表面编号。Surface Type（表面类型）在其旁边，它是一个下拉列表，通过双击可以显示表面类型列表供选择，其默认类型为 Sphere（球面）。Y Radius 表示的是该光学面的曲率半径，它是曲率的倒数。球面和其他旋转对称的表面都可用单个曲率进行定义，并仅用 Y 方向表示，但是诸如非旋转对称的光学表面类型就需要 X 和 Y 曲率进行定义。设计者还可以选择显示 Y 曲率（半径的倒数，单位为 1/mm）。请参阅下面的提示。

提示：设计者可以通过选中或取消选中 Edit→Radius Mode 菜单项，在曲率半径或其倒数曲率之间切换显示。

Thickness 被定义为沿着当前表面的 Z 轴分析，测量其到下一个表面的距离，Z 轴通常是旋转对称系统的光轴，本示例中也是如此。请注意，表面 6 是空气间隔，其厚度单元格显示为灰色，并且在其旁边显示有一个小的 S 符号，这表示该厚度由 paraxial image (PIM) solve（近轴像求解）来设定，这一求解计算了在下一个表面处近轴边缘光线高度为零的厚度。这用于设置近轴像距，此时镜头大致处于对焦的位置。然而，这并不是最佳的焦点，因此像面厚度可用作 PIM 值的焦点偏移（整个像面距离为这两个表面厚度之和）。通常采用优化来获得最佳焦点偏移，在大多数光学系统中，推荐 PIM 解和离焦变量的设定配合使用。

Glass 单元格包含表面之后的空间中的材料名称，若为空白，则材料为 AIR。玻璃确定了折射率，折射率是光线追迹的基本要求。玻璃名称有几种可能的形式，这取决于它们是由玻璃制造商自己定义的名称，还是折射率可变以允许优化的、被定义为 fictitious（虚拟）的虚拟玻璃，如示例中所示。程序还提供了一个名为 glassfit.seq 的宏程序，可以帮助设计者将虚拟的玻璃转换成可以购买的真实玻璃。Refract Mode 确定表面的基本光传输行为，确定光线在表面是被折射还是反射，这通过双击单元格可以进行查看和选择。

最后一列标记为 Y Semi-Aperture（半孔径），表示透镜表面的有效光学通光口径的大小。默认情况下，这是由程序计算出的旋转对称的圆形孔径，所有视场和变焦位置的参考光线都从中穿过。设计者可以通过多种方式将其更改为用户定义的孔径，其中最简单的方法就是通过右键单击并选择弹出的 Change to…选项。本示例中先默认孔径，在稍后的章节中设计者将会了解 CODE V 中孔径、光瞳大小和渐晕系数之间的关系。

10.3.2　更改并提交数据

更改 LDM 电子表格中的数据非常简单，只需单击一个非灰色的单元格并输入一个新值即可。设计者还可以双击单元格以显示和编辑完整的数据值，某些单元格在双击的情况下可显示选项列表。如果更改出错，可使用 Edit→Undo 菜单进行撤销，此时请确保电子表格或命令窗口前置，如果图形窗口或对话框在前面，则撤销将不可用。请注意，某些单元格旁边有一个小的符号或在旁边有"图示符"，则表示该单元格具有特定状态，例如，单元格旁的符号 S 表示求解，V 表示变量，Z 表示缩放。

要更改任何单元格（包括灰色单元格）的状态，请右键单击以查看选项的快捷菜单，例如，将一个求解值变为一个变量值将会删除该求解值的状态，并允许设计者直接更改该值。

任何表面数据项上的右键菜单选项中都有 Surface Properties（表面属性）选项，选择之后将打开一个大窗口，直接访问该表面的所有属性，其中包括许多未显示在 LDM 电子表格中的窗口。稍后将讨论 Surface Properties。

在命令窗口中的 CODE V 提示符下，设计者还可以通过键入相应的命令来更改 LDM 电子表格中的数据。这需要设计者熟悉适用的命令及其语法（例如，THI S5 2.3 表示将表面 5 的厚度值改变为 2.3）。当设计者以这种方式输入命令并按回车键时，将看到相应的 LDM 电子表格或表面属性窗口的更新。

在 CODE V 中，使用术语 Commit Changes（提交更改）来表示将从用户界面中输入的数据（如电子表格单元格或对话框）传输到 CODE V 内部的镜头数据库（可称为 CODE V 的"后台"）的过程。通常情况下，当设计者键入或单击另一个单元格、数据字段或窗口时，被更改的数据将立即提交。这一点与 Excel 等其他程序类似，不同之处在于设计者还可以查看命令窗口中显示的相应命令。

然而，在某些情况下，通过在较小的电子表格的一行中输入的多个数据值之后，才能完整构建一条命令，例如，在表面属性窗口中的孔径。在这种情况下，直到完成整个行之后，才会提交该更改的数值。

要处理各种不同类型的窗口较为复杂。CODE V 中的窗口分为两种基本类型,一种带有 Apply 或 OK 和 Cancel 按钮(这些被称为对话框),另一种则不具有那些按钮,例如表面属性和系统数据窗口。具有 OK 按钮的对话框(包括 CODE V 选项中如 MTF 的对话框),只有在设计者单击 OK 时,才会将内容提交到后台。如果设计者单击 Cancel,则不会进行任何更改。对于表面属性和系统数据窗口(以及其他几个与 LDM 相关联的窗口),设计者可以在打开其他窗口时保持它们处于打开的状态,或者单击窗口右上角的×按钮来进行关闭。这些窗口中的更改都会立即被提交,这与 LDM 电子表格类似;但是,设计者可以通过单击 Commit Changes 按钮,以确保数据被提交到镜头数据库。设计者可以在命令窗口中查看提交的数据内容,该窗口中还显示了由这些操作生成的命令。

设计者还可以随时使用 Undo(撤销)回到任何之前的镜头状态,这有效避免了设计者改变了不想要改的东西。当设计者进行了重要更改时,可以将镜头保存在文件中(File→Save Lens As 菜单)。

10.3.3 绘制镜头结构图

现在,设计者已经初步了解了 LDM 电子表格,接下来,将进一步绘制出镜头结构图,这有助于发现许多问题。绘制镜头结构图有许多方法,包括非常灵活的 View(视图)选项(Display→View Lens 菜单),最快速的方法是在工具栏上单击 Quick 2D Labeled Plot(快速二维标签图)图标,如图 10-8 所示。

图 10-8　工具栏上的快速二维标签图标

该图标位于工具栏中部,图标上显示了一个镜头和一只铅笔,以及字母 Q(代表快速)和字母 L(代表标签),将鼠标放在图标上可查看工具提示帮助并显示 Quick 2D Labeled Plot。在设计者开展设计工作时请保留结果窗口打开,该窗口可根据需要进行大小调整或移动。在更改某些内容后,可单击窗口左上角的执行按钮进行刷新,以重新绘制镜头结构图,如图 10-9 所示。

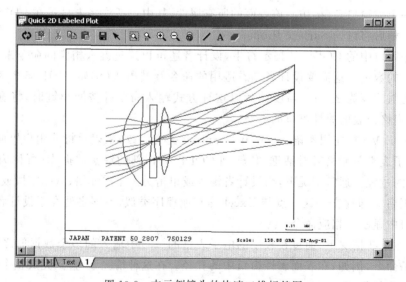

图 10-9　本示例镜头的快速二维标签图

10.3.4 光学面的操作：缩放镜头

以上章节已经初步完成了镜头初始结构的选型，但是在开始分析该镜头之前，设计者需要将其调整到所指定的有效焦距（EFL）。虽然在 New Lens Wizard 中已经将 F 数和视场角度设置为所需的值，这个示例仍需要确保镜头指定 EFL 为 6mm。以下将介绍如何实现这一调整。

（1）选择 Display→List Lens Data→List First Order Data，打开一阶属性窗口，然后对生成的窗口进行重新调整/重新定位，以方便查看。一阶属性数据如图 10-10 所示。

请注意，在此窗口中可以找到一个名称为 EFL 的值，此时为 0.9528mm，这对此示例来说并不合适。缩放镜头是解决这个问题的常用方法。

提示：设计者可以将 EFL 和各种其他镜头属性放在 CODE V 主工作区底部的状态栏上，这样就可以很方便地实时查看这些属性参数。选择 Tools→Customize 菜单，然后单击 Customize 对话框中的 Status Bar 选项卡，可以实现访问该功能。

（2）在 LDM 电子表格窗口中选择表面 1 到 Image（像面），具体操作为单击表面 1，然后拖动到 Image，可选择这一范围。

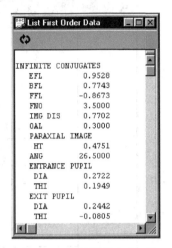

图 10-10 本示例镜头的一阶
属性数据列表

（3）选择 Edit→Scale 菜单以显示一个对话框（请注意，表面范围设置为 1 到 Image）。

（4）单击标有 Scale Effective Focal Length 的按钮，然后在 Scale Value 字段中输入值 6.0，如图 10-11 所示。

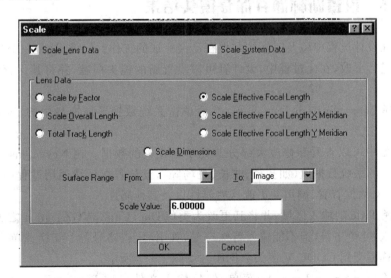

图 10-11 有效焦距的缩放控制窗口

（5）点击 OK,完成缩放镜头。

（6）单击 List First Order Data 窗口中的 Execute(执行)按钮进行更新。

请注意,EFL 值现在已经被更新为 6mm,能够满足这一示例需要。还要注意,近轴图像高度为 2.99mm,这已经非常接近所需的 3mm。

（7）单击 Quick 2D Labeled Plot 窗口中的 Execute 按钮,更新镜头结构图,如图 10-12 所示。

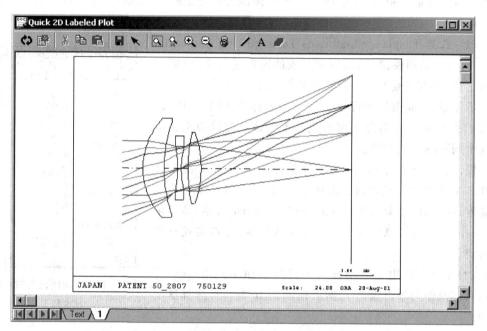

图 10-12　本示例镜头的快速二维标签图

10.3.5　设置新标题并保存镜头结果

设计者在设计过程中应及时标注和保存已经完成的工作。注意,这是一个过期专利,需要通过优化进行更改,在此过程中,设计者可以设置新的镜头标题,并将其保存为新的镜头文件。

（1）选择 Lens→System Data 菜单,然后单击系统数据导航窗口中的 System Setting 按钮。

系统数据中可以查看和修改大部分非光学面相关的数据。在 New Lens Wizard 中已经定义了基本的系统数据值(如孔径、波长、视场等),设计者在后续使用过程中还可以通过 System Data 对话框查看、调用并更改这些属性以及其他属性。

（2）选择 Title 的输入区域,并将其更改为类似 Dig. Cam. VGA:start 之类的名称,名称最多可输入 80 个字符,但不能输入特殊符号,如引号、省略号等。切换或单击其他位置,最终将该名称提交到 CODE V 镜头数据库。如图 10-13 所示。

（3）选择 File→Save Lens As 菜单,然后输入文件名称 DigCamStart.len,然后单击 Save。

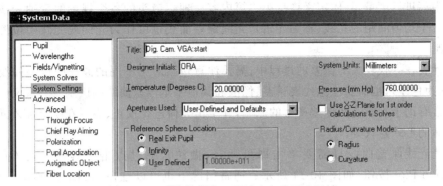

图 10-13　系统数据窗口及镜头名称更改区域

10.4　像质分析

CODE V 提供了十分完备的像质分析手段,这里只用到其中的几个以确定该实例的设计是否符合规格,这些分析的结果也将用于指导进一步的设置和相应的优化:

（1）一阶参量的要求,这要在缩放镜头完成后进行评估,因为缩放后的镜头才具有正确的有效焦距和像高。

（2）畸变,这要求用场曲和(或)畸变网格进行评估。

（3）清晰度,这里用到衍射 MTF 曲线,通过分析不同物距时的 MTF,还可以建立焦深。

（4）渐晕/照度,这主要用于透过率和传递能量的分析。

此外,设计者还将使用许多快速分析功能进行参考,如快速点列图、快速光线像差曲线等。接下来,我们将解释这些分析选项的基础知识,在本书后面部分涉及相关内容时,将提供更多信息。对于这一初始结构设计,现在还需要完成另一件重要任务,即可行性分析,请注意,可行性分析并不能包括在某个具体的像质评价类别中。

假设设计者最终要加工这个镜头,那么一定会涉及一些实际问题。例如,这些元件是不是太小或太大,导致加工困难? 用于实际加工时它们会不会太薄或太厚? 它们容易被组装和安装吗? 这些镜片是否有实际可用的玻璃材质? 价格是否昂贵? 这些都是基本问题,必须通过查看基本镜头数据并将其与已知经验进行比较之后再进行回答,基于此,设计者往往可能需要进行某些计算,并咨询某些具有设计或制造过类似光学元件经验的技术人员。

此外,还有一些在技术上更为复杂的可行性问题,其中之一是公差分析,这将在本书后续章节介绍。公差分析涉及所设计的光学元件应该如何加工和安装,其加工和安装精确度如何才能最终达到所需性能水平。另一个是热学分析,本书的介绍较少,但 CODE V 可以分析简单的温度变化引起的镜头性能的改变。

10.4.1　快速光线像差曲线

快速光线像差曲线(quick ray aberration curve)对于查看光线追迹数据并分析镜头可能存在的问题非常有帮助。在像面上,垂轴光线像差是由同一个视场发出的特定光线到主光线的距离进行度量,具体定义详见第二篇内容。理想镜头的各个视场的垂轴光线像差应为零。对于均匀间距的光线(称为光扇),光线像差曲线也可作为光阑或光瞳中位置的函数进行绘制。

设计者在寻找较大的像差的过程中,需要注意包括对于不同的波长的像差曲线之间的分离(称为色差),也需要注意代表彗差、像散和其他基本像差曲线的区别及其含义。丰富的经验通常有助于判断这些像差产生的原因,并给出如何进行校正、需要在哪里加入元件或改为非球面的形式建议等。

快速光线像差曲线只需要单击即可运行,做法是通过点击工具栏上的 Quick Ray Aberration Plot 按钮,如图 10-14 所示。通常情况下也可以选择 Analysis→Diagnostics→Ray Aberration Curves 菜单,选项名称为 RIM,表示边缘光线(rim ray)。快速光线像差曲线实际上是由宏完成的,并执行自动缩放,同时还提供了光线像差的文本表格,这是由 ANA 选项生成的。请注意,在 Quick Ray Aberration Plot 窗口中,只有进行放大并定位到最大视场角的曲线后,才会显示图 10-14 的曲线。

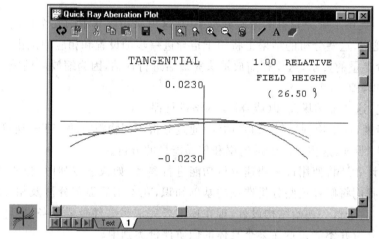

图 10-14   快速光线像差图

这个曲线并没有显示总的像差值,只能通过观察曲线的比例并判断哪个位置比较大。这里的自动缩放值是 0.023mm,即 23μm。作为对比,艾里斑直径(理想镜头的衍射光斑尺寸)为 2.44×(波长)×(F 数),对于 F 数为 3.5 而言约等于 0.004mm。虽然这个镜头不是衍射限制的,但它的像差在艾里斑大小的 6 倍以内。

提示:始终使用图形缩放工具缩放镜头的比例值。虽然自动缩放可能使镜头看起来不错,但比例值可能偏大。

10.4.2   快速点列图

点列图可以通过提供镜头成像质量的直观点阵图形画面,从而对镜头成像质量进行快速分析。基本上,来自每个视场点的多条光线进入系统进行追迹后,在入瞳处形成了一个矩形网格。在像面上形成了一个散开的光线位置分布图形,每个图代表一个视场,通常颜色代表不同波长,从而表达出色差的情况。绘图比例为 CODE V 自动确定,以适合点列图的大小,因此在进行点列图的任何图形分析之前,建议设计者先检查比例大小。

要进行此操作,请单击 Quick Spot Diagram 按钮,通常情况下也可以选择 Analysis→
Geometrical→Spot Diagram,选项名称为 SPOT。如图 10-15 所示,对于这个镜头,所有视
场的点列图形状各不相同,但是图的比例尺大小都是一致的,比例尺是 0.050mm,即 $50\mu\text{m}$。

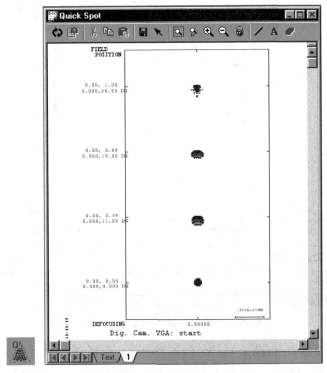

图 10-15　快速点列图

提示:系统提供的宏 spotdet.seq 将采用代表指定检测器或艾里斑的叠加圆形或矩形,
以绘制点列图。选择 Tools→Macro Manager 菜单,并选择在 Sample Macros/Geometrical
Analysis 下的宏。请注意,设计者必须填入所需的数据才能够运行该宏。

10.4.3　畸变

近轴像高和视场角存在以下关系: $h = f\tan\theta$。如果真实像高与此近轴区的理想像高不
同,则存在畸变(失真)。因此,畸变是与视场相关的像差,并且它通常与另一个基于视场的
像差(即像散)绘制在一起。可通过 Analysis→Diagnostics→Field Curves 菜单或单击工具
栏上的 Quick Field Plot(快速视场曲线)按钮,来访问这些视场相关的曲线。

所得到的畸变曲线以视场角作为纵坐标,以变形百分比作为横坐标。图 10-16 显示了
这一示例镜头的畸变在 4% 以内,位于规格指定值以内。实际上,在整个视场内来说,它都
小于 $\pm 1\%$。像散曲线如图 10-16 中的左侧部分,在全视场处得到了较好的校正,但在中间
视场仍然存在明显的带状残差。

畸变网格是另一种查看畸变情况更为直观的方式。在本示例中,设计者将看到一个矩
形网格,代表理想(近轴)图像,其上叠加了已扭曲的畸变网格。由于该镜头的视场是通过视

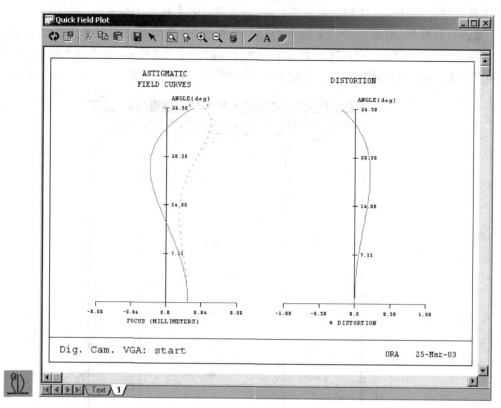

图 10-16　快速视场曲线按钮及其曲线图

场角定义,所以需要将 CCD 的水平(X)和垂直(Y)方向转换为视场角 θ,这需要再次使用 $h = f\tan\theta$ 进行计算。使用 3mm 的半对角线定义最大视场,但在这种情况下,要查看该视场的实际形式。根据规格,整个检测器的尺寸为 3.55mm×4.74mm,将它们分为除以 2 倍焦距,再通过反正切(arctan)计算得到最大 Y 和 X 方向的视场角,即 16.48°和 21.55°。

(1) 选择 Analysis→Diagnostics→Distortion Grid 菜单。见图 10-17。

(2) 在 X FOV semi-field(半视场)中输入 21.55,在 Y FOV semi-field 中输入 16.48。同时,选择 Fiducial Marks Only(仅基准标记)来设置参考网格,然后单击执行。

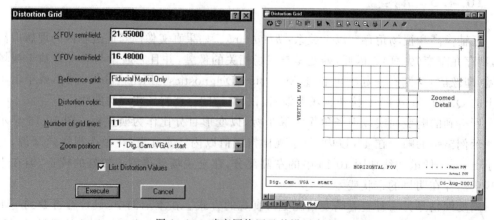

图 10-17　畸变网格图及其设置窗口

畸变很小,所以设计者需要对图形进行放大以便查看。基准标记显示的是近轴光线位置。因此,较小的畸变可能会使两个网格的区分十分困难。

10.4.4　MTF(清晰度)

对于任何类型的相机,用户最关心的就是成像质量,例如清晰度以及分辨率等参数。光学设计师将这些质量评价参数与调制传递函数(MTF)关联起来。调制本质上指的是相对对比度,1.0 代表理想对比度,即理想的黑色和白色,不存在中间灰色。对于较大的物体特征(低空间频率),即使是较差的镜头也将具有良好的对比度,而对于较高的频率(精确的细节),像差和衍射会使亮的区域同暗的区域混在一起。如果设计者确定并绘制了所有视场在整个空间频率范围的 MTF 曲线,则可以以非常简化的形式来定义镜头的清晰度。

(1) 选择 Analysis→Diffraction→MTF 菜单。

请注意,CODE V 提供了一个 Quick MTF 按钮,若设计者想要指定的空间频率范围,则快速 MTF 并不支持此功能。

(2) 在 Frequency/Calculation 选项卡上,输入 Maximum frequency(最大频率)为 68,Increment in frequency(频率增量)为 17。

请注意,当设计者更改选项卡上的值时,在选项卡标题旁边会显示一个红色星标,也称为更改指示符,如图 10-18 所示。

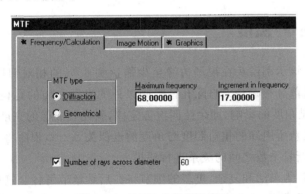

图 10-18　MTF 曲线设置窗口

(3) 在 Graphics 选项卡上,输入 Maximum plot frequency(最大绘图频率)为 68,然后单击 OK。

前文提到,CCD 阵列的最大空间频率约为 67 线/mm,因此此示例中将用 17 和 68(即 4×17)的组合用于分析。

提示:设计者可以在任何图形窗口中使用线条绘制和文本工具,以添加有助于阅读和解读绘图的信息。在重新绘图后,添加的图形注释将消失,但通过选择 File→Save Window As 菜单可以保存所需的注释图。

图 10-19 显示了该初始结构镜头具有较好的 MTF 特性,可以满足所有视场和方位角的低频和高频的清晰度要求。由于 MTF 可随方向变化,因此要计算两个正交方向,即子午和弧矢。这里,使用了线条绘图工具手动添加了 MTF 值为 0.25 的水平线。

请注意,这里尚未考虑到景深这一问题,这要求镜头在物距为 750mm 以及无限远处

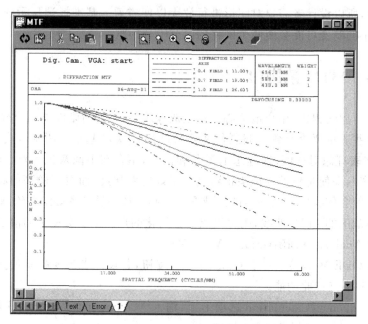

图 10-19　MTF 曲线

$(1.0 \times 10^{10}\,\mathrm{mm})$都符合 MTF 规格。我们将在后续的优化章节中讨论这一点。

10.4.5　渐晕/照度

根据规格要求,该示例镜头在视场边缘至少需达到 60% 的相对照度,其中包括一部分渐晕效应的影响,这部分影响是来自除孔径光阑以外的光学表面的孔径导致的离轴光线无法通过;另一部分是角度的影响,即余弦四次方定律,斜光线成像的亮度与这个斜角的余弦四次方成正比,这是众所周知的相对照度与角度的近似关系。本程序将基于光瞳大小(或 F 数)、表面孔径以及渐晕系数之间的关系进行建模。

这部分的分析较为灵活和复杂,更多的细节将在后续章节解释。这里简要地进行说明:渐晕系数决定参考光线,而参考光线又决定默认孔径。因此,这些也决定了参与 MTF 及其他计算所用的光线。基于设计目的,设计者可以直接更改渐晕系数,以扩展或限制离轴光束,并调整默认孔径。在这个镜头专利中,Y 全视场的上、下渐晕系数分别为 0.21 和 0.11。这将产生怎样的相对照度?至少有以下两种方法进行查看。

(1) 单击在上一节中创建的 MTF 输出窗口的 Text 选项卡。向下滚动到输出表的最后一个视场(0.00,26.50)。如图 10-20 所示。

请注意,除表格列出的 MTF 数据之外,每个视场还提供了其他有用信息。在本示例中,相对照度直接可以读取,这里是 58.8%,仅略低于标准要求的 60%(注意,这里 26.5° 的余弦四次方为 0.64)。设计者可以调整渐晕系数以提高照度值,调整渐晕系数的菜单可以在 System Data 窗口的 Fields/Vignetting 页面上找到。由于本示例已经与标准较为接近,建议现在可以暂时不考虑调整渐晕系数,看其在后续优化期间是否能够得到改善。

(2) 另一种查看相对照度数据的方法是 Transmission Analysis 选项中的 Analysis →

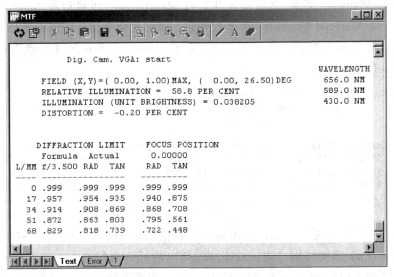

図 10-20　通过 MTF 的文本窗口查看相对照度值

System 菜单，这个菜单能够提供更详细的相对照度数据，甚至包括膜层的影响。若考虑膜层的影响，CODE V 将默认每个玻璃表面上有 1/4 波长的减反射膜层，当然设计者也可以删除该膜层或采用自定义膜层。

10.4.6　可行性分析

尽管这个示例只是简单根据设计需求选择了一个专利镜头进行缩放，但是初始镜头的性能已经相当不错。但是这样就完成了吗？并非如此，接下来还需要考虑元件的大小和厚度。虽然现有工艺有可能制造和安装如此小的透镜元件，但这些元件的尺寸仍然太小。

原始专利镜头的焦距仅约为 1mm，这可能是以某个比较大的焦距的镜头进行焦距缩放而形成的，比如用于 35mm 的胶片，这个视场角也有约为 43mm 的焦距。当有效焦距缩放为 6mm 时，中间的负透镜元件的直径为 1.5mm，厚度仅为 0.126mm，而在 43mm 的焦距，更合理的厚度应达到 0.9mm。为了有一个直观印象，图 10-21 提供了这个镜头的实际比例的模型。

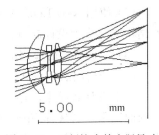

图 10-21　示例镜头的实际尺寸

为了使其可以进行加工处理，设计者需要定义合理的中心和边缘厚度值，例如，中心厚度可能为 0.9mm，边缘厚度为 0.8mm。这意味着，这个设计任务还没有达到最好的效果，还需要进一步使用约束和优化，通过 AUTO（自动化设计）选项和自动设计，来重新配置镜头以满足所有要求。

这里还有一个的实际问题，即玻璃的选择。本专利中使用的所有三个虚构玻璃均为高折射率的玻璃，其折射率分别为 1.786、1.717、1.835。折射率太高或太低（例如＞1.65 或＜1.45）的玻璃通常不常见，因此常规折射率的玻璃更为昂贵。设计者可以使用宏程序 glassfit.seq，快速将这些虚拟玻璃转换成最接近真实的等效玻璃，操作方法是：选择

Tools→Macro Manager 菜单,然后输入并运行 glassfit.seq,也可以在 Macro 对话框中的 Sample Macros/Material Information 下找到它。该宏在命令窗口中以交互形式运行,会向设计者提问并要求输入答案。在本示例中,使用 Schott 玻璃并允许自动更换,将得到如图 10-22 所示的内容。

```
Schott          0       Preferred glass
                1       Standard Glass
                2       Inquiry Glass

Surf Catalog   Glass      Delta Nd  Delta Vd  Avail  Price   DPF  Bubl  Stain
   1  SCHOTT   LAFN28      0.01336    0.5317     1    315.00  -75   0      1
   3  SCHOTT   SF1         0.00000   -0.0129     0     36.50    0   1      1
   5  SCHOTT   NLASF41    -0.00020   -0.2291     2      0.00  -79   1      0
```

图 10-22　将镜头的虚拟玻璃转换为实际玻璃

请注意,只有 SF1 是"preferred glass",即首选的普通玻璃,而 NLASF41 是"inquiry glass",即查询玻璃,需要特别订购。LAFN28 列出的标价为每磅 315 美元(693 美元/kg),这是最常见的光学玻璃 BK7 的价格的 19 倍左右。即使透镜元件非常小,这些玻璃对于低成本数码相机来说也并不是最佳选择。请注意,设计者可以选择 Analysis→Fabrication Support→Cost Analysis 菜单,使用 COST 选项来查找重量和估计玻璃成本,并尝试将选择的玻璃限制在较低折射率和更便宜的玻璃区域。后续的自动优化章节也能够实现玻璃的优化。

10.5　总结

在本章中设计者学习了以下内容:

(1) 解释数码相机镜头的设计规格;

(2) 使用 New Lens Wizard(新建镜头导向)从 CODE V 的专利数据库中寻找合适的初始结构镜头作为设计起点;

(3) 根据所需的应用缩放镜头;

(4) 分析起点镜头并确定某些优化方向。

如果设计者尚未保存所做的工作,那么现在应该进行保存,在本书的后续章节将会用到目前的结果。请选择 File→Save Lens As 为菜单,然后命名镜头,如 DigCamStart.len。在下一章中,设计者将使用该初始结构进行镜头优化,从而获得可接受的光学性能以及合理的加工可能性。

第11章

CODE V优化设计

在本章中,设计者将学习 CODE V 的优化设计方法,并针对第 10 章中设置的数码相机镜头进行操作。CODE V 的优化设计包括设置变量、确定和定义约束条件,以及分析优化结果。本章还将讨论某些高级优化功能,包括全局优化(global synthesis)功能。

11.1 关于优化

11.1.1 目的

优化的目的在于在给定的一系列物理和其他约束条件下生成可实现的最佳光学系统。是否达到所谓的"最佳"是通过误差函数值来进行衡量的,误差函数是将图像的像差数据组合成单个数值,然后设计者通过优化设计尝试尽可能减小该数值。CODE V 的误差函数具有预先定义的基本结构,可采用多种控制和权重以便捷地对误差函数进行修改,甚至还可以用完全由用户定义的误差函数来替换默认的误差函数,当然这有一定的难度,且在实际应用中很少有这个必要。

11.1.2 方法

CODE V 的优化功能称为自动化设计(automatic design,AUTO)。自动化设计使用加速阻尼最小二乘法(accelerated damped least squares,DLS)的算法来使系统的变量值产生变化,从而改善系统。约束条件则设置了搜索最优解过程中变量变化的边界。自动化设计仅在需要的时候使用拉格朗日乘数(Lagrangian multipliers)来施加约束,这不但可进行精确的约束控制,而且不需要将约束包含于误差函数中,从而能更快、更顺畅地找到受约束解区域内的最优解。

11.1.3 默认值

自动化设计中内置的默认值很有用,它帮助设计者很少或不必关注误差函数构建的细节,而且能够在输入要求最小化的前提条件下使设计者能够执行自动化设计。同时,许多可选的控制、权重、约束项等,允许设计者在后续需要特殊设计或微调时提供了极大的灵活性。

11.1.4 自动化设计过程

自动化设计过程可以作为一个黑盒子来获得优化设计的结果,其内部程序运行的流程如图 11-1 所示,这是 CODE V 设计过程的一般流程,包括自动化设计处理的部分。在设置和运行一个镜头示例时,各个步骤的意义将更加明确。

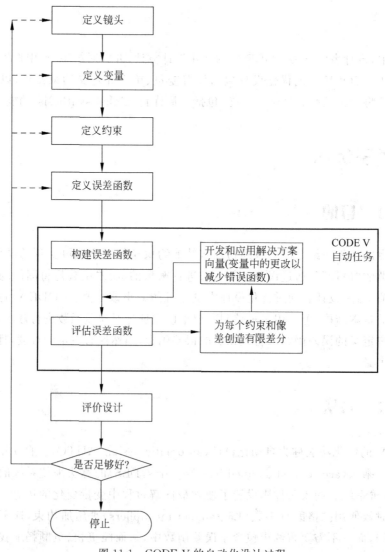

图 11-1　CODE V 的自动化设计过程

11.1.5 局部优化和全局优化的对比

如果设计者将误差函数看作是一个由多个山峰和峡谷组成的空间,则设计目标就是找到最低的峡谷。在局部优化中,设计者将找到离初始结构最接近的峡谷;全局优化则将搜索距离初始结构更远的位置,以搜索整个区间最深的峡谷,即全局最优解。CODE V的全局优化(global synthesis,GS)功能提供了一个非常有效的全局优化器,几乎可以从任何起点找到多个解。

11.1.6 并行处理支持

CODE V为局部和全局优化提供了并行处理的支持。并行处理在多核计算机上使用两个或更多个处理器来执行透镜的设计优化,特别是对于复杂透镜系统或者是需要追迹许多光线的系统。以下类型的优化计算支持并行处理:①垂轴像差误差函数(transverse aberration error function);②波前误差方差误差函数(wavefront error variance error function)。

并行处理功能并不要求设计者修改镜头系统。CODE V将自动检测计算机中可用处理器的数量,并使用它们来执行并行处理优化计算。

11.2 策略

本章中CODE V的优化看似有很多步骤,但实际上只是说明性文字较多。为了帮助设计者在看懂细节的同时也能把握整体,下面列出了优化某个镜头的策略梗概。除了定义变量和分析像差之外,这些步骤都将在Automatic Design(自动化设计)选项对话框(Optimization菜单)中完成,如前文所述,定义变量在LDM中完成,分析像差则在如MTF、视场曲线等选项中完成:

(1) 将所有曲率半径、厚度值和虚拟玻璃定义为变量,然后保存修改后的镜头。

(2) 确保所有玻璃元件的厚度足够,设置见General Constraints(通用约束)选项卡。

(3) 确保玻璃折射率不会太高,设置见General Constraints(通用约束)选项卡。

(4) 将有效焦距(EFL)限定为当前的6mm,设置见Specific Constraints(特定约束)选项卡。

(5) 在每个优化循环周期都绘制镜头结构图,设置见Output Controls(输出控制)选项卡。

(6) 使用默认光斑尺寸(垂轴光线像差)误差函数,但在网格中分析更多的光线数量,见Error Function Definitions and Controls(误差函数定义和控制)选项卡。

(7) 通过重新运行镜头评估分析功能来评价镜头是否满足目标,在第10章所述的窗口中单击即可更新,例如VIEW、MTF、FIELD选项都是如此。

(8) 修改自动化设计的设置以优化解决方案,设置见Error Function Weights(误差函数权重)选项卡。

接下来开始详细阐述如何执行镜头的优化设计。

11.3   变量

11.3.1   定义变量

在尝试镜头优化之前,设计者需要在 CODE V 中设置哪些镜头参数可以自由改变,这些变量是在 LDM 中定义的,并将与镜头数据一起保存在镜头文件中。决定哪些参数需要改变并不是一项简单的任务,但是在非偏心光学系统中,较为典型的做法是改变所有镜片表面的曲率、所有空气间隔、透镜元件的厚度值。注意,这里所改变的曲率不包括像面的曲率,因为像面通常是胶片的平面或探测器表面。厚度值的改变有助于保持良好的透镜中心或边缘厚度,同时降低对曲率的限制要求。玻璃通常也需要设置为变量,CODE V 中的玻璃定义包括了折射率和色散,这在 CODE V 中是使用"虚拟玻璃"的形式呈现,因为目录玻璃库中的玻璃都具有固定的属性,不可直接变化。

11.3.2   使用 LDM

变量定义是在 LDM 中执行的。默认情况下,所有参数在最初都处于不可变的冻结状态。要将半径或厚度设置为变量,请在 LDM 窗口中将鼠标光标置于该单元格上并右键单击,然后从快捷菜单中选择 Vary。此时,参数旁将出现一个字母 v,表示该参数已经被设置为变量。如果设计者错误地将某些参数设置为变量,则需要通过右键单击该参数,然后从快捷菜单中选择 Freeze 以删除字母 v。设计者还可以选择一个或多个种类的多个值,并通过单击右键的 Vary 将所有选定的值更改为变量。

以下是操作的具体步骤,如果尚未打开镜头文件,则需要打开或重新创建第 10 章中介绍的焦距为 6mm,F 数为 3.5 的数码相机镜头作为优化起点。

(1) 选择 File→Open 菜单,找到第 10 章中已经创建好的数码相机镜头文件,其名称可能是 DigCamStart.len 或设计者自行命名的名称,然后单击 OK。

打开该镜头文件时,将恢复保存时打开的所有分析窗口。注意,如果从命令窗口通过 RES(restore)命令打开镜头文件,则不会发生这种情况,此时,将恢复镜头而不改变目前程序中的其他窗口。

(2) 在 LDM 电子表格窗口中,选择表面 1 到表面 6 的 Y 曲率半径值。

(3) 右键单击所选的单元格之一,然后选择 Vary,如图 11-2 所示。

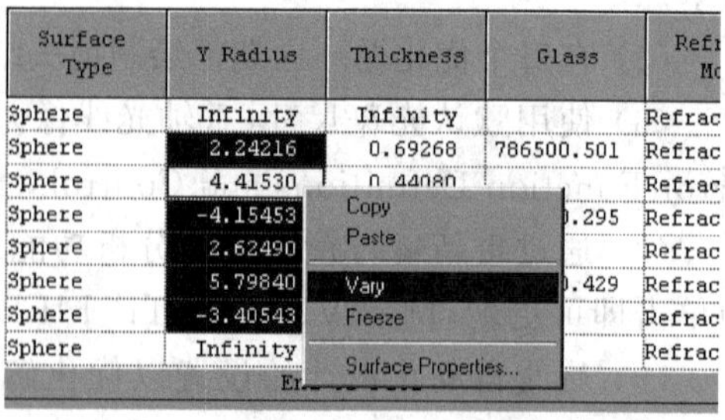

(4) 对厚度值重复此过程,选择表面 1 到表面 5 的厚度并设置为变量,然后选择像面厚度并单独设置为变量,这里不包括表面 6,因为这将移除在这个表面上的 PIM 求解。

包含所有变量的 LDM 电子表格窗口显示在下文中可以找到,紧跟在虚拟玻璃的讨论之后。

图 11-2   将镜头曲率半径设置为变量

11.3.3　虚拟玻璃

将玻璃设置为变量需涉及另外的考虑和可能更多的步骤,因为该玻璃的折射率和色散属性都可以变化。要将材料用于自动化设计中作为变量,必须定义为虚拟玻璃。如果选择CODE V自带的玻璃库中的某种具体玻璃作为变量,则该玻璃将被自动转换为与其等同的虚拟玻璃。在最终设计中,优化完成的虚拟玻璃也需要由设计者用最接近的真实玻璃代替,这通常可以采用宏程序 glassfit.seq 协助完成。

虚拟玻璃具有特定的形式。对于某一种玻璃,其在 587.6nm 或 d 光下折射率为 1.620,且阿贝值(即倒数色散)或 ν 值为 60.3,则该虚拟玻璃的名称为 620.603,这个句点告诉了CODE V 这是一个虚拟玻璃。CODE V 也接受其他替代形式,例如 1.620:60.3,并允许输入 $n>2.0$ 且 $\nu>100$ 的玻璃。

对于本示例的数码相机镜头,其所依托的专利镜头已经包括了虚拟玻璃的定义,但是虚拟玻璃都处于不可编辑的冻结状态。设计者还应该注意,该镜头的所有三个镜片都具有非常高的折射率值,达到了 1.7~1.8,这表示造价可能会非常昂贵。设计者需要将玻璃设置为变量,在自动化设计中对其折射率进行约束,具体内容将在以下部分中完成。

(1)要将表面 1 的玻璃设置为变量,请在 LDM 窗口中右键单击该玻璃的名称,并从快捷菜单中选择 Vary。

该玻璃名称旁边将显示字母 v,表明它是一个变量。对于多色(多波长)系统,通常需要将折射率和色散都设置为变量,对于 CODE V 来说这是默认设置。但也有玻璃的其他可能性。

(2)左键单击表面 1 上玻璃的 v,或者右键单击并选择 Couple,此时将显示 Coupling Editor(连接编辑器)对话框,如图 11-3 所示。Coupling 是将变量的属性联系在一起、使所选择的变量具有相同属性的一种方法,对于虚拟玻璃,它还允许通过该方法访问折射率和离散变量。

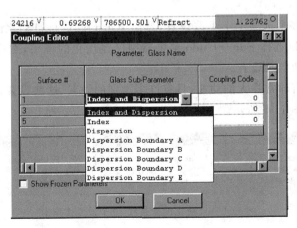

图 11-3　Coupling Editor 界面

(3)双击表面 1 的 Index and Dispersion(折射率和色散)单元格。CODE V 支持用户将折射率和色散独立或一起设置为变量。由于本示例是一个工作在多个波长下的镜头,因此可同时将折射率和色散设置为变量。色散边界是玻璃图多边形的边界，其限制了允许使用的玻璃类型的范围，将在 11.4.1 节中介绍通用约束问题时对其加以讨论。

(4) 单击 Cancel。

(5) 右键单击，并从表面 3 和 5 的玻璃快捷菜单中选择 Vary。完成后，LDM 窗口应如图 11-4 所示。

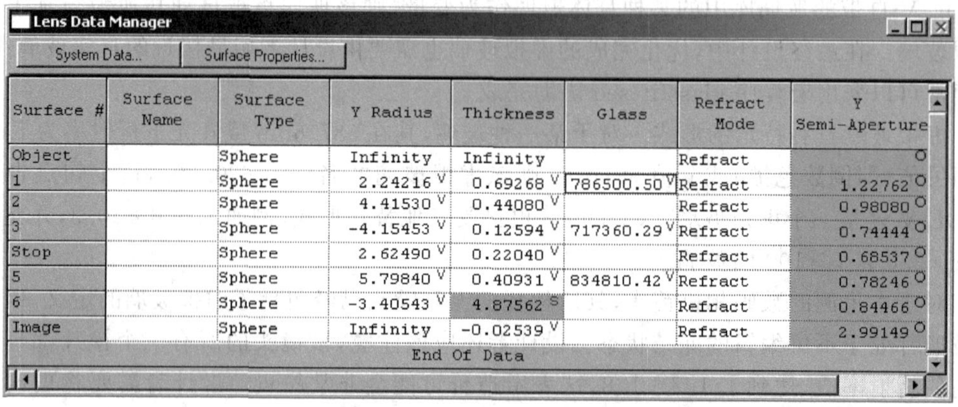
Lens Data Manager
System Data...
Surface Properties...

Surface #	Surface Name	Surface Type	Y Radius	Thickness	Glass	Refract Mode	Y Semi-Aperture
Object		Sphere	Infinity	Infinity		Refract	O
1		Sphere	2.24216 V	0.69268 V	786500.50 V	Refract	1.22762 O
2		Sphere	4.41530 V	0.44080 V		Refract	0.98080 O
3		Sphere	-4.15453 V	0.12594 V	717360.29 V	Refract	0.74444 O
Stop		Sphere	2.62490 V	0.22040 V		Refract	0.68537 O
5		Sphere	5.79840 V	0.40931 V	834810.42 V	Refract	0.78246 O
6		Sphere	-3.40543 V	4.87562 S		Refract	0.84466 O
Image		Sphere	Infinity	-0.02539 V		Refract	2.99149 O
End Of Data							

图 11-4　完成变量设置的镜头数据管理器

(6) 选择 File→Save Lens 菜单，以将变量设置一起保存为镜头文件的新版本。

11.4　自动化设计设置

现在已准备好启动自动化设计，首先需要定义一些指导该镜头优化过程的设置。选择 Optimization→Automatic Design 菜单，打开 Automatic Design(自动化设计)对话框。

需要特别注意，在本节内容结束前，请不要单击 Automatic Design 对话框中的确定按钮。

设计者需要在多个选项卡上更改设置，然后单击 OK 运行自动化设计程序。如果用户错误地单击 OK，可以选择 Edit→Undo 菜单撤销已经优化的镜头，然后在自动化设计输出窗口中单击设置按钮继续设置。

自动化设计具有非常强大的功能，具有许多类别的设置，这些设置在输入对话框中划分为 10 个选项卡，如图 11-5 所示。

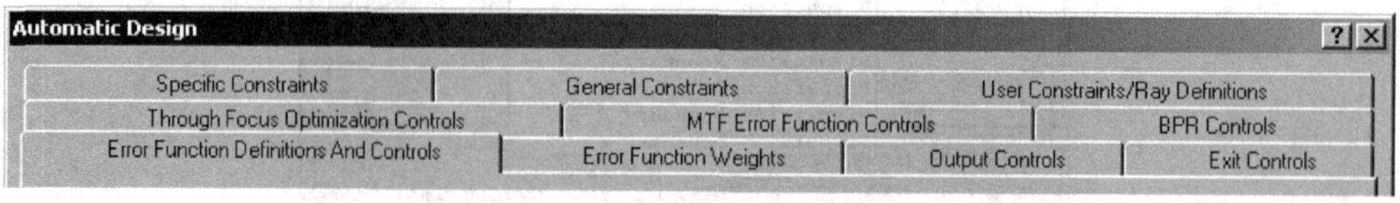
Automatic Design
Specific Constraints
General Constraints
User Constraints/Ray Definitions
Through Focus Optimization Controls
MTF Error Function Controls
BPR Controls
Error Function Definitions And Controls
Error Function Weights
Output Controls
Exit Controls

图 11-5　自动化设计共有 10 个设置选项卡

大多数设置用于确定诸如权重等参数，或用于标记特殊行为，例如在每个优化循环周期中绘制透镜结构图。

共有两种类型的设置用于定义边界条件或约束。

第一个边界条件类型称为通用约束。这些通用边界条件用于控制透镜的厚度值和玻璃图边界,以防止出现不切实际的设计。厚度约束可以防止诸如负的边缘厚度值或透镜元件相互重叠等问题。玻璃边界可防止程序选择物理上无法实现的折射率和色散值。通用约束始终有效,并对所有变焦位置的所有表面都施加了限制。设计者可以为这些限制设置数值,还可以针对具体表面使用特定约束以覆盖所选的通用约束。

第二个边界条件类型称为特定约束。特定约束仅在用户输入时才适用。许多约束是基于表面的,与物理或光学属性有关。另外一些约束适用于整个系统或一系列表面。特定约束允许设计者非常详细地定义需求,但是也需要注意不能过度约束系统,否则可能限制镜头的改进潜力。

11.4.1　通用约束

1. 通用厚度约束

对于本示例的这个小型透镜,设计者必须确保透镜元件足够厚,以便于加工处理。根据加工经验,下列建议值较为合理,当然对于这种小尺寸的透镜元件,可以设置为 0.5mm 的厚度。这最好由通用厚度进行约束和优化。此外,在 11.3 节中指出,该镜头专利中的玻璃都是高折射率玻璃。玻璃图边界约束可以用于将优化的玻璃限制到玻璃图中折射率和成本较低的区域。设计者现在可打开 CODE V 自动化设计对话框:

(1) 单击 General Constraints(通用约束)选项卡。

(2) 在 Maximum Center Thickness(最大中心厚度)对话框中输入 1.4。

(3) 在 Minimum Center Thickness(最小中心厚度)对话框中输入 0.9。

(4) 在 Minimum Edge Thickness(最小边缘厚度)对话框中输入 0.8。

2. 玻璃图约束

在自动化设计中使用的玻璃图是 N_d vs. (N_F-N_C) 图。图 11-6 摘自 CODE V 参考手册,它显示了默认的四边形玻璃图边界,该区域允许相当高的折射率值。请注意,某些特定的 Schott 玻璃以带标签的点标出,并且默认的玻璃边界内包围了市面上最常见的玻璃。然而,需要注意的重要一点是,自动化设计只能以连续的方式变化玻璃,而不能定位离散的真实玻璃。设计者还必须在优化后将虚拟玻璃转换为真实玻璃(可使用 glassfit.seq 宏),以便分析最终性能并使加工成为可能。

玻璃图约束多边形实际上可以具有 3~5 个边,各个边的标记从 A 到 E,这是一个凸多边形。从图 11-6 可以看出,SF2 为三角形的玻璃区域确定了一个方便的点,该区域的最大折射率低于 1.65,这样就更容易在优化之后寻找更便宜的玻璃。请注意,默认情况下,玻璃贴图边界的更改将应用于所有光学表面,但如有必要,设计者也可以为每个表面独立定义一个玻璃图。

(1) 在自动化设计对话框的 General Constraints 选项卡上,单击对话框底部 Glass Map Boundary(玻璃图边界)电子表格单元格 Map4 中的玻璃 SF4,然后按 Delete 键(或 CTRL+X)删除第四边界。

(2) 单击单元格 Map3,并键入 SF2 以定义三角形区域的新顶点。

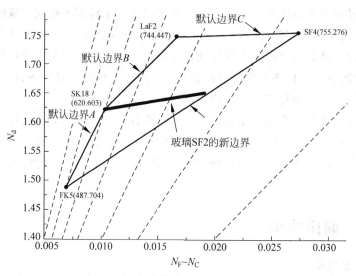

图 11-6　自动设计中的玻璃图摘录

此时，General Constraints 选项卡应如图 11-7 所示。

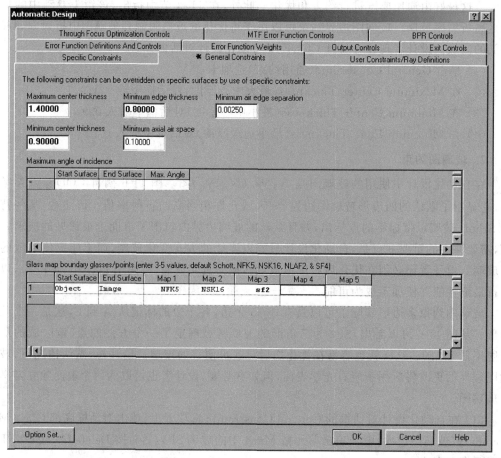

图 11-7　General Constraints 选项卡

3．特定约束

当需要定义优化的边界条件时，可以对很多对象进行约束，包括了许多物理和光学属性，如总长度、焦距、畸变、真实光线属性、近轴光线属性等。特定约束可以以几种方式输入，包括等式（保持为一个值）、上限和（或）下限，以及最小化（不直接约束，但尽量减小其与目标值的差异）。设计者还可以将约束指定为仅显示，此时这些约束在每个优化循环周期都会计算和显示，但不以任何方式受控。

在大多数镜头中，至少需要一个特定约束以保持系统的规格，这可以是像面上的近轴或实际光线高度、近轴斜率或实光线方向余弦值等。但最常见的是近轴有效焦距（EFL），设计者将在这里使用该约束。

（1）在 Automatic Design 对话框中，单击 Specific Constraints 选项卡。表格启动，其内容为空，默认情况下系统不定义任何特定具体约束。

（2）单击 Insert Specific Constraint（插入特定约束）按钮，该按钮位于对话框底部附近。
Edit Constraint（编辑约束）对话框将显示出来，其中 Effective Focal Length（有效焦距）作为默认约束，这也是最常见的情况。实际上在本示例中，设计者只需单击 OK 即可，但要注意的是，首先可以从左上角列表的几个类别中进行选择；其次，右上角还有一个独立的约束列表。Effective Focal Length 是 Optical Definitions（光学定义）选项卡中的第一个约束参数。

（3）单击 Constraint Target（约束目标）并输入 6，如图 11-8 所示。

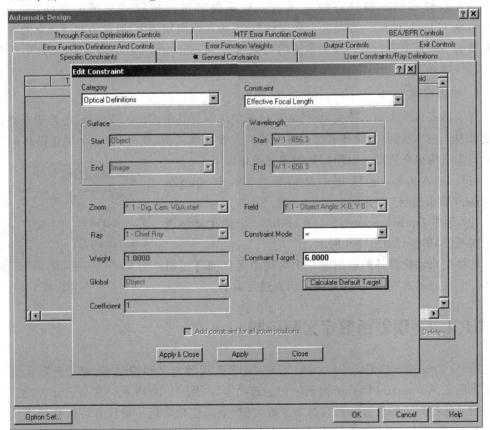

图 11-8　自动化设计中编辑约束对话框

（4）单击 Calculate Default Target（计算默认目标）按钮。

注意，此时对话框中显示的值是 6，这一按钮用于方便地评估此特定约束的当前值。设计者并不需要保留它，但在本示例中这是正确的。

（5）单击 Apply&Close 确定输入此约束。

提示：输入约束时，请务必在选择约束后单击数据字段，以使程序可以显示该约束类型所需的数据。如果它是基于表面或视场的约束，请确保选择了所需的表面或视场，如果是变焦系统，还需要选择变焦位置。Calculate Default Target（计算默认目标）按钮将显示当前值，以帮助设计者确定一个良好的目标。

4. 其他具体约束

在许多情况下，还需要其他特定约束，这通常需要在进行一次试验性优化运行之后才能确定。通常最好将特定约束的数量限制在对设计真正重要的范围内。对于此镜头，畸变的规格需小于 4%，设计者应添加该约束，方法是：在 Edit Constraint 对话框中的 Optical Definitions 类别中，找到标记为 Distortion Fraction Y 的选项，其命令为 DIY。在添加该约束的同时，设计者将选择控制它的视场，通常需要约束最后一个或是最大视场，而很少需要在多个视场约束它。此镜头的起点具有非常低的畸变，因此设计者可能在开始时并不需要约束该值，此时可以在 Edit Constraint 对话框中，将其添加到 Display Only 模式下进行监控。如果畸变成为问题时再添加它，若需要限制正负畸变，则需要添加两次。

尽管数码相机不像某些胶片相机一样需要容纳反射镜或棱镜的空间，但 Image Clearance（"back focus"）也是一个常用约束，因为在数码相机中，取景是通过独立的取景器或在显示屏面板上进行的。其他常用的约束来自 Manufacturing and Packaging（生产和包装）类别，例如镜头总长。

5. 输出控制

对于具有多个表面的镜头，设计者可能希望限制其基于表面的输出量，还希望能查看一个变量表。在本示例中，设计者可以接受这些设置的默认值，此外，在每个优化循环周期中查看镜头结构很有帮助。输出控制的设置操作如下：

（1）在 Automatic Design 对话框中，单击 Output Controls（输出控制）选项卡。

（2）选中 Draw system at each cycle（每个优化循环周期绘制系统）的框，如图 11-9 所示。

这将在自动化设计的输出窗口中为每个优化循环周期产生一个独立的选项卡，并使用误差函数进行命名。

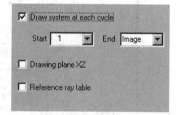

图 11-9   输出控制选项卡

11.4.2   误差函数定义和控制

Error Function Definitions and Controls（误差函数定义和控制）选项卡是默认情况下最先出现在 Automatic Design 对话框中的选项卡，如图 11-10 所示。这是设计者设置常规方法和某些控制值的位置，例如，误差函数类型、全局优化功能。设计者可以接受默认误差函数类型（垂轴光线像差，即 RMS 光斑尺寸），但对于该特定镜头，应更改为一个不同的光

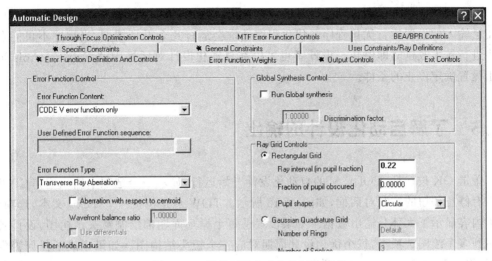

图 11-10 误差函数定义和控制选项卡

线网格间隔值。

（1）在 Automatic Design 对话框中，单击 Error Function Definitions and Controls 选项卡。

（2）在 Ray Grid Controls（光线网格控制）部分中输入 0.22 作为 Ray interval（光线间隔）。

11.4.3 保存设置（选项设置）并运行自动化设计

只要将与自动化设计窗口相关联的窗口保持打开，自动化设计对话框中的设置就将保持在设计者的 CODE V 会话中，并允许修改设置并重新运行。但是，要将设置应用于以后的 CODE V 会话中则需要保存它们，其具体步骤如下：

（1）单击 Automatic Design 对话框左下角的 Option Set 按钮，如图 11-11 所示。

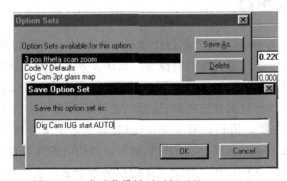

图 11-11 自动化设计对话框下的 Option Set

（2）单击 Save As 按钮。

（3）为需要保存的自动化设计设置键入一个名称，并单击 OK。

（4）单击 Option Set 对话框中的 Close 按钮。

（5）在自动化设计对话框中单击 OK。

以上已完成了本示例自动化设计的设置工作,这将创建自动化设计选项卡输出窗口,并使用已输入的设置运行优化程序。优化程序通常会运行几个循环周期,当程序不再能在镜头中进行较大改进时即停止。设计者也可以在自动化设计对话框中的 Exit Controls 选项卡上设置确定停止的条件。

11.5   了解自动化设计的输出

单击 OK 按钮后,CODE V 的自动化设计开始运行,显示一个选项卡输出窗口(TOW)和带有停止按钮的控制对话框,如图 11-12 所示。TOW 总是包括一个 Text(文本)选项卡,文本内容显示了大部分输出数据。如果设置了每个循环周期都绘制镜头结构图,设计者还将看到多个绘图选项卡,每个优化设计周期对应一个镜头结构图。如果生成了任何警告或错误,将会看到 Error(错误)选项卡。

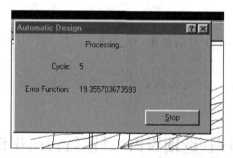

图 11-12   CODE V 的自动化设计运行过程的选项卡对话框

控制对话框用于显示当前的循环次数和误差函数值。注意,如果单击 Stop 工具栏按钮,自动化设计可能不会立即停止,它会尝试完成当前循环,并确保停止前镜头有效。

11.5.1   误差函数

误差函数(error function)是自动化设计运行时产生的一项最有用的信息,该单个数字表示镜头的成像质量,零则代表无像差的镜头。默认误差函数由 X 和 Y 方向上的垂轴光线像差的平方和组成,经过缩放后大致等于所有视场和变焦位置的平均 RMS 光斑半径的平方。此外,默认误差函数还包括有波前误差方差、光纤耦合效率和 MTF。误差函数值的解释在加入这些内容后与默认值相比有所变化,但是它总是定义为越小越好,且零是最理想的,但实际光学系统几乎难以实现。CODE V 也可以使用由设计者自定义的误差函数。

为了计算误差函数,CODE V 从每个定义的视场和变焦位置中追迹每个波长形成光线网格。这些网格假定入射光瞳具有单位(归一化)半径,并且光线之间的间隔称为光瞳比例光线间隔(pupil fraction ray interval),其命令为 DEL。查看指定 DEL 值的光线图可以采用宏程序,通过选择 Tools→Macro Manager 菜单找到,并列在 Sample Macros/Optimization 下找到 AUTOGRID.SEQ。对于为本示例优化选择的 DEL 值为 0.22,其图案如图 11-13 所示。请注意,当自动化设计对话框或任何其他选项对话框打开时,设计者被限制运行宏程序。

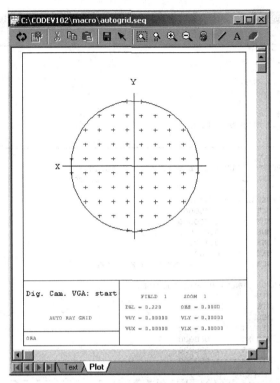

图 11-13 入射光瞳面上由光线追迹形成的光线网格

在像面上计算这些光线中的每一条光线在 X 和 Y 方向上的垂轴光线像差,这些像差的加权平方和可以确定每个优化循环周期的误差函数。该求和计算中,权重是优化过程的重要控制参数,可以针对孔径位置、波长和视场(X 和 Y 分量)分别定义权重。

11.5.2 自动化设计的输出文本

图 11-14 所示的是来自自动化设计运行之后的文本输出窗口。输出标题部分是文本输出的开始部分,其中显示了计算中使用的输入值和默认值,这些内容都主要以 CODE V 命令形式进行显示。

标题开头首先显示设计者的设置生成的命令,如 EFL、DEL 等。然后列出可能会活动的特定约束,在本示例中仅为 EFL。"可能会活动"意味着自动化设计将动态地确定在任何给定循环周期是否需要某一约束,以释放尽可能多的变量,从而控制成像像差。接下来列出的是通用约束,这些命令包括了最小边缘厚度 MNE、最小中心厚度 MNT 等。

提示:要查看某类输入的命令,请在自动化设计对话框中单击感兴趣的选项卡(如 General Constraints),然后按 F1 键。这将显示描述输入的帮助页面,其中包括了对应的 CODE V 命令名称。

Error Function Construction(误差函数构建)显示了各个分量的权重,以及在光线追迹网格中所使用的 DEL 值。Convergence Controls(收敛控制)显示了优化的退出条件,其中,MXC 是最大周期,MNC 是最小周期,TAR 是误差函数目标,IMP 是目标周期的改进比例。

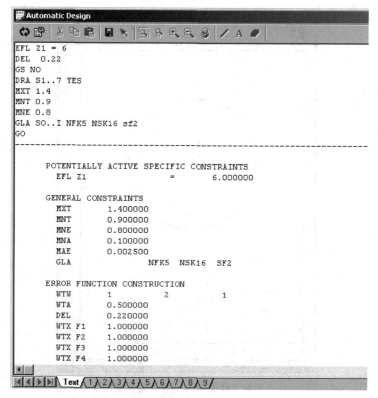

图 11-14　自动化设计的文本输出窗口

Output Controls(输出控制)在本示例的情况下仅包括镜头绘图的命令(DRA)。在这之后还有变量的数量,本示例中为 18,包括了 6 个曲率半径、6 个厚度值和 6 个玻璃变量,其中 6 个玻璃变量分别是 3 种玻璃中的折射率和色散。

　　提示:自动化设计对话框的 Output Controls 选项卡上有个 Variable Table 区域,通过单击其中的 Print Cycle Value 按钮,可以获取变量列表。

　　最后,通过 CODE V 自动化设计的输出文本可以看出,由于有 18 个变量,所以可以激活 18 个约束,这是本示例的约束上限。实际上,设计者更希望在激活更少量约束的条件下,应用最大"自由度"(即变量数)来改善成像质量。

11.5.3　自动化设计过程中每次优化循环周期的输出

　　如图 11-15 所示,自动化设计中的每一个循环周期都显示了误差函数和约束的一次迭代过程。实际上,每个循环周期都包含了多次的小型迭代,在这些小型迭代过程中会尝试不同的参数并且根据需要添加或删除约束,从而对当前配置作出最大改进。

　　注意:以上输出仅是举例说明,设计者的输出可能根据优化设置会略有不同。

　　误差函数值是每个循环周期的开始和结束,其标记为 ERR.F。接下来是来自每个视场的 X 和 Y 分量,允许查看哪些视场和分量对误差函数贡献最大,还需要考虑到,总误差函数值还包括加权因子,例如,如果 WTX F4 视场权重值小,视场 4 处的大 X 分量也不会有较

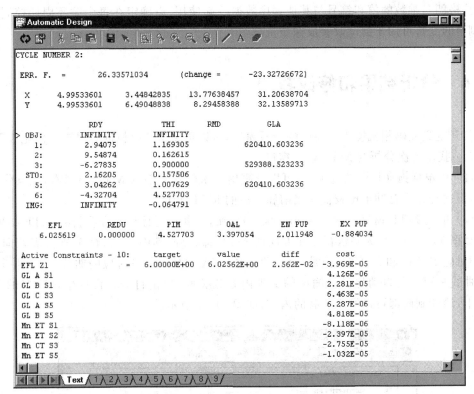

图 11-15　自动化设计的某次循环周期的输出文本

大贡献。紧接着列出了表面数据,此后是基本的一阶系统属性,包括 EFL、REDU 或倍率、PIM 或近轴像距、OAL 或总长度、EN/EX PUP 或入瞳/出瞳距离。

最后有一个 Active Constraints(活动约束)表,在本次循环过程中有 10 个活动约束。首先列出了 EFL,并含有其目标值、当前值以及它们之间的差异。在本示例中这是唯一的特定约束,其他约束还包括了自动化设计的通用约束。GL A S1 是玻璃地图的边界约束,请回顾本示例中标记为 A、B、C 的玻璃多边形边界。Mn ET S1 是表面 1 的最小边缘厚度约束。

11.5.4　约束成本

CODE V 的优化程序确定每个循环周期需要控制的约束,判断标准是拉格朗日乘数值,这些值是在 cost(成本)列中列出的。之所以称为 cost(成本),是因为当控制某个边界条件时,程序被限制而无法达到某个误差函数更小的某个解空间点(变量值集),这种对最优点的限制使设计者需要付出某些代价才能够达到目标误差函数,如果可以解除该限制,误差函数可能会更小。

某些约束比其他约束更难以控制,而这些约束往往需要更大的成本。虽然无法直接比较不同类型约束的成本,但较大的值比较小的值影响更大,如果看到非常大的值(任何正指数,例如 1E+02),则该约束会造成很大问题。此时,设计者可能需要删除它,或提供另一个变量,使该条件更容易满足。

拉格朗日乘数的值和符号与其他程序数据一起使用,以确定在每个循环周期控制的约束,剩余的变量可用于尝试改善成像质量。

11.6　分析结果和修改权重

打开定义数码相机镜头时使用的分析窗口,可以更新这些分析内容以查看优化效果。

(1) 找出上次分析的 MTF 输出窗口。

(2) 用鼠标拖动该图的选项卡,可以分离出一份优化之前的 MTF 图副本,该操作并非必要,但这种方法有助于比较优化之前和之后的 MTF 变化。

(3) 单击 MTF 窗口中的 Execute(执行)按钮,重新运行计算并查看新的 MTF 结果。

如图 11-16 所示,大多数视场和方向的 MTF 都较好,其中,T 和 R 分别代表切向和径向,即对应 Y 方向和 X 方向,但是,也有两条径向(X,虚线)分量对应的曲线 MTF 值较低。这些曲线是可以与自动化设计输出的文本内容相关联,单击自动化设计输出窗口的 Text 选项卡,滚动到底部可以发现关联的内容,如图 11-17 所示。

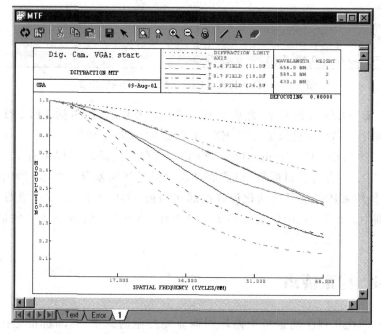

图 11-16　经过优化之后的 MTF 曲线

```
CYCLE NUMBER 8:

ERR. F.  =        17.06341984        (change =      -0.21110054)

X      5.37831466      3.16466476      11.98331629      17.26308497
Y      5.37831466      5.85629925      12.06090569       7.16877906
          ( F1            F2              F3              F4 )

Normal AUTO Completion - System improvement less than IMP
```

图 11-17　与 MTF 曲线相关联的文本输出

请注意,最大的误差函数分量是 F3 和 F4 的 X 分量,以及 F3 的 Y 分量,这些对应于 MTF 曲线中最低的那几条。由于此问题与特定视场和 X 分量有关,因此在优化中可以修改自动化设计的设置,以增加这些项的权重。

(1) 单击自动化设计输出窗口的 Modify Setting(修改设置)按钮。

(2) 单击自动化设计对话框中的 Error Function Weight(误差函数权重)选项卡。

默认的视场权重来自 LDM 数据,并全部为 1.0,设计者可以在 System Data 窗口(Lens→ System Data 菜单)的 Fields/Vignetting 页面中看到。设计者可尝试增加视场 F3 和 F4 的 X 分量权重,例如增加权重至 1.2,如图 11-18 所示。

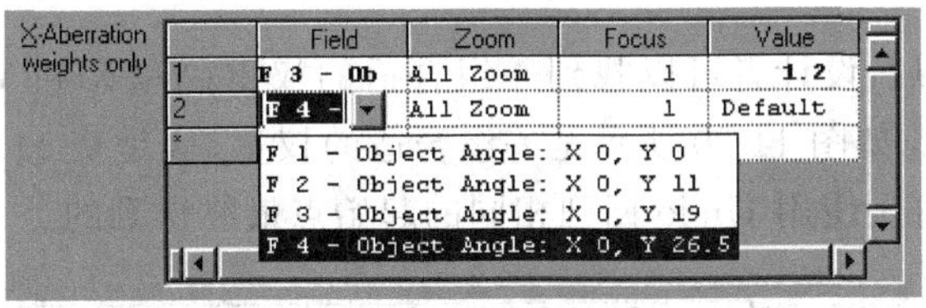

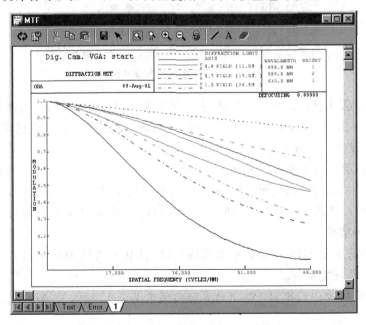

图 11-18 修改视场 3 和视场 4 的权重

(3) 单击电子表格的第一行,即标记为 X-Aberration weights only(仅 X 像差权重)的行,然后双击第一个单元格,然后选择视场 3(F3)。

(4) 在此行的 Value 对话框中输入 1.2。

(5) 单击空白行,然后对视场 4(F4)重复上述步骤。

(6) 单击 OK 使用新的权重,重新运行自动化设计。

(7) 单击 MTF 窗口中的 Execute 按钮,重新运行分析。

如图 11-19 所示,现在径向(虚线)的曲线都升高了,但 F3 的 T 曲线却更低了,这需要更大的权重。设计者可以在 X 和 Y 方向上使用不同的权重进行快速试验,甚至降低轴上视

图 11-19 权重修改后的 MTF 曲线

场(F1)和 0.4 视场(F2)的权重,因为它们的 MTF 比所需要的值更高。虽然此时可以切换到 MTF 优化,但是定义 MTF 误差函数的目标值可能比更改权重的方法所需的时间更长,因为它还需要重新运行自动化设计和重新运行 MTF。

除此之外,MTF 还提供了一些便利,例如在文本输出中的同时报告了每个视场的相对照度和畸变,这可以让设计者在调整 MTF 时密切关注这些规格的变化。

11.7 最终优化和注释

经过几次试验之后,设计者可以找到一组合适的权重(WTX 和 WTY),能够使镜头满足 MTF 和其他规格。如图 11-20 所示是一组合适的权重,这是从 11.6 节中显示的初始默认权重开始优化、并每次使用 Undo 回到相同的起始点最终得到的。

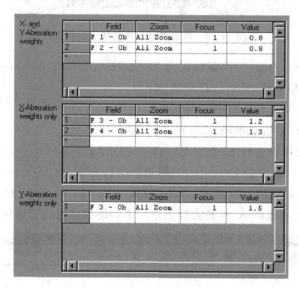

图 11-20 本设计实例设置完成的权重

设计者可能无法获得完全相同的解,主要是因为应用权重和初始结构修改的不同,但设计者的解应具有相近的性能。当得到一个较好的解,设计者就应该通过选择 File→Save Lens As 菜单,设置一个新的标题并保存镜头文件。

图 11-21 显示了最终该镜头的快速二维透镜结构图、MTF 和 LDM 表面数据。

要获得其他的最终分析结果,请单击之前分析中使用过的每个分析窗口上的 Execute/Recalculate(执行/重新计算)按钮,如果该分析窗口已关闭,则需要再次运行。对于这个解,我们获得了以下结果:

(1) MTF 满足了 17lp/mm 处所要求的规格,且基本满足 68lp/mm 以内的 51lp/mm 的规格,并有一些性能富余。

(2) 从视场曲线中看出,畸变(distortion)最大为 -1.7%,见 Analysis→Diagnostics 菜单。

(3) 从 MTF 选项中可以读取出,全视场的相对照度(relative illumination)为 67.3%。

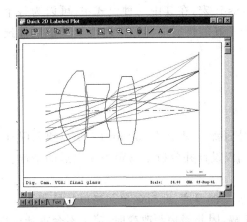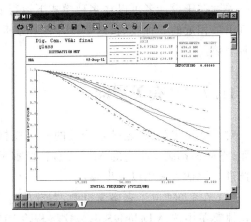

图 11-21　该示例镜头的主要设计结果

Surface #	Surface Name	Surface Type	Y Radius	Thickness	Glass	Refract Mode	Y Full Aperture
Object		Sphere	Infinity	Infinity		Refract	
1		Sphere	2.77887 V	1.41252 V	620410.603 V	Refract	3.34770
2		Sphere	-13.94749 V	0.10000 V		Refract	2.40309
3		Sphere	-6.67019 V	0.90000 V	579136.416 V	Refract	2.10749
Stop		Sphere	2.51444 V	0.60763 V		Refract	1.15227
5		Sphere	5.39236 V	1.06767 V	620410.603 V	Refract	2.22898
6		Sphere	-6.46386 V	3.44657 S		Refract	2.78018
Image		Sphere	Infinity	-0.10529		Refract	5.98297

从 Analysis→System 菜单或 TRA 选项中可以进行透射率分析（transmission analysis），视场 F4 的透过率为 63.2%，高于 60% 的规格要求。

（4）同时，TRA 选项还显示了全视场的平均透过率为 88.2%，其计算前提是按照 CODEV 的默认设置，每个表面上使用了单层减反射膜层（1/4 波长的氟化镁）。若除去所有膜层（Lens→Surface Properties 菜单，Cement/Coating 页面，在每个表面的膜层上请单击 None），则透过率会降至 66%。这表明了设计过程很可能需要应用一些膜层，这些细节都需要在任何镜头规格确定之前进行检查。

实际上，在这个镜头达到加工之前还有许多事情要做。

11.7.1　关于真实玻璃

正如第 10 章结尾处所述，设计中关键的一点就是将虚拟玻璃更换为真实玻璃。此步骤完成之后，一般需要进行细微的重新优化，因为真实玻璃并不总能与虚拟玻璃精确匹配。提供的宏程序 glassfit.seq 非常有用，但设计者不应该总是使用" fit all glasses automatically（自动匹配所有玻璃）"的选项。在该镜头中，为前后透镜自动匹配的 Schott 玻璃是 NSK16，参数为 620.603，它被列为目录 2 的查询玻璃。SK16 不但是同样好的解决方案，而且列为首选玻璃，这意味着其有现货而且更经济。这反映的只是 Schott 的某些暂时情况，当然设计者也可以选择其他制造商。

关键在于设计者可以在多种模式下运行 glassfit 宏,在其中一种模式中,可以为每个表面列出最相近的 5 种玻璃,这使设计者可以根据良好的折射率和色散匹配及其他属性选择一种玻璃。

11.7.2　有关景深

对于该定焦镜头,这里未涉及的一个规格是景深。对于从 750mm(2.5ft)到无限远的物距,它应该都满足指定的 MTF 规格,但本示例仅设计并分析了物距为无限远的情况。要对此进行评估可采用以下步骤:

(1) 在 LDM 电子表格窗口中,右键单击表面 6 的厚度,此时该单元格以灰色阴影显示,从快捷菜单中选择 Delete Solve,这将删除 PIM 解,因此当物距改变时,镜头不会重新调焦。

(2) 将物距从无限远更改为 750mm。

(3) 重新运行 MTF 和所需的任何其他分析。

设计者可以看到,使用该解时,在近物距处无法满足规格。这可通过好几种方法来解决,例如,在自动化设计中使用离焦参数,或者通过使用变焦来同时优化近物距和远物距。这里不会进一步执行这些工作,但请注意,如果高频 MTF 具有较大富余(51～68 线对/mm),则在景深方面使用有所折中的解决方案也是可行的。

11.8　塑料、专用目录和非球面

低成本数码相机镜头真的只能由全玻璃三片式透镜构成吗? 这取决于很多因素,可以进一步考虑塑料或玻璃/塑料混合的解决方案。塑料镜头采用模具制造,而且对于模具来说,非球面和球面同样简单。塑料较为经济廉价,而且采用模具生产不仅可实现低廉的大批量加工成本,而且可以提供很多选项。但是塑料确实存在诸多问题:

(1) 光学塑料比光学玻璃少,且折射率和色散值范围较窄,且其属性未进行标准化。

(2) 塑料模具可能需要比玻璃更宽松的加工公差。

(3) 大多数光学塑料对温度变化比光学玻璃更敏感。

塑料不像 Schott、Ohara、Hoya 和其他玻璃一样以标准产品的形式提供。必须先使用专用目录(private catalog)功能在镜头中定义塑料,才能将它们应用于镜头中,其命令是PRV。ORA 提供一个宏,其中定义了很多各种来源的常用光学塑料。

(1) 选择 Tools→Macro Manager 菜单,并在 Sample Macros/Materials Information 下找到宏 plasticprv. seq。单击 Run 按钮,显示宏对话框后,单击 OK 运行该宏。

将使用诸如"P-CARBO"(聚碳酸酯)和"P-STYRO"(聚苯乙烯)这样的名称来定义多种材料。

(2) 要使用 PRV 材料,请在 LDM 电子表格的 Glass 字段中输入其名称。

这里必须使用引号,但可以使用单引号或双引号,而且区分大小写,例如,材料"P-CARBO"和"p-carbo"是不相同的。

(3) 要检查 PRV 材料的名称和类型,请选择 Review→Private Catalog 菜单。

设计者无法在此处查看或修改属性,只能查看定义了什么材料以及删除不需要的材料。

(4)要查看所定义的 PRV 材料的属性,请选择 Display→List Lens Data→Private Catalog 菜单。

11.9　全局优化和其他自动化设计功能

在本章开头处提到了局部和全局优化的差异。到现在为止,我们已经用了局部优化,它可以在约束限制下有效地找出离起点最近的局部最小值。CODE V 拥有一个非常强大的全局优化器,称为全局优化(global synthesis,GS),而且可以在使用自动化设计程序的时候随时调用。

(1)使用容易找到的文件名(例如 GS1DCAM.LEN)保存镜头。全局优化会将每个解保存为一个镜头文件,例如 GS1DCAM1、GS1DCAM2,依此类推。因此,清楚明确的名称有助于找到具体的某个镜头文件。

(2)单击正在使用的自动化设计窗口中的 Modify Settings 按钮以访问自动化设计对话框。

(3)在 Error Function Definitions and Controls 选项卡中单击标记为 Run Global Synthesis 的按钮。

(4)单击 OK。

现在,运行常规自动化设计时就是以全局优化在运行,而且程序将生成多个解。设计者可以选择使用最大误差函数目标值(在 Exit Controls 选项卡上)对生成的解加以限制,以过滤掉较差的解。设计者可能还会发现有必要添加诸如总长(OAL)之类的约束,因为镜头的结构变化幅度可能很大,还建议使用 DRAW 功能(Output Controls 选项卡)进行及时观察。类似本示例,通常全局优化将获得多种解,某些解可能比起点好,需要检查这些解的性能并考虑它们是否易于加工制造。

自动化设计还具有很多其他功能,例如 MTF 优化和光纤耦合效率,甚至用户定义误差函数等。本书未做详细介绍,读者可以通过参考手册进一步了解其功能。

11.10　约束:问题和解决方案

表 11-1 列出了有关指定约束的一些问题和解决方案,而且为每个问题配有菜单说明和命令示例。这个表格并不包括所有问题处理的方法,但是可以对设计者具有一定的指导作用。请记住这些要点:

(1)过多的约束不利于找到良好的解。

(2)确保拥有能影响约束项的变量。

(3)若等式或边界(<或>)约束有问题,可尝试使用"最小化"模式将约束进一步推向目标值。

表 11-1　针对约束的部分问题和解决方案

问　题	特定约束选项 （自动化设计对话框）	命 令 示 例
镜头或镜头其中一部分长度过大	Manufacturing&Packaging（生产和包装），Overall Length（surface range）（总长（表面范围））	OAL S3..9<21.5
在特定位置需要近轴光瞳（虚拟或真实表面）	Paraxial Ray Trace Data（近轴光线追迹数据），YZ Paraxial Chief Height（surface，set target to zero）（YZ 近轴主光线高度（表面，将目标设置为零））	HCY S13=0
特定位置需要中间像面（虚拟或真实表面）	Paraxial Ray Trace Data（近轴光线追迹数据），YZ Paraxial Marginal Height（surface，set target to zero）（YZ 近轴边缘光线高度（表面，将目标设置为零））	HMY S15=0
畸变太大	Optical Definitions（光学定义），Distortion Fraction Y（field number，usually bounded，enter twice if two bounds are needed）（畸变 Y 分量（视场编号，通常具有边界，如果需要两个边界，请输入两次））	DIY F3<0.025 DIY F3>-0.025 （注：2.5%）
特定透镜元件（表面）直径过大	Manufacturing&Packaging（生产和包装），Max Semi Diameter（surface number）（最大半直径（表面编号））	SD s9<25.5
要使 f-theta 线性	Real Ray Trace Data（真实光线追迹数据），Local Y Surface Coordinate（image surface，ray 1，field number，calculated f-theta target value）（局部 Y 表面坐标（图像表面，光线 1，视场编号，计算出的 f-theta 目标值））	Y Si R1 F3=-127.8
只有一个非常小的镜片无法满足一般厚度约束	Manufacturing&Packaging（生产和包装），Edge thickness（surface，value）（边缘厚度（表面，值））	ET s10<2.1 （覆盖 MNE 等约束）
无法找到符合要求的约束	User Defined Constraints（用户自定义约束）允许使用宏和程序数据定义很多条件。参阅 User Constraint 选项卡和 Help 获取更多详细信息。	请参阅在线帮助和（或）CODE V 参考手册。

第12章

CODE V的分析功能

在镜头定义之后,设计者就可通过分析选项以各种方式测试其性能。这些分析选项范围广泛,涉及简单的光线追迹、点列图以及基于光波的计算,例如 MTF、RMS 波前误差、点扩散函数(PSF)、衍射光束传播等。这些 CODE V 选项多有图形化显示界面。本章中列出了 CODE V 分析特性的输入和输出示例,还包括程序附带的分析宏的指南。

12.1　CODE V中的分析选项

光学系统的性能可以从多种方式进行指定和描述。CODE V 提供了多种分析类别,每个类别都包括一些选项。

注意:大多数的分析功能在 CODE V 内都是可以实现的,可以在执行命令窗口中采用 GO 执行。但是,有些命令实际上是使用单条命令运行的 LDM 命令,而其他的则为实际的宏命令,其区别仅对命令使用具有重要影响。

12.1.1　诊断分析

诊断分析功能有助于了解光学系统设计的细节,在 Analysis→Diagnostics 菜单中找到它们,诊断分析功能是以各种实际或近轴光线追迹为基础。以下是诊断分析的示例:

(1) 近轴光线追迹(paraxial ray trace,FIO):可以显示光瞳和中间像的位置。

(2) 真实光线追迹(real ray trace,RSI,SIN):非常详细地显示了特定的光线路径,帮助确定孔径大小,并对参考光线进行评估,避免其他不必要的计算。

(3) 场曲曲线(field curves,FIE):是视场相关的像差曲线,特别是像散和畸变。

(4) 高斯光束追迹(Gaussian beam trace,BEA):显示了通常在激光系统中的"慢"光束的行为,提供有关束腰和光斑尺寸的信息。

(5) 光瞳图(pupil maps,PMA):可以显示出射光瞳的光程差(OPD)分布,还可以显示光瞳强度分布和光线传输错误的位置。

（6）视场图（field maps，FMA）：将各种分析结果作为视场点网格，帮助直观观察视场或成像的性能变化。

（7）痕迹图（footprint plots，FOO）：显示了指定表面上来自所有视场和变焦位置的光束分布，它们可以帮助识别出由于较小孔径所引起的遮光。

前面的章节涉及了一些诊断功能和特性，其他部分将会在本章中进行介绍。在 Diagnostics（诊断）菜单中提供了更多功能，其中一些功能具有较强的专用性，例如，biocular FOV plots（双目视场图）只适用于某些特殊目视显示系统，如抬头显示系统。

提示：在 Analysis（分析）菜单上了解功能的最简单方法，是从菜单中选择它，然后显示其输入对话框，再按 F1 键显示此项功能的相关帮助，许多帮助有多个页面，通过使用双箭头按钮（>> 和 <<）可在主题相关页面之间移动。

12.1.2　几何分析

CODE V 的成像评价可通过各种方式评估总体系统的性能，通常是通过追迹一束光线来模拟输入光束或波前。几何分析（geometrical analysis）中忽略了衍射效应，所以在几何分析中，一个理想系统的成像光斑尺寸可以为零，即便是衍射效应会导致理想的校正系统具有有限的光斑尺寸。

注意：CODE V 的几何和衍射分析特征是基于光线网格进行。因此，在系统光瞳内追迹足够多的光线以进行良好的采样，是很重要的。通常默认值就已足够，但是如果存在非球面，或者其他特殊情况，则可能需要追迹更多的光线。大多数选项都有一个特性来控制射线密度，称为直径内光线数（number of rays across diameter，NRD）。

以下是基于几何分析选项的部分列表：

（1）点列图（spot diagram，SPO）：显示每个视场点成像分布光线的几何形状，它可提供直观的成像质量观察效果。

（2）径向能量分析（radial energy analysis，RAD）：是点列图的定量分析，给出了包含指定能量百分比的直径。

（3）检测器分析（detector analysis，GDE）：计算几何光线的吞吐量，以及落在特定大小和位置的探测器上的能量或光线数量。

12.1.3　衍射分析

基于衍射的计算需要考虑光的波动性。除了光束合成传播（beam synthesis propagation，BSP）和光束传播（beam propagation，BPR）的选项外，所有基于衍射的计算都使用常规光线到出射光瞳的追迹，并在此计算光线网格点的 OPD 值，以及光瞳的形状（由孔径光阑引起）和透过率（由于变迹、偏振效应和光瞳像差）。然后，将该光瞳函数转换成所需的结果，如 MTF、PSF 等。BSP 与 BPR 选项的工作方式不同，可以正确判断出瞳之前表面上的衍射效应。

以下是基于衍射选项的部分列表。除了光束传播和耦合效率，基于衍射的选项均是针对复色光波,它们采用 LDM 中定义的波长和光谱权重。

(1) 调制传递函数(modulation transfer function,MTF):用于确定系统的频率响应,镜头的清晰度和分辨率等特性都与 MTF 相关。

(2) 点扩散函数(point spread function,PSF):计算点物体的像。另一些计算实质上也来源于 PSF,包括线扩散函数(line spread function,LSF)、环绕能量(encircled energy)和检测能量(detector energy)。

(3) 波前分析(wavefront analysis,WAV):计算复色 RMS 波前误差,同时还可以根据波前进行最佳焦点位置计算。

(4) 2D 图像模拟(2D image simulation,IMS):通过 CODE V 中定义的光学系统成像对二维输入物体进行成像模拟。

(5) 部分相干(partial coherence,PAR):是一个功能强大的专用选项,它主要用于微光刻系统的分析,还可以应用于使用部分相干光照明的其他投影系统。

(6) 光束传播(beam propagation,BPR):使用特殊的方法在光学系统中(不仅是在出射光瞳处)对波前和光线进行转化。在其他情况下,自由空间光束传播在包含慢光束和空间滤波器的系统中得到了重要应用。需要特别注意的是,与 BPR 相关的光线取样非常重要。

(7) 光束合成传播(beam synthesis propagation,BSP):使用高精度、基于细光束的衍射传播方法,用于模拟光场传播以及整个光学系统的衍射效应。

(8) 光纤耦合效率(fiber coupling efficiency,CEF):是基于 PSF 的另一个专用选项,它用于确定从光学系统进入单模光纤器件的耦合能量。

12.1.4　其他分析

对于其他类别,这里并没有提供所有可用功能的完整列表。设计者可以选择菜单中的任意项目,然后按 F1 查看该功能的帮助。

Analysis→Fabrication Support 菜单包含多个与加工有关的分析选项:

(1) 加工数据表(fabrication data tables,FAB):是用于显示加工相关数据的实用数据表,其中包括非球面表和干涉图文件(INT)。

(2) 成本分析(cost analysis,COS):评估阻碍因素、玻璃成本和其他因素去评估某个设计相对于另一个设计的相对成本。

(3) 重量分析(weight,WEI):计算光学元件的体积和重量。

Analysis→System 菜单项涉及镜头的非成像特性:

(1) 光谱分析(spectral analysis,SPE):可将各种光谱响应曲线(滤光片、检测器等)组合成可以应用于镜头的单组光谱权重。

(2) 光谱透射(spectral transmission,TRA):计算系统的透射率,包括可选的多层涂层的影响。

(3) 鬼像分析(ghost and narcissus,GHO,NAR):是基于近轴的选项,用于评估不需要的二次成像。

(4) 照度(illumination,LUM):使用蒙特卡罗方法来评估各种类型的点或扩展光源的照度。

此外还有公差影响特征分析(见后续章节),以及 CODE V 提供的许多专用分析宏。

12.1.5　孔径在分析中的作用

分析计算可以根据其使用表面孔径的使用划分为两个重要类别:

(1) 忽略孔径的计算:包括大多数诊断分析功能以及自动化设计,这虽然不属于分析选项,但是非常有助于理解光学系统。这些特征要么使用光瞳大小和渐晕系数来定义光束尺寸,要么在少数情况下,根本不依赖于光束尺寸。

(2) 必须考虑孔径的计算:这些包括几何和衍射分析子菜单中的所有选项,以及"Pupil Map(光瞳图)""Field Map(视场图)""Footprint Map(痕迹图)""Catseye Plot(猫眼效果图)""Biocular FOV Plot(双目视场图)"等诊断选项。

提示:了解分析选项是否使用孔径的简单方法,就是看它是否追迹光线网格。如果追迹光线网格,它将使用孔径,并且将可能包括直径内光线数(number of rays across diameter,NRD)的输入。

如果设计者在运行的分析选项中使用孔径,应该确保所定义的孔径是合适的。什么是合适的孔径?设计者应该在一个或多个关键的光线限制表面使用自定义的孔径。如果没有用户自定义的孔径,至少应该检查镜头默认孔径为有效。如果只有一个视场,或者附近存在带有中间像的表面,采用默认孔径光圈可能会导致一些问题。

通光孔径控制(CA 命令)

假设在关键表面上有用户自定义的孔径,仍然可以在某些位置应用 CODE V 的默认孔径(特别是靠近像面、中间表面或最终表面处)。最好的解决方法是使用通光孔径控制(clear aperture control),或称为孔径使用控制(apertures used control)的命令来关闭默认孔径检查。

该控制是对每个镜片进行设置的,即不能为所有镜片全部同时设置,并且最合适的设置是"User-Defined Only(仅限于用户自定义)"。

(1) 选择 Lens→System Data 菜单,然后进入系统数据窗口中的 System Settings 页面,如图 12-1 所示。

(2) 从 Apertures Used 的下拉列表中选择 User-Defined Only。

这个命令是 CA APE。

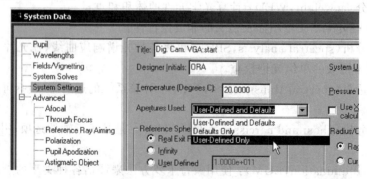

图 12-1　将镜头设置为用户自定义

注意：以下部分中的示例将使用 CODE V 中的各类示例透镜。为了简化描述，仅给出文件名称。设计者可以使用 File→Open 菜单查找安装目录，并在子目录 lens 中找到这些镜头，或使用新镜头向导（New Lens Wizard）打开每个镜头，也可以在命令窗口中使用 RES 命令打开镜头。例如：RES CV_LENS：eyepiece.len。

12.2　诊断分析

本节包含多种诊断特性的示例。

12.2.1　近轴光线追迹

近轴光线追迹（paraxial ray trace，FIO）是对实际光线行为的线性化近似。虽然当前计算机辅助下可以很容易地追踪真实的光线，但是仍然有许多属性需要使用近轴光线追迹。某些系统属性就是以近轴光束进行定义的，例如有效焦距（EFL）。近轴光线的斜率和坐标与曲率和厚度值呈线性相关，因而可用于那些根据近轴光线属性间接指定的厚度或曲率的求解。

近轴光线追迹表格仅显示两条光线，分别为近轴边缘光线（从物面的中心到入射光瞳的边缘）和全视场的近轴主光线（从物面的顶部到入射光瞳的中心）。任何其他近轴光线的数据均来自于这两条光线。

使用方法：

（1）打开镜头文件 CV_LENS：eyepiece.len，并点击 Quick 2D Labeled Plot（快速二维镜头图）的按钮，绘制镜头的二维结构图。

这是一个 Erfle 目镜镜头，图 12-2 是这种镜头进行反向构建的标准形式，眼睛位置作为左侧的孔径光阑。

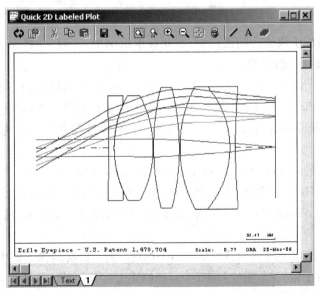

图 12-2　快速二维镜头图绘制的镜头二维结构图

（2）选择 Analysis→Diagnostics→Paraxial Ray Trace 菜单。显示 Paraxial Ray Trace（近轴光线追迹）对话框，如图 12-3 所示。

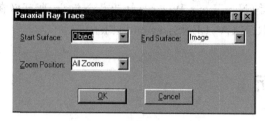

图 12-3　近轴光线追迹对话框

（3）单击 OK，接受默认表面范围，即从物面到像面。

镜头结构图显示了真实的光线追迹，而不是近轴光线，当解释近轴光线表格（图 12-4）中的数据时，请同时查看图 12-2 的结构图。

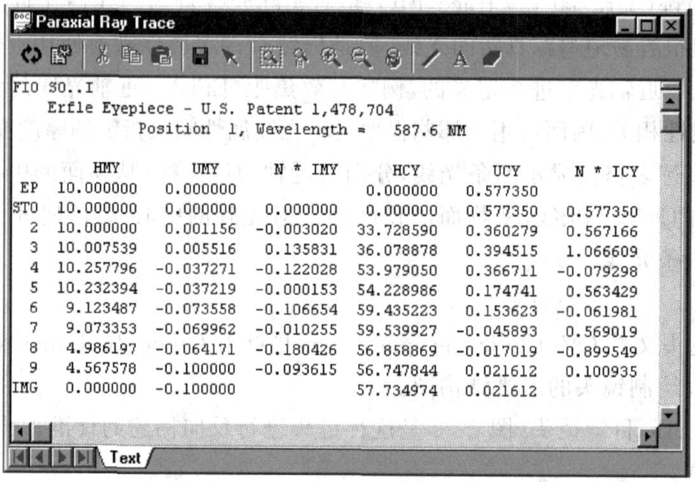

```
FIO SO..I
      Erfle Eyepiece - U.S. Patent 1,478,704
              Position 1, Wavelength =   587.6 NM

          HMY         UMY        N * IMY       HCY        UCY       N * ICY
  EP   10.000000    0.000000                 0.000000   0.577350
 STO   10.000000    0.000000    0.000000     0.000000   0.577350    0.577350
   2   10.000000    0.001156   -0.003020    33.728590   0.360279    0.567166
   3   10.007539    0.005516    0.135831    36.078878   0.394515    1.066609
   4   10.257796   -0.037271   -0.122028    53.979050   0.366711   -0.079298
   5   10.232394   -0.037219   -0.000153    54.228986   0.174741    0.563429
   6    9.123487   -0.073558   -0.106654    59.435223   0.153623   -0.061981
   7    9.073353   -0.069962   -0.010255    59.539927  -0.045893    0.569019
   8    4.986197   -0.064171   -0.180426    56.858869  -0.017019   -0.899549
   9    4.567578   -0.100000   -0.093615    56.747844   0.021612    0.100935
 IMG    0.000000   -0.100000                57.734974   0.021612
```

图 12-4　近轴光线表格

（1）孔径光阑位于该镜头的最前面，因此在本示例中，入射光瞳（entrance pupil，EP）的数据和光阑面的数据是相同的。

（2）表面 1 即光阑处，边缘光线高度（marginal ray height，HMY）为 10mm，即为入瞳直径（entrance pupil diameter，EPD）的一半。由于物面是在无限远处，该光线与 Z 轴平行，其边缘倾斜角（marginal slope angle，UMY）为零。HMY 只有在像面上为零，所以在这个系统中没有中间像面。

（3）近轴主光线高度（paraxial chief ray height，HCY）在光阑处为零，它可能处于任何光瞳面，所有其他 HCY 值都不为零，因此在镜头中没有中间光瞳，此处未显示出瞳数据。近轴主光线斜率（paraxial chief ray slope，UCY）为 0.577350，即镜头的最大半视场角 30°的正切值。

（4）像面的近轴主光线斜率（UCY）较小（0.02），表示镜头的像空间中几乎是远心的（所有主光线几乎平行于轴）。主光线斜率（0.0）的解决方法是一种方法指定像面侧远心。

近轴光线追迹数据是非常基本的，对于理解和分析镜头的性能非常有价值。

12.2.2　真实光线追迹

有时,追迹一些光线束有助于解决发现孔径和边缘等地方潜在的问题。通过 Analysis→Diagnostics→Real Ray Trace 可控制实际光线追迹、定义选项以及光线输出格式,该功能没有任何图形输出,但设计者可以使用 View Lens(查看镜头)选项以获得直观效果,将相同的光线束放在镜头图上有助于解释表格输出。

1. 定义单光线束

单光线束由它们在物面上的位置(光线起始点)和它们在入射光瞳的位置(光线进入镜头的位置)来定义,其中,在物面上的位置可以通过各个方向的 X 和 Y 占最大物高的比例定义,也可以通过指定用镜头数据(F1、F2 等)定义的视场之一给出。光瞳的位置与此类似,它定义为 X 和 Y 占近轴光瞳半径的比例,或者从预定义的视场中选择一条参考光线。请注意,如果指定一个视场编号和参考光线编号,将会用该参考光线的渐晕系数。当指定相对视场或光瞳坐标时,渐晕系数就不再使用。

2. 使用方法

(1) 打开镜头 CV_LENS:eyepiece.len。

(2) 这是与上述近轴光线追迹示例相同的镜头,在选择正确的实际光线的情况下,可以对实际和近轴光线的数据进行比较。我们会追迹实际的全视场主光线,因为它对应于近轴主光线,该光线在图 12-5 的透镜图上显示。VIEW(视图)选项的实现是在命令窗口中键入如下命令并按 Enter 键:VIEW;RFR NO;RSI F3 0 0;NBR SUR SA;GO。

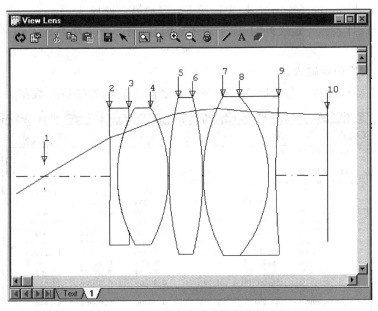

图 12-5　全视场主光线的实际光线追迹

(3) 选择 Analysis→Diagnostics→Real Ray Trace 菜单。显示 Real Ray Trace(真实光线追迹)对话框,如图 12-6 所示。

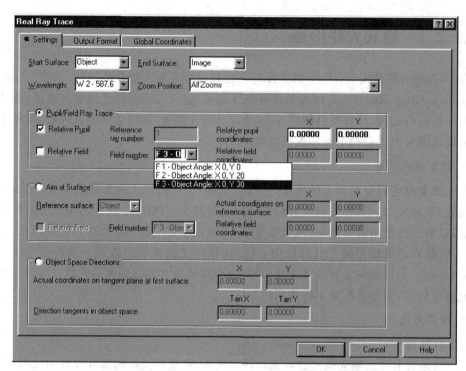

图 12-6　Real Ray Trace(真实光线追迹)对话框

（4）单击 Relative Pupil(相对光瞳)对话框，为 X 输入 0.0，为 Y 输入 0.0，这些是默认值，即指光瞳的中心，过光瞳中心的光线定义了主光线。

（5）从 Field number(视场编号)中选择 F3，表示第三视场。

视场都是设计者预先定义好的，除了用视场编号，另一个方法是输入相对视场坐标，即 $X=0$，$Y=1$。

（6）单击 OK 确定输入。

将图 12-7 显示的真实光线追迹数据表格与之前的近轴光线追迹数据表进行比较。Y

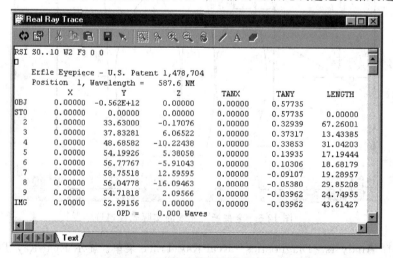

图 12-7　真实光线追迹数据表格

对应于 HCY(近轴主光线 Y 高度),而 TANY(YZ 平面内光线与 Z 轴夹角的正切)对应于
UCY(近轴主光线倾斜角)。由于该光线位于 YZ 平面内,因此 X 坐标为零。LENGTH(长
度)即是沿着每个表面间的光线长度得到的值。

请注意,光线高度(Y 对 HCY)相似但不相同——近轴光线追迹只是作为具有有限视场
和孔径的镜头的近似。近轴光线倾斜角非常不同(TANY 对比 UCY),尽管二者的起始值
是相同的(0.57735,即 30°的正切)。像面上的真实光线与近轴光线高度差即为畸变,本示
例中约为 8%,设计者可以从 Analysis→Diagnostics→Field Curves 菜单中查看,这里没有
展示结果。

3. 输出格式

以上显示的输出是默认的显示,其实还有更多的参数可以显示。Real Ray Trace 对话框中
的 Output Format(输出格式)选项卡可从大型的列表中选择要显示的内容。在图 12-8 中,表
面法线 L 和 M 方向的余弦(SRL、SRM)已经添加,N 方向的余弦(SRN)也即将被添加。

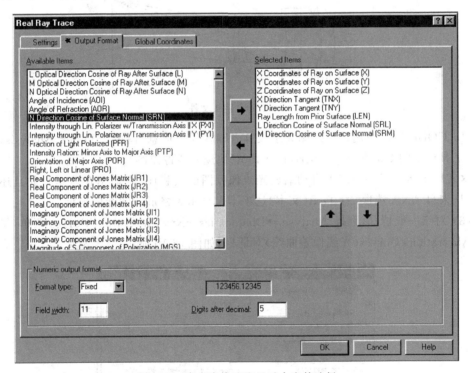

图 12-8 真实光线追迹显示内容的选择

当更改格式(ROF 命令)时,必须重新运行光线追迹才可以查看新的格式。

在命令形式中,所追迹的光线是 RSI F3 0.0 0.0(RSI 是指某条单光线)。CODE V 帮
助中提供了很多有关于通过此对话框和命令格式追迹单条光线的信息,在这里按 F1 键可
以调用并打开帮助对话框。

12.2.3 光线像差曲线

光线像差曲线(RIM)在归一化孔径光阑位置或者入瞳中的位置(依据水平坐标,通常不

带有标签,终点代表100%的归一化光阑或光瞳位置)绘制垂轴像差曲线(依据垂直坐标,是指垂直于光轴的坐标,并在镜头像面上进行测量)。这些曲线也可以被称为光扇图(ray fan plots)或者边缘光线图(rim ray plots),这也是CODE V给予RIM命名的原因。

1. 描述

所有视场和波长的数据都绘制并显示于同个图中,而对于变焦系统,则是每个变焦位置作一张图。每个视场的子午光扇(Y-Z平面)和弧矢光扇(X-Z平面)都会被追迹。任何渐晕都能够在镜头结构图中显示,这是通过在入瞳处渐晕发生的点停止绘制曲线来实现的。

像差曲线的形状可以帮助确定存在的像差类型和数量。例如,抛物线形状是彗差的特征,而原点处的曲线斜率如果随现场变化,则表示出现离焦和场曲。

2. 使用方法

(1) 打开镜头文件CV_LENS:telephot.len,如图12-9所示。

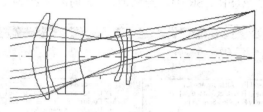

图 12-9 镜头文件

(2) CODE V的快速默认绘图无须设计者输入任何信息,请单击 Quick Analysis(快速分析)工具栏上的 Quick Ray Aberration Plot(快速光线像差图)。

这实际上运行了一个产生自动缩放光线像差图的宏程序(未显示在这里),并且还在输出窗口(来自 ANA 选项)的 Text(文本)选项卡上显示表格形式的光扇数据。

(3) 对于一般情况,选择 Analysis→Diagnostics→Ray Aberration Curves 菜单,将显示 Ray Aberrations Curves(光线像差曲线)对话框,如图12-10所示。

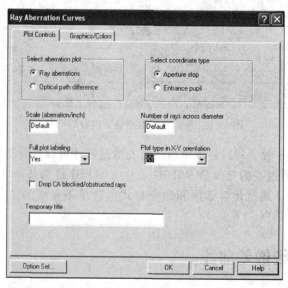

图 12-10 快速光线像差曲线的工具栏图表以及光线像差曲线的可设置选项

（4）单击 OK 接受默认设置并运行该选项。

在输出窗口中生成图 12-11 所示的输出。

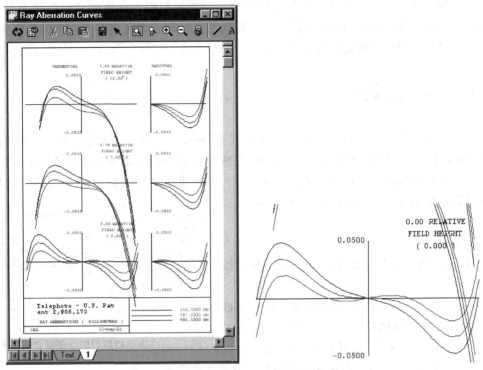

图 12-11 该镜头的光线像差曲线输出结果

无论镜头看起来如何，RIM 都不会自动调整以适合数据，它使用标准的默认值，系统默认为 0.05mm，这意味着不太可能认为一个较差的系统得到了很好的纠正，但这也有一个小优点，即设计者应该始终使用鼠标进行放大，以确保所有分析图的比例。之前提及，快速版本由于隐藏的宏程序，是可以自动调整大小的，所以可以根据需要随时调用。

（5）单击 Modify Settings（修改设置）按钮，并在标记为 Scale（aberration/inch）的文本框中输入 0.2，如图 12-12 所示，然后单击 OK。

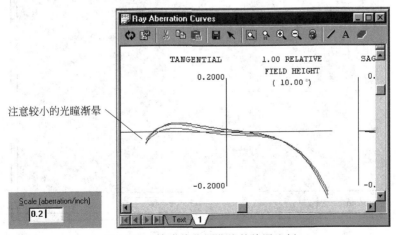

图 12-12 该光线像差曲线的绘图比例

请注意,"像差/英寸"(aberration/inch)是指全尺寸拷贝图的绘图比例,该标签不会随系统尺寸而改变,当然数据和绘图标签都是准确的系统尺寸,通常以 mm 为单位。

该示例中,0.2mm/inch 的图看起来更合理。三个波长相互分离的离轴曲线表示了色差(倍率色差)。开口向下的离轴曲线主要表现为彗差。设计者可以参考本书第二篇内容,其中详细讨论了如何解释光线像差及其特征。

12.2.4 光瞳图

光瞳图(Pupil Map,PMA)选项显示了光程差(optical path difference,OPD)等其他参量作为出瞳的位置函数。该波像差数据网格是进行衍射分析功能的基本输入,如 MTF 和 PSF 等。光瞳图被认为是诊断分析的一种,因为它提供了有关的像差以及光瞳形状的信息,还间接提供了光线追踪得到的表面孔径数据。

使用方法如下。

(1) 打开镜头 CV_LENS:maksutov.len,如图 12-13 所示。

这是一个反射/折射混合式物镜,实质上是一个反射型的摄远镜头,它有一个中心挡光区域,并且只有一个波长,这可以大大简化 PMA,因为 PMA 会为每个波长、视场和变焦位置生成独立的输出。

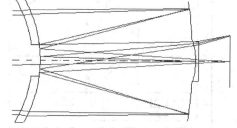

图 12-13　本示例所用的折反混合式镜头

(2) 选择 Analysis→Diagnostics→Pupil Map 菜单,弹出 Pupil Map 对话框,如图 12-14 所示。

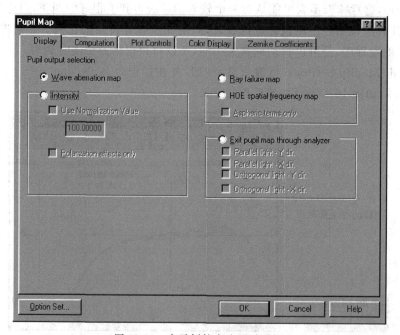

图 12-14　本示例的光瞳图对话框

（3）在 Display 选项卡中，保持 Wave aberration map 为默认值。

注意：这是可显示的五个参量之一，包括光瞳强度（pupil intensity，PIN）和光线阻挡图（ray failure map，RAC），后者对于设计者查找那些被意外截止的光线非常有用（例如追迹的光线在某些分析选项如 MTF 中异常低）。

（4）在 Output Controls（输出控制）选项卡上，单击 Compact output（压缩输出）对话框，如图 12-15 所示。该操作将从文本图中删除空行。

（5）确保选中 Color display（颜色显示）选项，但不要选中 Interferogram fringes（干涉条纹），如图 12-16 所示。

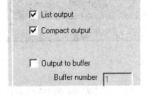

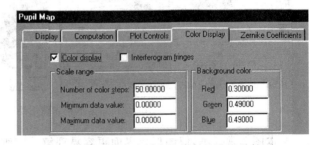

图 12-15　光瞳图中的输出控制选项卡　　　　　图 12-16　光瞳图中的颜色显示选项卡

请注意，还有一些选项卡，包括一个用于生成适用于波前数据的 Zernike 多项式。在此示例中不需要使用其他选项卡。

（6）单击 OK，运行 PMA，结果如图 12-17 所示。

```
85   14   14   15   16   16   17   17   17   18   17   17   16   15
86   14   15   15   16   16   17   17   17   17   16   16   15
87   15   15   15   16   16   16   16   16   15   15   13
88   15   15   15   15   15   15   15   14   13   12
89   14   14   14   14   14   14   13   12   11
90   13   13   13   13   12   11   10
91   12   12   11   10    9    8
92   10    9    8    7
93    6
94
95

                RMS Wave aberration        Shift of nominal image
                    (waves)                   point (mm)
( FIT )                                X           Y           Focus
  None          0.080 (P-V = 0.328)
  Tilt          0.060              0.000000    0.001145
Tilt/Focus      0.053              0.000000   -0.010891      -0.051082
```

图 12-17　本示例光瞳图文本输出结果

PMA 生成了文本选项卡，为每个视场点绘制一个三维投影图以及一个阴影光栅图，如图 12-18 所示。文本输出包括了一个较大的图，在默认情况下，在 128×128 网格中嵌入 64×64 的数据块，此外，还包括了在每个视场数据块底部的波前拟合信息，数据块中去除了倾斜和焦点聚焦的 RMS。

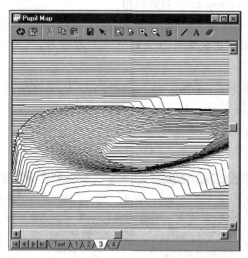 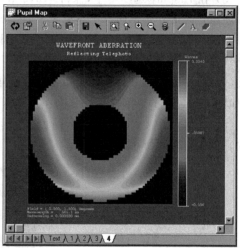

图 12-18　本示例光瞳图绘图显示结果

文本图非常详细,但图形化界面更容易理解。三维投影图提供了对波前形状的直观认识。阴影光栅图则以颜色编码的形式提供了相同的信息,并清晰显示了光瞳形状和中心遮拦。

PMA 选项非常有用,特别是与衍射计算如 MTF 和 PSF 相结合时。

12.2.5　痕迹图

痕迹是指任何通过来自视场点和变焦位置的光线轮廓(边界)所定义的表面的照明区域形状。痕迹图(footprint plot,FOO)可定义允许来自所有视场和变焦位置的光线无限制(或仅根据需要限制)通过的表面孔径。它还具有一个网格模式,可作为任何表面上的多视场点列图。

使用方法如下。

(1) 打开镜头文件 CV_LENS：scanlens.len。

这是 f-theta 扫描镜头三个位置变焦模型,变焦会在后续章节详细阐述。三维图片是有一定帮助的。

(2) 选择 Tools→Macro Manager 菜单,找到提供的 Sample Macros/Utilities(示例宏/实用程序)下的 QuickView.seq,然后单击 Run 按钮运行。

此时,将显示宏的输入对话框,如图 12-19 所示。这是一个有用的宏,设计者可以将其添加到工具栏(Tools→Customize 菜单)。

(3) 按照图 12-19 更改宏对话框的设置,然后单击 OK 运行。

此时生成如图 12-20 所示的输出图片,带有编号的三维镜头图片(来自 VIEW 选项)将协助理解 FOO 的结果。

(4) 选择 Analysis→Diagnostics→Footprint Plot 菜单,将显示 Footprint Plot 对话框,如图 12-21 所示。

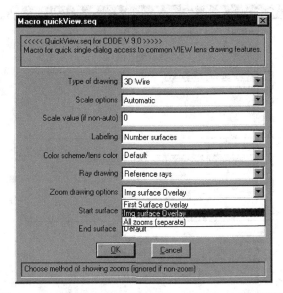

图 12-19　CODE V 中的宏程序 QuickView.seq 选项界面

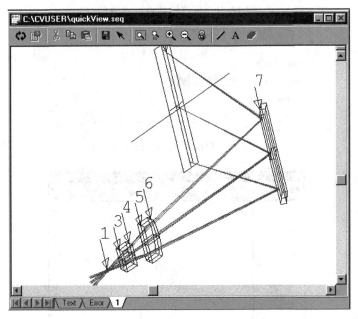

图 12-20　宏程序 QuickView.seq 的输出

（5）双击 Designated Surface Range（指定表面范围）下的 End Surface（结束表面）的单元格，然后将其更改为 Image。该操作将在所有表面上绘制痕迹图。

（6）在 Graphics Controls（图形控制）选项卡上，从 Draw Aperture Limits（画出孔径限制）下拉列表中选择一种颜色，如图 12-22 所示。

点击 OK，生成如图 12-23 所示的输出结果图，该图是表面 4 的光线痕迹图。请注意，矩形表示表面 4 是矩形孔径，可参见 Review→Apertures。三个变焦（扫描）位置穿过的光束都是圆形的，并且看起来不会被系统中的任何孔径所限制。

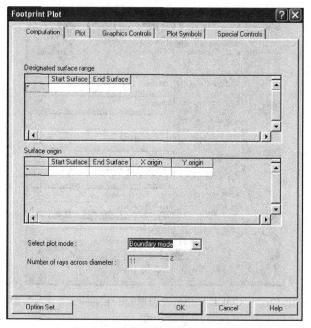

图 12-21　痕迹图的设置对话框

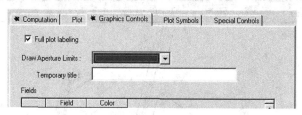

图 12-22　痕迹图的图形控制选项卡

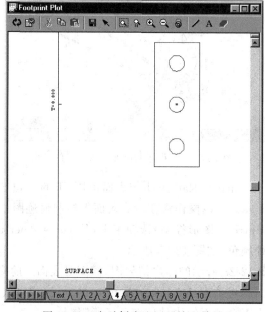

图 12-23　本示例痕迹图的输出结果

12.3　几何分析

CODE V中大部分选项是基于几何光线追迹的,但在几何分析类中只有部分选项是追迹光线网格,关注表面孔径,并忽略衍射效应。

12.3.1　点列图

点列图(spot diagram,SPO)显示了像的几何形状,特别适用于非衍射受限系统。绘制一个彩色的点列图更有助于理解色差,默认情况下,每个波长都以不同的颜色进行绘制。

1. 使用方法

(1) 打开镜头 CV_LENS：telephot.len,这与在前文的光线像差图示例中使用的镜头相同,如图 12-24 所示。

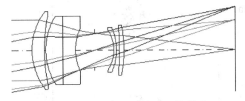

图 12-24　点列图示例所用的镜头

(2) 选择 Analysis→Geometrical→Spot Diagram 菜单。

显示 Spot Diagram (点列图)对话框,如图 12-25 所示。

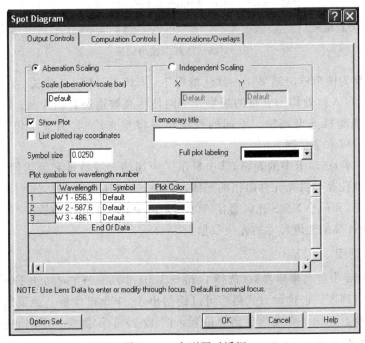

图 12-25　点列图对话框

系统默认自动缩放,设计者也可以设置缩放比例系数,更改追迹的光线数量,并更改标签和颜色代码。

(3) 在本示例中,采用默认值即可,因此单击 OK 运行 SPO 选项。将生成如图 12-26 的输出结果。

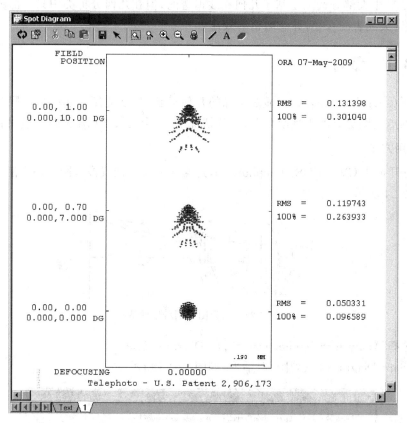

图 12-26　点列图输出结果

点列图主要为图形输出结果。在默认情况下,针对 LDM 定义波长、视场、焦点位置和主动变焦位置,在入瞳处均匀分布的矩形光束网格一直被追迹直到像面。设计者也可以选择一个圆形或准随机光束网格。不同的视场位置将垂直绘制,而多个焦点位置(如果在 LDM 中有定义)将水平绘制。

在 Text(文本)选项卡中的表格,其中显示了应用的光线数量和到达像面的数量,其中的差异代表了被孔径和拦光元件阻挡的光线。同时,这里还列出了中心数据(光束中心相对于主光线的位置)和最小 RMS 光斑直径,100%光斑中心与主光线和最小 100%光斑直径的位移,以及用于计算的光斑尺寸的光线数量。

2. 离焦点列图

通过在 LDM 中定义聚焦参数(选择 Lens→System Data→Through Focus 菜单),就可以显示出离焦点列图。以这种方式最多可以绘制出 18 个焦点位置。如果离焦位置已经在 LDM 中定义,则点列图将自动绘制离焦位置。图 12-27 的示例是 5 个离焦位置的点列图,从−1mm 开始,步长为 0.5mm。

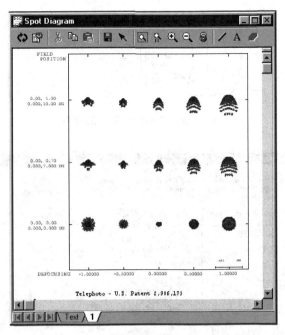

图 12-27 离焦点列图

12.3.2 径向能量分析

使用径向能量分析(radial energy analysis,RAD)计算在最小半径圆内包含的能量比例,即每个视场几何点列图的径向能量分布。设计者可以将其关联到将要使用的探测器尺寸,目标则可能是使 80% 的能量分布在检测器直径内。

1. 计算

径向能量分布,也称为环绕分布能量,提供了基于几何光线追迹点列图的定量光斑尺寸信息。对于所有 LDM 定义的波长、视场、焦点位置和变焦位置,在入瞳中均匀分布的矩形光束网格被一直追迹到像面位置。其中假设每条光线携带的能量与其波长权重成比例,波长权重可见 LWD 中的 WTW。

在像面上,环绕分布能量通过计算半径增加的圆周内所包含的光线数来确定。圆的直径和位置是变化的,以查找包含每个指定百分比能量的最小尺寸圆周。

2. 使用方法

(1) 打开镜头文件 CV_LENS:telephot.len,这与之前在光线像差图和点列图中使用的镜头相同,如图 12-28 所示。

(2) 选择 Analysis→Geometrical→Radial Energy Analysis 菜单,显示 Radial Energy Analysis 对话框,如图 12-29 所示。

默认的假设包括标准百分比,如 10、20 等数字。当然,设计者可以通过输入感兴趣的特定百分比来对该选项进行覆盖。在这个环境中,Scanning(扫描)指的是中心点的确定,它能够减小每个百分比的圆的大小。对于本示例镜头,默认值就可适用。

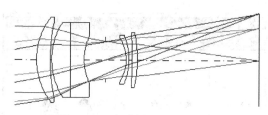

图 12-28　本示例所采用的镜头

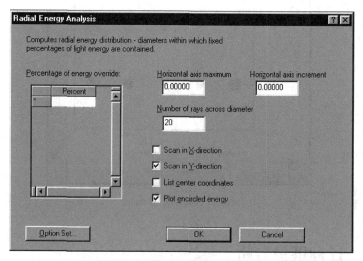

图 12-29　径向能量分析对话框

（3）单击 OK，生成如图 12-30 所示的输出结果。该文本输出包括了每个视场的表格，以及在 LDM 中定义的离焦位置作为附加列。注意，这里将显示光斑直径。

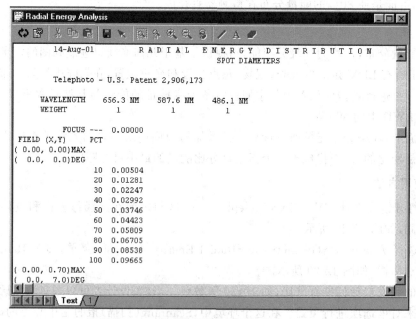

图 12-30　径向能量分析的文本输出结果

图形输出如图 12-31 所示,所有视场都绘制在单个图中。在点列图中,一个定义良好的中心可生成较大的斜率,而斜率较低则表示较大且更加发散的光斑。

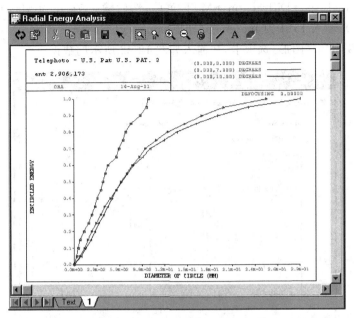

图 12-31　径向能量分析的图形输出结果

请注意,如果为之前点列图示例定义了离焦位置且没有删除,那么在这里设计者将看到一些额外的输出结果。每个焦点位置将在文本输出选项卡以及其对应的图形选项卡中生成一栏。

12.4　衍射分析

衍射分析计算考虑了光的波动性,因此,即使是理想校正的光学系统,也将具有受限的图像光斑尺寸和频率响应。这里介绍的 4 个示例选项包括总计 12 个 Analysis→Diffraction 的菜单项。其他选项的输入与这些示例类似。

12.4.1　MTF

第二篇与本篇内容的前几章中已经较为详细地讨论了 MTF 选项的使用和结果解释。MTF 从本质上分析了光学系统的空间频率响应。接下来将介绍关于 MTF 频率图的一些示例。

这里没有涉及离焦 MTF 图,通过该选项,可以将一个特定空间频率上的 MTF 图表示为焦点偏移的函数。焦点偏移数据必须在 LDM 中的 System Data(系统数据)中提供。接下来是一个 MTF 操作步骤的示例。

(1) 打开镜头文件 CV_LENS: cooke1.len。

(2) 选择 Lens→System Data 菜单,然后转到 Through Focus(离焦)页面。

（3）输入 5 作为 Number of Focus Positions(焦点位置的数量)，输入 -0.5 作为 First Focus Position(第一焦点位置)，输入 0.25 作为 Focus Position Increment(焦点位置增量)。

（4）选择 Analysis→Diffraction→MTF 菜单，然后输入 75 作为 Maximum Frequency (最大空间频率)，输入 15 作为 Increment in Frequency(空间频率增量)。

（5）单击 Graphic(图形)选项卡，并输入如图 12-32 所示的数据。

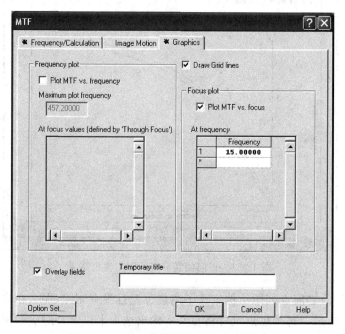

图 12-32　MTF 的图形选项卡及其设置项

（6）单击 OK，将生成如图 12-33 所示的输出结果。

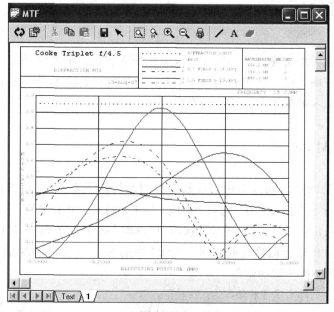

图 12-33　本示例 MTF 的输出结果

12.4.2　点扩展函数

点扩展函数(Point Spread Function,PSF)选项提供了包括所有衍射效应的详细图像结构信息。与所有基于衍射的选项一样,PSF是在实际光线追迹的OPD中进行计算,这确保了像差、非对称、孔径、遮挡等影响都包括在内。

1. 计算注意事项

PSF选项首先计算出瞳中算出的光线追迹OPD网格的光瞳函数。然后,将光瞳函数嵌入至傅里叶变换网格(Fourier transform grid)中,并使用快速傅里叶变换(fast Fourier transform,FFT)来计算PSF。由于使用有限采样网格,必须注意处理像差系统时防止光斑尺寸较大时溢出网格。默认网格大小(128×128)可适用于合理校正的系统中。

2. 使用方法

(1) 打开镜头文件CV_LENS: threemir.len。图12-34是一个快速隐藏线图(quick hidden line plot)的示例,展示了该系统的外观。

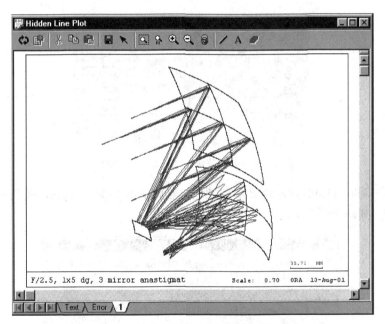

图12-34　该镜头示例的快速隐藏线图

这是一个带倾斜和偏心矩形镜的全反射式设计。

(2) 选择Analysis→Diffraction→Point Spread Function菜单。

(3) 单击Computation选项卡,将焦平面增量更改为0.001mm,将关注区域更改为50,如图12-35所示。

通常会先使用默认值(网格增量为0.0006mm),然后可将焦平面增量从默认值更改为更合适的值。只要在光瞳(检查文本输出中的光瞳网格)和图像中保持良好的采样,就可随时在两个系数之一中进行更改。关注区域允许在包含感兴趣的数据的128×128网格区域上进行放大(zooming in),本示例中为50×50网格。

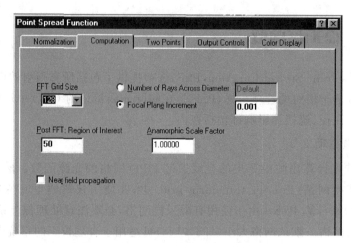

图 12-35　该镜头示例的点扩散函数设置

（4）单击 Output Controls（输出控件）选项卡，然后选择 Compact output（紧凑输出），选中 List output（列表输出）和 PSF plot（绘图）项，如图 12-36 所示。

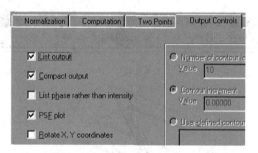

图 12-36　点扩散函数的输出控件选项卡

（5）单击 Color Display（颜色显示）选项卡，然后单击 Color display（颜色显示）复选框，然后单击 OK，如图 12-37 所示。

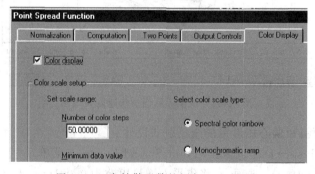

图 12-37　点扩散函数的颜色显示选项卡

如图 12-38 的文本框输出结果为 5 个视场之一（F4），显示了原始数据（raw data）位于 0.001mm 单元的某个网格上，其相对强度值缩放为 100，同时网格中心点（65，65）位于主光线上。

如图 12-39 所示的图形输出结果以三维投影和伪色彩光栅图形式显示分布情况，两个

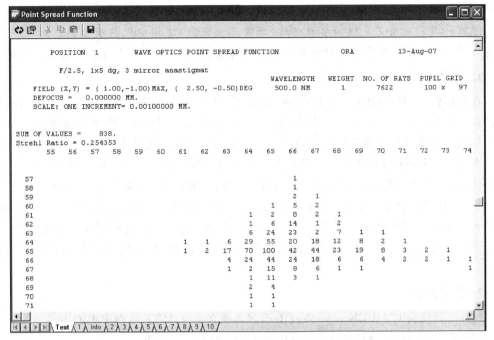

图 12-38　点扩散函数的文本框输出结果

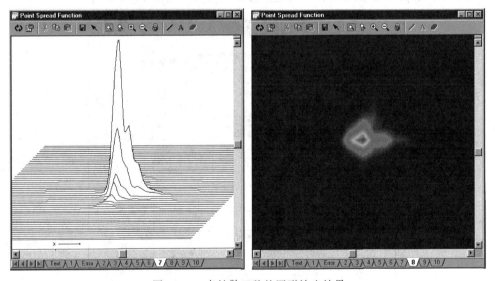

图 12-39　点扩散函数的图形输出结果

图都为 F4，即该镜头中的 5 个视场中的第 4 个。

12.4.3　波前分析

均方根（root mean square，RMS）波前误差对于某些类型的光学系统是非常有用的。波前分析（wavefront analysis，WAV）选项追迹来自每个视场和每个定义的波长穿过入射光瞳普通光线网格，并计算每条光线的光程差（optical path difference，OPD）。对于每个视场的该光线网格,都可以计算色权重 RMS。

注意:OPD 是特定光线和参考光线(通常是主光线)之间的光程长度差。对于一个完美的球面波前,OPD 对于瞳孔中的每个点都将为零。OPD 通常表示为波长的数量或分数。

1. 计算方法

在默认模式即最佳焦点(best focus,BES)时,计算的焦点偏移和垂轴偏移将使 RMS 波前误差最小化。这将由视场单独完成,也可以在复合的基础上完成,即视场和变焦的"平均"最佳焦点。其他计算选项是标准焦点(nominal focus,NOM)或离焦(through-focus,THR)下的 RMS,它们使用 LDM 中定义的焦点位置数据。当前焦点位置值也可以用 WAV(确定的最佳焦点)替换(RFO)。设计者可以使用该选项来重新调焦,或 Quick Analysis(单击快速分析)工具栏上的 Quick Best Focus(快速最佳焦点)按钮,以进行相同的操作,无须进一步输入。WAV 使用 LDM 中定义的任何高斯或其他变迹数据,通常用于模拟激光输入光束。设计者还可以更改计算中使用的光线数量、复合计算的相对视场权重以及变焦组代码。

2. 使用方法

(1) 打开镜头 CV_LENS:cooke1.len,该镜头在前文 MTF 示例中也使用过。

(2) 选择 Analysis→Diffraction→Wavefront Analysis 菜单。

(3) 单击 Apply Focus Shift(应用焦距移位)复选框,如图 12-40 所示。

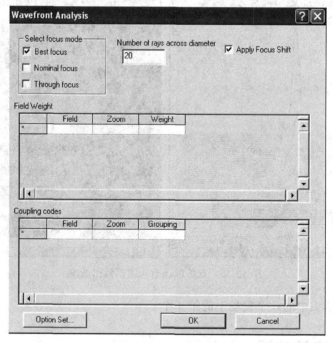

图 12-40   波前分析的设置对话框

(4) 单击 OK 接受这些设置并运行计算。

3. 输出

WAV 输出结果显示了每个视场的最佳焦点以及对应的 RMS 值,如图 12-41 所示。在第 2 列，即标记为 Best Composite Focus(最佳复合焦点)的列中，显示了视场权重最佳焦点。请注意，所有 3 个视场的焦点值都是相同的，其是被添加到像面离焦的焦点偏移。结果还显示了视场权重的 Composite RMS(复合均方根)。

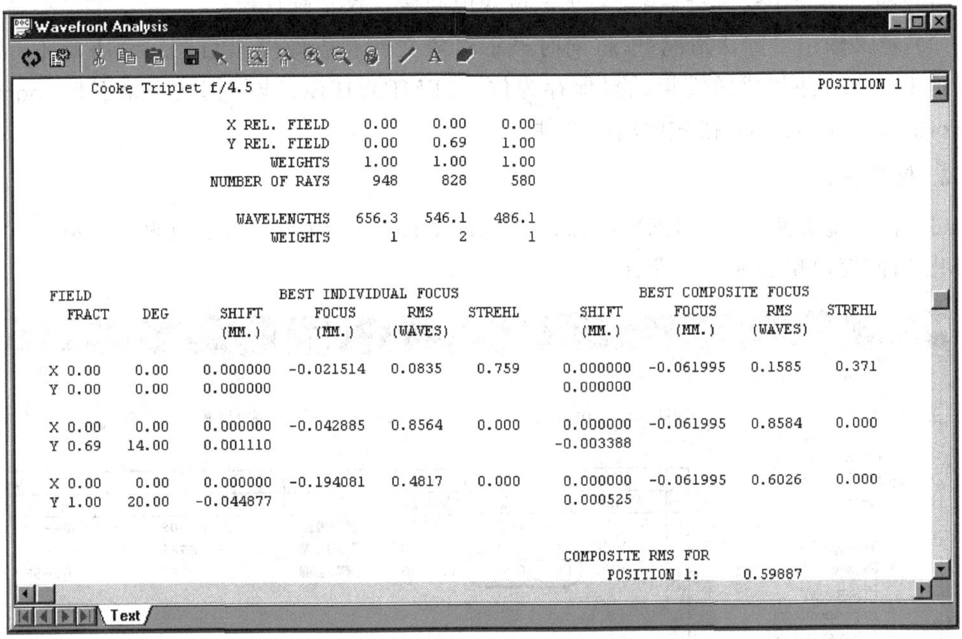

X REL. FIELD	0.00	0.00	0.00
Y REL. FIELD	0.00	0.69	1.00
WEIGHTS	1.00	1.00	1.00
NUMBER OF RAYS	948	828	580
WAVELENGTHS	656.3	546.1	486.1
WEIGHTS	1	2	1

FIELD FRACT	DEG	BEST INDIVIDUAL FOCUS SHIFT (MM.)	FOCUS (MM.)	RMS (WAVES)	STREHL	BEST COMPOSITE FOCUS SHIFT (MM.)	FOCUS (MM.)	RMS (WAVES)	STREHL
X 0.00	0.00	0.000000	-0.021514	0.0835	0.759	0.000000	-0.061995	0.1585	0.371
Y 0.00	0.00	0.000000				0.000000			
X 0.00	0.00	0.000000	-0.042885	0.8564	0.000	0.000000	-0.061995	0.8584	0.000
Y 0.69	14.00	0.001110				-0.003388			
X 0.00	0.00	0.000000	-0.194081	0.4817	0.000	0.000000	-0.061995	0.6026	0.000
Y 1.00	20.00	-0.044877				0.000525			

COMPOSITE RMS FOR POSITION 1: 0.59887

图 12-41　波前分析的输出结果

除了 RMS 值之外，校正良好的系统(RMS＜0.1 波长)还将显示斯特列尔比(strehl ratio)。这被定义为实际系统的 PSF 峰值强度与对应的无像差 PSF 的强度之比。三片式镜头满足轴上视场(F1)的需求，但其他视场则为零。

12.4.4　二维图像模拟

二维图像模拟(2D image simulation，IMS)选项是创建的二维输入对象的精确表达，这些对象都是在 CODE V 中定义的光学系统中成像。模拟包括畸变、像差模糊、衍射模糊、相对照明和由于检测器尺寸而造成的模糊等影响。此功能对设计评估和展示非常有用。

1. 计算方法

在默认模式下，IMS 为镜头系统生成了一个具有美国空军分辨率目标为特征的灰度图像，最初的目标也会显示。输入对象文件的半对角线被映射到镜头的最大视场。使用 IMS 时，可以指定以下设置和计算选项。

(1) 定义输入对象。CODE V 安装目录的 image 子目录中有 CODE V 提供的多个样本输入对象文件。或者，设计者可以指定自己的输入对象文件。输入对象文件是位图文件，为 BMP 格式。设计者还可以定义输入对象的视场大小和位置，这与 CODE V 支持的 4 个视场坐标系之一有关。

(2) 定义点扩散函数(PSF)控制。包括定义标准 PSF 控制，例如 FFT 网格尺寸、穿过直径的光线数量和焦平面增量。设计者还可以定义要在对象上计算的 PSF 网格,并且可选择性地输入检测器尺寸以包括检测器模糊效果。

（3）定义颜色计算方法。包括多色强度、RGB 或三波长颜色。例如,多色强度对所有系统波长执行多色 PSF,其结果是一个 8 位灰度图像。这是默认值。

（4）定义输出。默认情况下,将同时显示对象文件和成像模拟结果。设计者还可以选择显示 PSF 图,并将成像模拟结果保存为位图（BMP）、JPEG 或便携式网络图形（portable network graphics,PNG）格式的输出文件。

2. 使用方法

（1）打开镜头文件 CV_LENS：fisheye.len,如图 12-42 所示,这个鱼眼示例镜头对于说明 IMS 如何模拟畸变现象非常有效。

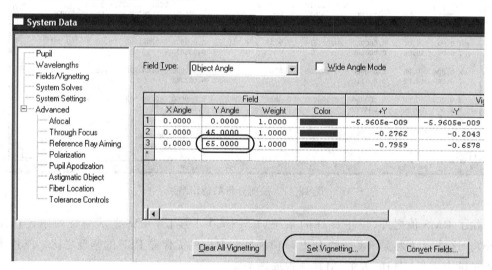

图 12-42　对镜头设置渐晕的窗口

（2）将鱼眼镜头最后一个视场的 Y Angle 更改为 65°,具体操作见 Lens→System Data 窗口,Fields/Vignetting 页面。改变视场角后,点击 Set Vignetting（设置渐晕）按钮。

（3）选择 Analysis→Diffraction→2D Image Simulation 菜单。

（4）在 Object Controls（对象控件）选项卡上的 2D Image Simulation（二维图像模拟）对话框中,美国空军分辨率目标图片（default.bmp 文件）被设为 Object Filename（对象文件名）的默认值。此输入对象文件对于本示例很有用,因此不需要更改。

请注意,设计者可以将自己的位图文件作为 default.bmp 保存在 CODE V 安装目录的\image 子目录中,则该位图将是默认 IMS 输入对象。

（5）单击 PSF Controls（PSF 控制）选项卡,将 FFT Grid size（FFT 网格大小）更改为 256,如图 12-43 所示。

将 X 和 Y 中的 Number of Samples（采样数）都设置为 5,这通常是用于定义计算 PSF 的 X 和 Y 中的采样数。CODE V 检测到鱼眼镜头具有旋转对称性,并自动选择 System has Rotational Symmetry（系统具有旋转对称性）的复选框。在这种情况下,IMS 的计算执行更高效,并使用 X 或 Y 中的样本数量的最大值来定义在整个视场中使用的 PSF。

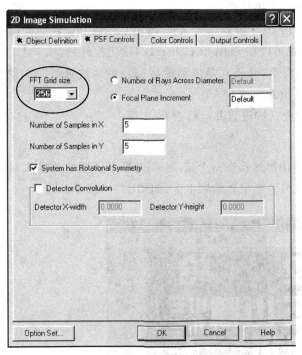

图 12-43　二维图像模拟的设置窗口

（6）单击 Color Controls（颜色控制）选项卡，并注意到颜色计算方法默认设置为 Polychromatic Intensity（多色强度），如图 12-44 所示。这将为所有系统波长和相应的权重创建一个多色 PSF。本示例请按照图 12-44 的设置。

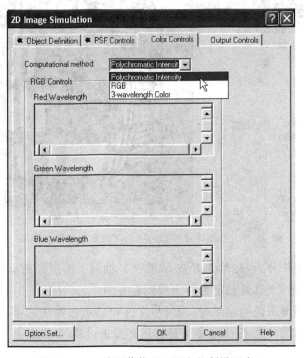

图 12-44　二维图像模拟的颜色控制设置窗口

另外两种颜色的计算方法是：

① RGB，允许多达 20 个波长来定义每个红色、绿色和蓝色的光谱带，产生 24 位彩色图像。使用此方法时，也可以在 Output Controls（输出控件）选项卡上选择灰度输出。

② 三波长颜色，将第一（长）、参考和最后（短）的系统波长均匀映射到红色、绿色和蓝色，其结果是一个 24 位的图像。

（7）单击 OK 接受这些设置并运行 IMS 选项。

3. 输出结果

IMS 的默认图形输出显示在一个选项卡上，显示了原始的输入对象文件；对该对象的成像模拟输出显示在另一个单独选项卡上，如图 12-45 所示。

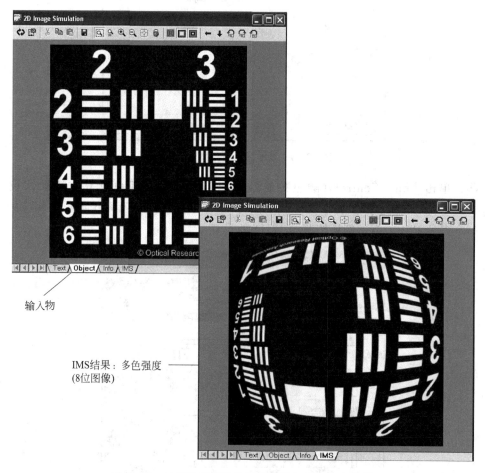

图 12-45　二维图像模拟的原始图像和成像输出结果

为了便于图像定位分析，初始的 IMS 结果以 Y 轴向上的图像面坐标系显示。Z 轴将垂直于屏幕箱内或向外。光总是假定为射向观察者方向。

在解释显示的图形图像的结果时，理解与文件和显示相关联的伽马（gamma）问题是非常重要的。如果显示的对象或 IMS 结果显得过亮或者过暗，则此信息尤为重要。

12.5　分析宏

除了提供许多内置的分析功能之外,CODE V 的 Macro-PLUS 编程语言为分析计算提供了极大的灵活性。即使设计者不想编写自己的宏程序,也可以方便地使用许多 ORA 提供的宏。关键是要先了解它们的内容和功能。

如果选择 Tools→Macro Manage 菜单,将打开一个对话框,可以访问计算机上的所有宏。除了浏览按钮[...]之外,还有一个树型结构,列出了包含收藏夹、最近使用的宏和示例宏。示例宏被划分成多个类别,例如衍射分析、实用工具等。

提示:虽然大多数宏都是独立的,但是也有某些提供的宏会调用其他宏,并可能取决于所定义的到宏目录的路径。键入命令 PTH SEQ CV_MACRO:到 Command Window(命令窗口)中将定义此路径。设计者也可以将此命令放在 defaults.seq 文件中,这样每次启动 CODE V 时就会自动进行定义。

表 12-1 列出了设计者较常使用的各种分析任务,并指出了可能有帮助的附带宏。所列出的类别只是为了提供信息,但如果设计者知道宏的名称,则只需使用浏览按钮在提供的宏目录中进行定位,然后单击 Run(运行)按钮。

表 12-1　CODE V 提供的部分宏

任务或问题	类　别	宏　名　称
运行 CODE V 选项时,出现"Ray failure during clear aperture trace"(哪个参考光线失效?)	Utilities(实用工具)	REFCHECK.SEQ
镜头中每个元件焦距是多少?	1st Order Analysis(一阶分析)	FL.SEQ
绘制 PSF 结果的截面?	Diffraction Analysis(衍射分析)	PSFPLOT.SEQ
在点列图上显示艾里斑或探测器尺寸?	Geometrical Analysis(几何分析)	SPOTDET.SEQ
将 MTF 作为视场位置的函数进行绘制?	Diffraction Analysis(衍射分析)	MTFVSFLD.SEQ
如何绘制垂轴色差?	Geometrical Analysis(几何分析)	LATCOLOR.SEQ
如何绘制焦距或后截距与波长的对比图?	1st Order Analysis(一阶分析)	FLPLOT.SEQ BFLPLOT.SEQ
如何绘制镜头的 y-ybar 图?	1st Order Analysis(一阶分析)	YYBAR.SEQ
如何反转镜头,以便为照明或其他分析作准备?	Utilities(实用工具)	ILREVERS.SEQ(使用 FLY 命令添加逻辑)
绘制一个宏计算数量与波长对比图?	Utilities(实用工具)	PLOTWL.SEQ(默认值:CEF)
绘制组合光学和检测器 MTF?	Diffraction Analysis(衍射分析)	MTFDET.SEQ

运行 CODE V 提供的宏的步骤如下：

（1）选择 Tools→Macro Manager 菜单。

（2）使用浏览按钮［…］，或进入 Sample Macros（示例宏）下分类，找到感兴趣的宏。

（3）单击 Run（运行）按钮。

（4）如果宏显示一个对话框，请填写所需的信息，然后单击 OK 以运行它。

请注意，一些宏将立即运行，而不需要对话框，而一些宏将会在 Command Window（命令窗口）中以交互方式运行文本提示。

12.6　多膜层设计

CODE V 包含了一个在当前程序的任何菜单上找不到的功能，这个功能被称为多膜层设计（multilayer coating design，MUL），它本质上是本程序内置的一个程序，可用于定义、保存、分析和优化多膜层的多项特性。

该特性在本质上独立于 CODE V 基于透镜的特征，当然，在 MUL 中定义的膜层可以添加到透镜模型的表面，它们将影响相应的偏振和透射计算。实际上，这也是 MUL 的主要用途。

目前，MUL 仅在命令行中支持，如果设计者需要定义膜层，最简便的方法就是修改现有的命令示例，并将其输入到基于文本的.SEQ（宏）文件中。

CODE V 公差分析

"墨菲定律"的内容是：如果事情有变坏的可能，不管这种可能性有多少，它总会发生。公差分析就是试图理解可能发生的误差种类、误差对光学的影响程度，以及构建一个可行的工作系统的可能性，从而对抗墨菲定律。

CODE V 提供了许多用于公差分析的工具，包括一个称为 TOR 的强大功能，这些工具可以用来分析用户定义的公差标准和蒙特卡罗模拟。

13.1 墨菲定律

光学系统对于加工精度有很高的要求。许多其他机械设备可以忽略的误差都可能在光学系统中造成严重的性能问题。误差一定会存在，没有什么事物是完美的。公差就是着眼于理解光学系统中可能发生的误差类型，并在加工之前预测它们的影响。墨菲定律不可能被打破，但是可以通过弄清哪里可能出错，定义误差极限范围，以及预测它们的影响，进而限制误差。

13.1.1 可能出现误差的参数

通常光学系统由几个参数确定，主要包括每个表面的曲率、厚度和玻璃材料等，这几个参数可能使光学系统在许多方面出错，其中包括：

（1）曲率误差（一般通过套样板 DLF 以及柱面不规则度 IRR 来测量）；

（2）厚度误差（玻璃）或空气间隔（安装误差），由厚度变化（delta-thickness，DLT）测量得出；

（3）折射率或色散误差（DLN，DLV）；

（4）定心误差（前后表面不在同一轴线上，称为光楔，或形成总体指示偏差量（total indicated runout，TIR））；

(5) 安装误差(元件或元件组相对于设计位置出现倾斜、偏移或离心)。

总之,每个光学表面都有 7 个或更多的潜在加工误差。带有特殊表面的复杂系统会出现更多的潜在误差。这些潜在误差中的每一个都必须限制在一个可接受的范围或公差。例如,表面 8 的玻璃元件厚度(THI S8 5.5)可能需要控制在 $\pm 20\mu m$ 以内,例如,5.500mm ± 0.020mm,或 DLT S8 0.02。这种公差值通常可以简单估计,或者可以基于"标准值"以及基于光学车间或加工过程的预估能力来进行确定。CODE V 提供了更为系统性的方法来确定这些值。

13.1.2　误差后果

现在的问题是,对于光学模型中针对各种加工误差所定义的公差,究竟会使光学系统的性能降低到什么程度? 这实际上意味着两个不同的结果。

(1) 如果设计者采取一组给定的公差值,并假设每个结构参数在这些公差范围内,然后开始模拟镜头结构,那么可能出现的问题是:当分析测试某个样品镜头时,会出现什么样的MTF 或 RMS 波前误差? 这称为灵敏度分析(sensitivity analysis),因为每种误差可以导致不同的影响,其取决于对每个特定值的灵敏度设计。

(2) 假设其他条件正常,误差有多大才会导致 MTF 在指定范围内变化? 这称为反转灵敏度(inverse sensitivity),是 TOR 的强大功能之一。采用该技术应用于所有公差,称为半自动误差预算(semi-automatic error budgeting)。这意味着要使每个公差都被缩放到和其他参数一样,以对系统贡献出大致相等的误差量,这是一个合理的假设。这是回答"误差后果"问题的一个系统方法,虽然在许多情况下其他因素也可能影响公差值,但这些因素中的大部分都由公差限制来控制,使问题保持在实际约束内。

13.1.3　补偿

光学装配中的一个很重要的方面就是,能够在组装过程中进行调整,以部分补偿在加工和组装过程中发生的累积误差和随机误差。这些调整被称为补偿器(compensators)。原则上任何公差都属于补偿器。最常见的补偿是焦点偏移或其他空气间隙调整。有效补偿的选择是最重要的公差分析工具之一,通常可以将严格(很小)的公差转换为非常合理的值。补偿选择要求对可能的安装方法具有一定的熟悉程度,因为需要用实际可行的手段来实现所需范围内的所需偏移。

13.1.4　统计问题

实际上,尽管所有误差都处于设计者所期望的指定公差限制内,它们也会同时或随机发生。这意味着,对于采用一组给定公差制造的实际镜头,很难精确预测该镜头的确切性能。如果加工了 1000 个镜头,则每个镜头将有细微的性能差异。设计者所能做的就是预测结果的统计分布。可以这样描述:"在 1000 个镜头中,其中 980 个的性能都可以控制在设计标称值的 11% 以内"。如果可以接受 11% 的性能下降,以及 98% 的成品率,那么就达到了目标;否则,设计者还需要做一些改变,要么提高某些公差要求,要么进行部分补偿调整,以提高质量和成品率。在最坏的情况下,设计者可能需要重新设计镜头以降低灵敏度。

CODE V 的公差特性(TOR 和其他特性)可以提供此类统计预测,并允许设计者改变公差、调整补偿和其他假设,以便在零件加工之前找到解决方案。

13.1.5　失败的代价

成功的公差分析允许指定一组符合实际公差和有效的补偿器,建立具有良好的性能和成品率的光学系统。还有一种做法,就是对每个参数指定最严格的可实现公差,而不必关心补偿(或"仅关注调整焦点")。这样做的代价可能会相当高,为不必要的严格公差所付出的工作会增加加工时间和成本。更糟糕的是,这种最严格的公差以及无效的补偿可能导致低性能的昂贵光学系统。

13.2　公差分析和 TOR

13.1 节给出了光学系统公差问题的一般性介绍,并未涉及许多具体的技术细节。现在,我们考虑如何利用 CODE V 来实际地解决这些问题。

13.2.1　公差分析的目的

对光学系统进行公差分配的主要目的是确定具有不同公差范围的加工元件的组合效果,以便在满足性能、装配和外观质量要求的同时,使生产成本最低,这是镜头设计过程中很重要的部分。在 Analysis→Tolerancing 菜单中提供的 TOR 选项,可以解决公差分析中涉及的大部分实际困难。TOR 使得设计者只需专注于光学系统及其性能,而不必关注大量和高成本的计算,以及可能难以解释的结果。

13.2.2　TOR 功能

TOR 直接将制造误差与可测量的性能联系在一起,包括在指定频率及方向下的复色光衍射 MTF(polychromatic diffraction MTF)、RMS 波前误差(RMS wave front error)、光纤耦合效率(fiber coupling efficiency)或偏振相关损耗(polarization dependent loss)。可以在 Analysis→Tolerancing 菜单上找到四个单独的菜单项对应着的四种质量模式。TOR 的基本信息单元是由一定数量的参数变化的量引起的质量标准的变化。灵敏度计算包含由用户指定的可调节参数(补偿)的效果,以模拟聚焦、倾斜图像平面等装配工艺过程,从而获得最大化的性能。瞄准(即视线偏移)校正和畸变改变输出均可作为选项进行使用。

下面的一些讨论中偶尔会涉及一些术语(例如 MTF 下降),来描述由于制造加工误差造成的性能下降。应该认识到,这些讨论同样适用于 RMS 波前误差、光纤耦合效率或偏振相关损耗等在 TOR 中使用的质量标准下降,这取决于光学系统选择使用的内容。

13.2.3 半自动误差预算

半自动误差预算(semi-automatic error budgeting)(也称为反转灵敏度模式)表示程序可以选择一组合适的公差参数、参数变化范围和特定的值,以提前确定单独的 MTF 下降。与其他 CODE V 特性一样,这些计算中使用的大量默认值可以方便地进行部分或全部覆盖,这也是被称为半自动的原因。统计计算可自动完成,以预测整个系统的性能。良好标记的公差输出表有助于同其他技术人员进行交流。

13.2.4 交互式公差分析

在任何初始 TOR 运行之后,灵敏度与透镜数据一起保存。因此,如果镜头数据保持不变,则可以更快地进行后续公差分析,不需要再进行光线追迹。交互式公差分析使用此保存数据,允许更改公差值,并立即分析预测到它们对性能的影响。该特性可以在 Analysis→Tolerancing→InteractiveTolerancing 菜单中找到,并且只能在完成标准 TOR 运行后访问。

如果想在使用交互式公差分析之前关闭镜头,可以使用 Save Lens As 来保存它。随后可以恢复镜头已保存的 TOR 系数数据,并使用交互式公差分析。

13.2.5 其他公差分析选项

除了 TOR 选项,CODE V 提供了其他公差分析功能。TOD(主光线畸变公差)在 Analysis→Tolerancing→Distortion 菜单下,其操作上与 TOR 几乎相同,不同之处在于它使用从波前微分推导的主光线畸变作为其质量标准。TOL(初级像差公差)是基于初级像差的早期选项,只能通过命令行访问。系统还提供基于宏的用户定义公差特性,TOLFDIF 在 Analysis→Tolerancing→User-Finite Differences 菜单下,TOLMONTE 在 Analysis→Tolerancing→User-Monte Carlo 菜单下。这两个功能都需要定义一组公差值来进行评估,并且还要求在使用此功能之前保存镜头数据。本章将主要关注 TOR 选项,其他功能会在某些节中进行讨论。

13.3 公差分析的分类

CODE V 支持多种公差类型,这里仅列出其中的几种。公差分析被认为是镜头数据的组成部分,因此可在 LDM 中对其进行定义和查看。大多数公差为线性量,并以镜头单位(通常为毫米)进行测量。角度误差的测量单位为弧度,这不同于以度为单位的倾斜和视场角度等结构数据。并非所有可能的公差都被包含在自动生成的默认值中,可以使用 Review→Tolerances 菜单从默认集中添加或删除公差。某些公差类型有特殊的定义。这里仅给三个示例。

(1)套样板(test plate fit,DLF):表面和参考测试样板表面之间的精确配合程度的计量,测试量为干涉条纹数(牛顿环)。在该测试中还将测量不规则度(IRR),例如偏离标称圆环的椭圆度。

（2）光楔（wedge）：当元件的前表面和后表面不共轴时，该误差可以描述为表面倾斜，或者更常见地描述为光楔。根据车间中的测量设备和测量方法，将其描述为总体指示偏差量（TIR）。

（3）桶型倾斜（barrel tilts，BTI）：当一组表面整体倾斜时，称为桶型倾斜，度量单位为弧度。桶型倾斜要求一个表面范围，并且该范围中的第一个表面为默认倾斜支点，这可随 X、Y 和 Z 方向上的偏斜而发生变化。

注意：CODE V 能够认可其默认公差的表面组仅为单镜头和胶合镜头元件。尽管从结构上考虑，其他表面组也可形成一组，但 CODE V 不能识别其安装结构，因此无法确认它们是一组。例如，如果已知表面 8 到表面 15 为一个组件，那么必须在默认组中添加 BTI S8～15（以及其他组公差），否则该组的位置误差将不会被模拟。

13.4　LDM 和 TOR 的公差分析

设计者可通过多种方式运行 TOR，并对所使用的公差和补偿器进行各种程度的控制、不同的计算类型以及不同的输出量。虽然 CODE V 提供了全默认 TOR 运行（all-default TOR run），但通常在运行 TOR 之前需先使用 LDM 来准备镜头并先定义公差。

13.4.1　全默认 TOR 运行

全默认 TOR 运行是运行公差分析的最快捷方式，因为它让 CODE V 执行所有工作。如果打开了未包含公差的镜头文件并运行 TOR，程序将在执行 TOR 计算之前自动生成一组默认的公差和补偿。

（1）选择 File→Open 菜单，然后选择 CODE V 提供的镜头目录中的镜头文件 cooke1.len，默认安装情况下是位于 C：\CODEVxx\lens。

如图 13-1 所示，该透镜是 Cooke 三片式透镜，F 数为 4.5，半视场角为 20°，焦距为 50mm。该示例镜头未包含预定义的公差。

（2）选择 Analysis → Tolerancing → RMS Wavefront Error 的菜单，将显示 RMS wavefront error（RMS 波前误差）对话框，Polychromatic RMS（复色 RMS）被选为评价标准，如图 13-2 所示。

（3）单击 OK 开始运行。

程序将从这一少量的输入生成多行输出结果，该运行的等效命令输入是 TOR；GO。公差为标准默认组，并与单个补偿（图像表面的 Z 偏移，即重新调焦）共同用于反转灵敏度模式。滚动输出窗口文本选项卡以查看输出。暂不解释该输出，因为后续将执行一个类似的运行。该运行较为典型，对公差、补偿和某些 TOR 控

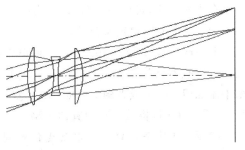

图 13-1　公差分析所用镜头示意图

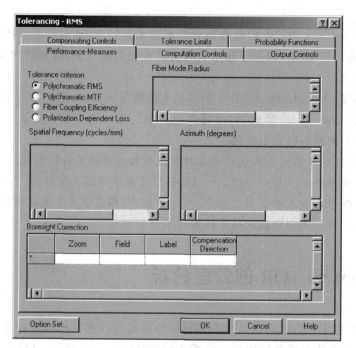

图 13-2　RMS 波前误差对话框

制设置都具有精确的定义。我们将讨论该运行的输出结果。

13.4.2　设定公差

如前所述,公差实际上被认为是镜头数据的组成部分,因此可以在 LDM 中进行定义、观看和编辑。在保存镜头时,它们也同时保存在 .len 文件中。

(1) 选择 File→Open 菜单,然后在 CODE V 提供的镜头目录中选择镜头文件 cooke1.len。这与在上一步中打开的镜头文件相同,设计者需要重新打开此镜头文件,以确保在下文的步骤中获得正确结果。

(2) 选择 Review→Tolerances 菜单,显示 Tolerances and Compensators(公差和补偿器)窗口。请注意,此窗口为空,因为 cooke1.len 默认情况下不包括任何公差。

(3) 单击电子表格顶部的 Autofill(自动填充)按钮,以打开 Tolerance Spreadsheet Autofill(公差电子表格自动填充)对话框,如图 13-3 所示。

在本示例中,可以使用默认值,为所有表面生成默认公差。

(4) 单击 OK 以定义公差。

Tolerances and Compensators 窗口中显示的公差是标准默认值,如图 13-4 所示。向下滚动可以查看已为该 6 个面的镜头生成了 53 个默认公差。设计者可以单击鼠标右键在表格中添加(Insert) 或者删除(Delete)公差。每个非灰色的单元格均是可编辑的,例如,双击 Type(类型)项目将其更改为其他类型。

提示:在这个窗口中可以改变任何列的宽度,右键单击列标题,选择 Column Width,120 是较好的列宽。

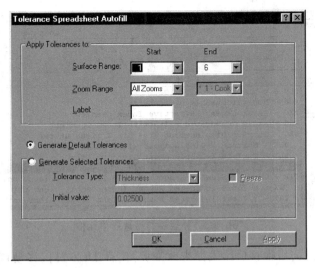

图 13-3 公差电子表格自动填充对话框

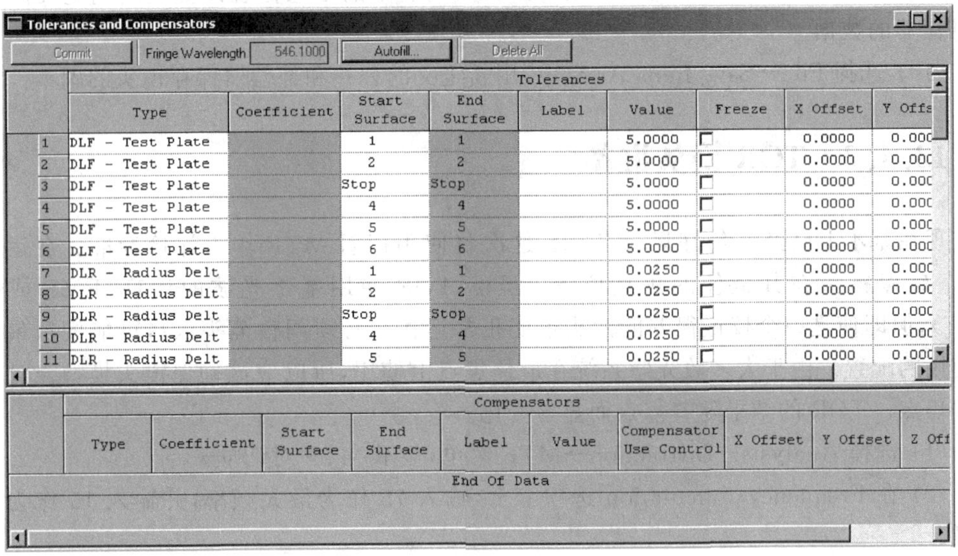

图 13-4 公差和补偿器窗口

到目前为止,尚未开始进行任何计算来观察这些公差的影响,但这是 TOR 要做的。设计者还必须定义一个离焦补偿器,一旦开始定义公差和补偿,CODE V 会假设设计者将定义所有参数值,就不会自动生成任何默认设置。

（5）在 Tolerances and Compensators 窗口底部的补偿器电子表格中右键单击 End of Data(数据结尾)行。

（6）从快捷菜单中选择 Insert。

（7）双击 Start Surface 单元格,然后选择 Image 表面。

（8）双击此新补偿器的 Type 单元格,然后滚动以找到并选择 DLZ-Surface Z-Displacement 作为补偿器,如图 13-5 所示。

在像面的情况下,厚度(DLT)和 Z 位移(DLZ)是等效的,不需要对默认值进行更改。

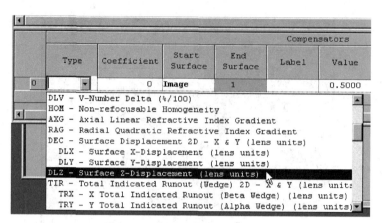

图 13-5　补偿器类型选择单元格

一般来说,DLT 通过向后推移后续表面来改变厚度,而 DLZ 仅仅移动该表面,其他表面不会发生变化。

（9）单击顶部的 Commit 按钮,或单击公差列表中的任意位置以提供刚刚定义的 DLZ Si 补偿器的数据。

（10）选择 File→Save Lens As 菜单,用新定义的公差和补偿器保存镜头的副本。

13.4.3　TOR 镜头准备

现在基本上已经准备好运行 TOR,这次将使用衍射 MTF 作为评价标准。在运行之前,请确保镜头在其最佳的焦点位置。虽然 TOR 使用基于光波的计算（RMS 或衍射 MTF）,但即使是一个校正很差的镜头也能正常运作。必须调整镜头以尽可能模拟最终加工使用的配置。由于大多数光学系统在最佳焦点上使用,所以应该确保镜头模型设计位于最佳焦点。TOR 的结果随着焦点而显著变化。

（1）选择 Analysis→Diffraction→MTF 菜单,显示 MTF 对话框。

（2）在 Frequency/Calculation 选项卡上,输入 75 作为最大频率,并输入 15 作为频率增量。

（3）单击 Graphics 选项卡,输入 75 作为最大绘图频率值（maximum plot frequency）。

（4）单击 OK 运行 MTF。

（5）单击 Quick Analysis 工具栏上的 Quick Best Focus（快速最佳焦点）图标。

这将使用替换焦点命令运行 Wavefront Analysis（波前分析）选项,分析系统的 RMS 波前误差,并设置像面离焦（THI Si）使其最大化。这与优化 MTF 不完全相同,但有相似之处。

（6）通过单击 MTF 窗口上的 Execute 按钮重新运行 MTF 计算。结果如图 13-6 所示。

注意:MTF 曲线略有改进。使用 15 线对/mm 作为公差分析频率。这里,轴外视场径向（0°）和切向（90°）方位角的 MTF 曲线本质上是不同的。最好同时选择这两个方位角,也可以只选择一个公差方位角进行公差分析（TAN 是默认值）。这需要复制轴外视场。

（7）选择 Lens→System Data 菜单,然后转到 System Data 窗口中的 Fields/Vignetting 页面。

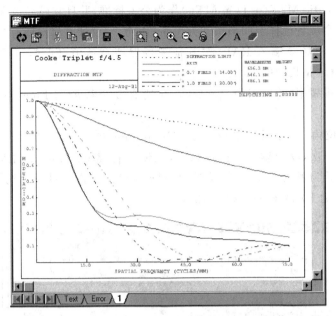

图 13-6　MTF 计算结果

（8）在 Fields/Vignetting 页面的电子表格中插入两个新视场,可以通过右键单击现有视场行,并从快捷菜单中选择 Insert 来插入视场。一旦添加了两个新行,就可以从现有视场中复制和粘贴相应的值到新视场,可以使用 Edit 菜单中的 Copy 和 Paste 功能来执行此操作。结果应该有 5 个视场,并且视场数据应该如图 13-7 所示。

	Field				Vignetting			
	X Angle	Y Angle	Weight	Color	+Y	-Y	+X	-X
1	0.00000	0.00000	1.00000		0.00000	0.00000	0.00000	0.00000
2	0.00000	14.00000	1.00000		-0.01406	0.06883	0.00000	0.00000
3	0.00000	14.00000	1.00000		-0.01406	0.06883	0.00000	0.00000
4	0.00000	20.00000	1.00000		0.16171	0.24355	0.00000	0.00000
5	0.00000	20.00000	1.00000		0.16171	0.24355	0.00000	0.00000

图 13-7　视场/渐晕电子表格

（9）选择 File→Save Lens 菜单以更新镜头的保存副本,将包括公差定义和 5 个视场（YAN 0 14 14 20 20）。

13.4.4　TOR 输入对话框

要开始运行 TOR,请选择 Analysis→Tolerancing→MTF 菜单,以打开 Tolerancing-MTF(公差-MTF)对话框。这里将更改 6 个选项卡中的两个,并检查其他两个选项卡上的默认设置。

1. 性能度量选项卡

打开 TOR 对话框时,Performance Measures(性能度量)选项卡默认前置。这次设计者将使用 polychromatic MTF(复色光 MTF)作为公差标准,并且它已经被选中。对于 MTF,设计者必须为每个视场选择空间频率和方位角(切向)。设计者将对所有视场使用 15 线对/毫米,对视场 3 和视场 5 输入 RAD,对其他视场保留默认值 TAN,由于对称性,RAD 和 TAN 对该轴而言将是相同的。

(1) 对于空间频率(spatial frequency),在所有 5 个视场的 Lines per MM 字段中输入 15。

(2) 对于方位角(azimuth),单击 Lines Orientation 单元格,该单元格最初是空白的,然后使用向下箭头四次,以创建 5 个视场条目,或使用右键单击 Insert 插入。双击 Field(视场)行,将行 2 设置为视场 2,将行 3 设置为视场 3,以此类推。对于视场 3 和 5,将方向从 TAN(切向)更改为 RAD(径向),如图 13-8 所示。

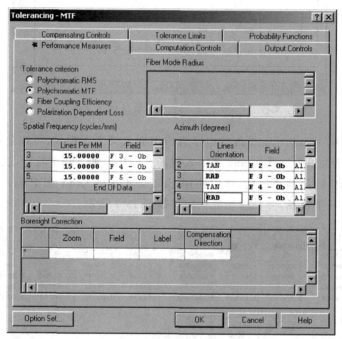

图 13-8　公差-MTF 中的性能度量选项卡

2. 计算控制选项卡

Computation Controls(计算控制)选项卡上的设置决定公差的计算方式。这里有两种模式,反转灵敏度(默认)和灵敏度模式。反转灵敏度模式将尝试设置值以提前确定性能指标的变化,从而生成公差值,默认情况下是 MTF 每下降 0.01。灵敏度模式将计算由当前公差组引起的 MTF 变化,包括设计者提供的值、默认值或者部分组合值。反转灵敏度模式是公差分析阶段初期最有用的模式,在此示例中可以使用这种模式,同时使用默认的 MTF 下降 0.01,如图 13-9 所示。

该选项卡上不需要输入。

3. 输出控制选项卡

Output Controls(输出控制)选项卡影响 TOR 给出的输出量和类型,如图 13-10 所示。扩展输出模式(FUL 命令)可列出系数值,允许手动重新计算单个灵敏度,而不需要重新完

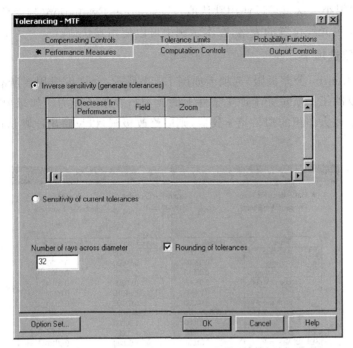

图 13-9　公差-MTF 中的计算控制选项卡

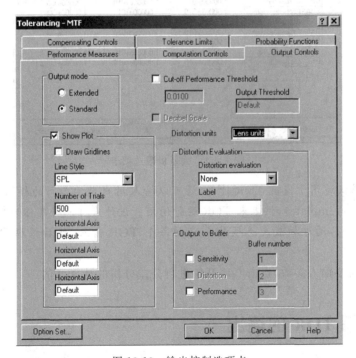

图 13-10　输出控制选项卡

成整个运行。设计者可以使用默认 Standard(标准)模式来运行。Output Threshold(输出阈值)控制显示的灵敏度值,并只选择那些 MTF 变化超过阈值的参数。这可以减少输出量,并有助于设计者专注于那些影响性能的公差。由于各种原因(主要是公差限制),许多参数的 MTF 变化很小。这里可以使用默认值。Distortion Evaluation(畸变评估)中增加了显示公差如何影响主光线位置的表格,在本示例中可以使用默认值。

4. 公差极限选项卡

Tolerance Limits(公差极限)选项卡如图 13-11 所示,允许编辑用于所有公差类型的极限值。默认值反映了高质量光学加工条件下的典型行业加工能力。如果要设计专门的、高质量的光学仪器或大体积的塑料光学仪器,则应修改极限,以反映出比默认设置更高或更低的实际加工能力。

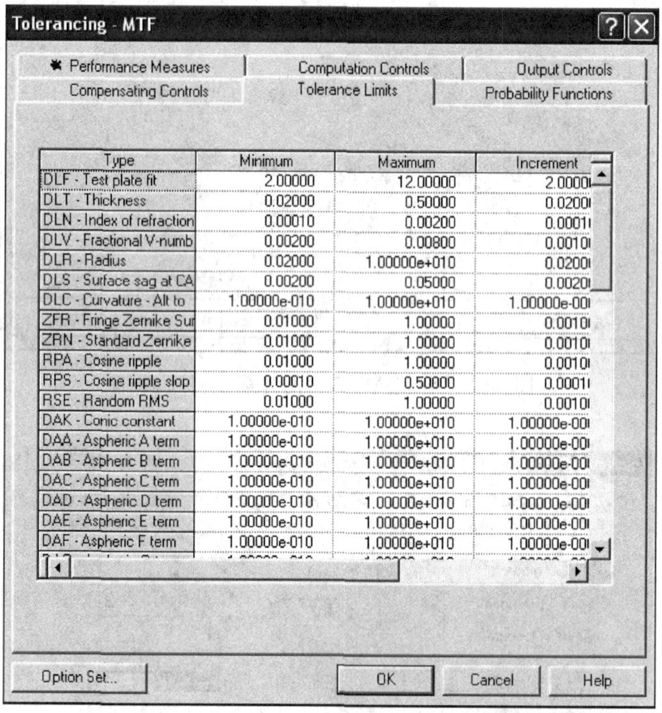

图 13-11　公差极限选项卡

提示:极限仅适用于当前 TOR 计算,还可以输入用户光学车间的极限,并使用选项集将其保存为模板(template),供未来 TOR 运行使用。设计者可以将其称为"我的车间限制"(my shop limits)。通过加载此选项集来启动每个 TOR 输入,然后根据需要修改其他选项卡。

该表格不需要输入参数,点击 OK 开始进行公差分析的计算评估。

13.5　理解 TOR 的输出

基于刚刚介绍的 LDM 公差输入和 TOR 设置,可以设置 TOR 使用 15 线对/mm 处的切向和径向 MTF 作为质量衡量标准,以对每种加工制造误差,确定出最灵敏的三个视场角误差值,该误差值会引起 MTF 下降 0.01。事实上,在输出中可能看不到 0.01 的值,因为有些因素通常会阻止 MTF 下降 0.01。

13.5.1 灵敏度表格

每个视场都有一个灵敏度表,图 13-12 所示是 20°全视场的切向 MTF。该表开始部分是该视场中被追迹的光线数量以及该视场标称性能的相关信息,这些数据在检查问题时十分有用。下面的长表格是灵敏度列表。

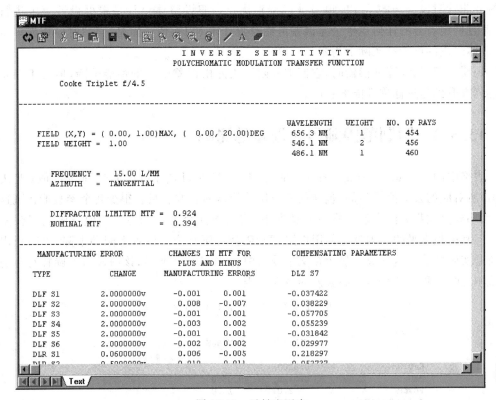

图 13-12　灵敏度列表

以 DLF S2 为例,这里将解释如何理解灵敏度数据。在表面 2 上的两个光圈的误差将导致 MTF 的变化,如果为正则变化为+0.008,如果为负则变化为-0.007。这些变化假设补偿参数(DLZ S7,像面散焦)分别改为+0.038mm 和-0.038mm。向下滚动该表,将会发现以下行:

DSY S1..2 0.0200000v 0.026 -0.031 0.000000

这表明最大 MTF 变化(-0.031)是由前元件(DSY S1..2)的-0.020mm 的 Y 偏心引起的。请注意,此公差的补偿器值为零。这是因为旋转对称公差(DLZ Si 或焦点)不能补偿非对称公差。设计者可以添加偏心补偿器(对于公差或补偿器的数量没有特定限制),假设调整和测试在制造和经济上均可行。

注意:*每个公差和补偿器只能有一个值,可以通过比较两个视场之间的特定公差项进行验证。每个公差将对每个视场产生不同的影响,实际上,总会有一个视场是确定反转灵敏度运行中的公差值的最坏情况。*

Probable Change in MTF(MTF 的可能变化)是基于所有已定义公差组合的统计值。在每个灵敏度表格的末尾还是会显示出额外的统计信息,在下文中会进行解释。

13.5.2　误差改进性能

许多误差可以使 MTF 向好的方向变化。但是误差是怎样使 MTF 提升的呢?原因是系统并非针对该视场的 MTF 频率进行特别优化。假设整体设计是根据设计要求进行优化,并且特定符号的任何单个公差误差可能改善具体 MTF 值。但是,当同时应用许多误差时,总体改进的可能性实际上为零。

还要注意,当计算补偿器时,它们被局限于去除由误差引起的性能下降,但是不能将系统性能提升到超过标称性能的程度。

13.5.3　限制范围和舍入误差的影响

表格中的 Manufacturing Errors(加工误差)是通过使 MTF 下降到指定值(默认为0.01)所对应的公差值得到的,包括任何应用补偿器的影响。只有很少几个参数能达到这一点,大部分参数都无法实现。在一些情况下,将公差四舍五入到适当的值就限制了公差范围。但其中最常见的原因就是使用极限,TOR 会对所有公差设置上限和下限,以防止出现不符合实际的值。这些极限显示在文本输出中,如图 13-13 所示,该图显示了旋转对称的极限范围,注意,程序还显示偏心公差的极限范围。

```
            T O L E R A N C E   L I M I T S


                      MINIMUM      MAXIMUM

     * RADIUS          0.0200
     * SAG             0.0020       0.0500
    ** POWER           2.0          12.0
       IRREGULARITY    0.50         3.00
       THICKNESS       0.02000      0.50000
       INDEX           0.00010      0.00200
       V-NUMBER(%)     0.20         0.80


     * Radius tolerance is determined by both radius and sag limits
    ** Power tolerance is between 2 and 4 times the irregularity tolerance
```

图 13-13　公差极限表

如前所述,可以在 TOR 对话框中的 Tolerance Limits(公差限制)选项卡上修改极限值。

13.5.4　概率分布、交叉项和统计

在计算所有灵敏度之后,必须使用它们进行统计预测。这里有以下几项值得注意:

(1)假定误差位于公差范围内,并遵循特定的概率分布。可以在 Probability Functions(概率功能)选项卡上更改相关内容,单击此选项卡,然后按 F1 键获取有关此主题的帮助。

（2）统计预测是以代数公式为基础的。这种"simulated Monte Carlo"（蒙特卡罗模拟）对于大量的独立误差有效,通常数量 $N>10$。还可以使用蒙特卡罗模拟相关的宏程序,其名称是 tolmonte.seq。

（3）交叉项包括在统计预测中,即误差能够与其他误差叠加或部分消除由于其他误差带来的影响。

对于每个视场都会显示如图 13-14 所示的表格。

```
DSY S5..6       0.0200000v      -0.008      -0.001        0.000000
DSX S5..6       0.0200000v      -0.006      -0.006        0.000000

PROBABLE CHANGE IN MTF          -0.054

            PROBABLE CHANGE OF COMPENSATORS (+/-)         0.511174

Units - linear dimensions in mm.      angles in radians,
            fringes in wavelengths at 546.1 nm.

The probable change in MTF assumes a uniform distribution of manufacturing
errors over the range for all parameters except tilt and decenter
which have a truncated Gaussian distribution in X and Y

        CUMULATIVE      CHANGE
        PROBABILITY     IN MTF
        50.0 PCT.       -0.009      * If it is assumed that the errors can
        84.1 PCT.       -0.031        only take on the extreme values
        97.7 PCT.       -0.054 *      of the tolerances, the 97.7 percent
        99.9 PCT.       -0.076        probable change in MTF is  -0.107
```

图 13-14　累积概率表及 MTF 变化

累积概率表的解释如下：假设镜头是按照镜头模型中使用的公差来制造,与设计的 MTF 相比,所构建的系统在该视场下的 MTF 变化有 97.7％的概率处于−0.054 或以内。其他的百分比可以以相同的方式解释,50％代表平均值,而 84.1％、97.7％和 99.9％分别表示 1σ、2σ 和 3σ 的可信度。表格右侧的文字说明描述了哪些是可能最糟糕的情况,其中假设了所有参数的值都在可允许公差范围的极限情况下进行加工。

13.5.5　补偿器范围

补偿器的可能的变化范围近似于 2σ 水平,这意味着如果补偿器（该示例为焦点偏移）可以变化±0.5mm,则该变化量可以允许约 98％的可能性对所构建的系统进行补偿,即有 2％的概率是由于中心误差的组合太大,该移动范围内会使系统失焦。此信息也为安装设计师提供了指导。

13.5.6　公差输出表格

在每次 TOR 运行结束时,都会显示旋转对称和偏心公差的表格,以列表格式将灵敏度表格中的所有数据进行收集汇总。每个表格后紧接着显示公差极限。Decentered Tolerances（偏心公差）输出表格如图 13-15 所示。

```
                        D E C E N T E R E D
                        T O L E R A N C E S

      Cooke Triplet f/4.5
-----------------------------------------------------------------------------
ELEMENT      FRONT      BACK      ELEMENT WEDGE     ELEMENT TILT    EL. DEC/ROLL(R)
NO.         RADIUS     RADIUS     TIR    ARC MIN    TIR   ARC MIN   TIR       mm.

  1        21.48138  -124.10000  0.0040    1.0    0.0041    1.0    0.0152   0.0200
  2       -19.10000    22.00000  0.0020    0.8    0.0027    1.0    0.0178   0.0200
  3       328.90000   -16.70000  0.0100    2.6    0.0039    1.0    0.0169   0.0200

-----------------------------------------------------------------------------

    Radii are given in units of mm.

    For wedge and tilt, TIR is a single indicator measurement taken at the smaller
    of the two clear apertures.  For decenter and roll, TIR is a measurement of
    the induced wedge and is the maximum difference in readings between two
    indicators, one for each surface, with both surfaces measured at their
    respective clear apertures.  The direction of measurement is parallel to the
    original optical axis of the element before the perturbation is applied.
    TIR is measured in mm.
```

图 13-15   偏心公差输出表格

13.5.7   性能摘要表格

Performance Summary(性能摘要)表格(图 13-16)是以单个表格的形式收集并汇总了标称值和可能变化的值(系统性能和补偿器范围)。在表中可以快速浏览公差运行的结果，并核对 Design+Tol 列是否满足当前规定的性能规格。

```
-----------------------------------------------------------------------------
     RELATIVE   FREQ   AZIM   WEIGHT   DESIGN   DESIGN   COMPENSATOR RANGE (+/-) *
      FIELD    L/MM    DEG                      + TOL *
                                                         DLZ S7

    0.00, 0.00  15.00  TAN    1.00     0.888    0.844    0.511174
    0.00, 0.69  15.00  TAN    1.00     0.395    0.348    0.511174
    0.00, 0.69  15.00  RAD    1.00     0.708    0.649    0.511174
    0.00, 1.00  15.00  TAN    1.00     0.394    0.340    0.511174
    0.00, 1.00  15.00  RAD    1.00     0.582    0.528    0.511174

-----------------------------------------------------------------------------
```

图 13-16   性能摘要表格

13.6   其他公差分析功能

如本章前面所述，CODE V 中提供了其他公差特性，包括 TOD(主光线畸变公差)和TOL(初级像差公差)，TOL 是为兼容早期版本的 CODE V 而提供的一种较早的公差分析方法。此外，用户自定义的公差还有两种形式，为方便用户使用，它们是作为 CODE V 的宏程序来执行的。

用户自定义公差意味着可采用满足某种格式的宏程序形式来定义质量评价标准。这也意味着，在无法使用所提供的宏示例时，设计者可以自行编写这样的宏程序。用户自定义公差也仅限于灵敏度模式,因此,必须设法确定一组合理的公差值。在大多数情况下,一种比较好的方法是运行适合 RMS 波前误差的反转灵敏度 TOR,以确定出一组合理的初始公差设置。对于特定的光学系统而言,只使用默认值不一定合理。最后,还必须将该镜头保存为.len 文件(包括计算出的公差值)。

用户自定义公差的两种形式是:

(1) TOLFDIF.SEQ:文件名中的 FDIF 意味着"有限差分",这与 TOR 有区别,后者使用微分方法来评估公差。有限差分意味着,镜头在其标称状态下被评估,然后进行变换,并且标称结果减去改变后结果就获得了变动引起的差值。一旦所有误差都被评估后(每次评估一个公差),将执行类似于 TOR 中的那些统计计算。

(2) TOLMONTE.SEQ:此宏程序同时应用所有公差的变动影响,以创建由用户的评估宏程序进行评价的"蒙特卡罗样本"。当生成相当大数量的样本时(通常达到 50 或更多),可根据所有样本生成统计数据和概率曲线。

这些宏程序可以从 Analysis→Tolerancing→User-Finite Differences 或 User-Monte Carlo 菜单中启动。

表 13-1 比较了 TOR、TOLFDIF 和 TOLMONTE 的基本功能。

表 13-1　TOR、TOLFDIF 和 TOLMONTE 的基本功能

公差分析方法	算　　法	支持的分析	支持的公差	注　　释
TOR	波前微分	RMS 波前误差衍射 MTF 光纤耦合效率	CODE V 支持的公差(例如 DLR 和 DLT 等)	对于较小的公差,快速而精确。包括交叉项
TOLFDIF(宏程序)	有限差分	CODE V 可计算的项	CODE V 支持的公差和用户自定义公差	相当快,但不包含交叉项。对某些性能基准可能不太精确
TOLMONTE(宏程序)	蒙特卡罗模拟	CODE V 可计算的项	CODE V 支持的公差和用户自定义公差	如进行多次试验运行,会比较精确,但较慢(较 TOR 慢 100 多倍)

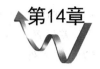

第14章

反 射 系 统

反射系统在光学系统中很常见。CODE V 中反射系统与折射系统的设置没有根本上的差异,但是需要注意的是,反射系统可能导致输入的符号约定(对于厚度和曲率)的问题。反射系统通常还包含中心遮拦。本章的示例将综合反射系统的常用特性。

14.1 CODE V 的反射系统

14.1.1 概述

一般而言,使用基于 CODE V 中的反射表面的光学系统,与基于折射表面的光学系统并无区别。CODE V 的不同选项均以同样的方式工作,而与所使用系统的类型无关,只有在某些选项如 ENV 和 ELE 中才需要首先指定反射镜基底数据。该数据在 Surface Properties 窗口的 Materials 页面上输入。其主要区别在于玻璃名称、厚度值符号,以及是否需要经常定义表面挡光以进行正确的系统建模。

输入反射表面与输入折射表面的方法相同,不同之处在于在折射模式(refract mode, RMD)中需要输入 REFL。有两种输入方式可供选择:

(1)在 LDM 电子表格窗口的 Refract Mode 单元格中,从下拉列表中选择 Reflect。

(2)直接输入 REFL 作为玻璃的名称,这样也可以进行设置,注意此时必须只输入 REFL 这四个字符。

如果反射面在第二个表面,使得反射器两侧的介质是玻璃而不是空气(或空白),设计者仍然可以使用 REFL 作为玻璃名称,或将 Refract Mode 单元格设置为 REFL。CODE V 将自动从上一个表面拾取玻璃的折射率和特性信息。此时,当材料名称填入,单元格将变为灰色且不可编辑,这表示此材料是在 REFL 表面之前的材料中"拾取"(picked up)的,如图 14-1 所示。

Y Radius	Thickness	Glass	Refract Mode
Infinity	Infinity		Refract
Infinity	5.00000	BK7_SCHOTT	Refract
-33.00000	-10.00000	BK7_SCHOTT	Reflect
Infinity	-4.28534		Refract

图 14-1　反射表面的玻璃属性设置

14.1.2　符号法则

从一个折射表面到下一个折射表面的厚度（透镜厚度或间距）通常是正的，因为下一个表面相对于当前表面通常在 +Z 方向。然而，在反射面的情况下，下一个表面通常相对于反射表面在 -Z 方向。因此，厚度被输入为负值。由于光线接下来将继续沿 -Z 方向传播，所以后面所有厚度值都作为负值输入，直到光遇到第二个反射表面。遇到第二个反射表面之后，光线重新沿着 +Z 方向传播，并且厚度值再次输入为正。以此类推。

提示：厚度值的符号总是在经过反射表面后变化。经过偶数次的反射符号将会是正数。奇数次反射后，符号将为负数。在达到下一次反射面之前，厚度值将一直使用该符号。

在反射镜前后输入的曲率（半径）的符号和折射器件的法则相同：如果曲率中心在顶点的右侧（+Z 侧），则值为正，如果在顶点左侧（-Z 侧），则值为负。

14.1.3　双通表面与系统

在一些反射系统中，例如双通系统（例如空透镜测试）中，一些表面被光线"通过"两次。这些表面必须被输入两次或者更多次，一旦光线撞击表面就算为一次。在优化这类系统时，这些表面必须适当地连接耦合在一起，这样曲率（并且通常是厚度值）就不会被单独改变。尽管代码也可以使用，但最好用拾取（pick up）完成。

可以将多通道反射系统设置为非序列表面（non-sequential surface，NSS），其中每个表面仅被通过一次，即使它将被光线多次击中。

14.2　反射系统数据

在如图 14-2 所示的 Maksutov 示例中，设有一个前折射元件用以校正球面反射镜的球面像差。该元件在其后表面部分覆盖铝材料，作为次反射镜。尽管该后表面及其覆盖铝材料部分在物理上仅为一个表面，但光线实际命中该表面两次，分别在命中主反射镜的前后。由于光线遭遇该表面两次，因此在 CODE V 中，必须输入该表面两次，对应于两次命中。

输入表面 1 和 2 作为校正镜，并输入表面 3 作为主反射镜，其厚度为负。校正镜（次反射镜）的第二次命中输入为表面 4，其厚度符号为正。然后，光线命中场曲校正镜（表面 5 和

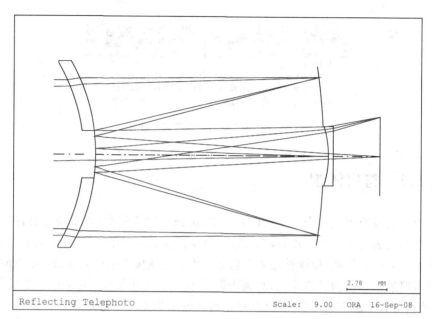

图 14-2   Maksutov 示例的反射长焦镜头

表面6)、像面(表面7)。打开镜头文件,在本例中检查折射模式以及厚度符号的交替变化。

(1) 选择 File→New 菜单启动 New Lens Wizard(新镜头向导),然后单击新镜头向导第一页上的 Next 按钮。如果选择 File→New 菜单不启动 New Lens Wizard(新镜头向导),请选择 Tools→Preferences 菜单,单击 UI 选项卡,然后在 Use Wizards 区域中选中 New Lens。

(2) 选择 CODE V Sample Lens,然后点击 Next 按钮。

(3) 点击示例文件列表中的 cv_lens:maksutov.len,然后单击 Finish。这将绕过新镜头向导中的所有系统数据选项,并接受样本文件中的值,其中 F 数为10,单波长 546.1nm,物镜视场角为 0°和1.5°。这个全球面设计的表面数据可以在图 14-3 中得到。

Surface #	Surface Name	Surface Type	Y Radius	Thickness	Glass	Refract Mode	Y Semi-Aperture
Object		Sphere	Infinity	1333333333.0300		Refract	
1		Sphere	-11.7867 V	0.8307	K4_SCHOTT	Refract	5.4325
2		Sphere	-12.5183 V	15.7506		Refract	5.5658
Stop		Sphere	-39.6792 V	-15.7506		Reflect	5.2891
4		Sphere	-12.5183 V	16.0829		Reflect	1.5963
5		Sphere	-6.6458 V	0.3323	K4_SCHOTT	Refract	1.9698
6		Sphere	Infinity	3.3300		Refract	2.0458
Image		Sphere	Infinity	-0.0867 V		Refract	2.6458
				End Of Data			

图 14-3   该示例镜头的 LDM 表格的折反射面设置

注意,表面3(光阑)和4的折射模式列是 Reflect(反射),并且厚度3的符号为负(第1次反射,奇数),而厚度4为正(第2次反射,偶数)。还要注意,这里的某一些值是相同的,例如表面2和表面4的半径,它们表示相同的物理表面。现在,这些是独立的变量(如电子表格中的 v 符号所示），但是应该更改这些变量以使用拾取器。

（4）右键单击表面 4 的 Y Radius（曲率半径），然后从快捷菜单中选择 Pick up（拾取）。显示 Pickup Editor（拾取编辑器）。

（5）在 Parameter 字段中选择 same as dependent parameter（与相应参数相同）或 Radius Y，在 Surface 字段中选择 2，在 Scale 字段中输入 1.0，在 Offset 字段中输入 0，然后单击 OK。

（6）在 LDM 窗口中，右键单击表面 3 的 Thickness，然后从快捷菜单中选择 Pickup。

（7）在 Parameter 字段中选择 same as dependent parameter 或 Thickness，在 Surface 字段中选择 2，Scale 字段中输入 −1.0（注意负号），Offset 字段中输入 0，然后单击 OK。

输入的值显示在图 14-4 的 Pickup Editor（拾取编辑器）中。

（8）分别为表面 3（光阑）和 4 键入表面名称 Primary 和 Secondary（图 14-5）。这些标签是可选的，但之后在添加孔径和遮蔽时可能会有用。

如图 14-5 所示是设置完成的 LDM 窗口，注意某些小的红色 P 状态指示，表示已经拾取。前面提到过，灰色阴影单元表示由程序确

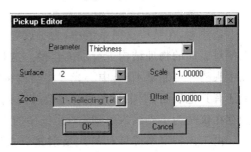

图 14-4 拾取编辑器

定的数据，因此不能直接编辑，这包括拾取、求解和默认或多个孔径等数据。设计者仍然可以右键单击这些单元格以更改其状态，例如，改变为变量或用户自定义。

Surface #	Surface Name	Surface Type	Y Radius	Thickness	Glass	Refract Mode	Y Semi-Aperture
Object		Sphere	Infinity	1333333333.0300		Refract	
1		Sphere	−11.7867 V	0.8307	K4_SCHOTT	Refract	5.4325
2		Sphere	−12.5183 V	15.7506 V		Refract	5.5658
Stop	Primary	Sphere	−39.6792 V	−15.7506 P		Reflect	5.2891
4	Secondary	Sphere	−12.5183 P	16.0829 V		Reflect	1.5963
5		Sphere	−6.6458 V	0.3323	K4_SCHOTT	Refract	1.9698
6		Sphere	Infinity	3.3300 S		Refract	2.0458
Image		Sphere	Infinity	−0.0867 V		Refract	2.6458
End Of Data							

图 14-5 该示例镜头的 LDM 表格的表面名称输入

14.3 孔径问题

14.3.1 CODE V 中的孔径类型

在前面的示例中看到的表面孔径是通光孔径，是默认或用户自定义的。它们代表光线穿过表面的最外面部分，入射到这些孔径外侧的光线会被挡住。本示例需要另一种孔径类型，即遮挡光的孔径（obscuration），它可阻止光线进入某个半径内。CODE V 还具有其他

两种孔径类型,称为边缘(edges)和孔洞(holes)。它们通常在非序列表面(NSS)系统中使用,在本例中没有用到。

对于主反射镜来说,使用孔洞孔径似乎最为直观,但对序列透镜系统(如本示例),适合使用的孔径类型是一个遮蔽光线的孔径。该遮挡光线的孔径类型在 CODE V 中具有两个功能:

(1)阻止光线入射到在遮光孔径内的表面。

(2)告诉绘图选项不要绘制遮光孔径之内的表面。

14.3.2　虚拟表面

请注意,在某些反射系统中,为了放置挡光,可能需要插入虚拟表面(dummy surfaces),以便对表面的物理结构进行准确建模。这是序列光线跟踪的本质特性所致。虽然物理镜头和镜头图片可能显示出,中心光线将会被特定表面的背面(例如 S4)阻挡,然而,如果在光路上还有其他表面,则中心光线将也会被阻挡(如本例中的 S2)。这是由于在序列系统中,S4 的存在仅是为了光线入射到 S3(系统中的主反射镜)之后能够实现光线追迹。

由于该特定系统具有与次反射镜(S2 和 S4)重合的折射表面,因此不需要虚拟表面。但在其他系统中,将需要添加虚拟表面(通常是空气到空气),以便能在正确位置保持必要的遮蔽。

14.3.3　输入挡光

本示例需要输入两个挡光,一个位于校正镜头的后表面上,表示镀铝部分,另一个在主反射镜上,代表反射镜中的孔洞。这个镜头示例已经定义了一些孔径和遮挡,也包含一些孔洞,尽管它们通常只能用于 NSS 系统,但为了学习如何使用光线追迹来确定正确的遮挡,应首先删除所有的孔径。

(1)选择 Review→Apertures 菜单。显示 Apertures 查看窗口,如图 14-6 所示。

(2)选择第一行(单击第一列执行此操作),然后将鼠标指针拖到最后一行,来选择所有的孔径。

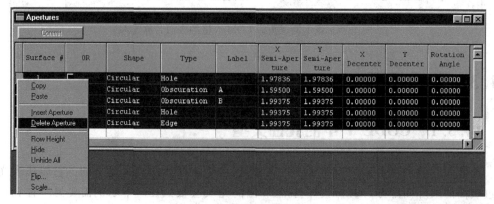

图 14-6　孔径查看窗口

（3）右键单击第一列（任意行），然后从快捷菜单中选择 Delete Aperture。

（4）选择 Lens→Calculate→Set Vignetting Data 菜单，然后在 Macro setvig.seq 对话框中单击 OK，这样可以确保所有参考光线正确追迹，如图 14-7 所示。

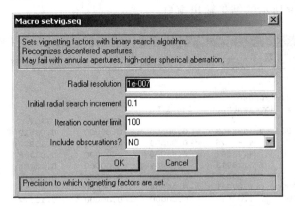

图 14-7　宏程序 setvig.seq 的运行界面

（5）通过选择 Display→View Lens 菜单绘制镜头。显示 View Lens 对话框。

（6）在 View Lens 对话框中的 Lens Drawing 选项卡上，单击 Hatch back of mirrors 复选框，然后从 Number Surfaces 字段中的列表中选择一个颜色来添加曲面编号标签。

（7）在 Ray Properties 选项卡上，选中 Drop CA Blocked/Obstructed Rays 框。单击 OK。将显示如图 14-8 所示的输出窗口。

现在可以跟踪一条或两条光线来确定合理的遮挡。从图 14-8 中可以看出，离轴视场点的上边缘光线会提供必要的信息（R2 和 F2）。

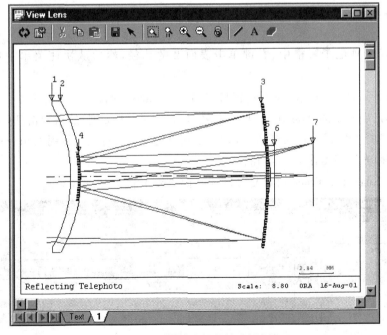

图 14-8　视镜本示例镜头视图

（8）选择 Analysis→Diagnostics→Real Ray Trace 菜单。显示 Real Ray Trace 对话框。

（9）在 Settings 选项卡上的 Pupil/Field Ray Trace 区域中，输入参考光线号码 2，然后选择视场 2 的作为视场编号，然后单击 OK。

将显示如图 14-9 所示的结果输出窗口。

```
Real Ray Trace                                                    _|□|×
↻ 🖺 ✂ 📋 📋 💾 ↖ 🔍 🔍 🔍 🔍 📊 ✏ A ⬜
RSI SO..I W1 F2 R2                                                  ▲

       Reflecting Telephoto
       Position  1, Wavelength =     546.1 NM
            X              Y           Z          TANX        TANY       LENGTH
OBJ    0.00000    -0.349E+08    0.00000     0.00000      0.02619
  1    0.00000      4.60275    -0.93584     0.00000      0.15932    -0.93616
  2    0.00000      4.73597    -0.93045     0.00000      0.03388     0.84667
STO    0.00000      5.28913    -0.35409     0.00000      0.23786    16.33636
  4    0.00000      1.60237    -0.10298     0.00000      0.02319    15.93196
  5    0.00000      1.97081    -0.29894     0.00000      0.12031    15.89124
  6    0.00000      2.04675     0.00000     0.00000      0.18477     0.63579
IMG    0.00000      2.64603     0.00000     0.00000      0.18477     3.29822
                            OPD =    -0.114 Waves
◄                                                                  ►
|◄ ◄ ► \ Text /
```

图 14-9   真实光线追踪结果输出窗口

查看此输出并将其与 LDM 电子表格窗口中和镜头图中的表面进行比较，可以看到表面 4 处的光线 Y 高度是表面 2 的挡光尺寸半径（1.60237）。这里还可以使用像高作为主反射镜的挡光半径（S3，2.64603）。设计者可以使用 S5，但是光线会向上倾斜，因此较大的图像尺寸将允许所有的光线穿过反射镜中的孔洞。

（10）选择并复制（使用 Edit→Copy 菜单或 CTRL＋C 键）表面 4 的光线 Y 高度（1.60237）。

（11）在 LDM 电子表格中，右键单击表面 2 的孔径，然后从快捷菜单中选择 Surface Properties。

（12）跳转到 Surface Properties 窗口中的 Aperture 页面。

（13）单击表面 2 的 Aperture 电子表格空白行中的 Type 列，然后双击 Type 单元格，从下拉列表中选择 Obscuration（遮挡），如图 14-10 所示。然后粘贴（使用 Edit→Paste 菜单或 CTRL＋V 键）光线高度作为 Y 半孔径。

（14）从 Real Ray Trace 窗口复制图像表面光线 Y 高度（2.64603）。

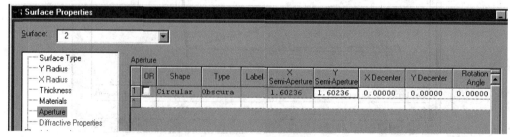

图 14-10   表面 2 的属性设置窗口

（15）在 Surface Properties 窗口中,将 Surface 字段(在窗口左上方)的值更改为表面 3 (Primary)。

（16）在表面 3 的 Aperture 电子表格空白行中,点击 Type 列,然后双击 Type 单元格并选择 Obscuration,然后将光线高度粘贴为 Y 半孔径。

（17）单击 Surface Properties 窗口中的 Commit Changes 按钮。

（18）单击 View Lens 窗口中的 Execute 按钮重新绘制镜头结构。现在,挡光尺寸应该是合理的。

第15章

非球面光学系统

许多光学系统使用非球形表面(non-spherical surface),包括非球面、圆柱面和其他表面形式。CODE V 有多种可用的类型,其中也包括了衍射面。

15.1 非球面表面类型

15.1.1 概述

非球形表面被广泛用于现代光学系统中。圆锥截面出现在许多反射系统,包括常见的带抛物面主镜的牛顿望远镜。随着玻璃或塑料成型技术等现代化制造技术的不断发展,如今现代金刚石切削方法可直接生产出金属、玻璃、塑料和特殊材料(如锗)的精确非球面,多项式非球面也得到了极其广泛的应用。许多红外系统均采用非球面,而且大多数光盘系统使用双重非球面单片式镜头来进行光盘数据读取。衍射光学系统也已经变得更加普遍,刻线式衍射光栅已经在光谱仪和其他仪器中使用多年。全息元件也在一些应用场景中被使用。非全息衍射,如二元光学系统等,正变得越来越普遍。

CODE V 提供了两类表面,即旋转对称和非旋转对称。一般来说,当使用旋转对称表面时,可以使用 Y 视场和圆形孔径(保持双面对称),而对于非旋转对称表面,则可能需要用 X 和 Y 分量来定义多个视场或物点,并且要使用矩形或椭圆形孔径。

非球面表面都通过用户界面中的描述性名称以及包含三个字母的命令代码(SPH,CON 等)进行标识,用在命令输入和多种输出列表中。本章将介绍几种比较常见的表面类型,其他类型的表面也可以采用类似的方法进行定义和修改,但是通常会用更多的不同系数和参数进行定义。CODE V 的参考手册或帮助文档中可以搜索所有特殊表面类型的完整信息,建议采用三个字母的代码进行搜索。

15.1.2 旋转对称表面

旋转对称表面(rotationally symmetric surface)包括以下类型。

（1）球面（sphere，SPH）——球面表面，包括曲率为零的平面表面。这是 CODE V 中的默认表面类型。

（2）圆锥（conic，CON）——纯圆锥形表面，包括了抛物面、椭圆面或双曲面。

（3）非球面（asphere，ASP）——多项式非球面表面，它们是基本圆锥面的 20 阶变形。

（4）样条（spline，SPL）——采用样条（spline）曲线描述的曲面，通过四个径向高度和表面斜率进行定义。

（5）热梯度（thermal gradient，THG）——热梯度表面，通常由 CODE V 的环境变化特征进行创建，它实际上是模拟热诱发折射率梯度变化的非球面。

（6）光栅（grating，GRT）——以 10 阶多项式表达的非球面上刻划的线性衍射光栅。

（7）镜头模块（MOD）——透镜模块是用于代表较薄或较厚镜头的黑盒镜头，它可以是理想的镜头，也可以指定三阶像差量（在需要两个相邻表面的特殊表面中是唯一的）。

15.1.3　非旋转对称表面

非旋转对称（non-rotationally symmetric surfaces）表面类型包括以下几种。

（1）柱面（cylinder，CYL）—— 柱面，仅在 Y-Z 平面或 X-Z 平面中具有非零曲率和非零放大率。

（2）Y 超环（Y toroid，YTO）——在 Y-Z 平面的超环面，其是绕着平行于 Y 轴的生成轴线旋转的 10 阶多项式。

（3）X 超环（X toroid，XTO）——在 X-Z 平面的超环面，其是绕着平行于 X 轴的生成轴线旋转的 10 阶多项式。

（4）畸变非球面（anamorphic asphere，AAS）——该曲面在 X-Z 和 Y-Z 平面中具有不同的曲率，且具有 10 阶非球面轮廓，但在 X-Z 和 Y-Z 平面的相是对称的。

（5）全息/衍射（holographic/diffractive，HOE）——一般性衍射表面（如"二元光学系统"）的所有形式都用所谓的全息表面进行建模。

（6）用户自定义（user defined，UDS、UD1、UD2、UD3）——用户自定义的表面，由用户用 Fortran 或 C 语言编写的并连接到 CODE V 的子程序定义。

在 CODE V 中提供了额外可用的非球面表面类型，称为特殊表面（special surfaces，SPS）。与上面列出的类型不同的是，它们共享命令代码 SPS，并且采用限定词来描述特定类型，例如，奇数多项式被称为 SPS ODD，并且包括半径的奇数和偶数次幂项，同时超二次曲线被称为 SPS SCN。它们被列在用户界面中作为特殊的表面类型。但当查看输出列表时，应该明白 SPS ODD 和 SPS SCN（以及其他代码）表示不同类型的表面。

15.2　非球面示例

15.2.1　平场施密特镜头

作为具有非球形表面的光学系统示例，这里介绍 CODE V 提供的示例镜头中的平场施密特（Schmidt）镜头。这是一个著名的兼有反射和折射的设计形式，它具有光学放大率非常低的非球面玻璃元件以便校正球面主反射镜的球面像差,从而获得一个大孔径的系统,该镜头的 F 数为 1.3。场曲可以通过非常接近图像平面的透镜元件校正。本示例将主要介绍和所有非球形表面类型一起使用的用户界面元素。

(1) 选择 File→New 菜单以启动 New Lens Wizard(新建镜头向导)。单击 Next 按钮进入新建镜头向导的第 2 页。

(2) 选择 CODE V Sample Lens(默认),然后单击 Next。

(3) 向下滚动以找到文件 CV_LENS：schmidt.len,然后单击它。

(4) 在"新建镜头向导"页面上的空白处单击 Next 按钮以查看和接受镜头的系统数据值,或单击 Finish 按钮接受所有值并查看镜头。

(5) 选择 Display→View Lens 菜单。在 View Lens 对话框中,在 Lens Drawing 选项卡上单击 Hatch back of mirrors,然后点击 OK。

然后,镜头图片如图 15-1 所示,其中添加了标签,这主要是通过在所有图形窗口中均提供的文本和线条注释工具进行的。

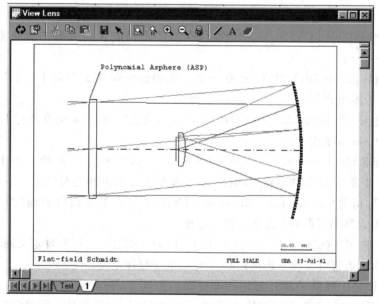

图 15-1　平场施密特镜头结构图

图 15-2 是该镜头的 LDM 电子表格。请注意表面 1 的 Surface Type 列中的 Asphere,这个面同时也是光阑面。

如果双击表面 1 上的单词 Asphere,将看到如图 15-2 所示的列表。

如图 15-3 所示是将表面变成非球面类型的一种方法,如果需要删除非球面类型和数据,可重新选择球面。更改为球面很方便,除了半径或曲率外无须额外数据。但是其他表面类型需要额外数据,可以在表面属性对话框中找到这些数据。

提示：请注意,将任何特殊表面更改为球面时,都会丢弃所有设置的特殊系数数据,若操作有误,可以随时使用撤销(Undo)来使返回。

右键单击 S1 上的 Asphere,并从快捷菜单中选择 Surface Properties(表面属性)。将在适当的页面打开表面属性对话框,如图 15-4 所示。

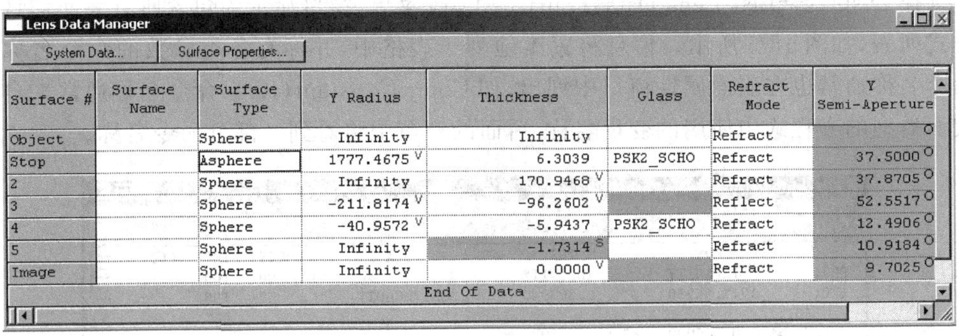

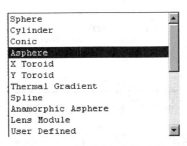

图 15-2 镜头数据管理器

图 15-3 表面类型选择列表

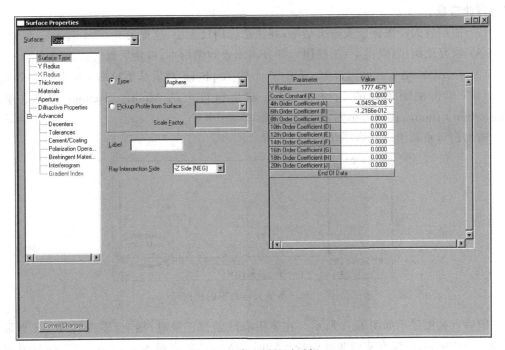

图 15-4 表面属性对话框

在 Surface Type 页面上,可以从下拉列表中更改表面类型,也可以更改与表面类型相关的任何系数的值(右键单击感兴趣的值)或状态(变量 variable、冻结 frozen、拾取 pickup、变焦 zoom 等)。

选择 Display→List Lens Data→Surface Data 菜单,窗口显示为包含所有表面信息的文本样式列表,如图 15-5 所示。信息将紧凑地列于表格中,并标有各类参数的命令名称。这些命令名称通常也在表面属性窗口中列出,如 Conic Constant(K)。命令名称通常来自在不同表面类型的方程式中使用的变量名称,后面的章节中将看到一部分命令名称。

```
List Surface Data/Zoom Position 1                           _ □ ×

                RDY          THI      RMD       GLA        CCY   THC   GLC
    OBJ:     INFINITY      INFINITY                         100   100
>   STO:    1777.46750     6.303940         PSK2_SCHOTT       0   100
    ASP:
    K :      0.000000    KC :    100
    IC :       YES        CUF:   0.000000    CCF:   100
    A :0.000000E+00      B :0.000000E+00   C :0.000000E+00  D :0.000000E+00
    AC :     100          BC :   100         CC :   100       DC :   100

     2:      INFINITY     170.946832                         100    0
     3:    -211.81739    -96.260157  REFL                      0    0
     4:     -40.95720     -5.943714         PSK2_SCHOTT        0   100
     5:      INFINITY     -1.731355                          100  PIM
    IMG:     INFINITY      0.000000                           100    0
```

图 15-5　表面数据文本输出窗口

这个系统的非球面表面校正非常重要,请查看有非球面和没有非球面的镜头点列图。

(6) 选择 Analysis→Geometrical→Spot Diagram 菜单。在点列图对话框中,单击 OK 以运行此选项。

(7) 使用放大镜图标放大输出结果,并注意比例尺大小,这里为 0.05mm。

(8) 恢复比例尺(点击 1∶1 按钮),并分离出点列图副本,以便后面进行比较。

(9) 在 LDM 电子表格窗口中,双击 S1 上的 Asphere,然后从下拉列表中选择 Sphere。

(10) 单击刚刚创建的 Spot Diagram 输出窗口上的 Modify Settings 按钮。单击 Aberration Scaling,比例大小输入 0.05,然后单击 OK。

输出窗口重新生成点列图,如图 15-6 所示。

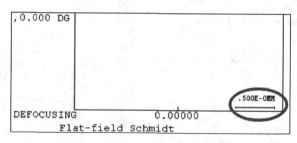

图 15-6　本镜头点列图的比例尺

前后点列图显示如图 15-7 所示。在使用非球面校正镜时,轴上(零视场)RMS 光斑直径为 0.0049mm,而没有使用非球面校正镜时,RMS 光斑直径为 0.57mm。这些数值可以在点列图输出窗口的 Text 选项卡上查看。很明显,球面反射镜不是一个好的解决方案。即使使用校正镜,镜头仍然距离衍射极限很远。现在可以撤销球面更改,并运行提供的宏程序 SPOTDET.SEQ(可在 Tools→Macro Manager 下的 Geometrical Analysis 类别找到),在比例尺大小输入为 0.05,在检测器 X 宽度输入为 AIRY,需要放大至非常接近,才能看到 F

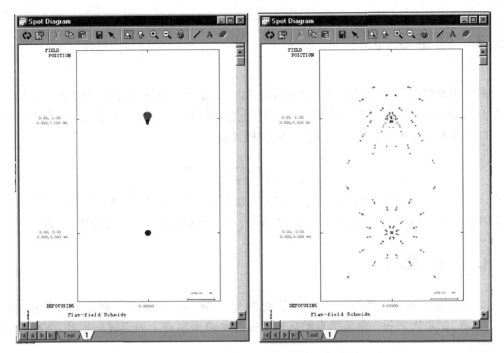

图 15-7 使用非球面和不使用非球面的镜头点列图对比

数为 1.3 的艾里斑大小的圆圈。

由于采用了两个玻璃元件,因此该镜头存在色差的问题,从图 15-7 中可以注意到不同波长光会聚点的分离,如果不采用非球面校正镜,光斑更加弥散,这在经典的彗形离轴点列图中尤为明显。事实上,反射式系统设计的优势之一就在于可以有效避免这种色差问题。

15.2.2 遮挡光的注意事项

在图 15-1 中还可以发现,在这个系统中没有中央遮挡光的器件。严格地说,这是有问题的,因为探测器和视场透镜会阻遮挡入射光瞳中心 33% 的径向区域。这对于解释非球面表面的用户界面并不重要,但是对于详细分析光学性能非常重要,特别是对于 MTF 和其他基于衍射的分析。

为了完整起见,这里提供了简短的命令以输入虚拟表面,用于保持所需的遮挡。CODE V 的数据库项目用于显示计算的逻辑,但也可以手工计算或估算数值,然后在电子表格中插入数值。THI 是厚度,OAL 是总长度,SD 是半直径(默认孔径半径)。可以在命令窗口中的 CODE V 提示符处键入以下这些命令。

INS S3	!在 S3 之前插入虚拟表面
THI S2 (THI S2)+(OAL s4..i)	!到虚拟表面的距离
THI S3 -(OAL S4..i)	!虚拟表面到主表面的距离
CIR S3 OBS(SD S5)	!最终透镜的遮光尺寸
SET VIG	!用于校正新孔径的参考光线
VIEW;HAT;CAB;GO	!绘制图片,其中包括被阻挡的孔径光线(CAB)

15.3 圆锥表面

圆锥表面用于指定纯圆锥曲面定义的光学面,例如抛物面、椭圆面和双曲面。圆锥的特点是有两个焦点,任何光线通过其中的一个焦点将极好地通过另一个焦点,而不会出现像差。圆锥通常由圆锥常数 k 定义。圆锥的方程式表达如下:

$$z = \frac{cr^2}{1 + \sqrt{1 - (k+1)c^2 r^2}}$$

式中,$r^2 = x^2 + y^2$;c 为顶点曲率。当 $k=0$ 时,为球面;当 $-1 < k < 0$ 时,为椭圆;当 $k = -1$ 时,为抛物线;当 $k < -1$ 时,为双曲线;当 $k > 1$ 时,为扁圆球面(不是真正的圆锥)。

15.3.1 椭圆

如图 15-8 所示即为椭圆,它可以由长轴 $2a$ 和短轴 $2b$ 进行定义。椭圆被定义为到两个定点(焦点)的距离之和为常数的点的轨迹。通过在表面顶点上的局部坐标系,方程式可以表达为

$$\frac{(z-a)^2}{a^2} + \frac{r^2}{b^2} = 1$$

曲率半径由 $r = b^2/a$ 给出,同时圆锥常数 $k = (b^2 - a^2)/a^2$ 确定。两个焦点之间的距离为 $2F$,其中 $F^2 = a^2 - b^2$,同时从表面顶点到焦点之间的距离为 $a \pm F$。

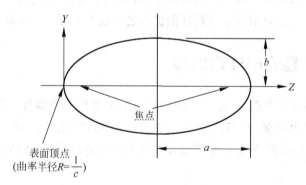

图 15-8 椭圆

15.3.2 双曲线

如图 15-9 所示,双曲线也具有实长轴 a 和短轴 b,其被定义为到两个定点(焦点)之间的距离之差的绝对值为常数的点的轨迹。其方程式可表达为

$$\frac{(z-a)^2}{a^2} + \frac{r^2}{b^2} = 1$$

式中,曲率半径为 $r = b^2/a$,圆锥常数 $k = -(a^2 + b^2)/a^2$。从双曲线的中心到焦点的距离为

$c=(a^2+b^2)^{1/2}$,从表面顶点到焦点之间的距离为 $F=-a\pm c$。双曲线的延伸成为 Z 轴上 $\pm\theta$ 处的渐近线。曲线常数 k 也可以表示为 $k=-(1+\tan^2\theta)$。因此,CODE V 中圆锥可以由具有相应圆锥常数和非常小的半径(如 0.000001)的双曲线进行近似而得。

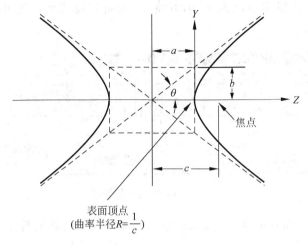

图 15-9 双曲面

15.3.3 抛物线

抛物线是退化的椭圆,或是其中一个焦点在无穷远处的双曲线,它被定义为到一个定点(焦点)和到一条定直线的距离相等的点的轨迹。由于圆锥常数是 $k=-1$,所以它可以通过一个精确的二阶方程式表示:

$$z=\frac{r^2}{2R}=\frac{r^2}{4F}$$

式中,R 是顶点曲率半径;F 是焦距($F=R/2$)。

15.4 输入椭圆

为了说明如何使用这些方程,设计者可以输入一个椭球反射镜,其长轴为 $100(a=50)$,短轴为 $60(b=30)$。使用前面的方程,可得到顶点半径 $R=18$ 和圆锥常数 $k=-0.64$。从表面顶点到焦点的距离为 $50\pm40=90(10)$。

将物体放在较远的焦点处(物距=90),并使得成像位于较近的焦点(像距=10)。由于正使用椭圆的"右侧",因此顶点半径将为负值,其曲率中心在表面的左侧。由于光反射,像距也是负的。

(1) 选择 File→New 菜单以启动 New Lens Wizard(新建透镜向导),然后单击 Next 以绕过开启界面。

(2) 单击 Blank Lens(空白镜头)按钮,然后单击 Next。

(3) 在光瞳(pupil)屏幕上,接受现在的默认值 EPD 2。后面会把这个数更改为物体的数值孔径,因为默认物距为无限大,现在不可用。点击 Next。

（4）在接下来的四个屏幕上都单击 Next，接受默认的波长和物高（轴上物高为零），然后在最终的屏幕上单击 Done。

（5）在 LDM 电子表格窗口中，将物体厚度更改为 90.0，将表面 1（光阑）的 Y 半径更改为 −18.0，将表面 1 的厚度更改为 −10，并将 S1 的折射模式更改为 Reflect（双击 Reflect 处），如图 15-10 所示。

Surface #	Surface Name	Surface Type	Y Radius	Thickness	Glass	Refract Mode
Object		Sphere	Infinity	90.00000		Refract
Stop		Sphere	−18.00000	−10.00000		Reflect
Image		Sphere	Infinity	0.00000		Refract
End Of Data						

图 15-10　LDM 镜头数据窗口

（6）选择 Lens→System Data 菜单以显示 System Data（系统数据）窗口。在 Pupil 页面，将瞳孔规格更改为 Object Numerical Aperture（物方数值孔径），并将值设置为 0.4，然后单击 Commit Changes 按钮确定更改。

（7）在系统数据窗口中转到 System Setting 页面，并将标题更改为如 Ellipse（椭圆）之类的名称。

（8）选择 Display→View Lens 菜单，选择 Plot Parameters（绘图参数）选项，将 Surface Span（表面跨度）电子表格中的起始面更改为 Object（表示从物面开始），然后单击 Ray Definition（光线定义）选项。

（9）单击 Fan of Rays（光扇）电子表格的第一个单元格以获取默认的光扇，然后单击 OK。将显示如图 15-11 所示的 View Lens 输出窗口。

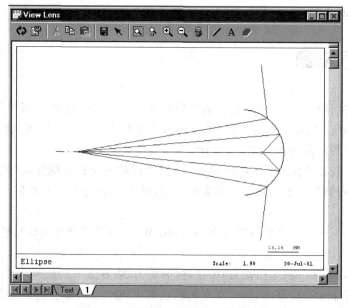

图 15-11　查看建立的曲面光线追迹图

图 15-11 只画出了部分内部区域的光线。默认的球面反射器无法追迹 NAO 0.4 的边缘光线,因此需要将表面设置为圆锥。保持查看镜头的窗口打开,以便在短时间内重新运行。

(10) 在 LDM 电子表格中,右键单击表面 1(光阑)的表面类型,然后从快捷菜单中选择 Surface Properties(表面属性)。

(11) 在表面属性窗口的 Surface Type(表面类型)页面上,从 Type 的下拉列表中选择 Conic(圆锥),然后单击另一个单元格提交此更改,如图 15-12 所示。

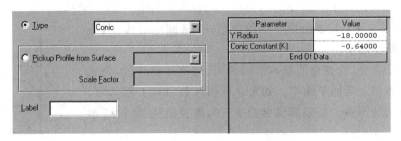

图 15-12 更改表面类型的设置窗口

(12) 将参数 Conic Constant(K)的值更改为 -0.64,并单击该选项卡或其他位置以提交此更改。

(13) 在 View Lens 窗口中单击 Execute 按钮。

图 15-13 就是期望看到的正确结构。所有的光线从左边的焦点(物点)完全聚焦在右边的焦点(接近顶点)。请注意,如果将物点从轴上移开,那么这个理想的成像效果将会很快变差。设计者可以尝试将物体高度更改为 1mm,并查看快速点列图或光线像差图会发生什么变化。

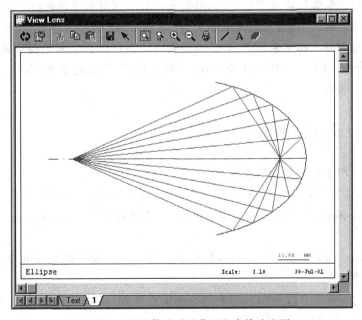

图 15-13 查看修改后的曲面和光线追迹图

15.5　多项式非球面

多项式非球面是旋转对称表面,其表面轮廓(矢高)将由如下公式确定:

$$z(r) = \frac{cr^2}{1+[1-(1+k)c^2r^2]^{1/2}} + Ar^4 + Br^6 + Cr^8 + Dr^{10} + Er^{12} + Fr^{14} + Gr^{16} + Hr^{18} + Jr^{20}$$

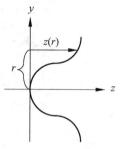

式中,$r^2 = x^2 + y^2$;c 是表面顶点处的曲率;k 是圆锥常数;$A \sim J$ 是 4~20 阶变形项。

它是一个含 20 阶变形的基本锥形表面,从第 4 阶开始,公式中的二阶项本质上等同于曲率。如果非球面系数 $A \sim J$ 都为零,则表面将变为纯圆锥。如果圆锥常数 $k = 0$,则表面从 20 阶变形为球面。

由于抛物线方程是一个纯二阶方程,如果多项式非球面的圆锥常数是 -1,则该方程是严格的 20 阶多项式。理论上,球面和一般圆锥具有无穷阶。

图 15-14　多项式非球面
面型示意图

15.5.1　菲涅尔表面

ASP 类型也可以用于表示带有微小结构的菲涅尔(Fresnel)表面。这样的表面是通过使菲涅尔基本曲率(CUF)非零来进行定义,对于平面基底,则使用非常小的曲率,例如 0.000001。然后表面矢高跟随基底衬底,但是表面斜率则由上述方程的导数定义。

在表面类型的列表中,会发现其被列为 Thin Fresnel(薄型菲涅尔)类型。该输入实际上通过使用菲涅尔基本曲率来建立 ASP 类型表面。还可以在表面类型列表中找到其他类型的 Fresnel 表面。Fresnel Planar Substrate(SPS FRS)类型是基本(基于 ASP)的菲涅尔的有限面大小的版本。

15.5.2　非球面输入

以下流程适用于每种类型的非球形表面。

(1) 在 LDM 电子表格窗口中,在想要更改的 Surface Type 单元格上右键单击,然后从快捷菜单中选择 Surface Properties(表面属性)。这将打开 Surface Properties 窗口的相应页面。

(2) 在 Type 字段中选择 Asphere,然后单击另一个字段以提交该更改,此类型的正确系数将会立即出现。

(3) 在标记的数据字段中输入相应的特殊曲面数据(如果已知的话)。通常,设计者不知道具体的值,可以使用优化来改变它。

(4) 为了将参数设置为变量(如圆锥常数或非球面系数),可以右键单击该参数,然后从快捷菜单中选择 Vary。

提示：非球面"sag"（矢高）是由非球面形变引起的与球面的偏差。为了在镜头中显示任何非球形表面的矢高相关数据的表格，请选择 Analysis→Fabrication Support→Fabrication Data Tables 菜单，然后单击 Sag Data 选项。选中 Display sag table 复选框和任意特殊选项。

在使用非球面或其他非球面表面轮廓系统之前，最好先与制造商核对。成型、金刚石车削和其他方法在可实现的矢高、元件尺寸、孔径形状、零件厚度、材料等方面都存在一定的局限性。如果已经知道加工的要求，那么就可以在 CODE V 优化中约束这些值。

15.6　非球面单片式镜头示例

本示例将输入并优化一个直径 50mm、F 数为 2 的平凸非球面单片式镜头。其前半径为 52mm，厚度为 10mm，材料为 BK7，其背面为平面。该透镜将在 587.56nm 的波长（d 光）下工作。该示例只需要关注轴上视场（一般来说这是不够的，但对本示例是合适的）。最后，插入一个近轴图像求解以设置像距。具体操作步骤如下。

（1）选择 File→New 菜单以启动 New Lens Wizard（新镜头向导），然后在欢迎屏幕上单击 Next。

（2）选择 CODE V Sample Lens，并单击 Next，然后滚动以找到列表中的镜头 CV_LENS：singlet.len 并且单击它。点击 Next。

（3）在 Pupil 页面上，将 Pupil Specification（光瞳规格）更改为 Image F/Number，为该值输入 2.0，然后单击 Next。这时将显示一个对话框提示，如果选择 F 数，镜头中的解将被删除。单击 Yes 关闭这个对话框。

（4）在 New Lens Wizard 的 Wavelengths 页面上，双击提供的值（500nm），并从列表中选择 d 波长（587.56nm），然后点击 Next。

（5）在本示例中，可以使用参考波长和视场数据（仅轴上），在每个屏幕上单击 Next（在最终的屏幕上点 Done），或者只需在 Wavelength 页面上单击 Finish。这样就完成了新镜头的创建，并定义了镜头参数。

（6）在 LDM 电子表格窗口中，将 S1（光阑）的 Y 半径更改为 52.0，厚度更改为 10.0，S2 的 Y 半径更改为 0.0，在这里输入 0 是零曲率或平面表面的一个输入捷径，因为半径为零是不可能的，其将显示 Infinity（无穷大）。

（7）右击每个半径，并从快捷菜单中选择 Freeze，在此处需要的唯一变量是像面的厚度。设置好的 LDM 电子表格应如图 15-15 所示。

现在可以将这个镜头作为初始结构进行分析，使用工具栏上的 Quick 2D Labeled Plot（快速镜头二维图绘制）和 Quick Ray Aberration Plot（快速像差曲线）按钮，如图 15-16 和图 15-17 所示。

从图 15-17 中可以发现，球面像差相当大。请注意，光线像差图上具有 2mm 的比例。现在，可以将前表面设计为非球面，并允许第 4 阶和第 6 阶系数作为优化的变量。

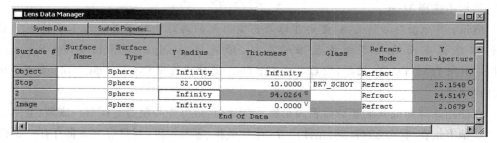

图 15-15　非球面单片式镜头初始结构的数据管理器

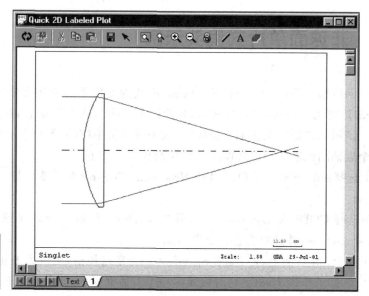

图 15-16　快速镜头二维图绘制

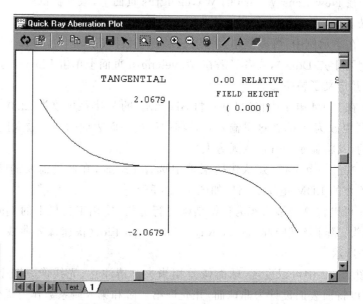

图 15-17　快速光线像差图

（8）在 LDM 电子表格窗口中,右击表面 1（光阑）的 Surface Type,然后从快捷菜单中选择 Surface Properties。

（9）在 Type 的下拉列表中,选择 Asphere,然后单击另一个单元格,变量设置效果如图 15-18 所示。

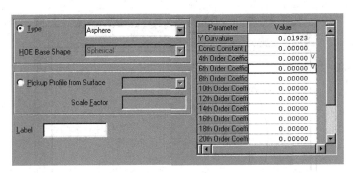

图 15-18　非球面系数四阶系数和六阶系数设置为变量

（10）要设置这些非球面系数为变量,请在 4th Order Coefficient（四阶系数）字段中右击,并选择 Vary Parameter,此时先将该值保留为默认值 0.0。对 6th Order Coefficient（六阶系数）字段做相同操作。

（11）选择 Optimization→Automatic Design 菜单。由于只允许非球面和像面散焦距离可变,因此透镜的总体属性如焦距等不会改变,也不需要任何特定的约束。单击 OK 以启动运行此默认的自动化设计,之后再次查看 Surface Properties 窗口,设置为变量的非球面系数项将自动优化并确定更优值,如图 15-19 所示。

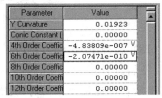

图 15-19　非球面系数优化后的值

（12）再次使用快速工具栏选项,重新绘制新的镜头图像和光线像差曲线,并将它们与初始的结果进行比较,如图 15-20 所示的 Quick Ray Aberration Plot（快速像差曲线图）。注意,图中的自动比例系数现在是 0.0045mm,优化之前为 2mm,且该曲线具有多个交叉点和残留的更高阶像差。

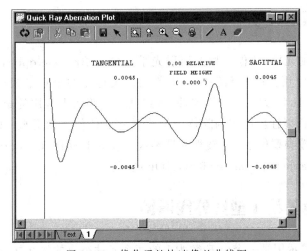

图 15-20　优化后的快速像差曲线图

如果返回到 Surface Properties 窗口,并设置第 8 阶系数为变量,则要重新运行优化窗口(Optimization→Automatic→OK)和像差曲线,比例系数将进一步缩小为 0.0005mm,此时镜头将变得比较理想,如图 15-21 所示。注意,此时仅对轴上光线、针对一个波长进行优化,使用了 8 阶非球面系数。

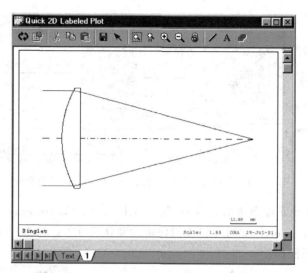

图 15-21　优化后的快速镜头绘制图

(13) 选择 File→Save Lens As 菜单,将优化好的非球面单片式镜头保存在一个文件中,以便后续使用。

　　提示:在优化非球面时,应该改变 4 阶系数(A)或圆锥常数(K),而不是两者都改。它们的光学影响大致相同,但是如果表面顶点曲率非常小(如在施密特校正镜中),那么圆锥常数将不是有效变量,此时应使用 4 阶项。

15.7　衍射表面

15.7.1　衍射光学

除了传统的衍射光栅,其他类型的衍射光学元件(diffractive optical element,DOE)近年来也已经被广泛使用。这些元件的应用范围从飞行器的全息平视显示器(holographic head-up display,HHUD)到二元光学器件,再到红外线镜头上采用的金刚石切削衍射校正器。CODE V 能将衍射性质应用到除透镜模块之外的任何表面类型。CODE V 可以定义的表面上的衍射属性类型包括:①线性光栅参数;②DOE 属性(kinoform/binary);③体全息光学元件(holographic optical element,HOE)参数。

15.7.2　色差校正型红外线透镜

图 15-22 所示的示例是一个由 F 数为 1 的两个元件组成的热红外线物镜。表面 2 上的

一个经过金刚石切削处理的 DOE 允许仅包括两个 Ge 元素,传统设计则需要第三个非 Ge 元素来实现类似的性能,且获得 8~12μm 波段上的衍射极限性能。在表面 1 上还具有一个传统的非球面。

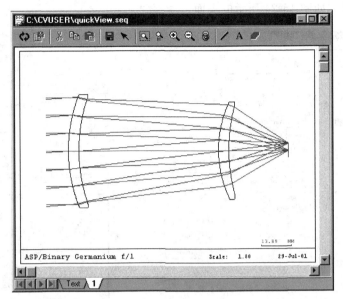

图 15-22　热红外物镜绘制图

打开该预定义的镜头,操作如下。

(1) 选择 File→New 菜单以启动 New Lens Wizard(新镜头向导)。单击两次 Next,将转到 CODE V 样本镜头数据库的列表页面上。

(2) 滚动以找到镜头文件 CV_LENS: bindoub.len,单击该文件。

(3) 单击 Finish 按钮,将镜头读入 CODE V。如想要查看该镜头模型所使用的系统数据值,可以在 New Lens Wizard 页面的空白处单击 Next。

(4) 单击 Quick 2D Labeled Plot 按钮或其他镜头绘图功能(例如,Quick View macro,如图 15-22 所示)以查看这个镜头的结构图。

该镜头的 LDM 电子表格如图 15-23 所示。请注意,表面 2 的 Refract Mode 列中有一个小的"衍射"符号。这个符号表明,该透射表面可正常折射光线,但是光线方向也受衍射属性影响。

Surface #	Surface Name	Surface Type	Y Radius	Thickness	Glass	Refract Mode	Y Semi-Aperture
Object		Sphere	Infinity	Infinity		Refract	
Stop		Asphere	69.3747 V	5.0000	GERMLW_SP	Refract	25.0000
2		Sphere	74.0160 V	66.7037 V		Refract	24.1790
3		Sphere	51.0352 V	5.0000	GERMLW_SP	Refract	21.3251
4		Sphere	80.0000	28.2303 S		Refract	20.2947
Image		Sphere	Infinity	-0.0051 V		Refract	3.4936
				End Of Data			

图 15-23　镜头数据管理器

衍射表面有许多特殊的属性,因此它们在 Surface Properties(表面属性)窗口具有各自的页面。如果在 S2 的表面类型上右击,并选择 Surface Properties,将会发现 Surface Properties 窗口中只列出了 Y 半径。在窗口左侧的导航树中单击 Diffractive Properties(衍射属性)项,将看到如图 15-24 所示的页面。

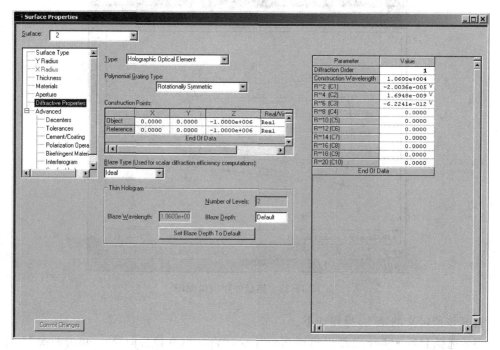

图 15-24　表面属性中的衍射属性选项

在本示例中,尽管两个点位于相同的坐标处,但已经按全息表面类型指定了构造点,因此对衍射没有贡献。如果把 Diffractive Surface Type(衍射表面类型)更改为 Phase Polynomial(相位多项式)(Kinoform/binary),其在本示例中不会有效果,只会消除构造点坐标。

注意,多项式类型是旋转对称的,并且存在从 R ** 2 到 R ** 20 的相位项。这些相位项可在优化时发生变化,类似于非球面系数,最好的方式是先引入非球面系数的低阶项,在后续优化运行中再加入较高阶。

15.8　光线网格

在优化和分析具有非球面表面的系统时,需要考虑一些数值取样问题。CODE V 使用光线网格进行许多计算,包括大多数分析任务和优化过程。在分析选项(如 MTF、PSF 等)中,默认网格通常足够密集,足以“看到”由非球面和其他非球面引起的表面变化,不过,这仍然可能存在与 FFT 和其他计算相关的取样问题。

在优化中,由于计算的迭代重复特性,误差函数必须要多次评估,通常使用较小的网格。确定光线网格的值称为 DEL。在 Automatic Design(自动化设计)对话框中,视场是在光瞳区域内的 Ray Interval(光线间隔),并且可以在 Ray Grid Controls(光线网格控制)区的 Error Function Definitions and Controls(误差函数定义和控制)选项中找到。该程序对于所有的球面系统均使用默认值 0.385,即半光瞳中有 12 条光线;如果存在非球面表面,则将其改为 0.22,表示半光瞳中有 34 条光线。注意,针对每个波长、视场和变焦位置,需要追迹指定数量的光线。

这是关于非球面的一个重要问题,因为高阶多项式具有非常快速地改变表面斜率的能力。如果光线太少,自动化优化程序将不会看到一些可能导致大量光线偏转的表面部分,它可能会计算出不代表真实性能的错误函数。

要在自动化优化程序中查看不同光线网格尺寸的效果,可以运行 CODE V 提供的宏程序 autogrid.seq。选择 Tools→Macro Manager(宏管理器)菜单,在 Sample Macros/Optimization 下找到该宏,然后单击 Run。输入 DEL 值为 0.22,设置如图 15-25 所示,然后单击 OK。

如图 15-26 所示是显示光线分布的输出结果图,这个图说明了这个程序使用了多少光线以及它们的位置。值越小,网格越更密集,意味着光线越多。如果使用了高阶非球面或衍射,则应该考虑使用较小的 DEL,例如,0.15 代表有 70 条光线,并且运行宏程序 autogrid.seq 以直观显示自动化设计将使用的网格情况。

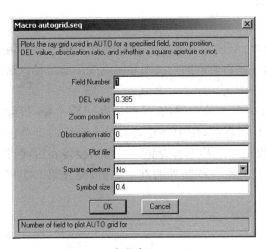

图 15-25　宏程序 autogrid.seq

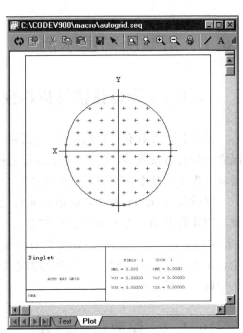

图 15-26　网格图

第16章

偏 心 系 统

倾斜和偏心系统是很常见的,CODE V 提供了多项特性以简化这种系统的建模。本章讨论和说明坐标断点(coordinate breaks)的基础知识和各种类型的偏心系统。

16.1 折叠反射镜示例

16.1.1 佩兹伐镜头折叠反射镜

倾斜和偏心具有广泛的应用,包括棱镜、楔形元件,甚至光学元件阵列等。最常见的情况之一是折叠反射镜,这是一种平面反射镜,通过倾斜所需的角度来导向光线传播路径。这通常是为了满足系统结构紧凑的需要。

佩兹伐(Petzval)镜头在其前后元件之间有一个大的空间,有足够的空间插入 45°折叠镜。CODE V 有一个特殊的偏心类型,称为偏心和弯曲,用于创建具有单个表面的折叠镜(通常需要附加虚拟表面)。需要注意的是,这仅适用于静态折叠镜——扫描镜将在后面讨论。使用此镜头来创建这个简单的偏心系统,在讨论一些额外的例子之前,先介绍 CODE V 中倾斜和偏心的细节。

16.1.2 偏心数据输入

插入折叠反射镜需要有一个足够长的空间,并且还取决于空气间隔中的光束尺寸。最简单的方法是进行实验,也可以使用棱镜折叠光束,参见 16.6 节所使用的棱镜宏命令。与所有表面相关数据一样,偏心和倾斜数据也是通过 Surface Properties(表面属性)窗口进行访问。但首先需要定义一个镜头,并进行修改,以对倾斜或其他形式的反射镜正确建模。

(1) 选择 File→New 菜单启动 New Lens Wizard(新镜头向导),然后单击 Next 跳过欢迎屏幕。

（2）选择 CODE V Sample Lens，然后单击 Next。

（3）向下滚动找到镜头文件 CV_LENS：petzval.len 并单击它，然后单击 Finish 按钮，这意味着接受此镜头所有系统数据的默认值，如图 16-1 所示。

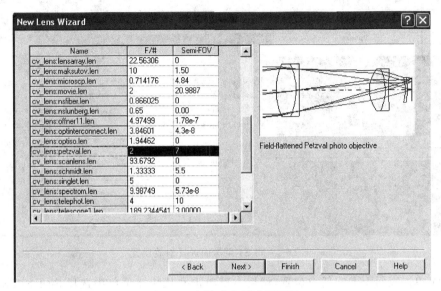

图 16-1　新镜头向导选择页面

（4）在 LDM 电子表格窗口中，右键单击表面 4 的表面编号单元格，然后从快捷菜单中选择 Insert。在 Insert Surface 对话框中单击 OK 以插入一个虚拟曲面。

（5）双击表面 3（光阑）的厚度，如图 16-2 所示，在数字前插入等号（=），在末尾输入字符"/2"，然后按 Enter 键。这个等号定义了一个简单的表达式，即将原来单元格内的值除以 2。按 Tab 或 Enter 键，或在任何其他单元格中单击，以提交此更改。

（6）单击相同厚度的单元格（S3），并选择 Edit→Copy 菜单，然后单击它下面的单元格（THI S4），并选择 Edit→Paste 菜单。也可以使用右键单击或键盘快捷键 Ctrl+C 和 Ctrl+V。

（7）双击表面 4 的折射模式，并将其更改为 Reflect，如图 16-3 所示。

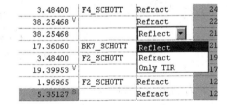

图 16-2　采用一个等式改变 S3 的厚度　　　图 16-3　将 S4 改为 Reflect

（8）选择表面 4 到像面，然后选择 Edit→Scale 菜单。

（9）如图 16-4 所示，在 Scale 对话框中，输入−1 作为默认模式 Scale by Factor（按比例系数缩放）的 Scale Value（缩放值），然后单击 OK。这将根据需要来改变反射之后的符号。

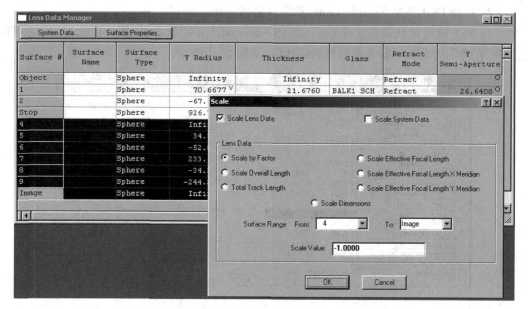

图 16-4　将 S4 至像面进行缩放设置

（10）单击表面 4 上的任意位置，然后右键单击并从快捷菜单中选择 Surface Properties。转到 Surface Properties 窗口中的 Decenters（偏心）页面，从 Decenter Type（偏心类型）下拉列表中选择 Decenter and Bend（偏心和弯曲）。注意按 Shift＋F1 键可以调用帮助，其提供了关于偏心参数的有用信息，如图 16-5 所示。

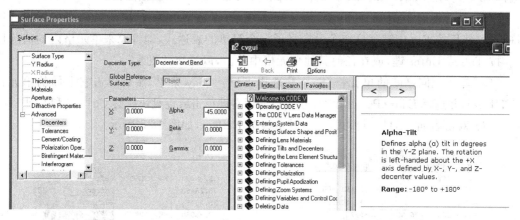

图 16-5　表面属性中偏心设置的帮助文件

（11）为 Alpha 值输入－45，然后单击 Commit Changes 按钮。

（12）单击快速 Quick 2D Labeled Plot 按钮以查看折叠镜头的结构图片，如图 16-6 所示。

请注意，LDM 电子表格窗口现在具有标注为 Non-Centered Data（非共轴对称数据）的列，并显示了偏心的类型，本示例中为 Decenter & Bend（偏心和弯曲）。如图 16-7 所示。

如图 16-8 所示，可以在 Decentered Surfaces（偏心表面）查看窗口中查看和修改所有偏心数据，选择 Review→Decenters 菜单以访问此窗口。

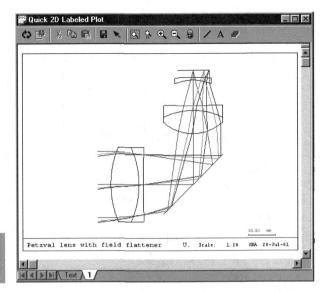

图 16-6 本示例折叠镜头的快速镜头结构图

Refract Mode	Y Semi-Aperture	Non-Centered Data
Refract		
Refract	26.64076	
Refract	24.01493	
Refract	22.55207	
Reflect	30.45313	Decenter & Bend
Refract	21.15237	

图 16-7 LDM 电子表格的偏心类型 Decenter & Bend

	Surface #	Decenter Type	X Decenter	Y Decenter	Z Decenter	Alpha Tilt	Beta Tilt	Gamma Tilt	Non-Centered Data
0	4 - fold	Decenter and Bend	0.00000	0.00000	0.00000	-45.00000	0.00000	0.00000	Decenter & Bend

Decentered Surfaces — Commit | Show all Surfaces □ — End Of Data

图 16-8 用于查看和修改偏心表面的窗口

16.2 偏心系统的基本概念

16.2.1 术语和坐标断点

在 CODE V 中,通常使用术语"偏心表面"来表示倾斜、偏心,或二者兼有的表面。

1. 共轴系统

在图 16-9 所示的共轴系统中,每个局部表面的坐标系轴线与整个系统的光轴和机械轴线重合。选择 $+y$ 为"上",与 $+x$ 形成右手坐标系,$+z$ 轴从物体指向像面。

每个表面总是在其局部坐标系中居中。当要离开共轴系统的领域时,可以通过指定坐标中的断点来进行,即通过指定每个局部坐标系相对于前一个表面的坐标系的位置和方向

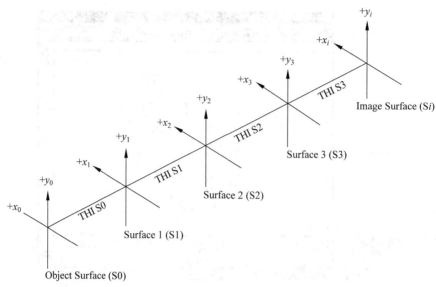

图 16-9   共轴系统示意图

来实现。因此,当说到某个表面倾斜或偏心时,真正的意思是其坐标系相对于前一表面是倾斜或偏心的。

2. 偏心系统

如图 16-10 所示的是偏心系统的示意图,表面 1 不偏心,表面 2 仅具有 y 偏心(YDE),并且表面 3 仅具有正向 α 倾斜(ADE)。像面相对于前一表面 3 不偏心,但是其显然相对于物面表面是倾斜和偏心的。所以在某种意义上,从整个系统时来看,偏心会产生累积的影响。

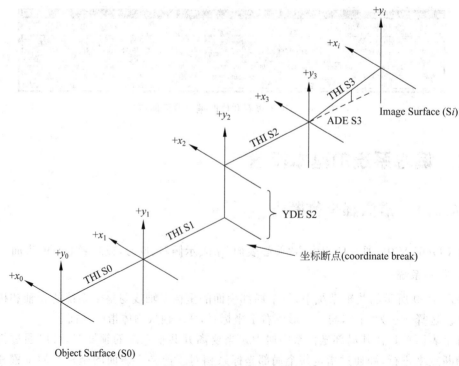

图 16-10   偏心系统示意图

16.2.2 操作顺序

倾斜和偏心可通过特定的顺序进行。首先,完成 x、y 和 z 偏心,顺序任意。然后,以该顺序依次进行 α、β 和 γ 旋转。对于复合倾斜,β 必须在 α 倾斜系统中定义,对于 γ 也类似(γ 在 α、β 倾斜系统中定义)。设计者不能更改此操作顺序,但如有必要,可以插入一个或多个零厚度的虚拟表面(dummy surface),这样就可以以任意所需顺序对每个表面应用单个倾斜。累积影响将会实现复合倾斜,这就实现了通过与标准的 CODE V 不同的顺序进行模拟。符号约定如图 16-11 所示。

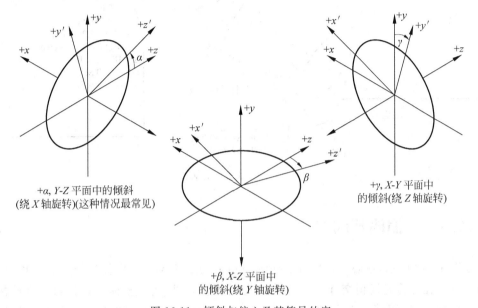

图 16-11 倾斜与偏心及其符号约定

要意识到,坐标系统本质上仅仅是三维空间的标签,允许设计者将表面放置在所需的位置和方向上。光线并不会依赖坐标系统,它只遵循斯涅尔定律(Snell's Law)。光线很容易在光学系统的某个位置停止追迹导致出错,因此必须确保光线具有到达放置表面的位置的路径。偏心仅定义表面的坐标位置,并且如果角度或位置定义不恰当,则光线可能错过表面,或遇到全内反射(total internal reflection,TIR)。全内反射在当光线的入射角超过玻璃-空气边界的临界角时就会发生。

16.3 偏心表面类型

CODE V 提供了多种不同类型的偏心表面。对于需要偏心表面的给定应用,可能会使用多种形式的偏心表面,其中一种可能是最合适的或最容易建立的。在某些情况下,其仅仅取决于个人偏好。

下面介绍不同类型的偏心表面。

16.3.1　基本偏心

如图 16-12 所示,默认偏心和倾斜在表面处提供一个坐标断点。坐标断点设置在折射或反射之前,断点之后的表面在新坐标系中被定义。然后,所有后续表面的局部坐标系与该新坐标系对准,并由沿局部 z 轴所测量的厚度值进行分隔,直到出现另一个坐标断点。

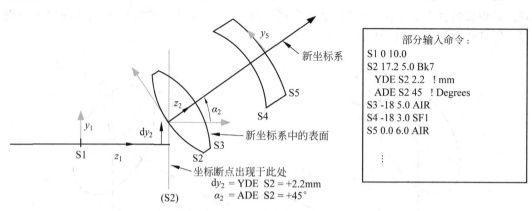

部分输入命令:
S1 0 10.0
S2 17.2 5.0 Bk7
　YDE S2 2.2　!mm
　ADE S2 45　!Degrees
S3 -18 5.0 AIR
S4 -18 3.0 SF1
S5 0.0 6.0 AIR

坐标断点出现于此处
dy_2 = YDE S2 = +2.2mm
α_2 = ADE S2 = +45°

图 16-12　基本偏心表面

16.3.2　偏心和回归

如图 16-13 所示,偏心和返回(decenter and return,DAR)类型仅为指定表面提供坐标断点。表面在计算光线相交和折射之前发生偏心和倾斜,然后坐标系在折射之后被恢复。此表面后的所有表面都在原始坐标系中定义。可以把偏心和回归视为是一个暂时的倾斜。

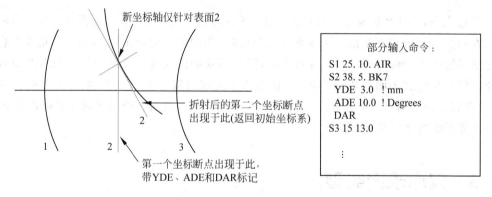

新坐标轴仅针对表面2

部分输入命令:
S1 25. 10. AIR
S2 38. 5. BK7
　YDE 3.0　!mm
　ADE 10.0 !Degrees
　DAR
S3 15 13.0

折射后的第二个坐标断点
出现于此(返回初始坐标系)

第一个坐标断点出现于此,
带YDE、ADE和DAR标记

图 16-13　偏心和回归示意图

16.3.3　偏心和弯曲

如图 16-14 所示的是偏心和弯曲(decenter and bend,BEN)类型,主要用于折叠反射镜。

它可用于通过自动添加额外的倾斜来旋转最终坐标系,从而跟随主光线,这样就无须额外的虚拟表面。它只能用于固定的折叠反射镜,而不适合用于扫描反射镜。

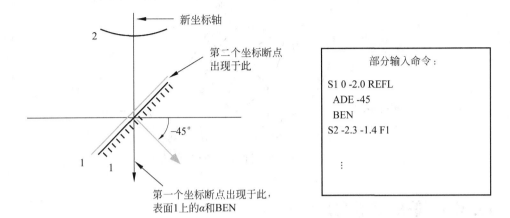

图 16-14　偏心和弯曲示意图

16.3.4　反向偏心

如图 16-15 所示,反向偏心型(reverse decenter,REV)以与标准的偏心类型完全相反的行为模式工作。在初始坐标系中指定表面,并计算折射/反射。在折射之后,以相反符号进行倾斜,首先是-CDE,然后是-BDE,然后是-ADE,然后也可以相反符号应用偏心。这可用于消除标准偏心的影响。

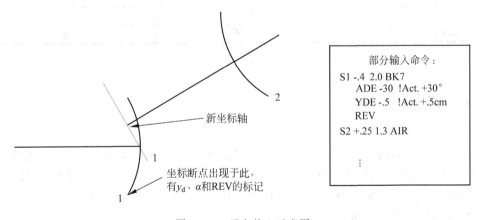

图 16-15　反向偏心示意图

16.3.5　回归表面

如图 16-16 所示的是回归偏心(return to surface,RET)示意图,简单地将当前表面的坐标回归到指定前一个表面的坐标,撤销中间表面所有累积的倾斜、偏心和厚度。这在扫描仪设计和公差分析中是很有用的。

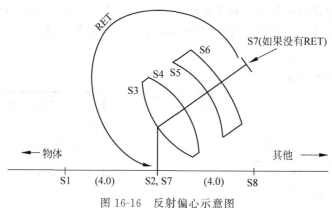

图 16-16   反射偏心示意图

16.3.6   偏心参数名称

在文档和日常使用中,各种偏心参数都是由不同的名称进行定义。表 16-1 总结了各种类型的名称。

表 16-1   偏心参数名称

界　　面	命　　令	数　　学
X 偏心	XDE	X
Y 偏心	YDE	Y
Z 偏心	ZDE	Z
Alpha 倾斜	ADE	a
Beta 倾斜	BDE	b
Gamma 倾斜	CDE	g

16.4   倾斜平板

倾斜平板(tilted plates)可用于许多光学仪器和装置,例如分束器、组合器或光窗口等。倾斜平板将使光轴发生偏移。CODE V 不要求纠正这一点,并且也不会自动校正,原因是偏移情况可以简化系统后面部分的设置,并且可以使其更容易理解。本节没有包含 CODE V 输入指令说明,仅讨论设置问题。

倾斜平板的几何形状如图 16-17 所示。倾斜平板相对于光轴以角度 θ 倾斜,并且该倾斜导致通过平板的光线的偏移。注意,光线的偏移量与机械轴的偏移量不同。如果跟随该板的透镜以轴上主光线为中心,则必须考虑这种差异。还要注意,偏移量 Δy 取决于倾斜平板的折射率、角度 θ 和板的厚度。

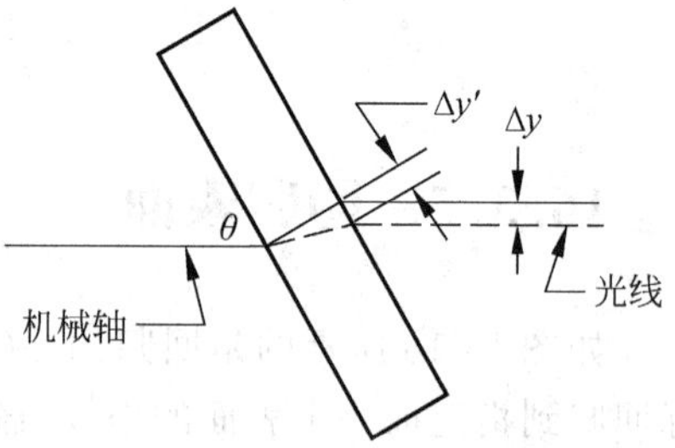

图 16-17   倾斜板

16.4.1　使用基本偏心

使用标准偏心对倾斜平板建模，需要三个表面，如图 16-18 所示，它们分别是表面 4、5 和 6。前两个表面是倾斜平板的光学表面，第三个表面则为一个虚拟表面，它通过出现的主光线对坐标系进行定向。

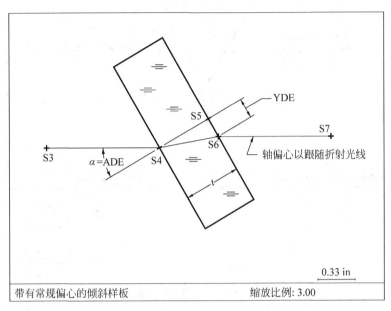

$$\text{YDE} = \frac{-t \sin \alpha}{\sqrt{n^2 - \sin^2 \alpha}}$$

图 16-18　采用标准偏心建立倾斜平板

倾斜平板的前表面仅具有 ADE 以倾斜表面，后表面紧跟着前表面的坐标系，因此不需要倾斜或偏心数据。虚拟表面需要偏心和倾斜，以通过出现的轴上主光线对坐标系进行定向。YDE 偏心（沿着倾斜后表面）为 $-\Delta y'$，倾斜度为 -ADE。

16.4.2　使用反向偏心

通过反向偏心器，只需要设置两个表面即可建立倾斜平板，分别对应于平板的两侧，如图 16-19 所示。前侧是具有 ADE 倾斜的标准偏心，第二个表面具有反向偏心。由于倾斜是在偏心之前进行，并且都使用反转符号，因此该倾斜是 ＋ADE，偏心则是 ＋Δy。使用 ZDE 移动了坐标系，以便从实际表面测量到下一个表面的厚度。

16.4.3　波长的影响

注意，由于偏移量 Δy 是折射率的函数，因此对于不同的波长，偏移量将是不同的。仅

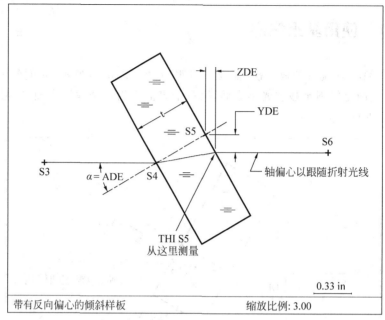

$$ZDE = \frac{-t \sin^2 \alpha}{\sqrt{n^2 - \sin^2 \alpha}}$$

$$YDE = \frac{t \sin \alpha \cos \alpha}{\sqrt{n^2 - \sin^2 \alpha}}$$

图 16-19   采用反向偏心建立倾斜平板

对于参考波长,轴上主光线才沿着光轴传播,其他波长的光线将出现轻微偏移。其可能在以下镜头中产生一些有趣的光学影响,这取决于它们的像差。

16.5   折叠反射镜与扫描反射镜

如本章开头所述,通过使用特殊的偏心与弯曲特性,可以在 CODE V 中很容易处理固定折叠反射镜。当然,扫描反射镜是不固定的,它们将旋转、摇摆或振动,以产生所需的扫描效果。在定义扫描反射镜时,不能使用偏心和弯曲(BEN),但是偏心和回归(DAR)特性可正常工作。本节仅讨论设置问题。在后续章节中有一个扫描系统的 CODE V 示例,其中将讨论变焦/多重配置系统。

倾斜反射镜通常用在系统中以使系统变得更紧凑。可以以三种不同的方式来设置倾斜反射镜,如图 16-20 所示,即使用基本偏心(basic decenter)(图(a))、偏心和弯曲(BEN)(图(b)),以及偏心和回归(DAR)(图(c))。表面 1 是前光阑,而反射镜是表面 2,在反射镜之后是镜头。所使用的建立方法可确定是否需要附加的虚拟表面,以决定生成的后续表面是 3 和 4,还是 4 和 5。使用的方法还取决于反射镜是固定的折叠反射镜,还是如同在扫描系统中那样会改变角度。

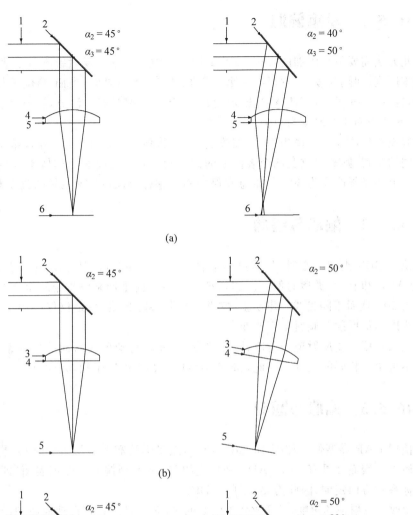

(a)

(b)

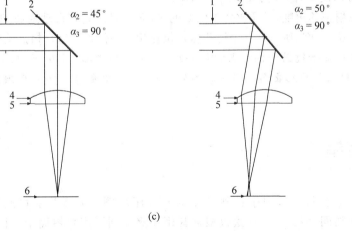

(c)

图 16-20　折叠反射镜与扫描反射镜的偏心示例

(a) 基本偏心；(b) 偏心与弯曲；(c) 偏心和回归

16.5.1　基本偏心

此方法需要一个附加的虚拟曲面，如图 16-20(a)所示。反射镜本身是表面 2，到虚拟表面为零厚度(间隔为零)。它具有一个 45°的 ADE。虚拟表面(表面 3)位于与反射镜相同的位置，也具有 45°的 ADE，以将光轴定向在 90°用于追踪光线。注意，反射之后的 z 轴方向向上，因此到表面 4 的厚度为负值。

假设希望改变反射镜角度(例如改变 5°，这将使光线偏离 10°)，并且希望后面的镜头处于相同的位置，则需要改变两个表面上的倾斜角度：将表面 2 上的倾斜改变为 40°，同时将表面 3 上的倾斜改变为 50°，使得总和保持 90°，这样可保持后面的镜头处于相同位置。

16.5.2　偏心与弯曲

使用 BEN 类型偏心时，只需要一个表面，如图 16-20(b)所示。表面 2，即反射镜，具有 45°的 ADE 和 BEN 类型的偏心。CODE V 将自动向坐标系添加第二个 45°，以使出射的坐标系为 90°，从而跟随光线。事实上，它并未实际跟踪光线，只是仅仅应用了反射定律，这使得光线以两倍反射镜倾斜角度改变方向。

如果希望改变反射镜的角度，则应注意 BEN 将自动更改后面的坐标系。因此，后面的镜头不再位于相同的位置。因此，BEN 类型偏心并不适用于扫描反射镜。

16.5.3　偏心与回归

使用 DAR 类型偏心如图 16-20(c)所示，这里仍然需要虚拟表面，但是更改扫描角度会更加简单。表面 2 具有 45°的 ADE 和指定的 DAR 类型偏心。虚拟表面，即表面 3，沿着进入坐标系的方向定向，因此需要 90°的 ADE。

要改变反射镜的角度，只需改变表面 2 的 ADE 即可。它将自动返回到最初的角度(由于 DAR)，然后轴旋转 90°，所以下一个镜头将定位在相同的位置。这是扫描反射镜的首选方法。

提示：要使反射镜围绕偏移点(例如旋转多边形的中心)旋转，请在中心点位置使用虚拟表面(非反射)，并对此表面应用基本倾斜。然后，使用负厚度回到反射镜(面)位置，并使该表面反射。

16.6　棱镜宏

CODE V 包括许多适用于各种应用的宏程序示例。大多数宏可通过 Tools→Macro Manager 菜单访问，但其中一些宏也根据其用途集成到了用户界面中。棱镜即为其中的一种，在 Edit→Insert Prism 菜单上能找到棱镜宏的集合。要使用这些宏，只需根据名称选择所需的棱镜类型即可。虽然这些宏没有提供可视预览，但是它们执行速度很快，设计者可以快速插入棱镜，并绘制结构图，如果棱镜类型或大小不正确，还可以使用 Edit→Undo 进行撤销。

所有的棱镜宏都假定设计者已经定义了一个镜头，并包含了足够大的空间来放置棱镜。

每个宏将调整空气间隔以适应棱镜的光学厚度。设计者可以指定要插入棱镜的空气间隔之后的表面,棱镜的面长度(face length)是棱镜参考面的全宽度。该参考面取决于特定的棱镜设计,要使用不同大小进行实验,这可能需要频繁使用撤销命令,或者查看宏的源代码中的注释命令,其在 CV_MACRO:directory 可以查看。

(1)通过在命令窗口中输入 RES CV_LENS:PETZVAL,打开并"恢复"之前示例中完成的佩兹伐镜头示例。

(2)单击 Lens Data Manager 窗口使其激活,然后选择 Edit→Insert Prism→Right Angle 菜单。

(3)在 Macro rtang.seq 对话框中,输入 4 作为表面、50 作为面长度、BK7 作为玻璃(默认),并为方向选择 up(从下拉列表中选择),设置结果如图 16-21 所示。单击 OK。

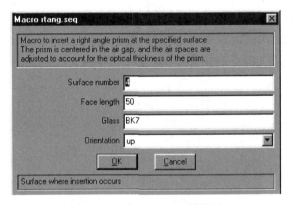

图 16-21　宏 rtang.seq 的设置

(4)单击工具栏上的 Quick 2D Labeled Plot 按钮绘制镜头结构的二维图。所得的镜头结构图应如图 16-22 所示。

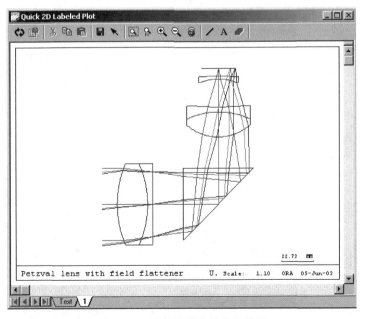

图 16-22　佩兹伐镜头结构二维图

图 16-23 是另外两个例子,分别是 Porro 和 Penta 棱镜。其光瞳尺寸和视场角已经被减小,以便在可用空气间隔中放入棱镜,并获得更好的结构。

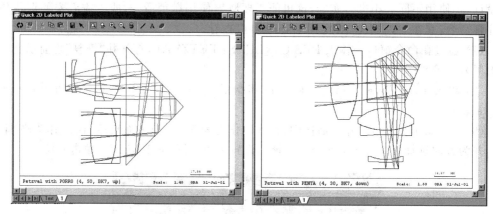

图 16-23　Porro 和 Penta 棱镜光学系统的二维结构图

第17章

变 焦 系 统

变焦系统实际上是多重结构系统,几乎任何参数都可以在一系列位置(最多可达99个)上取不同的值,其设置范围可从仅空气间隔("真实变焦")到扫描系统中的倾斜角。

17.1　变焦功能

CODE V 的变焦功能是其最强大的功能之一,它起初被开发用来设计摄影变焦镜头,但现在已经扩展到真正的多重结构建模能力。由于这种灵活性,各种新的变焦应用也不断被发掘出来,以下列出一部分典型应用。

(1) 真实变焦(仅改变空气间隔);

(2) 扫描系统;

(3) 多重共轭优化;

(4) 显示系统的多视点;

(5) 可抽换光学元件的系统;

(6) 光谱分光系统。

除极少数情况外,镜头特性的所有方面均可进行变焦。主要例外是波长,但是波长权重和参考波长可进行变焦,从而提供变焦波长的效果。任何变焦镜头一开始均为标准的单一结构镜头。然后,设计者可使用 LDM 的变焦功能来指定变焦位置数量(包括第一个或标称位置),并指定所有变焦参数在每个变焦位置中将具有的值。未被确定为变焦输入的参数将在所有变焦位置中具有相同的值。

1. 同步优化

所有变焦位置均可同时进行优化,这是变焦的最基本优点,因为原则上,通过改变参数和重复分析过程,可以按顺序完成其他所有事情,这可能要借助宏的使用。由于任何非变焦参数的更改都极有可能影响所有变焦位置,因此优化无法按顺序完成。约束和权重可在每个变焦位置上采用独立的值,因此可进一步支持优化。

2. 用户控件

如图 17-1 所示,在用户界面上的工具栏中,提供了一个变焦选择框,设计者可从中选择想要显示的任何变焦位置,并在所有程序屏幕上查看和编辑该位置的所有数据。或者只需在单元格单击右键,即可获得任何参数的整个变焦数据。

图 17-1 工具栏上的变焦选择框

Zoom System 对话框还可以通过 Lens→Zoom Lens 菜单进行显示,从中可以插入或删除变焦位置。设计者还可定焦到某个特定位置,这将创建非变焦镜头,并丢弃其他位置的数据,当然,设计者可以使用 Undo 或保存镜头文件作为备份。定焦也适用于单独的参数,在某个参数被定焦时,仅来自第一个变焦位置或 Z1 的值被保留。要定焦参数,可右键单击任何变焦的 LDM 参数,并选择 Dezoom(定焦)。CODE V 还提供了非常方便的 Zoom Data 检查电子表格(在 Review→Zoom Data 菜单下),设计者可在这一位置查看并修改所有变焦参数。

在分析变焦镜头时,大多数 CODE V 选项会为每个活动变焦位置生成标准输出,就好像每个位置是完全独立的镜头。不过,设计者也可以覆盖此特性,这需要使用 LDM 的变焦位置控件(或 POS 命令)来定义活动位置,以阻止选项分析每个变焦位置。本章后面将讨论变焦特性在选项输入和输出中的使用,同时还将对命令输入中的变焦特性进行简要介绍。

提示:当在用户界面、LDM 或选项输入中的任何位置上出现变焦符号(z 字符)时,右键单击变焦符号,并从快捷菜单中选择 Zoom 以查看或更改所有位置的值,如果直接更改显示值,将只会改变变焦选择框所指示的当前默认位置的值。

17.1.1 电影变焦镜头

在 8mm 视频出现以前,就出现了 8mm 家用电影摄像机。许多此类摄像机中采用了变焦镜头,本章的第一个示例就是来自这种系统较早的专利。它是一个真实变焦镜头,这意味着仅元件组之间的空气间隔在结构(或变焦位置)之间发生变化。这是 CODE V 的示例镜头之一,所有真实变焦专利镜头都可以通过 New Lens Wizard(新镜头向导)或宏程序 Patent Search 来获得,该宏程序可以在 Tools→Patent Lens Search 菜单找到。

(1) 选择 File→New 菜单启动 New Lens Wizard,并单击 Next 以跳过欢迎屏幕。

(2) 选择 CODE V Sample Lens,然后单击 Next。

(3) 向下滚动,找到镜头文件 CV_LENS:movie.len,并单击该文件,然后单击 Next。

(4) 浏览接下来的几个屏幕,注意为该镜头所定义的系统数据,并单击每个屏幕上的 Next。在最终屏幕上,单击 Done。

特别注意,图 17-2 中的视场被定义为近轴像高。这在真实变焦镜头中是比较常见的,因为它能在焦距变化时保持胶片或检测器(像)格式固定。它允许物方中的视场角度随变焦而从长焦到广角逐渐发生变化,其中的视场角度也可根据需要显示变焦。

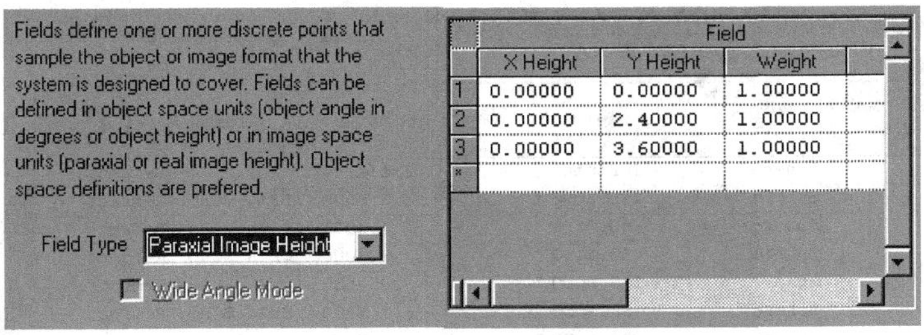

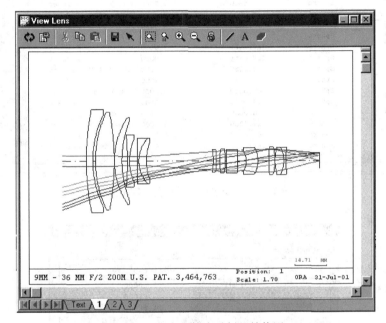

图 17-2　本变焦镜头示例的视场选项

（5）选择 Display→View Lens 菜单，并单击 OK，这表示接受当前所有默认设置值。显示 View Lens 输出窗口，如图 17-3 所示。

图 17-3　本变焦镜头示例的结构图

注意，View Lens 选项的选项卡输出窗口（TOW）包含 3 个图形选项卡，分别对应每个变焦位置。现在，设计者可从 Lens Data Manager（LDM）电子表格窗口开始，查看该镜头的一些其他变焦特性，LDM 窗口如图 17-4 所示。

注意，在代表变量的许多红色 V 符号中，存在一些指示变焦参数的红色 Z 字符，在本示例中，所有变焦参数均为空气间隔。这里已添加了表面名称 move1、move2 和 move3，这在多表面镜头中非常有用。这些标签位于变焦空气间隔之后的表面上，这是由于这些镜头元件会随着先前的厚度改变而移动。标签作为表面编号的别名必须是唯一的，且可将其放在所需的任何位置。

（6）右键单击表面 6 的厚度，并从快捷菜单中选择 Zoom。显示如图 17-5 所示的 Zoom Editor（变焦编辑器）对话框。

Zoom Editor（变焦编辑器）包含该特定厚度的值，因此可查看并能编辑所有变焦位置的相应值。注意，这表示该厚度在位置 2 和位置 3 为变量，但在 z1 中被冻结。如果要更改 Z1

Surface #	Surface Name	Surface Type	Y Radius	Thickness	Glass	Refract Mode	Y Semi-Aperture
Object		Sphere	Infinity	Infinity		Refract	
1		Sphere	112.2000 V	3.0000	SF11_SCHO	Refract	21.7085
2		Sphere	46.9760 V	1.2000 V		Refract	20.6546
3		Sphere	50.1190 V	8.7000 V	SK16_SCHO	Refract	20.7021
4		Sphere	-110.6000 V	0.0500		Refract	20.4822
5		Sphere	33.9820 V	3.5000 V	SK16_SCHO	Refract	18.3630
6		Sphere	47.6570 V	2.5000 Z		Refract	17.7272
7	move1	Sphere	-139.2400 V	1.0000	LAK9_SCHO	Refract	10.7823
8		Sphere	24.5820 V	3.5000 V		Refract	9.6916
9		Sphere	930.5700 V	0.8000	PK2_SCHOT	Refract	9.3064
10		Sphere	14.8550 V	3.5000 V	SF11_SCHO	Refract	8.7195
11		Sphere	24.4060 V	30.9710 Y		Refract	8.2134
12	move2	Sphere	-22.8760 V	1.3000	SSKN5_SCH	Refract	4.5550
13		Sphere	-51.5820 V	1.7240 Z		Refract	4.6600
14	move3	Sphere	28.7990 V	2.5000 V	LAK9_SCHO	Refract	4.8183
15		Sphere	-35.9950 V	0.7000		Refract	4.7741
16		Sphere	Infinity	5.0000	LF7_SCHOT	Refract	4.6392
17		Sphere	Infinity	2.0000		Refract	4.3867
Stop		Sphere	Infinity	2.0000		Refract	4.2341
19		Sphere	-8.2937 V	5.3000 V	SF3_SCHOT	Refract	4.1672
20		Sphere	-11.9710 V	5.1000		Refract	5.2046
21		Sphere	87.8520 V	2.8000 V	LAK9_SCHO	Refract	5.5558
22		Sphere	-24.0570 V	0.0500		Refract	5.6291
23		Sphere	20.9830 V	4.0000 V	LAKN13_SC	Refract	5.4787
24		Sphere	-14.1250 V	1.0000	SF6_SCHOT	Refract	5.1774
25		Sphere	45.0000 V	15.3596 S		Refract	4.9604
Image		Sphere	Infinity	-0.0320 Y		Refract	3.6930

End Of Data

图 17-4　本变焦镜头示例的 LDM 窗口

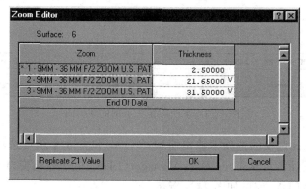

图 17-5　变焦编辑器对话框

为变量,则可右键单击该对话框中显示的值,并选择 Vary Parameter。

(7) 单击 OK 关闭 Zoom Editor(变焦编辑器)对话框。

(8) 选择 Display→List Lens Data→First Order Data 菜单。

这将在一个文本窗口(此处未显示)中显示所有变焦位置的一阶数据的列表。注意,Z1、Z2 和 Z3 的 EFL 值分别为 9.4mm、20.3mm 和 35.6mm,大多数文本输出窗口都将包含每个活动变焦位置的单独数据表。

(9) 选择 Lens→Zoom Lens 菜单,或可通过单击工具栏上变焦旋钮旁的 Z 符号,以显示 Zoom System 对话框,如图 17-6 所示。

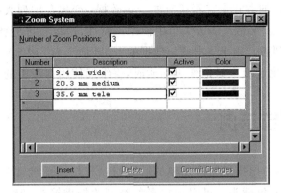

图 17-6 变焦系统对话框

该对话框用于建立或更改变焦位置的数量,以确定用于分析/输出的活动位置,并可设置与每个变焦位置相关的标题和颜色。设计者可在此处插入或删除变焦位置,或定焦到特定位置,选择行并右键单击来查看可用选项。

(10)单击每个变焦位置的标题,并输入如图 17-6 所示的新标题,然后双击颜色单元格可查看颜色选项的下拉列表,根据需要更改颜色。

(11)单击 Commit Changes 按钮。可以在标题中包含一些位置相关信息,这是非常有用的,因为标题会出现在所生成的任何图形输出上。

17.1.2 变焦检查电子表格

Zoom Data 检查电子表格在 Review→Zoom Data 菜单下可以找到,在与变焦系统一起使用时十分有用。由于需要在整个 LDM 内查找变焦参数,因此不太容易找到所有变焦参数,可能会有遗漏。

Zoom Data 检查电子表格列出所有的变焦参数,易于查看、比较和编辑,如图 17-7 所示。对于其他电子表格,灰色单元格表示不能直接编辑。设计者可选择整行以进行定焦或复制参数操作,对于任何非灰色单元格,可修改其显示值,或右键单击以更改参数状态,即变化、冻结、求解等。还可以单击标题单元格以选择列,并通过右键单击以插入或删除相应的变焦参数,或将系统定焦到该位置。设计者不能在 Zoom Data 检查表格中定义新的变焦参数,这只能通过在 LDM 电子表格或 Surface Properties 窗口中定位到相应参数,并右键单击变焦来完成。

	Surface #	Parameter	Label	Type	Wavelength	Field	Coefficient	Zoom − 1	Zoom − 2	Zoom − 3
1		Lens Title						9.4 mm w	20.3 mm	35.6 mm
2	25	Paraxial I						Yes	Yes	Yes
3	6	Thickness						2.5000	21.6500 ^{V}	31.5000 ^{V}
4	11	Thickness						30.9710 ^{V}	8.2230 ^{V}	1.9100
5	13	Thickness						1.7240	5.3220 ^{V}	1.7850
6	25	Thickness						15.3596 ^{S}	15.3473 ^{S}	15.3495 ^{S}
7	Image	Thickness						−0.0320 ^{V}	0.0260 ^{V}	−0.0190 ^{V}
					End Of Data					

图 17-7 变焦数据窗口

还可以用一种紧凑的方式来查看所有的变焦数据：变焦数据列表（未显示在这里），可在 Display→List Lens Data→Zoom Data 菜单中使用该特性，这将在可更新（但不可编辑）的文本窗口中打开变焦数据列表。用于列出变焦数据的 LDM 命令为 ZLI SA（SA 表示所有表面）。

在后面分析和优化选项中讨论变焦功能时，将继续使用本章中的 movie.len 示例。

17.2　扫描系统示例

这是对 17.1 节中的扫描反射镜建模的后续讨论。扫描系统常常被建模成带有一个或更多变焦倾斜角度的变焦镜头。可以建立多种类型的扫描镜头，但会参考一种相对简单的思路，即在双胶合透镜前面放置一个扫描反射镜，通过对扫描角度进行变焦以模拟扫描。

17.2.1　从双胶合透镜开始

在本例中，将从双胶合透镜开始。我们并不追求很高的性能，只是对扫描进行模拟。

（1）选择 File→New 菜单启动 New Lens Wizard（新镜头向导），并单击 Next 以跳过欢迎屏幕。

（2）选择 CODE V Sample Lens，然后单击 Next。

（3）向下滚动，找到镜头文件 CV_LENS: doublet.len 并单击该文件，然后单击 Next。

（4）在光瞳屏幕上，将 EPD 更改为 20mm（初始大约为 33mm）。通过缩小光圈，以使它能覆盖更大的扫描视场，接下来将进一步看到这一点。

（5）在波长屏幕上，选择波长 2 和 3 的行，右键单击并选择 Delete。双击剩下的波长，并为该波长选择 HeNe-632.8。在该屏幕上，单击 Next 并继续。

（6）在视场屏幕上，选择视场 2 和 3 的行，右键单击并选择 Delete。在大多数扫描镜头中，视场都是通过扫描角度进行模拟，因此通常只定义单个视场点或物点。单击下一步，然后在最终屏幕上单击 Finish 完成。

（7）选择 Display→View Lens 菜单，并单击 OK 获得默认镜头图片，如图 17-8 所示。

结果并不太令人满意，但有所改善。

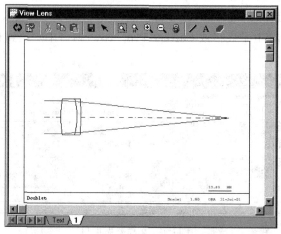

图 17-8　扫描镜头构建的初始结构图

17.2.2 添加扫描反射镜

(1) 右键单击 LDM 电子表格中的表面 1，然后选择 Insert。输入表面数目 3 以插入光阑面、扫描反射镜、虚拟表面。

(2) 右键单击表面 1 并选择 Set Stop Surface(设定光阑)，然后输入表面 1 和表面 3 的厚度值 20.0。

(3) 双击表面 2 的折射模式，并将其更改为 Reflect。

(4) 选择表面 2 直到像面，然后右键单击并选择 Scale。输入 −1 作为比例值，然后单击 OK。这将会改变反射后的符号。

在定义倾斜之前的 LDM 电子表格应如图 17-9 所示。

Lens Data Manager

System Data... | Surface Properties...

Surface #	Surface Name	Surface Type	Y Radius	Thickness	Glass	Refract Mode	Y Semi-Aperture
Object		Sphere	Infinity	Infinity		Refract	O
Stop		Sphere	Infinity	20.0000		Refract	10.0000 O
2		Sphere	Infinity	0.0000		Refract	10.0000 O
3		Sphere	Infinity	-20.0000		Refract	10.0000 O
4		Sphere	-61.0722 V	-10.3456	BSM24_OHA	Refract	10.0000 O
5		Sphere	42.1754 V	-2.3513	SF1_SCHOT	Refract	9.4678 O
6		Sphere	316.1385 V	-92.4254 S		Refract	9.3160 O
Image		Sphere	Infinity	0.0000 V		Refract	0.0135 O
End Of Data							

图 17-9　定义倾斜之前的 LDM 表格

(5) 右键单击表面 2 并选择 Surface Properties。在 Surface Properties(表面属性)窗口中，进入 Decenters 页。

(6) 将 Decenter Type(偏心类型)更改为 Decenter & Return(DAR)，并输入表面 2 的 Alpha-Tilt 角度值为 45(此为即将变焦的扫描角度)，DAR 表示在倾斜表面之后总是返回到初始的坐标系。

(7) 将 Surface Properties 顶部的表面选择器更改为表面 3，并将其偏心类型更改为 Basic。输入 90 作为 Alpha-Tilt 角度，这将保持输入光束和像面之间固定的 90°关系。

(8) 此时系统结构图应如图 17-10 所示。现在，设计者需要进一步添加扫描。在使用 DAR 表面时可轻易做到，只需更改单个扫描值(ADE S2)即可模拟扫描。

17.2.3 扫描角度的变焦

要在 CODE V 中访问变焦参数，首先需要找到项目的显示位置，在 LDM 电子表格、Surface Properties、选择输入对话框等处都可以显示；然后右键单击参数，并从快捷菜单中选择 Zoom。现在将使用前面已准备好的简单扫描镜头完成这一工作。

(1) 在 LDM 电子表格中，右键单击表面 2 的 Decenter & Return 单元格，并选择 Surface Properties，如图 17-11 所示。

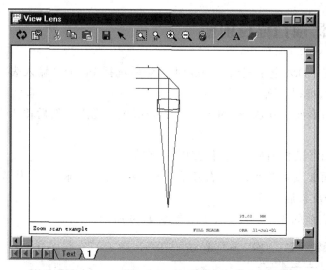

图 17-10　设置好倾斜的扫描镜头结构图

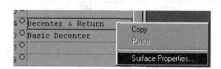

图 17-11　在 Surface Properties 中进行变焦设置

（2）在 Surface Properties 窗口（Decenters 页）中，右键单击 Alpha-Tilt 视场并选择 Zoom。如图 17-12 所示，由于系统尚未变焦，因此 CODE V 将询问设计者是否要变焦，此时单击 Yes。

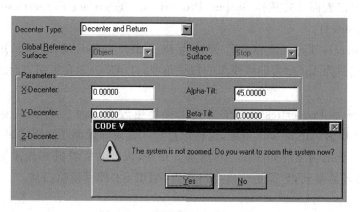

图 17-12　设置变焦确认对话框

（3）在 Zoom System 对话框中，将标题更改为 41 Scan Doublet，然后输入变焦位置的数量 5。因为这里只需要更改扫描角度，因此可在每个位置标题上加入所对应的扫描角度，如图 17-13 所示。变焦的扫描角度包括 41、43、45、47 和 49，总共 5 个。根据需要，也可为不同的变焦位置选择独立的颜色。

（4）现在，回到表面 2 的 Surface Properties 窗口中的 Decenters 页，再次右键单击并为 Alpha-Tilt 角度选择 Zoom。这时将显示 Zoom Editor 对话框，可从中实际定义 5 个扫描倾斜值。

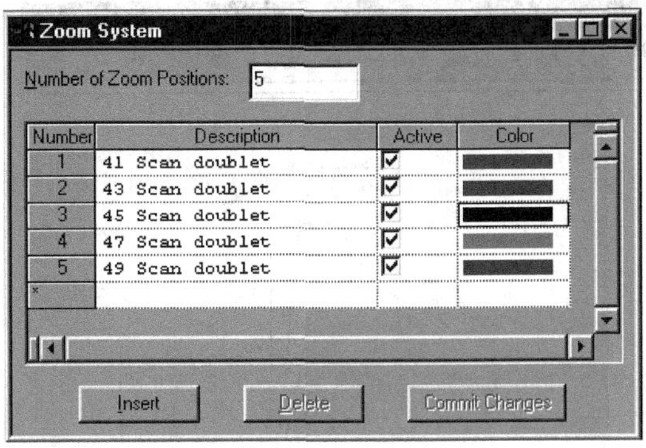

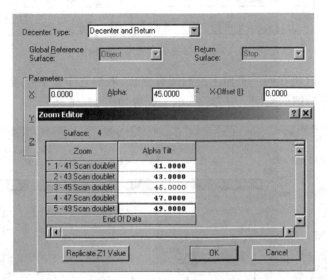

图 17-13　变焦系统设置

（5）如图 17-14 所示，输入 5 个 Alpha Tilt 值，然后单击 OK。

图 17-14　在 Zoom Editor 中输入每个变焦位置的数值

（6）单击 View Lens 窗口中的 Recalculate 按钮以重新绘制镜头，如图 17-15 所示。现在，在输出窗口上将拥有 5 个图形选项卡，分别对应 5 个变焦位置。如果之前已经关闭了该窗口，只需选择 Display→View Lens 菜单并单击 OK 即可再次显示。

17.2.4　在镜头图中覆盖变焦位置

VIEW 选项（和大多数选项）的默认值输出会为每个变焦位置生成一个独立的图。这在某些系统中很有用，可以帮助设计者在单个镜头图上画出多个变焦位置，用于查看变焦位置相互影响的情况。做法很简单，在绘制每个变焦位置时，只需利用"虚拟笔"（virtual pen）返回到起点的功能，把每个绘图窗口看作一个小的笔绘图仪。

（1）选择 Display→View Lens 菜单，并单击 Title/Offsets 选项卡。

（2）右键单击 Return Pen to Origin 复选框，并从快捷菜单中选择 Zoom。

（3）在 Zoom Editor 中，单击 Z1 框，单击 Replicate Z1 Value 按钮，然后取消选中最后

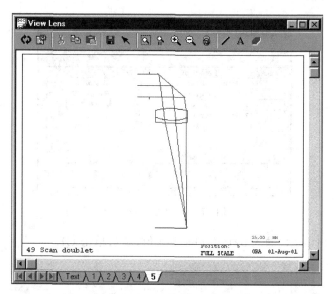

图 17-15　扫描变焦镜头的结构图

变焦位置(Z5)框。这将在同一页面上绘制所有变焦,取消选中最后位置可允许虚拟笔移动
到另一个窗口进行后续的绘图。并单击 OK。设置如图 17-16 所示。

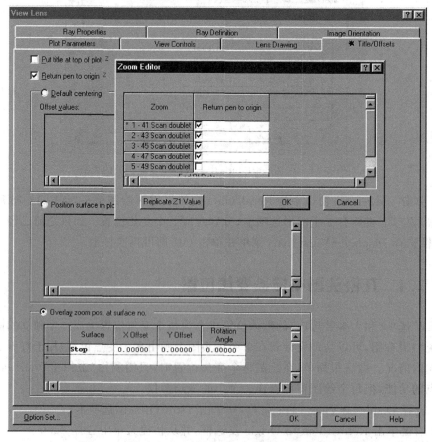

图 17-16　将多个变焦结果绘制于同个视图的设置页面

(4) 单击 Overlay zoom pos. at surface no. 单选按钮,然后双击行 1 中的 Surface 单元格并选择 Stop(表面 1)。上面的屏幕截图显示该步骤已完成,单击 OK。

图 17-17 中显示了所有 5 个变焦位置,并展示了扫描机制的工作方式。可以看到,默认孔径已进行计算,以通过来自各个变焦位置的光线。注意,这还可用于以不同颜色绘制每个变焦位置。大多数镜头会正确覆盖(符合要求时),且仅显示 Z5 颜色,设计者可通过其颜色确定扫描反射镜的位置,再使用放大镜工具放大以进行查看。

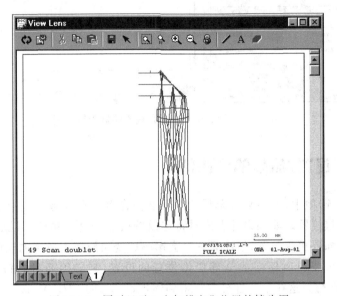

图 17-17 同时显示 5 个扫描变焦位置的镜头图

提示:ORA 提供了一个名为 QuickView. seq 的宏程序,它可重叠变焦位置,并通过简单的对话框进行其他常用操作,提供一站式服务。可以将这个非常有用的宏程序指定到工具栏。选择 Tools→Macro Manager 菜单并浏览 cv-macro:directory 目录中的 QuickView. seq,然后单击 Assign to Toolbar。

17.3 选项中的变焦特性

17.3.1 变焦计算控件

在大多数 CODE V 选项中,变焦系统被视作多个独立非变焦镜头进行计算处理。例如,CODE V 会为每个活动的变焦位置计算 MTF,并在文本选项卡上生成单独的表格和图。因此,对于复杂镜头而言,变焦是一个重要的计算耗时因素,同时设计时应当注意活动变焦位置的数量。使用 Zoom System 对话框可设置活动变焦位置。这适用于除自动化设计(AUTO)之外的所有选项。如图 17-18 所示,在 Zoom System 中将变焦位置 2 和 4 关闭,可看到这些扫描角度从覆盖 VIEW 绘图消失,也可使用命令 POS Y N Y N Y 进行同样的操作。注意,在追迹参考光线以确定默认孔径时,仍会考虑所有变焦位置,无论它是活动的或是非活动的。

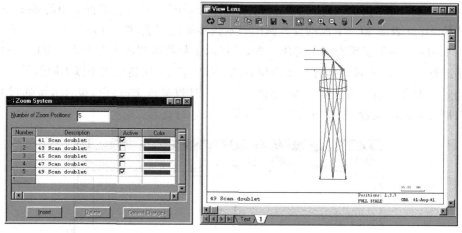

图 17-18　设置中间扫描角度不绘制于镜头图

17.3.2　设置/命令的变焦值

在 CODE V 选项中,大多数屏幕设置及其相关命令可在变焦系统中呈现多个值,它们分别对应每个变焦位置。如果设计者未对特定设置或命令进行更改,其默认值通常可用于所有变焦位置。如果更改设置,请注意它只会影响如变焦旋钮上所示的当前变焦位置,这是非常重要的。如果要更改任何或全部变焦位置的设置,则必须通过右键单击 Zoom 打开 Zoom Editor 来进行。这在上一部分中已得到体现,可以使用 VIEW 选项中的 Return 特性来覆盖变焦位置。

提示:当设计者在任何参数上看到 Z 符号时,可以右键单击并从快捷菜单中选择 Zoom 以更改其值。

在这一点上使用的命令略有差别。当在 Command Windows 中进行输入时,可以输入变焦位置的所有值,如果这些值不同,则必须这样做。例如,对于具有三个变焦位置的系统,可在 MTF 选项中输入:

MFR 100 75 50 ! maximum frequency values for Z1, Z2, Z3

但如果要在所有三个变焦位置都使用 100,则可以使用只输入单个值的命令:

MFR 100 ! maximum frequency of 100 applied to Z1, Z2, Z3

17.3.3　自动化设计和变焦系统

自动化设计(AUTO)可同时优化所有变焦位置,设计者可控制每个变焦位置的特定约束和误差函数权重,通用约束则适用于所有的位置。考虑本章开头使用的电影镜头示例,请先打开或恢复 CV_LENS: movie.len。要优化该镜头,设计者将需要在每个变焦位置分别控制 EFL,因为这里存在的空气间隔会改变焦距。在 Automatic Design(自动化设计)输入中,需要为每个变焦位置插入 EFL(有效焦距)以作为独立约束。注意,设计者并不需要为每个变焦位置插入特定类型的约束。例如,EFL 需要在所有位置被控制,而畸变则只需要在一两个位置控制即可,如图 17-19 所示,这里将要输入的是变焦位置 3 下视场 3 的畸变。

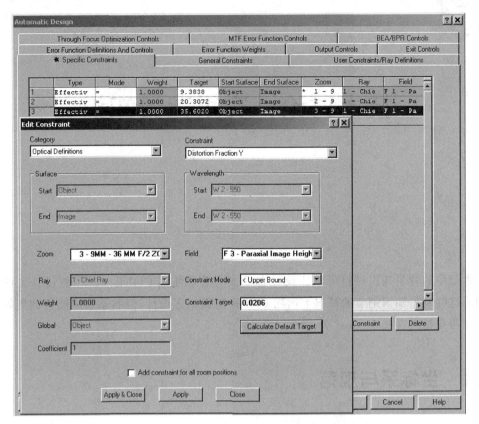

图 17-19 自动化设计的特定约束输入

17.4 多光谱系统

在自动化设计选项中,变焦波长权重提供了一种设计多光谱系统的方式,例如分光计系统中,其参考波长(REF)和波长权重(WTW)已被变焦。作为示例,我们来分析示例镜头 CV_LENS:spectrum.len(未显示在这里),最好使用 Zoom Data Review(变焦数据检查)窗口。波长权重值需要在 LDM 中进行设置,不过自动化设计也具有可用的 WTW 权重,且它们可根据指定要求覆盖 LDM 权重以进行优化。

这里认为这些系统由于棱镜、光栅或其他衍射表面等因素的影响,要将每个波长放在不同的位置。通过变焦参考波长,每种颜色的主光线将与其他光线分离。将非参考波长权重变焦到零,可以不必在各自的变焦位置中跟踪这些颜色。这允许自动化设计同时独立优化红色、绿色和蓝色光斑。

在这种设置中,特定波长(假设为 W2)的波长权重仅在一个变焦位置为非零。在该位置中,W2 为参考波长,见 spectrum.len 示例中的 Z1。该方法也适用于具有多个波段的系统,如虚拟和红外线通道,不过,由于红外线和虚拟通道可能使用不同的光程,因此自然需要更多波长和变焦位置,也可能需要其他变焦参数。

第18章

技术讨论：实用背景知识

本章中的背景知识材料可以让设计者更加有效地使用 CODE V。尽管设计者可以在不知道这些背景知识细节的情况下运用 CODE V 做很多设计，但熟悉它能够得到更好的结果并且避免错误。

18.1 坐标系与规范

在光学中使用的坐标系和各种规定都是约定俗成或为了简化处理。光线可以不遵循这些规定，但是定义了这些内容可以使设计者更容易讨论光学设计的问题。

18.1.1 坐标系

在第 16 章中已经讨论了坐标系，这里给出基本概念的总结。

（1）z 轴是标称光轴，在典型镜头图中显示为水平，z 轴的正方向即 $+z$ 朝向右方。

（2）y 是垂直轴，y 轴正方向即 $+y$ 向上。y 轴和 x 轴一起创建了一个右手坐标系，则 x 轴正方向，即 $+x$ 方向是指向屏幕或纸张向内。

（3）每个表面上都有一个局部坐标系。

（4）厚度（THI）是沿着该表面的局部 z 坐标进行测量。

如图 18-1 所示，表面 k 和表面 $k+1$ 分别表示透镜的两个表面，$+z$ 代表该表面的光轴方向，$+y$ 则是该表面垂直于光轴向上方向，t_k 为两个表面顶点间的距离。

为了节省计算时间，系统应尽可能对称，这样可以追迹更少的光线。特别是，应该尽量避免物点偏离 Y-Z 平面，即非零 X 坐标、非零 X 偏心等，若出现则一般认为这类光学系统应作为不对称系统进行处理。

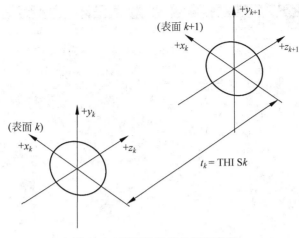

图 18-1　CODE V 的坐标系定义

18.1.2　一些重要的规定

以下列出的是设计者需要知道的一些基本的规定。

（1）每个 CODE V 光学系统都具有至少一个物面、一个孔径光阑和一个像面。

（2）假定初始入射光线从左向右传播并保持此方向，直到遇到反射面为止，经过奇数次反射之后光线改变为从右向左，或按照用户自定义的器件反射方向传播。

（3）一般按照顺序对表面进行光线追迹。光线不会略过任何表面，除非处于非序列光线追迹的情况下，这种情况需要特殊设置。

（4）近轴光线追迹数量及其相关的数据忽略倾斜和偏心。

（5）曲率(c)和曲率半径(r，曲率的倒数)的基本符号规定是：如果曲率中心(CoC)在表面顶点的右侧，则曲率是正值。更准确地说，如果 $Z_{CoC} > Z_{vertex}$，则曲率为正，不管光的方向如何。曲率符号规定如图 18-2 所示。

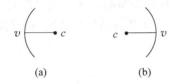

图 18-2　曲率符号规定

（a）曲率中心在顶点右侧为正（＋）；（b）曲率中心在顶点左侧为负（－）

其他规定将在后续章节讨论，如反射系统、倾斜和偏心规范等。

18.2　系统数据详细信息

系统数据包括关于整个光学系统的信息，而不仅仅是特定的表面。它可以在 Lens→System Data 菜单中的 System Data 窗口中进行设置。如图 18-3 所示，必须为每个镜头系

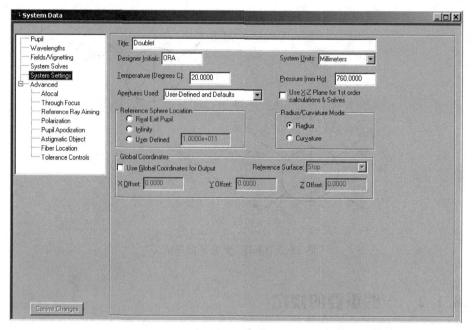

图 18-3　系统数据窗口

统定义窗口左侧导航树中的前三个条目,即瞳孔、波长和视场/渐晕。

在以下部分中,提供了各种设置的命令名称以供参考。运行程序时可能不需要这些信息,但它们对于阅读相关程序文本输出是很有帮助的。

18.2.1　光瞳

光瞳在 System Data 窗口中的 Pupil 页面上定义,表达的是镜头的光线收集能力。对于无限远共轭(物体在无限远)系统,光瞳可以定义为入射光瞳直径(EPD)、像面 F 数(FNO)或像面数值孔径(NA)。这些形式也适用于一些有限远共轭系统,例如微光刻镜头、光纤通信系统和显微镜物镜。然而,在这些类型的系统中定义瞳孔的最常见方法是在入射端定义为物体的数值孔径(NAO),也可以在此对话框中指定物方远心度。

18.2.2　波长

系统的波长(WL)是在 System Data 窗口的 Wavelengths 页面上进行定义的。设计者可以使用预定义的光谱,或定义和存储一个经常用于插入其他镜头系统的光谱。波长权重(WTW)影响了波前分析、点扩散函数、MTF 和点列图等多种分析选项。如果系统中有黑体源,则可以使用 Spectral Analysis(SPE)选项来协助选择合适的光谱权重,其中包括了检测器的影响。

18.2.3　视场/渐晕

视场和渐晕是在 System Data 窗口中的 Fields/Vignetting 页面上进行定义的。必须为每个镜头系统定义至少一个视场点,通常称为视场或 FOV。有四种定义视场的方法,即物方视场角度(YAN)、近轴像高(YIM)、真实光线像高(YRI)和物高(YOB)。

注意：视场定义是从光轴开始测量的,通常会以半角或半高来表示。

视场让程序知道光源的起始位置。当指定了真实光线像高时,CODE V 在物空间中迭代主光线角度,直到它入射到像面上的指定位置。对于近轴像高,CODE V 则计算一个近轴物高值。对于成像系统,建议在大多数情况下至少使用三个视场,即轴上视场、全视场的 7/10 和全视场。然而,某些光纤系统仅需要一个视场,用于定义输入的光纤位置。渐晕在接下来的章节会有更详细的讨论,也可以参见 CODE V 参考手册。

注意,每个视场点都具有 X 和 Y 分量,在旋转对称系统中,通常只使用 Y 分量。

18.2.4　系统解

System Data 窗口中的 System Solves 页面允许设计者选择两个近轴解的类型。第一种类型是近轴图像求解(PIM),它将设置像面之前的厚度(THI S(i-1))等于近轴后焦距。建议将此解用于大多数系统,因为像面厚度值一般用作离焦值,然后可以对它进行优化,以找到最佳的实际光线聚焦位置,实际后焦点是这两个厚度值的总和。此过程在优化过程中通常可以带来更快的收敛速度。

另一个系统求解类型是缩小比例解(reduction ratio solve,RED),用于定义有限远共轭系统的物距。缩小比等于负放大率,即近轴像高与近轴物高的比值。典型的 1∶1 系统(单位放大率)将使成像倒置,放大倍数为 −1,缩小比值为 +1。

18.2.5　系统设置

System Data 窗口中的 Systems Settings 页面包含有关整个系统的各种信息。通常,最重要的设置是 System Units(系统单位)和 Apertures Used(使用孔径)标志。System Units 一般以英寸、毫米或厘米为单位,Apertures Used 则需要进一步阐述。

光圈控制

默认情况下,使用的 Apertures Used 设置为 User-Defined and Defaults(用户自定义和默认),这意味着 CODE V 将定义每个表面上的默认孔径,这些孔径都刚好足够大以通过所有参考光线,除非在 LDM 的表面属性窗口或孔径检查窗口中明确地将用户定义的孔径放置在该表面上。对于大多数成像系统来说,这是一个合理的默认设置,通常不会导致任何问题。然而,在一些具有非常小的视场,或者具有表面接近中间像面或最终像面的光学系统中,这种设置可能导致光学模型中的孔径尺寸不足。这些默认孔径可能在诸如点扩散函数、调制传递函数和光束传播等分析中导致渐晕或孔径限制。此孔径限制现象在实际系统中可能不会出现,因为实际物理孔径要大得多。

因此,对于这些系统,较好的做法是在这些表面上放置真实(用户自定义)的孔径值,和(或)将孔径设置标志切换为 User-Defined Only(用户自定义)。此设置将仅使用用户自定义的孔径,并忽略任何默认孔径。要注意,无论使用的 Apertures Used 的设置如何,程序总是会在光阑面上假定一个孔径,除非专门为其定义了一个用户定义的孔径。在某些特殊情况下,设计者可能希望选择将此标志设置为 Default Only(仅默认),这将忽略所有用户定义的孔径(例如,为评估用户定义的孔径尺寸是否正确)。

18.2.6 高级设置

在 System Data 窗口的 Advanced 类别中,设计者可以进行无焦(afocal)、离焦(through focus)、参考光线定位(reference ray aiming)、偏振(polarization)、光瞳抽样(pupil apodization)、像散物体(astigmatic object)、光纤位置(fiber location)和公差控制(tolerance controls)的设置。无焦、偏振和光瞳抽样会在本章的后续章节中讨论,其余选项在这里作简要说明。

1. 离焦

System Data 窗口中的 Through Focus 设置允许定义多个像平面进行分析。这个功能最常用于在 MTF 或部分相干分析中确定最佳聚焦位置。如前文所述,一旦通过该功能定义了各种焦点位置,就可以获得 MTF 与聚焦位置的分析图。此部分要输入焦点位置的数值、第一个焦点位置和焦点增量。焦点位置的最大数目是 18,但默认值是 1。对于定义带有多个离焦位置的系统,第一个焦点位置通常是一个小的负值,将其放置在距离物体比较近的地方。注意:如果像面位于奇数个反射之后,物体可能更接近于正值焦点。焦点增量将为正值,通常这样选择是为使标称焦点位置位于整个像的范围的中心。例如,要计算焦深为 $80\mu m$(距理想像面$+/-40\mu m$)的 MTF,可能的输入为 9 个焦点位置,第一焦点位置为-0.04,焦点增量为 0.01(假设系统单位是 mm)。这可以用于确定是否正确设置了最佳焦点位置。

提示:离焦适用于 MTF、点列图、径向能量分布、部分相干性和 PSF。这些选项可能会有大量的输出,尤其是 PSF,因此请务必检查并设置所需的位置数(通常为 1)。

2. 参考光线定位和远心系统

参考光线定位(System Data 窗口中的 Reference Ray Aiming 页面)是一个非常强大的功能,其对于某些光学系统是非常有用的,例如,鱼眼镜头或具有多万向节折叠反射镜且在后成像器件部分具有孔径光阑的复杂红外系统。在许多非序列系统(non-sequential system,NSS)中它也很重要。在典型的操作中,CODE V 在入射光瞳中迭代每个主光线的位置,使该位置达到孔径光阑的中心。在某些系统(例如上面提到的系统)中,程序难以成功迭代到这个结果。在这些系统中,用户实际上可以通过对准另一表面上的特定位置来明确指定主光线追迹。有时,指定目标参考光线是有用的,它将覆盖渐晕系数,并允许在优化过程中改变它们,这可以用参考光线定位对参考光线 R2~R5 来进行此操作。

参考射线定位功能有几种形式,这允许用户设计具有很大的灵活性。应该指出,远心主光线是一种非常特殊的情况。在远心系统中,入射光瞳位于无穷远处,即物体空间中的主光线的斜率为零且平行于光轴,它不一定会通过孔径光阑的中心。在对这些类型的系统进行建模时,可以在 System Data 窗口中的 Pupil 页面上选择 Telecentric in Object Space(物方远心)复选框,这将禁止 CODE V 中主光线交叉。

3. 像散物体

像散物体在 System Data 窗口中的 Astigmatic Object 页面上定义。在 X-Z 和 Y-Z 轴

上具有不同发散度的激光二极管，其轴向焦点（或起点）位置在沿光轴的每个平面上还具有可观察到的偏移。CODE V 允许用户通过指定两个轴之间的像散焦点偏移来更准确地对这些光源进行建模。

4. 光纤位置

在 CODE V 中可以借助一些功能执行耦合效率计算，包括耦合效率（coupling efficiency，CEF）选项、波前差分容差（wavefront differential tolerancing，TOR）选项、自动设计（automatic design，AUT）选项和高斯光束（Gauss beam）宏程序。对于这些功能，需要根据系统要求定义输出光纤位置，在 LDM 中可将输出光纤位置指定为固定或补偿位置，这可以在 System Data 窗口中的 Fiber Location 页面上进行。

5. 公差控制

System Data 窗口中的 Tolerance Controls 页面允许设置一般公差控制，包括在各种分析选项中对视场和变焦位置进行独立补偿、指定条纹测量的波长值以及调节公差中使用的补偿器。

18.3 波长和光谱权重

CODE V 可以定义多达 25 个波长来分析光学系统。无论系统度量单位如何，波长都以 nm 为单位，设计者必须确保选择相互兼容的波长和材料，因为许多普通材料只能传输相当窄的波段。如果尝试使用的材料无法传输系统所定义的波长，CODE V 将会发出警告。

大多数分析功能是复色的，并且将同时使用定义的所有波长。某些诊断选项以及镜头绘图选项是单色的，而且只能使用参考波长，如果需要查看其他波长的结果，可以更改或缩放参考波长。还有少量的选项会为所有定义的波长产生单独的输出结果，例如光瞳图（pupil map，PMA）和光束传播（beam propagation，BPR）。

18.3.1 波长权重

真实光学系统和各种光源及检测器一起使用，很多系统还使用过滤器。这些设备有各自的光谱响应函数，因此如果希望进行精确的复色分析，则必须将此响应曲线列入考量。在 CODE V 中，所有光谱变化合并为一组光谱或波长权重（WTW），且这些权重作为镜头数据的一部分进行存储。默认情况下，每种波长都具有相同的权重值，即 1.0。

18.3.2 创建光谱曲线和配置

在 Analysis→System→Spectral Analysis 菜单下有一个特殊选项，可用于组合光源、滤波器和检测器响应以给出光谱权重值，它可以大幅改进优化效果，因为程序会将重点更多地放在携带能量最多的波长上，这还可以使复色分析更精确。

当输入一组特定组合的波长以及它们的权重，以定义光源、滤光片和检测器响应时，设计者会希望给它一个名称,并将其保存为光谱配置文件,在 System Data 窗口的 Wavelengths 页面(Lens 菜单)中进行该操作。手动或通过 Spectral Analysis 输入波长和权重,然后在 Spectrum Name 区域中键入名称,然后单击 Create New Spectral Profile(创建新的光谱配置)按钮。该名称将被添加到预定义光谱的下拉列表中,以供将来在创建的系统中使用。

18.4　渐晕、参考光线、光瞳和孔径

18.4.1　渐晕含义

对于非轴向视场点,孔径光阑可能不是限制光线的光瞳,离轴光束可能被其他表面的孔径所约束,这就是渐晕。在 CODE V 中,渐晕通过渐晕系数(vignetting factors)应用到参考光线中,该系数表示消除了每个参考光线的入射光瞳的一部分。特殊计算功能(SET 命令)可以计算渐晕系数、孔径和光瞳定义,以确保所有参数一致。

18.4.2　参考光线

参考光线是从镜头的每个视场位置追迹的一组特殊的光线。在最普遍的情况下(非对称),每个视场将追迹五条参考光线。CODE V 会保留这些参考光线在每个表面上的坐标,每当镜头改变时都会进行更新,以实现多种目的。一般来说,参考光线包括了来自每个视场光束的主光线,以及 x-z 和 y-z 平面内最边缘的光线。因此,它们用于确定 MTF 计算中使用的默认通光孔径、边缘厚度和空间频率,这些值以及其他值取决于镜头元件尺寸或透过镜头的光束宽度。

18.4.3　参考光线和渐晕系数

被追迹的特定参考光线由系统数据确定,其中最重要的系统数据是光瞳尺寸(F 数、EPD 或数值孔径)、视场位置和渐晕系数。主光线始终穿过孔径光阑表面的中心,被认为是该视场的"代表性"光线。默认情况下,其他四条参考光线穿过近轴入射光瞳的边缘,如图 18-4 所示。

渐晕系数使得参考光线从其位于近轴入射光瞳边缘的默认位置移开。如图 18-5 所示,当存在渐晕时,光线进入入射光瞳的高度降低,降低比例由该视场和光线的渐晕系数确定。

正渐晕系数是指将参考光线接近主光线向内移动,移动距离为指定比例的光瞳半径,这使该视场的有效光瞳尺寸缩小。负渐晕系数将参考光线在光瞳半径向外移动,代表特定视场的"光瞳扩张"。

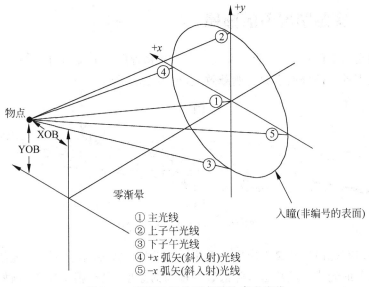

① 主光线
② 上子午光线
③ 下子午光线
④ +x 弧矢(斜入射)光线
⑤ -x 弧矢(斜入射)光线

图 18-4 CODE V 的五条默认参考光线

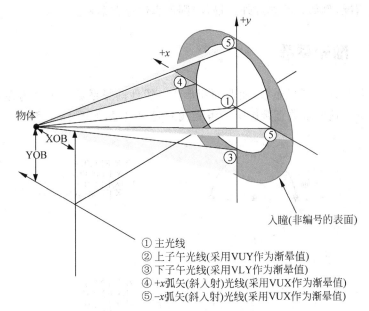

① 主光线
② 上子午光线(采用VUY作为渐晕值)
③ 下子午光线(采用VLY作为渐晕值)
④ +x弧矢(斜入射)光线(采用VUX作为渐晕值)
⑤ -x弧矢(斜入射)光线(采用VUX作为渐晕值)

图 18-5 存在渐晕时参考光线在入射光瞳上的情况

18.4.4 光瞳像差

对于一般的离轴视场点，尽管边缘参考光线穿过入瞳边缘(与不存在渐晕的情况相同)，它们一般不会穿过孔径光阑的边缘。当穿过入瞳边缘的光线不穿过孔径光阑边缘时，表明出现了光瞳像差(pupil aberration)。在此情况下，渐晕系数用于重新定位参考光线，确保其穿过孔径光阑(或其他起限制作用的孔径)边缘。

18.4.5　实际情况下的渐晕

渐晕可能是一个问题,也可能是解决方案。从物理层面上说,它是一种由于镜头中的光圈挡住离轴光束的一部分而引起的遮蔽效应,如图 18-6 所示。

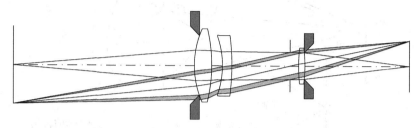

图 18-6　镜头渐晕的示意图

设计者可以有意使用渐晕效应去掉无法通过其他方式控制的"不良"光线,包括一些具有大的横向像差的光线。虽然这将降低这些视场的照度,但在很多应用(例如照相机镜头)中,这是可接受的。在其他情况下,渐晕可能成为由装配或成本因素限制镜头尺寸的不良因素。还有一些情况(例如某些热红外扫描仪)则不容许存在渐晕。

18.4.6　渐晕系数

CODE V 使用线性渐晕系数,而非面积形式。线性渐晕系数被定义为在近轴入射光瞳中的半光瞳比例。这些系数直接影响参考光线的起始位置,如图 18-7 所示。

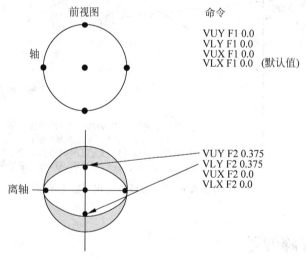

图 18-7　渐晕系数定义示意图

当已知所需的渐晕系数时(例如,当给定设计可以容忍一定量的孔径限制时),渐晕系数可以通过 System Data 窗口的 Fields/Vignetting 页面直接输入,或者使用图 18-7 中的命令输入。应该认识到,并不是所有的渐晕系数都可以通过一组真实的物理孔径实现,一旦建立了某些真实的孔径,SET VIG 命令即可以用于修复此问题。

18.4.7 渐晕系数和孔径

渐晕系数以间接方式影响孔径。对于未指定用户自定义孔径的每个表面，CODE V 使用参考光线计算足够大的圆形孔径，以通过所有视场和缩放位置的所有参考光线。渐晕系数依次确定参考光线，从而间接地确定孔径。这些默认孔径是否用于分析取决于 System Data 窗口中 System Settings 页上的 Apertures Used 的设置。

18.4.8 SET 命令

SET 命令通过 Lens→Calculate 菜单访问，用于确保光瞳大小、渐晕系数和用户自定义的孔径是一致的，并且物理上是可实现的，如图 18-8 所示。SET 命令有三种不同的情况：

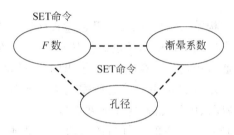

图 18-8 SET 命令作用示意图

（1）第一种情况是，当 F 数（或同类型参数，包括 EPD、NA 或 NAO）和至少某些通光孔径已知的情况下，SET VIG 可用于定义渐晕系数，在 Lens→Calculate→Set Vignetting Data 中可以进行定义。

注意：无论何时创建或更改用户定义的孔径，或者优化或以其他方式更改包含用户自定义孔径的镜头，请使用 SET VIG 确保渐晕系数符合这些要求，否则可能在诊断和其他选项之间获得不一致的结果。

（2）第二种情况是 SET APE，在 Lens→Calculate→Set Apertures 中可以进行设定。在这种情况下，F 数和渐晕系数用于为任何之前定义的（默认）孔径计算圆形孔径值并将其设置为"用户自定义"值。这个功能通过选择 Convert Default Apertures to User Defined Apertures（改变默认孔径为用户自定义孔径）复选框来实现，这个功能还有其他设置孔径选项可用。虽然最初设定的孔径将具有与以前的默认孔径相同的值，但是当镜头数据或参考光线改变时，它们将不会动态变化。

（3）第三种情况是在使用用户自定义孔径设置已知或所需的光阑尺寸时设置光瞳规格，设置光瞳规格可通过 Lens→Calculate→Set Pupil Specification 进行，也可以通过以下命令进行：SET EPD，FNO，NAO 或 NA。渐晕系数通常不会影响这种情况，除非有"轴向渐晕"。非圆形光瞳有时可以通过轴向渐晕来进行定义，如果光阑是非圆形的，最好将光圈设置为用户定义的椭圆形或矩形，然后使用 Set Pupil Specification 和 Set Vignetting。对称轴向渐晕基本上只用于重新定义光瞳大小。

18.4.9　如何使用渐晕和光圈

　　某些选项(优化和大多数诊断分析功能)仅使用渐晕系数来定义光束,然而大多数分析选项使用每个表面独立的孔径来限制通过的光线。因此,要使用 SET 选项来确保通过孔径限制得到的光束和通过渐晕系数限制得到的光束一致,这一点很重要。

　　提示：如果设计者通过手动或通过优化对镜头进行了大幅度的更改,最好保持默认孔径,该默认孔径可以通过镜头数据和渐晕系数定义变化大小。在设计分析接近尾声时,应使用用户自定义的孔径,以便对要构建的镜头尺寸进行性能评估。

18.5　求解

　　求解是确定某些镜头结构数据的便捷方法,其通过程序计算给出所需条件的值,例如在某表面上的特定一阶光线高度或所需的总长度。虽然求解不是必要的,但它却简化了一些镜头的设置。求解还可以通过用直接计算出(即已解出的)的数量替换某个独立变量来减少优化时间(在某些情况下)。求解也可用于建立所需的近轴条件,例如准直(零边缘光线斜率)、中间像(零边缘光线高度)、中间光瞳(零主光线高度)或远心(零主光线斜率)。

　　求解的一个重要特征是它是动态的。每当镜头通过手动或自动化设计发生任何变化时,所有求解都将自动重新计算。

　　提示：要使用一阶求解曲率或厚度,必须指定物方的光瞳和视场定义、EPD 或 NAO、YAN 或 YOB。尽管近轴像和总长度解可以与任何光瞳和视场定义一起使用,但是像方定义不允许这样求解。

18.5.1　近轴像求解

　　最常见的求解类型是近轴像高度,即 PIM 求解,如图 18-9 所示。

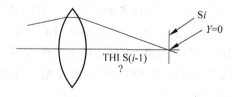

图 18-9　近轴像求解示意图

　　该求解将厚度设置到像面上,使得近轴边缘光线高度为零,这是近轴像距的定义,而在"理想"系统中是最佳像的位置。在真实系统中,最佳焦点很少精确等于这个数值(虽然通常是相当接近的)。要使优化获得最佳结果,应该使用 PIM 求解,并允许像面的图像散焦值(图像表面的"厚度"或 THI Si)进行变化以实现最佳对焦。PIM 求解在 System Data 对话框的 System Solves 页面上设置,并用于大多数提供的镜头和示例。

18.5.2　曲率求解

还有许多其他类型的求解。如图 18-10 所示,曲率求解可以在指定曲面设定一个曲率值。最常见的类型是近轴斜角求解,其可以用于近轴边缘光线或主光线,如图 18-10 所示。

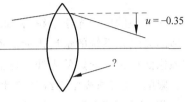

设定曲率是为了使得近轴边缘光线以指定的斜率从表面出射。通过将 S(i-1)斜率设置为 −0.5/FNO,可保持 F 数不变,从而保持 EFL 被固定。通过右键单击 LDM 电子表格中的半径或曲率,并从快捷菜单中选择 Solves 来输入曲率求解。从 Solve Editor 对话框中选择求解类型,并输入所需要的数据。

图 18-10　曲率求解示意图

18.5.3　总长度求解

如图 18-11 所示,总长度(overall length,OAL)厚度求解可以使得两个表面之间的长度保持不变。右键单击为其输入解的厚度,并从快捷菜单中选择 Solves。

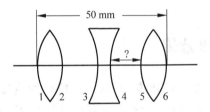

图 18-11　总长度求解示意图

该操作将设置指定表面的厚度以得出所需的 OAL。只要该范围中的任何其他厚度值发生变化,此厚度都将自动更改以维持 OAL。

18.5.4　缩小率求解

缩小率(reduction ratio,RED)被定义为光学放大率的相反数值,即 RED=−(像高)/(物高)。如图 18-12 所示,RED 求解将物距设置并保持某个值,以得到指定 RED 的数值。请注意符号,例如,1∶1 系统(非倒置,具有中间像)的 RED 为−1.0。缩小率是一种系统求解,仅能在 System Data 窗口中找到。

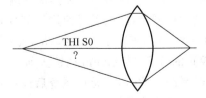

图 18-12　缩小率求解示意图

18.6　无焦系统

18.6.1　概念

在典型的成像光学系统(例如,数码相机镜头)中,来自位于系统前面无限或有限距离的物体的光线在系统的最后表面后面的某个有限距离被成像,于是将探测器(例如,胶片)定位在该像面以记录聚焦的光线。然而,有一类通常定义为"无焦距"的系统,其中物距和像距都是无限的,或者与光学系统的尺寸相比非常长。一个常见的例子是望远镜物镜和目镜系统,其接收来自一颗恒星或行星的光线(位于"无限远"的距离),并将图像投射到目镜后无限远处(并改变放大倍率)。当人眼观察望远镜中的图像时,眼睛以一个舒适的长距离聚焦,以观察该放大图像。无焦系统的其他示例包括激光束扩展器和无焦相机附件。

就 CODE V 而言,具有无限远(或非常长)像距的任何系统都是被认为是无焦系统(afocal system)(在这里物距并不重要),并且可能需要使用一些专门的功能来进行分析。具有非常长的像距和有限物距的系统示例包括显微镜(带目镜)、独立的目镜(光线从内部像平面追迹到眼睛)和准直镜头。

18.6.2　无焦系统建模

无焦系统通常像成像系统一样建模,辅以一些特殊的建模功能,在如图 18-13 所示的 System Data 窗口的 Afocal 页面上可以找到。默认选择是 Normal(Focal),即不是无焦点,这是任何典型成像系统的正确选择。如果系统是无焦点的,基本上还有其他两个选项,特殊情况下还可用第三个选项。选择两个选项中的哪一种主要取决于光学系统的最终用途。

通常,无焦系统用于成像系统前面,例如无焦距相机附件。无焦点的用途在于通过应用放大或缩小来改变成像系统的有效焦距。如果成像系统的光学参数是已知的,则可以直接在 CODE V 中建模,并将该系统视为正常的有焦系统。然而,如果成像系统的光学参数是未知的,则可以假设单独设计无焦子系统,并假设其后有一个理想的成像系统。这就是 System Data 窗口的 Afocal 页面上的 Keep Perfect 选项。为了使用该功能,像面之前的表面必须是"虚拟"表面,即两侧都是空气。设计者还必须在 Perfect Lens Focal Length 功能下去输入理想成像系统的 EFL。这个功能将会获得来自焦点的准直光,并且在不增加任何其他的像差的情况下进行成像。通常,将图像的厚度(即 THI S(i-1))设置为与理想镜头焦距匹配,并且不允许因为优化而变化。这将迫使无焦部分进行优化,来为理想的成像系统提供准直光。由于理想镜头会形成图像,因此可以使用任何成像系统的典型性能指标来分析该系统。CODE V 提供的示例 CV_LENS:beamex.len 是一种 3~5 倍变焦的光束扩展器,它旨在用于一个无穷远校正的、EFL 为 80mm 的镜头前。

无焦系统通常是目视光学系统。此时,在无焦系统后面有一个成像系统,它即是眼睛。虽然可以将眼睛建模为一个理想的成像系统,但在像面处(即视网膜上)评估的性能指标通常没有太大意义。此外,目视系统有一些特殊的考虑因素,例如,眼睛扫描视场时的调节具

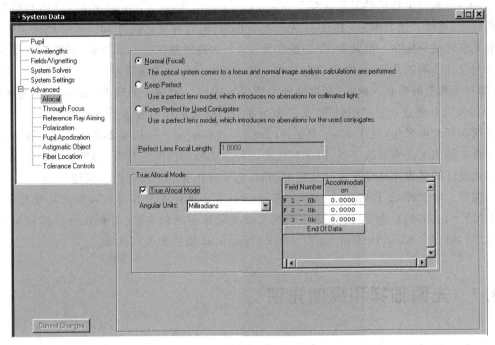

图 18-13 无焦系统的系统设置

有自动改变焦点的能力，如果使用 Keep Perfect(保持理想)无焦点选项则难以准确地建模。对于实际上不成像的目视系统(例如激光束扩展器的系统)，则可以使用 True Afocal Mode(真实无焦模式)选项。

通过选中复选框启用 True Afocal Mode 选项，如图 10-14 所示。这个选择将从根本上改变多个选项的输出。通常，无焦系统的性能将以角度为单位，而不是用于成像系统的长度单位(例如 MTF 使用线对/弧分，光斑尺寸使用毫弧)进行测量。输出角度单位有几种选择，从 Angular Units 控制菜单中可以选择。真正无焦点模式最重要的功能之一就是，它允许对每一个视场点都进行独立的聚焦或调节。这模仿了眼睛在扫描目视系统的视场时动态重新聚焦的能力。调节的单位是屈光度，即米的倒数，该单位常用于目视或眼科等典型应用。

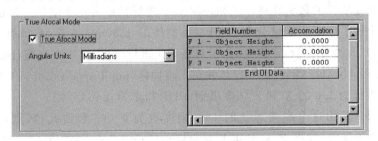

图 18-14 True Afocal Mode 选项示意图

调节值通过 Ture Afocal Mode 区域右侧的表格输入。调节值可以设置为变量以供优化使用。优化后调节值为 0.0 则表示光线被准直。调节值为 +1，表示光线看起来像在观察者前面 1m 处聚焦。正号表示光向眼睛发散，负号表示会聚到眼睛的光。有关使用 True Afocal Mode 选项的更多信息，可从参考手册中获得信息。

Afocal 页面上提供的其他选项是 Keep Perfect for Used Conjugates（对已用共轭保持理想状态）选项。这与 Keep Perfect 无焦选项相似，但具有微妙的差异。光学规律表明，系统的光学性能只能在一组共轭（即物距和像距）上达到理想状态。如果将"理想"光学系统用于与设计不同的共轭组，则将引起像差。Keep Perfect 无焦选项基于"无穷远校正"的镜头（即对于理想的准直入射光）来为这种物理现实建模。如果入射到 Keep perfect 表面（即 Si-1）的光没有准直入射，"理想"镜头也会像真实的镜头那样引起像差。无论来自光学系统的光线在何处被聚焦，对于 Keep Perfect for Used Conjugates 选项都不会引起任何像差。由于真实镜头无法做到这一点，因此它代表一种非实际的情况。然而，当理想镜头代表一个尚未被设计的镜头并且最终设计共轭未知时，它可以作为一个很有用的模型。

提示：对于 Keep Perfect for Used Conjugates 选项将基于其近轴共轭保持理想状态，即 UMY SI-2/UMY SI-1。如果真实光线无法实现这些近轴共轭（例如在一些倾斜和偏心系统中），则对于 Keep Perfect for Used Conjugates 选项将会引起像差。

18.7　光瞳抽样和高斯光束

光瞳抽样是指在光瞳内以光束强度进行采样。CODE V 假设，对于所有计算，输入光均匀分布在入射光瞳上，除非因光瞳抽样设置而修改。对于大多数成像系统，均匀光照的光瞳是对系统最准确的描述。对于其他系统（如激光扫描仪和光纤光学系统），此描述是无效的。将高斯能量分布或抽样设置在光瞳上，可以更准确地表示这些类型的系统。抽样是重要的，因为它影响用于衍射计算的出射光瞳的能量分布，特别是 MTF、点扩散函数、耦合效率和其他衍射计算可能受光瞳抽样的影响极大。

18.7.1　高斯抽样

要定义高斯抽样（Gaussian apodization），必须确定一个能级以及该能级与光瞳定义的相对宽度，通常是物体的数值孔径。例如，SMF-28 光纤是最常用于电信应用的光纤。从光纤发出的能量分布是高斯能量分布，对于 1% 能级的 1550nm 波长，数值孔径（numerical aperture，NAO）大约为 0.144。因此，为了对该系统进行建模，可以在光瞳（pupil）选项卡上将物体数值孔径（NAO）指定为 0.144，并在光瞳抽样（pupil apodization，PUX，PUY）选项卡上，将相对坐标为 1.0 的 X 和 Y 强度级别（PUI）指定为 0.01（1%）。

例如，如果计算出这个高斯形状的 $1/e^2$ 强度点为 0.095 数值孔径，则可以通过设置 $0.135(1/e^2)$ 作为强度，且将 X 和 Y 的相对坐标位置设置为（0.095/0.144）或 0.66 来指定相同的抽样。指定一个能级和光瞳相对坐标，即允许 CODE V 计算光瞳中的高斯能量分布宽度。

请注意，X 和 Y 的相对坐标可以不同，若未明确输入每一个坐标，CODE V 将假定它们相同。这就允许在 X-Z 和 Y-Z 平面（例如某些常用的激光二极管）中具有不同数值孔径（发散度）的系统进行精确建模。

18.7.2 INT 文件抽样

某些光学系统的入射光瞳具有非均匀的非高斯照明。CODE V 具有通过使用 INT 文件处理一般光瞳抽样的方法，. INT 是这些特殊文本文件的文件扩展名，代表干涉图或强度。一个例子是具有半光瞳照度的系统，可参见 CODE V 参考手册。

18.7.3 高斯光束

高斯抽样和高斯光束(Gaussian beam)并不完全相同，应该搞清楚它们的差异。高斯抽样可以与点光源一起来模拟高斯光束的强度分布轮廓。光线追迹在几何上仍然遵循斯涅耳定律。当衍射效应显著时，高斯光束传播可能与几何模型不匹配。通常几何近似是足够满足要求的，但有时 CODE V 中有些选项将为这些类型的系统提供更准确的结果，例如，Gaussian Beam Trace(高斯光线追迹)，可从 Analysis→Diagnostics 菜单的 BEA 选项中找到；或更严格的 Beam Propagation(光束传播)，可从 Analysis→Diffraction 菜单的 BPR 选项中找到。详细信息可参见 CODE V 参考手册。

18.8 偏振、涂层和其他功能

CODE V 能够对各种光学属性进行建模，有些属性仅在某些特殊情况下才需要，其中之一是偏振。

18.8.1 偏振光线追迹

偏振光线(POL)追迹综合了几何光线追迹和薄膜矩阵理论。通常，光学系统被建模为由折射介质分隔的一系列表面序列。偏振光线追迹将光学系统建模为由光学界面分隔的一系列折射介质序列。这些界面可以是无涂层的空气玻璃界面、单层涂层或多层涂层，并且涂层可以是散射的或吸收的。除了表面界面之外，Polarization Operator(偏振控制器)也可以设置到光学表面，例如偏振器、延迟器或法拉第旋转器，可以在 Surface Properties 窗口中的 Polarization Operator(偏振控制器)页面上完成相关操作。

在界面(从表面到表面)之间进行几何光线追迹，然后在每个表面界面处进行薄膜矩阵计算，以计算光的振幅、相位和偏振状态的变化，包括表面上附加的任何偏振控制器的影响效果。

这种特殊的光线追迹需要额外的计算时间，只有在激活此模式时才执行，可通过 Lens→Activate Polarization Ray Trace 菜单或使用命令 POL YES 激活。即使激活，这些额外的计算也仅在需要它的功能中进行，包括单光线跟踪、透射传输和大多数衍射分析选项。

18.8.2 输入状态

可以使用多种规范方法为每个视场点定义初始(物体)偏振状态，相关功能在 System

Data 窗口(Lens 菜单)中的 Polarization 页面上提供。

18.8.3　涂层、偏振控制器和双折射材料

偏振光线追迹需要仔细关注每个光学表面发生的光学现象。折射表面的默认假设是单层 1/4 波长的 MgF_2 涂层;反射表面的默认假设是它理想地反射光线,对偏振没有影响。这不是很现实,因此必须定义、保存和附加一个多涂层文件以定义更真实的行为,可使用 MUL 选项进行相应的操作。

设计者还可以定义带有偏振控制器的表面以及双折射材料,偏振控制器包括线性偏振片、延迟片或法拉第旋转器,这些功能可通过 Surface Properties 窗口的 Polarization Operator 页面访问,从 Lens 菜单转到 Polarization Operator 页面并按 F1 键可以获取关于这些功能的详细帮助。

18.8.4　分析

通过 Analysis→Diagnostics→Real Ray Trace 菜单,可以查看单条光线的偏振信息。它隐含在衍射分析中,如 MTF、PSF、PAR、CEF 等(但不在 BPR 中)。可以使用附带的宏程序 POLDSP.SEQ 查看光瞳中的偏振状态,可在 Sample Macros/Polarization 下的 Macro 对话框中找到该宏程序以及其他许多偏振相关的宏程序,选择 Tools→Macro Manager 菜单以访问此项。

偏振效应总是包含在 Analysis→System 菜单中 Transmission Analysis 的计算中,即使偏振未开启也一样。即使是对默认的单层涂层进行透射分析,也需要考虑偏振才能得到正确的分析结果。

18.8.5　其余部分

CODE V 还有其他很多功能,以下再列举几个例子。

(1) 在 File→Export→IGES 菜单下,可以导出镜头的三维线框模型(3D wire-frame model)用于 CAD 程序建模,还可以将镜头导出到 ORA 的三维实体模型仿真软件 LightTools 中,可以通过 File→Export→LightTools 菜单实现相关操作。

(2) 在 Lens→Environmental Change 菜单下,可以更改镜头以模拟温度或压力的变化。

(3) 通过 Surface Properties 的干涉图(Interferogram page)页面,以及 Analysis→Fabrication Support→Alignment Optimization 菜单,可以导入并附上测量数据的干涉图文件,以便对刚建立的系统进行分析或对准。

(4) 通过 Analysis→Illumination 菜单,可以分析光学系统的照明性能。

(5) 可以通过编写宏程序并链接到 CODE V 子程序,以定义新的用户自定义表面类型。

(6) 可以通过编写宏程序,使用宏命令控制 CODE V 的所有功能,访问它的输出结果,甚至完整运行新的计算。

参 考 文 献

[1] 郁道银.工程光学[M].4版.北京：机械工业出版社,2016.

[2] 刘钧,高明.光学设计[M].2版.北京：国防工业出版社,2016.

[3] 李晓彤.几何光学·像差·光学设计[M].3版.杭州：浙江大学出版社,2019.

[4] 张以谟.应用光学[M].4版.北京：电子工业出版社,2015.

[5] 丹尼尔·马拉卡纳·赫尔南德斯.光学设计手册[M].3版.北京：机械工业出版社,2018.

[6] 李林,黄一帆,王涌天.现代光学设计方法[M].3版.北京：北京理工大学出版社,2018.

[7] CODE V 10.2 Reference manual[EB/OL].[2019-12-07]http://www.codev.vn.